中大谦之论丛

# 耿宁心性现象学研究文集

倪梁康　张任之　编

商务印书馆
2020年·北京

图书在版编目（CIP）数据

耿宁心性现象学研究文集 / 倪梁康，张任之编. — 北京：商务印书馆，2020
（中大谦之论丛）
ISBN 978-7-100-18264-5

Ⅰ. ①耿… Ⅱ. ①倪… ②张… Ⅲ. ①现象学－文集 Ⅳ. ①B81-06

中国版本图书馆CIP数据核字（2020）第050113号

权利保留，侵权必究。

中大谦之论丛
**耿宁心性现象学研究文集**
倪梁康　张任之　编

商　务　印　书　馆　出　版
（北京王府井大街36号　邮政编码 100710）
商　务　印　书　馆　发　行
三河市尚艺印装有限公司印刷
ISBN 978-7-100-18264-5

| 2020年5月第1版 | 开本 680×960　1/16 |
| 2020年5月第1次印刷 | 印张 32 1/4 |

定价：128.00元

# 中大谦之论丛
## 编委会

**主　编**　张　伟
**编　委**（按姓氏笔画排序）
　　　　　马天俊　方向红　冯达文　朱　刚　吴重庆
　　　　　陈少明　陈立胜　赵希顺　倪梁康　徐长福
　　　　　龚　隽　鞠实儿

# 总　序

中山大学哲学系创办于 1924 年，是中山大学创建之初最早培植的学系之一。1952 年全国高校院系调整撤销建制，1960 年复系，办学至今，先后由黄希声、冯友兰、杨荣国、刘嵘、李锦全、胡景钊、林铭钧、章海山、黎红雷、鞠实儿、张伟教授等担任系主任。

早期的中山大学哲学系名家云集，奠立了极为深厚的学术根基。其中，冯友兰先生的中国哲学研究、吴康先生的西方哲学研究、朱谦之先生的比较哲学研究、李达与何思敬先生的马克思主义哲学研究、陈荣捷先生的朱子学研究、马采先生的美学研究、罗克汀先生的现象学研究等，均在学界产生了重要影响，也奠定了中大哲学系在全国的领先地位。

复系近六十年来，中大哲学系同仁勠力同心，继往开来，各项事业蓬勃发展，取得了长足进步。目前，我系是教育部确定的全国哲学研究与人才培养基地之一，具有一级学科博士学位授予权，拥有"国家重点学科"2 个、"全国高校人文社会科学重点研究基地"2 个。2002 年教育部实行学科评估以来，我系稳居全国高校前列。2017 年 9 月，中大哲学学科成功入选国家"双一流"建设名单，我系迎来了难得的发展良机。

近年来，在中山大学努力建设世界一流大学的号召和指引下，中大哲学学科的人才队伍也不断壮大，而且越来越呈现出年轻化、国际化的特色。哲学系各位同仁研精覃思，深造自得，在各自研究领域均取得了丰硕的成果，不少著述还产生了国际性的影响，中大哲学系已发展成为全国哲学研究的一方重镇。

为向学界集中展示中大哲学学科的教学与科研成果，我系计划推出多种著作系列。已经陆续出版的著作系列有"中大哲学文库"和"中大哲学精品教程"，本套"中大谦之论丛"亦属其一。谦之论丛的基本定位，乃就某一哲学前沿论题，甄选代表性研究论文结为专集，目的是为相关论题之深入研究提供较为全面、较为权威的"学术前史"资料汇编。此种文献，虽非学者个人之专门著述，却具有重要的学术史资料价值。

"中大谦之论丛"之命名，意在藉以纪念中大哲学系前辈学者朱谦之先生（1899—1972）。谦之先生是现代著名哲学家、哲学史家，治学领域广阔，著述等身，被誉为"百科全书式学者"。朱先生不唯曾任中大历史系主任、哲学系主任、文学院院长，更在民族危亡的抗战时期临危受命，担任"研究院文科研究所主任"之职，为中大文科之发展壮大孜孜矻矻，不遗余力。朱先生1932年南下广州，任职中大20余年，又首倡"南方文化运动"，影响颇深。故本套丛书具名"中大谦之论丛"，实有敬重前贤、守先待后之用心。

"中大谦之论丛"的顺利出版，得到百年名社商务印书馆的大力支持，在此谨致诚挚谢意！

中山大学哲学系
2019年6月6日

# 目 录

## 会议外论文

吴 震：略议耿宁对王阳明"良知自知"说的诠释
　　——就《心的现象——耿宁心性现象学研究文集》而谈 …… 3

张祥龙：唯识宗的记忆观与时间观
　　——耿宁先生文章引出的进一步现象学探讨 …………… 22

阎 韬：致博大，务精深
　　——耿宁先生两书读后 ………………………………… 38

应 奇：人生第一等事 ……………………………………… 52

罗高强：再论如何理解"恻隐之心"的问题
　　——兼论耿宁的解释困境 …………………………… 58

倪梁康："唯我论难题""道德自证分"与"八识四分"
　　——比较哲学研究三例 ……………………………… 75

## 江门会议（2013）论文

倪梁康：耿宁与《心的现象》………………………… 105

李明辉：耿宁对王阳明良知说的诠释 ………………………………… 110

林月惠：阳明与阳明后学的"良知"概念
　　　——从耿宁《论王阳明"良知"概念的演变及其双义性》
　　　　谈起 …………………………………………………………… 125

李兰芬：去玄的玄学解读
　　　——简评耿宁先生的王弼研究 ……………………………… 152

方向红：自我有广延吗？
　　　——兼论耿宁的"寂静意识"疑难 ………………………… 167

陈少明：来自域外的中国哲学
　　　——耿宁《心的现象》的方法论启示 ……………………… 181

赵精兵、王恒：三分说能够取代四分说吗？
　　　——耿宁唯识学研究的献疑 ………………………………… 195

陈立胜：在现象学意义上如何理解"良知"？
　　　——对耿宁之王阳明良知三义说的方法论反思 …………… 209

罗志达：恻隐之心、同感与同感意向性
　　　——以耿宁为出发点 ………………………………………… 233

## 贵州会议（2014）论文

董　平：良知学研究的新视域
　　　——读耿宁教授《人生第一等事》 ………………………… 259

林月惠：耿宁对阳明后学的诠释与评价 ……………………………… 271

郑朝晖：让"良知"走向"良言"的现象学之路
　　——耿宁《人生第一等事》述评 ……………………… 314
张庆熊：熊十力对王阳明"四句教"的解读和批评 ………… 332
王庆节：现象学的现象，海德格尔与王阳明的致良知
　　——兼论现象学家耿宁先生的阳明学 …………………… 356
耿宁 / 著　肖德生 / 译：王阳明及其后学论"致良知"
　　——贵阳会议之结语 ……………………………………… 372

## 高雄会议（2015）论文

朱　刚："自知"与"良知"：现象学与中国哲学的相互发明
　　——从耿宁对王阳明"良知"的现象学研究谈起 ……… 381
李云飞：阳明"良知"概念的现象学分析 …………………… 413
张任之：再思"寂静意识"
　　——以耿宁对"视于无形、听于无声"的分析为中心 … 431

## 西樵山会议（2017）论文

钱　明：记与耿宁教授交往的两件事 ………………………… 465
苏仁义（Rafael Suter）/ 著　杨小刚　王穗实 / 译：良知（本原知识）和
　　智的直觉：从现象学角度探讨仁体伦理学的可能性 …… 473

编后记 …………………………………………………………… 504

# 会议外论文

# 略议耿宁对王阳明"良知自知"说的诠释
## ——就《心的现象——耿宁心性现象学研究文集》而谈

## 吴 震
### （复旦大学哲学学院）

瑞士哲学家耿宁（Iso Kern，1937— ）既是现象学家，又是佛教唯识宗、儒家心学的研究学者。在20世纪70年代之前，现象学研究是他的主要工作，专著《胡塞尔与康德：关于胡塞尔与康德和新康德主义之关系的研究》（海牙，1964年）的出版，胡塞尔《交互主体性现象学》（海牙，1973年）的编辑整理，为其奠定了西方现象学哲学家的地位。从80年代起，他开始转向中国哲学的研究，近年出版了据说是其"生命之作"的巨著《人生第一等事——王阳明及其后学论"致良知"》（巴塞尔，2010年）①，2012年在中国大陆出版了他"献给我的那些以现象学方式探究中国传统心学的中国朋友们"的一部中文论文集《心的现象——耿宁心性现象学研究文集》则更令我们有一睹为快的冲动。因为"心的现象"以及"心性现象学"这两个名称本身对于长期从事阳明心学之研究的人来说，无疑有着强大的吸引力。

---

① 该著已由商务印书馆2014年出版。关于耿宁的学术生涯，参见耿宁：《心的现象——耿宁心性现象学研究文集》（以下简称《心的现象》），倪梁康等译，商务印书馆2012年版，末附倪梁康编后记。

笔者有几次与耿宁直接面谈的机会，第一次会面时笔者便有点诧异他为何对阳明学及其后学有如此浓厚的兴趣，特别是他认为中国心学作为一种意识哲学是可以与西方哲学进行对话的观点，令我印象深刻。诚然，任何一种思想对话之所以可能的条件是解读者既要具备义理诠释的能力又要有文本解读的训练，然而这两方面的条件在耿宁身上有着"奇妙"的统一。或许是受现象学"回到事实本身"的思维训练，耿宁既擅长现象学的思考，又注重思想文本的客观了解。当这两点结合起来，便使其研究呈现出一个重要特色：他对心学的观点叙述及历史考察并不同于思想史的现象描述，而是始终紧扣哲学问题，尤其是道德意识的根源问题，并在跨文化的比较视野中，运用西方现象学资源来重新展现中国传统心学的义理及其意义。

《心的现象》一书共收论文24篇，大致横跨三个领域：现象学、唯识学、阳明学。当然其核心关怀正如该书副标题所示：是有关"心性现象学"的考察。其中涉及阳明学及其后学的有5篇[①]，议题集中在有关良知问题的现象学澄清和诠释。笔者对现象学、唯识学素无研究，以下仅对其有关良知问题的探讨提出一些管见。

## 一、良知内在性

笔者在一部前几年出版的旧著中，曾经开辟章节对阳明心学的"良知自知"及"良知独知"的问题进行了考察[②]，指出"良知自知"对于阳明心学而言非常重要，构成了阳明良知学的基本特质，也是理

---

① 这5篇文章是：《从"自知"的概念来了解王阳明的良知说》(第126—133页)、《论王阳明"良知"概念的演变及其双义性》(第167—187页)、《后期儒学的伦理学基础》(第271—283页)、《王阳明及其弟子关于"良知"与"见闻之知"的关系的讨论》(第294—306页)、《我对阳明心学及其后学的理解困难：两个例子》(第473—488页)。以下引用这5篇文章，直接标注页码。

② 以下所述详见拙著：《〈传习录〉精读》，复旦大学出版社2011年版，第六讲"良知学说的提出"第3节"良知自知"、第4节"良知独知"，第111—117页。

解阳明良知学的关键所在。那么，何谓"自知"呢？揆诸阳明文献，例如：

> 知是心之本体，心自然会知。
> 盖思之是非邪正，良知无有不自知者。
> 良知自知，原是容易的。
> （凡意念之发，其善与不善）惟吾心之良知自知之，是皆无所与于他人者也。①

为了应对耿宁对阳明原典的一种特殊的文献年代学的"嗜好"——他认为对阳明学的发生及发展历史的了解是其对阳明学进行诠释的前提，因而这里对以上4条资料的出现年代先略作交代。第1条出现在《传习录》上卷徐爱所录，应当是1512年的记录②；第2条乃是阳明《答欧阳崇一》中语，据《年谱》，该书作于嘉靖五年（1526）③；第3条资料为阳明弟子黄直所录（一说为钱德洪录），年代已无法确考，盖属嘉靖元年（1522）以后阳明晚年语则可无疑；第4条资料则是阳明遗著《大学问》书中语，属阳明最晚年的作品。

年代虽有早晚，但从这批资料所述的核心观点看，其意则是完全一致、互相贯通的。其中都出现了"自知"这一概念（第1条"自然会知"，意同"自知"），该词应是这批资料的核心词汇，亦即关键词，当

---

① 以上4条原文分别见：《传习录》上，第8条（条目数字据陈荣捷：《王阳明传习录详注集评》，台湾学生书局1992年修订版，下不另述）；《传习录》中《答欧阳崇一》，第169条；《传习录》下，第320条；《大学问》，《王阳明全集》，上海古籍出版社1992年版，第971页。

② 关于《传习录》的刊刻史，参见陈荣捷《王阳明传习录详注集评》卷首《概说·甲·传习录略史》，徐爱录14条，时在正德七年（1512），见该书，第7页。

③ 按，《传习录》中卷为南元善刻于嘉靖三年（1524），早于《答欧阳崇一》两年。陈荣捷谓《年谱》与《传习录》刊刻的记述，两者必有一误（《王阳明传习录详注集评》，第240页）。我以为《传习录》中卷的原刻本虽是南元善刊于嘉靖三年，然而经过钱德洪的增删重刻，已非南本原貌，故录有多封晚于嘉靖三年的书信。要之，属于阳明晚年的资料，当无可疑。

可无疑。概言之,"自知"概念强调的无非是良知自己知道这一观点,细言之,这里的"自"即"自己",强调的是良知作为一种"知"的内在性、内发性;此外还有一意,"知"是"自然"之"知",而在这里的语境中,此"自然"盖谓"心体之自然",意近"必然",是对动词"知"的一种状态描述,强调了"知"的必然性。故"良知自知"这一命题,涵指作为道德意识及道德判断之根源的"良知"的内在性和必然性。

须指出,关于良知内在性,阳明晚年往往用"独知"来加以表述,如"知得良知却是谁,自家痛痒自家知"①。关于"良知"必然性,阳明晚年则常用"良知即天理"这一命题来加以阐明,如"盖良知只是一个天理自然明觉发见处"②。另外,"良知"还有一层绝对义,如阳明所言"无声无臭独知时,此是乾坤万有基"③,便是表明"良知"绝对性的典型表述,只是这层义理在"良知自知"之命题以外,这里暂不讨论④。总之,"良知自知"(或"良知自觉")表明"知"在本质上是一种"己知"或"独知",而他人莫知,但这只是对"自知"一词之特性的"现象学"描述。若要追问"自知"一词的确切含义,则我们可以说,"自知"是要表明"良知"作为一种"德性之知"的道德判断之根源在于"自己"——此即表明良知的内在性。而此"内在性"并非仅指良知在存有论上内在于人心,更是指良知在实践行动中必然"自心

---

① 《答人问良知二首》,《王阳明全集》,第791页。
② 《传习录》中《答聂文蔚·二》,第189条。
③ 《咏良知四首示诸生》,《王阳明全集》,第790页。
④ 按,牟宗三则有良知三性说,以为"知是知非"是良知的主观性,"良知即天理"是良知的客观性,良知是"乾坤万有基"则是良知的绝对性(参见牟宗三:《从陆象山到刘蕺山》,台湾学生书局1984年版,第217—220页),该"三性说"出自林月惠的归纳,参见其文:《阳明与阳明后学的"良知"概念——从耿宁〈论王阳明"良知"概念的演变及其双义性〉谈起》,载《纪念王阳明逝世485周年学术研讨会论文集》,2014年1月,第218页。

所见"①——亦即良知"本己"("真己"②)的直接呈现。

耿宁《从"自知"的概念来了解王阳明的良知说》首先表示阳明的良知概念的基本意义并不容易把握，与他的"心理学概念""有所出入"，因此他表示只能透过他"自己的范畴去了解它"，进而提出"一个关于王阳明良知说的阐释性假设"，而这个"基本假设是：王阳明的'良知'一词所指的是'自知'"，同时，他也深知"这个假设当然一定要由王阳明的言论去证实"。(《心的现象》，第 126 页)当然，他也了解在阳明的思想术语中，"自知"一词出现的频率很高，而非他的自设之词，故其所谓"阐释性假设"并不是语言学意义上的，而是哲学意义上的。

在他看来，若要展现阳明"良知自知"的基本意义，最好的办法是通过与其他的思想资源（例如现象学）的比较，于是他试图用布伦塔诺的"内知觉"、胡塞尔的"内意识"或"原意识"、萨特的"前反思意识"以及佛教唯识宗"自证分"来具体阐明"自知"其实就是"所有意识作用的共同特征，即每个意识作用都同时知道自己"(《心的现象》，第 127 页)的意思。耿宁在另一篇探讨欧洲哲学史上"良心"概念之问题的文章中，指出欧洲词语（包括拉丁语、日耳曼语等语系）的"良心"相当于中文的"良知"一词，而从欧洲词语的发展史来看，"良心"作为一种"与知"，都意指一种"自知"或"关于自己的知"，也就是不是一种关于"物"或关于"他人"的知。(《心的现象》，第 190 页)据此，我们可以了解良知自知具有普遍性特征。应当说，耿宁的这一揭示甚为重要，他至少表明中西方有关道德哲学的思考正是在"良知自知"这一关节点上可以互通，尽管不同时代的各种哲学理论对此问题的解释并不完全一致。

---

① 《传习录》上，第 96 条。
② 《传习录》上，第 122 条。按，耿宁更喜欢用"本己实在"来表述这层含义，详见后述。

重要的是，耿宁并没有停留在借西方现象学或中国唯识学来解释阳明的"良知自知"之义，他在强调"王阳明的'良知'也就是自知"的同时，更强调指出这种自知既与现象学"原意识"、唯识宗"自证分"之概念的含义"基本上是一致的"，同时又指出阳明的良知自知理论与现象学和唯识学存在"相当的差异"（《心的现象》，第130页）。所谓"一致"，盖指良知作为一种道德意识必自己意识到自己；而所谓"差异"，则主要是指与现象学"内意识"跟实践活动和道德评价之间没有必然关系这一观点不同。阳明的良知自知则"不会是一种纯理论、纯知识方面的自知，而是一种意志、实践方面的自知（自觉）"，而且"王阳明的'良知'不仅是一个意志或者实践方面的自知，还是一个道德方面的评价"。（《心的现象》，第131页）这里涉及"意志""实践"及"道德评价"等三个方面的问题。关于意志的自知，他引述了王阳明的一段话来证实："意则是有是非，能知得意之是与非者，则谓之良知。"而良知这种有关意志的自知还包含一个对于这个意志的价值判断，按阳明的说法，即"良知只是个是非之心，是非只是个好恶，只好恶就尽了是非"①，此"好恶"便意味着"行为"或"实践"方面的自知。因此从根本上说，"王阳明的德性之知（良知）不是对他人行为的道德评价，也不是我对于他人对我的行为的道德评价之内心转向，而是原来自己意志的自知评价"，这就充分说明良知之本质"并不是是非，不是道德判断，而是自知"（《心的现象》，第132页）。也就是说，良知作为"是非之心"的自知，作为一种"道德判断"的实践，其根本特质并不取决于"是非"或"道德判断"的具体内容，而是取决于"自知"的实践方式。

更重要的是，"自知"既是良知的实践方式，也是一种"本己实在"的存在方式，唯其如此，良知才能成为所有意识活动之"意向作

---

① 《传习录》下，第288条。

用的起源",更能成为"'心(精神)'的作用对象之总和的世界的起源"。这个说法证诸阳明之言,当即阳明所说的良知是"天渊"、良知是"意"之主宰、良知是"心之本体"、"良知即天理"等命题的应有之义。设若良知自知不是"本己实在",恐怕良知就不能是"意向的伦理价值的意识",换种说法,"如果'本原知识之本己本质'既产生出善的意向,也知道由于利己主义而对它们的'阻碍与遮蔽'以及人心中对'物'的执着,那么这种知道也是'良知'"。在此意义上,可以说良知自知作为"本己实在"既是"意向作用的起源",又是意识对象的"总和的世界的起源",耿宁强调:"王阳明将这种'本原意识'视为所有心理活动或意向的根本实在或实体(体)。"(《心的现象》,第278页)这个判断与阳明强调的良知不仅是工夫论意义上更是本体论意义上的存在这一观念立场是吻合的。在耿宁看来,王阳明的良知是一种伦理的自身意识,但它也是某种绝对的存在,甚至就是天地的起源;而阳明对这个绝对之物的思考不同于笛卡尔的"意识"或"统觉"或佛教唯识宗的"自证分",尽管良知作为绝对之物,与禅宗的佛心相似,但阳明的良知陈述并不诉诸佛教,而是最终诉诸他自己的生命经验。(《心的现象》,第282—283页)

要之,以上种种对阳明良知说的诠释,表现出耿宁对阳明心学的义理之了解已达到相当的深度,尽管其对阳明心学的文本解读仍有一些值得探讨的余地,而且其运用"本己实在""本原意识"或"本原知识"等概念术语来解释阳明的良知也不免有"以西释中"之"嫌疑",但是耿宁基于跨文化的比较立场而对阳明心学提出的解释足以引起我们的重视,特别是他强调阳明的良知不是纯知识方面的,而是一个有关意志与实践方面的"自知",此说堪称卓识。

## 二、良知双义性

《论王阳明"良知"概念的演变及其双义性》一文体现出耿宁既是专业的哲学家,同时又兼有汉学家的一面。在这篇文章中,耿宁并非一味注重对阳明思想的哲学诠释,他更注意将这种哲学诠释建立在对阳明思想的历史考察之基础上。不过坦率而言,耿宁运用其思想史知识,对阳明良知学所做的早晚期之分判,虽显示出其思虑缜密,但又未免有过度穿凿之嫌。

所谓"双义性",盖谓阳明良知概念存在早晚期之分,其标志是在1519—1520年之间在阳明身上发生的思想"转折",1512—1518年之间的阳明良知概念则被耿宁称为早期概念,相应地,阳明晚期的良知概念则是1520年以后逐渐演变而成的。据《年谱》所载,阳明正式提出"致良知"是在正德十六年(1521),然而中文学界的研究早已表明这个记录可能有误,至晚在1520年阳明已有"致良知"的明确说法,耿宁显然采用了这一研究结论。而且他也知道阳明曾说过"吾良知二字,自龙场以后便已不出此意,只是点此二字不出"这段历史记录。他甚至了解阳明门人黄绾(1480—1554)将阳明良知说的提出追溯至1514年的典故。但他欲追究的是阳明在1519—1521年之间的思想"转折"在"哲学上究竟意味着什么",而且他认为迄今为止的研究对于阳明"早期'良知'和'致良知'的概念的使用或者干脆闭口不谈,或者述而不论"(《心的现象》,第168页),这一研究态度是不可取的[①]。

那么,所谓阳明早期的"良知"概念究竟意味着什么?依耿宁

---

[①] 耿宁在此主要指的是英语学界的两部代表作:陈荣捷出版于1963年的有关《传习录》的研究以及秦家懿出版于1976年的有关王阳明的研究,书目参见该文末附"参考文献",第187页。不过他也提到钟彩钧《王阳明思想之进展》(台北文史哲出版社,1993年)及陈来《有无之境:王阳明哲学的精神》(人民出版社,1991年)的研究。他认为上述四部代表著作都忽视了阳明早年良知说的特殊意义。

的判断,1512—1518年间,阳明的一个核心关怀是人心的"善的能力或向善的倾向"(《心的现象》,第169页)如何可能的问题,只是在1519年对这一问题提出最终解答之前,"尚未使用'良知'这一术语……而'费却多少词说'","直到1519—1520年他才通过对'良知'这一概念的重新定义对上述问题做出了回答,并从那时起这一新的'良知'概念上升为他的生活、思想及学说的中心内容"。(《心的现象》,第169页)耿宁的上述思想史描述显然夹杂着他自身对阳明良知说的哲学理解,若就阳明思想的历史来看,耿宁的上述说法是有疑点的,他似乎看轻或者忽视了《传习录》上卷第8条阳明与徐爱的对话中出现的"良知"一词的重要性。事实上,以耿宁对阳明的了解,其谓阳明在1519年之前"尚未使用'良知'这一术语"可能只是一时的笔误,这一点并不重要,重要的是,我们必须认真面对耿宁言辞恳切的如下判断,亦即1520年前后阳明"良知"概念的发展"不只是对于王阳明的思想发展和对中国哲学的发展具有重要性,而且对人的道德意识的理解,对所谓良心的问题和伦理学的基础也具有普遍的重要意义"(《心的现象》,第169页)。由此可见,耿宁对阳明早晚期"良知"概念的"双义性"之问题看得很重。

在耿宁看来,阳明早期良知说的核心义与孟子有直接关联,即《孟子·尽心上》的那段脍炙人口的有关良知问题的阐述便是阳明早期良知说的主要思想来源:"人之所不学而能者,其良能也;所不虑而知者,其良知也。"耿宁分析道,孟子在此表明:"它们(引者按,指良知良能)好像首先是一种自发的心理动力、心理情感或者心理倾向。"(《心的现象》,第170页)此即是说,具有"不学而能、不虑而知"之特征的"良知良能"首先是一种心理学意义上的概念(尽管也是一种道德概念),而阳明早期良知概念"受到孟子这一阐释很大影响"(《心的现象》,第170页)。良知在早期阳明那里如在孟子那里一样,乃是"一种善的自发的倾向,如果它不受到压抑的话,它能自我实现"(《心的现象》,第170页)。此话何讲?耿宁以《传习录》上卷所载阳明与徐爱的一段著名对话来印证:"知是心之本体,心自然会知。……此便是良知,不假外求。若良知之发,更无私欲障碍。……所以须用致知格物之功,胜私复理,即心之良知更无障碍……"①在耿宁看来,这里出现的三处"良知"概念均指向孟子学意义上的"向善能力"或"向善倾向""向善秉性"。但是,对于何以阳明此处所言作为"心之本体"的良知只是意指"向善",耿宁却没有为我们提出更多的解释理由,他只是指出这种"秉性"表明人心的端倪或萌芽在不受压制的前提下,是会"自发地发展成为道德",换言之,作为人心之"端"——如"恻隐之心,仁之端也"的"端"——并不是已经完成了的"良知",也非"德性"本身。然而在我看来,这对阳明早期良知概念的理解是有问题的,至少有两点值得再思。

第一,且不说阳明自1508年"龙场悟道"之际对心体的体悟直至1521年以后,是否存在前后发展阶段的变化,而这种所谓的"发展变化"作为思想史的"事实性"描述是否成立,是值得细细追究的。退一步说,即便阳明关于良知概念的阐发在其不同时期有不同的表述,就此而言,我们姑且可以承认阳明良知说有早晚期之分,然而若就义理的角度言,所谓阳明的早晚期良知说,其实并不存在本质上的歧义,只是在表述上的侧重点略有偏差而已。我们就以上引1512年阳明与徐爱的对话为例,由其叙述脉络看,"自然会知"的"知"便是后文阳明明言的"此便是良知",准此,则第一句"知是心之本体"的"知"无疑就是"良知",因此这句命题其实就是阳明晚年屡屡言及的"良知者心之本体"之意。也就是说,无论是1512年,还是1520年之后,"良知"作为"心之本体"这一对阳明而言至关重要的根本义正是阳明所一贯坚持的而且是有理论自觉的,若将此与1508年龙场悟道之际阳

---

① 《传习录》上,第8条。

明提出的"心即理"之命题合观，则我们可以说"知是心之本体"已经蕴含了"良知即天理"的含义，因此，阳明晚期良知说的根本义已经包含在所谓"早期"的良知说之中，至少早晚期良知说的基本义并不存在根本差异。而对阳明心学稍有理解者大多知道，阳明在良知问题上的最大理论贡献莫过于将"良知"提升至"本体"的高度来加以论证，"知是心之本体"便是明证。也正由此，阳明良知学才得以真正挺立起来。而在"知是心之本体"这一命题之后接着出现的"心自然会知"一说，已如上述所言，正是阳明"良知自知"理论的典型表述。若承认"良知自知"乃是阳明良知学的核心义，则我们可以断定：1512年起，阳明就已充分表明了良知自知这一核心义。

第二，用"向善的秉性"来解释"良知"，不论是阳明早期还是晚期，这种解释都是有问题的。因为所谓"向善"一词，并不能与孟子"不学而能""不虑而知"意义上的"良知"概念相应，也不能与阳明"知是心之本体"意义上的"良知"概念相应。若不误解的话，"向善"一词的本来含义应当是指后天的一种趋于"善"的能力或倾向，既然是后天的，就必然是经验的、可变的而且是"习得"的，与"本来善""先天善"存在根本之不同，也就与孟子以"不学而能""不虑而知"来定义良知良能之含义存在根本差异。因为作为不学不虑的良知乃是先天存在于人心中的"本质"，即阳明"心之本体"的真实含义，其所表明的与其说是"向善秉性"，还不如说是生来具足的善之本性，即阳明早晚期屡屡言及的"至善者心之本体"①之意。事实上，孟子以"四端"来论述心善之本意，无非是要证明"性善"，此即徐复观《中国人性论史》反复强调的孟子之道德论证是"以心善言性善"。同样，阳明"知是心之本体"在继承孟子良知学的基础上，更为明确地从"心之本体"的高度来力证人心本善（同时也是对人性

---

① 《传习录》上，第2条；《传习录》下，第228、317条。

本善的一种证明）而非人心"向善"。要之，"知是心之本体"之命题盖谓人心在本质上就充分具备"良知"，反过来说也一样，"良知"是人心的一种本质存在而非"潜在"的向善秉性或向善可能（"潜能"）。在这个意义上可以说，在有关道德意识本源性的问题上，亚里士多德的"潜能/实现"的分析模式并不适合用来解释孟子学、阳明学的良知概念。

那么，1520年阳明究竟遇到了什么问题，从而导致他的良知说发生变化？依耿宁，问题可以归结为："作为具体的个人如何能够在他的每一具体情况下将他的私（恶）意从他的向善的倾向或'诚意'中区别出来？"（《心的现象》，第174页）细按之，此一问题之实质在于：人对自己的意念的道德品格并不是一开始就十分清楚的，人可能把私欲当作善的意念，或者说人们仍习惯于传统的看法，以为意念中既有善又有恶，而这种善恶只是相对意义上的①。正是为了应对这一问题，1520年阳明发展出来的"新的'良知'概念"的术语却是"是非之心"，并以此来"命名上述能够区分善与恶的意念的东西，但在此处他还没有完全将这一术语与'良知'相提并论"（《心的现象》，第178页）。然而，耿宁的上述判断是否有史实依据呢？就文献年代学的角度言，的确如耿宁所言，"良知只是个是非之心"②，"是非之心……所谓良知也"③等表述见诸阳明晚年的言论，而在《传习录》上卷中并没有出现④。但是一个显而易见的事实是，对阳明而言，当他使用"良知"概念时，在其头脑中首先浮现的肯定是孟子，而孟子"是非之心，知也"，"是非之心，人皆有之"，应当早已是宋明儒的共识，自然也应

---

① 耿宁表示可以参考《传习录》上，第101条有关"薛侃问草"章。按，该条语录详细记录了阳明早年有关"无善无恶"问题的观点。依耿宁，这条语录显然表示阳明所言心体之善恶只是相对义的善恶。
② 《传习录》下，第288条。
③ 《传习录》中，第179条。
④ 另参见拙著：《〈传习录〉精读》第六讲第二节"是非之心"，第109—111页。

当是阳明良知说的题中应有之义，对此我们毋庸置疑。阳明晚年反复提及孟子的良知说，的确表明1520年后，阳明更自觉地将自己的良知说上溯至孟子，其目的是为自己的思想观点找到权威性的证明，并不足以表明所谓"早年"阳明良知说对"是非之心"一词的不了解。如果真像耿宁所说，以"是非之心"来重新定义"良知"乃是阳明晚年提出的"新的良知"学说，这反倒是不可思议的。

但问题并不简单。耿宁之思虑略显复杂的原因在于，他在努力思考并企图解答的问题是，对意念之道德品格（善与恶）的判断依据不能诉诸易受私欲遮蔽的人心或意念本身，而必须诉诸"意念的自身意识"（"意念的对自身的知"），亦即作为"本原意识""本原知识"的"良知本体"。那么，何谓"本体"呢？这又是一个棘手的问题。耿宁在《我对阳明心学及其后学的理解困难：两个例子》一文中，对"本体"概念做了两种区分：一是"某种类似基质（Substrat）和能力（Vermögen）的东西，它可以在不同的行为或作用中表现出来"；二是"某个处在与自己相符的完善或'完全'状态中的东西"。（《心的现象》，第474页）前者是相对于"用"而言的，如阳明所说"如今要正心，本体上何处用得力"①的"本体"便是此意，其性质类似"单纯实体"或可称为"单纯的'本体'"（《心的现象》，第474页）；后者则"不可能意味着在与其作用之对立中的一个单纯实体"，而是"完全本质"，耿宁举例道，"知是心之本体"的"知"便是"心的完全本质，属于心的真本质。某物的真本质也包含它的各个作用"（《心的现象》，第475页）。显然，耿宁所谓的阳明"新良知说"的"良知本体"应当是指这里的第二层"本体"义。

诚然，耿宁以其自身的解释构架出发对"本体"一词提出的理解是言之成理的，再就阳明所言良知本体的具体含义看，耿宁的解释也

---

① 《传习录》下，第318条。

是言之有据的。的确,"本体"在宋明儒的语境中存在两层含义,用中文术语来表述的话,一是指"本然体段",即事物存在的本来状态、本来属性;二是指相对于形而下而言的形而上存在,即事物存在的所以然之故,用阳明语言来讲,就是"真己"或"良知"、"心体"之本身。根据这里的第二层"本体"义,与阳明"旧的"良知概念所说的向善秉性不同,"新的"良知概念则表明良知是"一个直接的道德意识,一个直接的对所有意念的道德的自身意识(不是事后的反思,不是对前一次意识行为的第二次判断,而是一个内在于意念中的自身判断)"(《心的现象》,第182页),前者的"旧的"良知最终不能解答人如何能判断自己意念的道德品格,而后者的"新的"良知从根本上说已经不是"意念","也不是意念的一种特殊的形式,而是在每个意念中的内在的意识,包括对善与恶的意念的意识,是自己对自己的追求和行为的道德上的善和恶的直接的'知'或'良心'"(《心的现象》,第182页)。

应当说,耿宁对良知本体的上述理解强调了良知本体是"一个直接的道德意识"之观点,对于我们理解阳明良知学具有重要的启发意义。但是令我们不解的是,如果说1512年既已提出的"良知自知"概念所表明的是"直接的道德判断"(《心的现象》,第479页),如果说1520年才形成的"良知本体"概念是"一个直接的道德意识",即"良知本体"或"良知本色"意义上的良知,意指良知的完全本质(《心的现象》,第480页),那么,前者若无后者作为基础,所谓"良知自知"的"直接的道德判断"又如何可能?答案很显然,耿宁的上述"诠释性假设"将难以"使王阳明关于良知的论述形成一个有意义和有系统的理论"(《心的现象》,第480页),也正由此,所以我们对于耿宁过于强调在阳明思想演变过程中存在所谓"新"与"旧"的良知说这一历史判断始终难以释疑。

不过究极而言,义理判断或思想诠释毕竟不同于史实表述,而思想诠释的问题也根本不同于史实真伪的问题,两者本应区别对待。在笔者看来,若隐去所谓"早晚期"之分,耿宁对阳明良知概念的诠释亦可完全成立,尤其是他认为阳明晚年有关良知本体之说,对于我们理解道德意识问题及伦理学基础问题具有普遍意义的提法当非故作惊人之语。

## 三、良知实践性

如上所述,耿宁透过与现象学意识理论的比较,明确指出与现象学"内意识"跟实践活动和道德评价之间没有必然关系这一观点不同,阳明的良知自知不是一种"纯理论、纯知识方面的自知","而是一种意志、实践方面的自知(自觉)",突出强调了阳明良知学的实践品格。的确,良知自知首先是指向"实践"方面的,例如当阳明说"只好恶就尽了是非"①,其意盖谓有关"是非"的道德判断已经不再是"一种理论上的判断,而是'爱'与'恶'(wù)"这一源自良知自知的直接判断,也就是一种"直接的关于意念之道德品格的自身判断"(《心的现象》,第183页);又如当阳明说"是的还他是,非的还他非,是非只依着他,更无有不是处"②,这种"还他是"(肯定)与"还他非"(否定)也显然不是一种理论的判断,而是一种"好恶"的行为,是良知对意念做出道德评价的自身意识(《心的现象》,第288页)。正是在此意义上,可说良知自知直接意味着良知的实践性。耿宁的上述观点无疑是对阳明良知学的重要阐释,值得重视。

但我们也应看到,在耿宁强调这一观点的背后,显然有其对西方哲学在思考良知或良心等道德意识问题时,往往偏向于纯思的知识上

---

① 《传习录》下,第288条。
② 《传习录》下,第265条。

的了解抱有某种批评意识，这一点尤其难能可贵。[①]他曾谦虚地承认他自己还不一定能把握阳明良知概念的"基本意义"，但他同时也指出，只要通过一种诠释性假设，以他自己的"范畴"就不难"了解它"。（《心的现象》，第126页）换言之，若要对阳明良知学做知识上的了解，其实是不难的，对于西方哲学家而言，同样可以做到这一点。然而良知的实践性表明，如果仅满足于对良知概念的知性理解，而不能做切身的体验，那么有关阳明良知学的许多问题将难以解释，也将难以获得真正的了解。例如耿宁坦率地承认他自己由于缺乏体验而始终无法理解阳明后学王畿（1498—1573）提出的"一念自反即得本心"（按，与此同义的另一命题是"一念入微归根反证"）这一"修行语式"（praktische Formel）之命题的确切含义。为避枝蔓，我们不准备讨论王畿的思想，也不能深入涉及耿宁有关王畿思想的解释，我们所关注的是耿宁为何做这样的表示：王畿有关"伦理修行（功夫）"及有关"这些修行经验之描述"是其对阳明心学及其后学的两个"理解困难"之一。

事实上，耿宁对上述王畿命题中的"一念""入微""自反""归根""反证"等术语展开了详细的语义学及哲学的分析探讨，同时他的探讨还指向阳明后学聂豹和罗洪先的"静坐"实践问题，并感叹道："对我（按，指耿宁）来说，真正理解王阳明及其后学的'致良知'伦理实践是多么困难。"（《心的现象》，第487页）我们应注意耿宁的措辞，他这里说的是"伦理实践"的问题而非"伦理知识"的问题。在《我对阳明心学及其后学的理解困难：两个例子》一文末尾处，耿宁道

---

[①] 不过耿宁也指出，在西方哲学史上有关良知观念的思考与中国哲学相"类似"的学派，可能只有斯多葛学派，而该学派在当今的大学和学术界"也许不像柏拉图和亚里士多德创立的学派那样有名，其原因可能在于，对于斯多葛学派来说最重要的不是哲学理论，而是一种哲学的生活方式"（《心的现象》，第190页）。据此可见，在耿宁的观念中，中国哲学与其说注重理论毋宁说更注重"一种哲学的生活方式"。

出了他的一个重要观点:

> 在理解王阳明及其后学的"心学"方面的这第二种困难(按,指"一念自反即得本心")并不像第一种困难(按,指阳明的"本体"概念)那样,仅仅涉及某些哲学基本概念的含义的困难。这第一种困难可以通过对这些概念在中国哲学史上的使用的研究而以解释学的方式得到广泛的解决。……第二种困难无法以这种方式得到解决,因为它们之所以产生,是因为研究者缺少一种精神经验,唯有通过这种经验,心学的某些陈述,例如王畿的那个八字句,才能真正得以明了。(《心的现象》,第487页)

可以看出,耿宁对自己的专业哲学家的身份有充分的自觉,也正由此,所以他能明察到:对于"修行语式"的命题而言,它需要某种"精神经验"才能获得"明了",换言之,有关实践命题属于体验而非解释的领域。所谓"明了",意近"体悟",相当于耿宁翻译王畿"悟"之概念所常用的语词——"明见"(Einsicht),意指人在精神上与"良知本体"达到完全"合一"或"契合"(《心的现象》,第480页)。

耿宁表示自己对阳明学的某些命题"不能真正理解",就是因为他根本无法做到心学主张的那种实践,尽管这并不妨碍他对心学做现象学的解释。须指出,事实上不仅是王畿的"一念自反即得本心"是一"修行语式"的命题,宽泛地说,阳明的"致良知"何尝不是如此?理由至为明显:良知必导向"自知"意义上的直接道德判断,因而决定了良知本身就具有实践性之特质;换言之,致良知这一工夫论命题取决于良知的实践性,而致良知直接意味着良知自知。耿宁也明确地意识到"致良知"须以"默默实施"作为必要的前提,而后"才能现象学地理解这种实践",另一方面,只有对"致良知"这一伦理实践做"现象学反思","才会使我们有可能对它们做仔细的客观陈述以及交互主体的概念传达",而心学传统能否得以传承下去,将在很大程度上有赖于这种"客观陈述"和"概念传达"。因此他的最终结论是:"现象学的意识分析可以为中国传统心学提供有益的帮助。"(《心的现象》,第488页)无疑地,我们有理由相信耿宁长期以来对中国心学所做的现象学诠释的努力,特别是他的生命之作《人生第一等事》的出版问世,为我们重新理解心学传统无疑提供了重要的参照系。

## 四、小结

不待说,耿宁《心的现象》一书提出了许多富有启发性的观点,至少有以下两点值得关注也值得吾人再思:其一,他通过建立心学与现象学的对话关系,进而对中国心学传统提出了独创性的解释,以为"良知自知"之命题的提出,使得阳明良知学"远远超出了孟子"(《心的现象》,第305页)。这个说法是建立在以下的判断之基础上的,即阳明的"良知"已超出了孟子学的"四端"之心,良知之本质已不是意念也不是意向本身,而是一种"自知","一种对意念的当下直接的觉察"(《心的现象》,第305页)。其二,他意识到自己作为专业的哲学家,他所能做的是对良知学的现象学解释,而这种解释并不意味着对良知学的彻底"明了"。反过来说,正是由于难以做到对致良知的切身体验,难以真正进入良知学的实践领域,故而不免与中国心学传统尤其与阳明后学所热衷探讨的工夫论问题产生"隔膜"。

当然,要对耿宁上述两个重要观点提出批评是容易的,即他可能疏忽了孟子"四端"之心与阳明晚年的良知学所具有的一脉相承之关系,而他有关理论问题与实践问题难以统一的观点也有可能忽视了阳明心学揭示的"知行合一"这一在当今世界仍具有"普世性"(余英时语)的实践意义。但是我们也必须承认:耿宁对学术与行为、学者与实践家这两个"世界"的严密区分,足以令我们反省:难道我们在当下缺乏"致良知"之实践的情况下就有资格宣称已对阳明心学获得了最终的"明了"吗?

总之,对耿宁而言,他可以做到"现象学"地理解心学理论及其实践,并能尽量做到客观陈述和概念传达,这是他对自己的"学者"身份的一种自觉;而对我们而言,对良知学的现象学解释固然有必要虚心倾听,然而撇开"实践"所获得的所谓"解释"只不过是纯知识的解释而已,其在学术上固然有其意义,但重要的是在获得"解释"之后,如何将良知理论付诸实践,才是关涉我们"安身立命"的关键,质言之,这也就需要我们省思良知的实践性在当下如何可能的问题。

# 唯识宗的记忆观与时间观

## ——耿宁先生文章引出的进一步现象学探讨

### 张祥龙

（中山大学珠海校区哲学系）

耿宁（Iso Kern）先生的文章《从现象学角度看唯识三世（现在、过去、未来）》（《心的现象》，第155—166页）[①]篇幅不长，却很有启发性。它通过玄奘、窥基、熊十力等人的著作来阐述唯识宗的时间观，并从胡塞尔现象学时间观的角度来批评或补充前者。实际上，作者以这种方式还提出了更多的问题，比如他在文末说自己的研究只限于唯识宗所阐发的"一般人对时间的意识"的看法，还未涉及它如何看待人"开悟之后对时间……新的理解"（《心的现象》，第166页）；又说到"唯识宗关于潜在意识（即功能、阿赖耶识）的理论"可以让现象学学到不少东西。这是很有见地的。本文就想接着耿宁的研究，尝试着再向前行，并对于"时间"，特别是"原时间"这个几乎是最关键的现象学和哲学的问题做些思考。

---

[①] 耿宁：《心的现象——耿宁心性现象学研究文集》（以下简称《心的现象》），倪梁康等译，商务印书馆2012年版。下文引用该书仅注明书名和页码，其他文献同此。

一

耿宁认为，唯识宗主张"回忆过去和预想未来是第六识（即意识或末那识）[①]的作用。……属于第六识中的独散意识或独散末那识"（《心的现象》，第155—156页），而且是属于"独影境"（与感知对象所属的"性境"相对）中的"无质独影境"（《心的现象》，第158页），也就是没有真实依据（"质"）的意识自造自别，即所谓"意识活动所［自身］[②]变现的亲所缘缘，没有［像感知外物时那样有所依仗的］疏所缘缘"（《心的现象》，第159页）。换言之，建立于回忆和预想之上的时间意识是意识自己构造出的"影象相"（《心的现象》，第158页）。按照熊十力的解释，它甚至是心的"妄作"（《心的现象》，第159页）。虽然耿宁通过审查窥基的话纠正了熊的阐述，肯定唯识宗讲的回忆和预想起码有一些"带质之境"的意思，即有相应的过去生活的"因"和未来生活的"果"，所以起码是"有主体方面的基础（因缘）"的。（《心的现象》，第161页）

但是，唯识宗毕竟是完全基于现在来认识时间的，所以无法真正解释时间的可能性。具体说来，运用唯识宗的三分说[③]，即每个意识都有作为意识活动的见分、意识对象的**相分**和它们所依据并再次成就的**自证分**（《成唯识论》卷二，第134页）[④]，我们可以这样来看待回忆："回忆，作为一种意识活动，属于见分；所回忆到的过去的事情，即回忆的对象，属于相分；我们回忆的时候知道或意识到我们回忆过去，

---

① 按唯识宗的八识说，第六识（意识，mano-vijñāna）和第七识（末那识，manas-vijñāna）在梵文中都以"末那"（manas，意、思量）为根。但在汉译或汉语佛教文本中，为区别计，第六识被称为"意识"，第七识才被称作"末那识"。

② 本文中方括号为笔者所加。

③ 玄奘、窥基追随唯识论师护法，主张四分说，即每一识都有见分、相分、自证分和证自证分。耿宁这里不考虑第四分，认为只需前三分就够了。

④ 玄奘译，韩廷杰校释：《成唯识论校释》（以下简称为《成唯识论》），中华书局1998年版。

这属于自证分。"(《心的现象》,第 156 页)而按唯识宗,这三分"都是同时的"(《心的现象》,第 157 页),也就是都属于**现在识**的。预想也可以如此看待。但问题在于:"如果回忆和预想仅仅有现在的相分(上面[窥基的]《枢要》中的说法不改变这个立场),就不可了解,它们如何意识到过去和未来。"(《心的现象》,第 162 页)这个判断不错,即便考虑到唯识宗的"熏成种子"说,即现在的现象由过去生活的积淀或熏习而缘发出来,也无法解除这个困难,因为我们看待这种子熏成和变现的立场完全在现在,被回忆的内容可以属于过去,但我们无法直接体会到这内容的过去时态。所以,回忆和预想属于无质独影境,它总是被拘限在意识自造的亲所缘缘之中,达不到有自身依据的他者,也就是真实意义上的过去和未来。"[过]去[未]来世非现[在]非常[住],应似空华非实有性。"(《成唯识论》卷二,第 70 页)

耿宁要从现象学角度来补充唯识论的这个不足,提出:"我们回忆过去的时候,不仅仅知觉到一个过去的对象(一个过去的世界),而且也知觉到一种过去的意识活动。"(《心的现象》,第 163 页)所以在观察时间现象时,就不能止于现行意识化的唯识三分说。他在玄奘(或玄奘的译述)论证自证分之所以必要的文字中找到根据。他没有引原文,但应该是这一段:"相、见所依自体名事,即自证分。此若无者,应不自忆心、心所法,如不曾更境,必不能忆故。"(《成唯识论》卷二,第 134 页)用白话文表达就是:"相分和见分所共依的自体叫做事,也就是自证分。假若没有这个自证分,那么意识就不应该能够回忆起过去对自己呈现的心法和心所法,就像人如果不曾经经历过一个事物,就必定不能回忆起它来一样。[所以当时除了心和心所法构造的见分和相应的相分之外,必定还有对此见分的见证。]"对这一小段话,不同的注家有不同的解读,这里的白话解读近乎耿宁的和演培[①]的。耿

---

[①] 演培:《成唯识论讲记(一)》,台北天华出版公司 1989 年版,第 613 页。

宁认为它表明："我们不但回忆到过去的境（物质世界、色法、相分），而且我们也回忆过去的心和心所有法（意识和属于意识的心理特征）。既然我们不能回忆一个当时不知道的东西，那么我们在当时就应该有对当时的意识活动的自知（自证）。"（《心的现象》，第163—164页）由此就表明玄奘不认为回忆过去是虚妄的，尽管他在具体讨论回忆意识时还是局限于三分说或四分说。

这个论点是成立的。如果在论证自证分的存在时，要诉诸回忆过去这样的意识活动，那就说明回忆过去的真实性不亚于现行的三分或四分，不然它绝不足以支持后者。这也涉及耿宁对唯识论的补充之所在，即从现象学角度指出，回忆不只是对过去经历到的对象或相分的再现，以至于它只是一种变样的现在或现行，而是必同时再现过去那个经历的见分。"我不但回忆到那两辆撞坏的汽车和那两个互相对骂的司机，而且我还回忆起我看见过那两辆车子和那两个司机，以及我听见了他们的对骂声。"（《心的现象》，第163页）这无疑也是对的，我们的回忆应该包含对过去经验的见分的再现。但这种补充还没有完全解决问题，也就是真正回答回忆过去如何可能这个问题。

## 二

回忆中除了有我过去经验到的相分，还（因为有自证分而）包含了我过去经历到的见分，就说明回忆的真实性了吗？似乎不能。因为这见分还是可以被当作现行意识的活动来看待。比如，虽然我在回忆撞坏的汽车和对骂的声音时，同时回忆起我看见过它们、听见过它们，但这"看见过"和"听见过"——过去经验的见分和自证分——可以只活在现在的意识三分里，让我相信这是过去的经验，但却只是亲所缘缘。它不是没有过去的因缘或种子熏成过程，但这因缘却**只现行于**我当下的意识活动和对这活动的自证里，缺少时间本身的"质"感，所以是可以忆错而无自纠错依据的,无论是对过去经验的哪一分。相比于转识成智后的"十真如"(《成唯识论》卷十,第 680 页)和"如是法身"(《成唯识论》卷十,第 711 页)的实性无妄,这种对回忆的过去性的认证——而非对过去三分意识的再现——可以说是妄作或"空华"(空之花)。

小乘的说一切有部主张"三世实有"。它主张:虽然法用,也就是特定的现象只有现在,但因为"法体恒有"以及法用须依法体而成,所以从现在有过去的现行法用出发,依理而推,就必有过去世的法体。对未来世也可以这么推出。它有脱离佛教缘起说带有的现象学精神的倾向,所以遭到不少佛教部派,尤其是大乘佛教的批驳,力求不离人生的直接体验而获得对时间乃至整个世界的理解。唯识宗从唯识的立场摒弃"三世实有"及其变种,要求只在同时变现的意识诸分中来观看,这样就似乎只能承认现行和现识的真实性,只能将时间三相或三世看作无实性的独影境。由此看来,说一切有部以"法体恒有"推出"三世实有",驱逐了被我们当场感受到的时间真实性;而唯识宗乃至胡塞尔的现象学则以唯识现行说,踏平了时间真实性中必有的他者性,或原初意义上的疏所缘缘性,因而也错失了原时间的意义。为了赢得真实些的时间性,海德格尔将观察时间的立足点,从现在移到了将来;而列维纳斯和德里达认为那也只是现行存在的一种扩延,并未突破在场性的笼罩,于是要求时间和真实生存中有一种不被驯化的他者性或趋别性(延异性)。但在"不同于存在"的"无限的他者"中,似乎只有时间的破碎、三相的断裂,而没有真切的时间可能。

连以"内时间意识"和"时间性"起家的现象学都还捕捉不到时间,这似乎有些令人绝望。时间呵,你到底在哪里?难道奥古斯丁的慨叹——当无人问我时,我能体会到时间;一旦有人问我,我要去回答时间到底是什么时,它就溜走了——是不可破的魔咒吗?

## 三

耿宁先生的这一看法是对的,即唯识宗除三分说外,还可能有其他的对时间的看法。他提及两个可能,即开悟后的时间体验和阿赖耶识的理论中,可能有更丰富的时间思想。

虽然转识成智后的意识,按《摄大乘论》是"常住为相"(《摄大乘论讲记》,第319页)①,无生无灭,但同时又讲"所作不过时",即佛陀教化的"所作","决'不'会错'过'适当的'时'机"(《摄大乘论讲记》,第335页)。而且,以不输于中观派的见地,声称"烦恼成觉分,生死为涅槃,具大方便故,诸佛不思议"(《摄大乘论讲记》,第342页)。如果打通了"觉分""涅槃"之体与"烦恼""生死"之用,尤其是具备"大方便"这样的时机化意识,那么诸佛的开悟意识中就应该也有比较真实的对过去未来的意识,不然就谈不上行大方便。比如,佛行方便的无数方式之一就是让自己在现世的变化身或肉身死亡,以助佛法。《摄大乘论》讲到这么做的六个原因,大多与生死造就的时间性相关,比如佛如果久住世间,众生就不生恭敬尊重之心,不生恋慕而懈怠,于是佛就入涅槃,促使求法者们在痛失法父的时间状态中,生出仰渴心,精进修行。(《摄大乘论讲记》,第360—361页)它表明一个不再现存的、过去了的佛祖,对于佛教有着根本的开示意义。

《成唯识论》卷十讲到的四种涅槃中,第四种是"无住处涅槃",只有大乘心目中的佛陀才能有,在大悲(对众生的慈悲之情)中"不住生死、涅槃,利乐有情穷未来际,用而常寂"(《成唯识论》卷十,第687页)。在这个意义上,大乘就是不住涅槃或不执着于无时间涅槃的菩萨乘,而菩萨乘就是含有慈悲时间性和方便时间性的佛学与实践,

---

① 印顺:《摄大乘论讲记》,中华书局2011年版。

所以上面引文中毕竟提及"常寂"中的"未来际"。于是《成唯识论》将得到第四种的解脱智慧——成所作智——的心识境界说成："能遍三世诸法，不违正理。《佛地经》说成所作智起作［身、口、意］三业诸变化事，决择［所点化的］有情心行差别，领受［过］去［未］来现在等义。"（《成唯识论》卷十，第690—691页）如果这过去、未来和现在的时间可以被压扁为现在，那么这段话似乎就没有什么意义了。

唯识宗对时间的最敏锐感受，应该隐藏在它关于阿赖耶识的学说中。龙树的《中论》对一切非真切缘起的时间观做了犀利批判，表明执着于任何可把捉的东西，无论是精微物质还是精微观念，都不能说明缘起，并以"双泯"——既非甲亦非非甲——的方式指示出领会缘起底蕴的方向。开篇的"八不偈"就是双泯的鲜明体现，后边的每一次论辩都或明或暗地舞动这把双刃剑。但是，那"不生亦不灭，不常亦不断，不一亦不异，不来亦不出"的，到底是个什么状态或应该如何领会之呢？唯识宗提出阿赖耶识来回应，并力求能应对中观的彻底性要求。

阿赖耶识作为原本识与其他七识的最大区别，就是一种根本性的"能藏"，也就是能将其他所有识的原因、结果和自相都不分善恶、不加掩饰地一股脑儿地摄藏起来，让它们在自己的"恒转瀑流"般的本识中造成种子，任其存在、受熏、持住、变现、生灭，并由于无明而将它们乃至本识执藏为有自性的东西。所以印顺讲："阿赖耶［ālaya］是印度话，玄奘法师义译作藏；本论［即《摄大乘论》］从摄藏、执藏二义来解释。"（《摄大乘论讲记》，第26页）《摄大乘论》云："由摄藏诸法，一切种子识，故名阿赖耶，……于此摄藏为果性故；……于彼摄藏为因性故；……或诸有情摄藏此识为自我故，是故说名阿赖耶识。"（《摄大乘论讲记》，第25页）《成唯识论》则将"摄藏"改写为"能藏、所藏"："此识具有能藏、所藏、执藏义。"（《成唯识论》卷二，第101页）而所谓"藏"，具有胎藏、蕴藏、持藏而随时可触发变现为新的形态之义。它处于一切可设想的二元之间，将它们交合成的可能与现实都作为纯可能性保存、孕育起来以待实现或再实现。没有它，就没有根本性的连续，也就是在一多、生死、有无、来去的断裂中还能保持住的连续，一种根本的相互他者性中的连续，甚至是在刹那生灭中保持的纯功能连续，所以它被说成是"甚深细"，它孕持的"一切种子如瀑流"（《摄大乘论讲记》，第28页）。

这就是"不常亦不断，不一亦不异"。阿识本身（本识）没有贯穿自身的可言实体，尽管它可以被前七识分别执持为某种自体；而且，它从根本上就"可熏"，也就是被前七识熏染转变，并将此熏染保持，所以它"不常"。另一方面，它又能在最可变可熏、最无我无记、最虚假无明中摄藏住那使意义——不管是让生命堕落的意义还是让意识得拯救的意义——出现的深细连续，所以它又"不断"。它因此也就不是一个可把握的东西，其中含有不透明的他者，可以变得面目全非；但也不是**异**于一的多元存在，它真是混涵得无法捕捉。

但它是"不生亦不灭"吗？应该也是的。说阿识的杂染性时，它被论师们说成是种子识，而种子是有生有灭甚至是刹那生灭的，而且被某些论师断定为是与本识不一不异甚至没有根本区别的（《摄大乘论讲记》，第26页）。可说到阿识的清净性时，它又被视为可以被转化而成为智慧，而这智慧达到的清净法界是不生不灭的（《成唯识论》卷十，第708页）。所以，仅说阿识不生不灭还不够，还须同时说它有生有灭来对成方可。

它是"不来亦不去"的吗？就以上所涉及的四分识皆同时现行说而言，或就《成唯识论》的阿识三相——因相、果相和自相——皆现识（《摄大乘论讲记》，第50页）而言，它应该是不来不去的。但是，如上所争论的，当此阿识被转为净智后，反倒会"领受去来现等义"（《成唯识论》卷十，第691页），"无住为住"（《摄大乘论讲记》，第338页）。在这一点上，唯识宗尽管强调现识现行，但由于它的阿赖耶识的思想底色，它与般若、中观等典型的大乘佛学分享了"无住涅槃"的菩萨行特点。

印顺在解释《摄大乘论》的"非染非离染，由欲得出离"之句时写道："菩萨留随眠［烦恼］不断，才能久在生死中利生成佛，不然就陷于小乘的涅槃了。小乘不能由欲而得出离，因他不能通达法法无自性、染欲的本性清净，所以觉得有急需断除染污的必要。大乘圣者，了知法法自性本净，平等法界中，无染无欲可离，才能留惑润生，修利他行，得大菩提。"（《摄大乘论讲记》，第340页）但这"法法无自性、染欲的本性清净"，**对于唯识宗来说**，其根何在呢？当然只能在它的根本学说阿赖耶识里。如上所呈现的，阿赖耶识是"藏"——隐藏、持藏、孕藏——到了极点的无自性之识，能在极度的无定、无执中保持住"无覆无记"（无覆盖、无善恶分别）的意义，它里边岂不就已经隐藏着本性平等清净的智源吗？所以它赞颂的菩萨和佛的"一切时遍知，……所作不过时"（《摄大乘论讲记》，第335页），其时性既不是无他者性的一切时贯通，也不是三世实有之异质时，而是由阿赖耶识的执藏性、能藏性脱执现身的**蕴藏时间性**。因此，唯识宗也的确以自己的富于争议——包括它内部的大量争议——的方式，表达出了与小乘不同的、大致满足双否定要求的缘起观，其中就隐含有某种超出了现在中心论的时间观。

## 四

《成唯识论》明确讲到了回忆对阿赖耶识的依赖。比如这一段：

> 实我若无，云何得有忆识、诵习、恩怨等事？所执实我既常无变，后应如前，是事非有。前应如后，是事非无，以后与前体无别故。若谓我用前后变易非我体者，理亦不然，用不离体，应

常有故,体不离用,应非常故。然诸有情,各有本识[阿赖耶识],一类相续,任持种子与一切法更互为因,熏习力故得有如是忆识等事,故所设难于汝有失,非于我宗。(《成唯识论》卷一,第18页)

校释者韩廷杰提供此段大意为:

> 外人问难说:真实的"我"如果是没有的话,怎么能记忆过去的事情?……论主批驳说:人们所说的真实我体既然是常住而无变易,以后的我应当像以前的我一样,实际上,这种事情是没有的。以前的我应当像以后的我,这样的事情并不是没有,因为以后的我体与以前的我体没有区别。如果说我的作用前后有变化,并不是我体前后有变化,从道理上亦讲不通,因为作用不能离开本体,应当常有,本体离不开作用,应当是非永恒的。但是各个有情众生各有一个阿赖耶识,持续不断,能使种子和一切事物互为原因(一卷详释)。由于熏习的缘故而有如此记忆、认识、诵持、温习、恩爱、怨恨等事。所以,像这样的诘难,失败的是你们,而不是我们唯识宗。(《成唯识论》卷一,第19页)

反对唯识宗的人认为,基于此宗"万法唯识"的前提,要说明记忆及基于它的各种意识行为的可能性,就必须承认一个不变"实我"的存在,不然的话,真实记忆的前后连续功能就没有一个载体,于是沦为可以造假的虚构。但这样一来,佛教的"无我"说就被破掉了。唯识论师回答道:如果像你们主张的承认一个实我,那就会认为后来的我与以前的我是一样的,这不成立,不然还谈什么记忆?前我与后我之间必有所区别,才有后我对前我经历之事的记忆。但这也不是说后我与前我之间无连续,那样真实的记忆也不可能,所以"前应如后,是事非无"。可是该如何理解前后之我之间既区别又连续的关系呢？通过我体与我用的关系似乎可以解释之。我体在前后我之间不变，保证了他们之间的连续；我用则变，造成了他们之间的区别。但这只是用体用关系代替了前我后我的关系，仍然面临"用不离体，应常有故，体不离用，应非常故"的两难，或"常有"（连续）与"非常"（不连续）的对立。

此两难只能通过"本识"或阿赖耶识来破解，因为此识"一类相续，任持种子与一切法更互为因"。如上节所示，阿识有极度隐藏和能藏性，能在种子刹那生灭中保持深细的连续，但这连续又不是实我意义上的我体，而是与我用贯通的瀑流，具有根本的可熏可变性。于是它就能让任何一类存在者持续下去，让种子与一切法相或事物相互影响。在这种超出了我与他、体与用之二元分叉的"熏习力"中，"故得有如是忆识等事"，记忆乃至时间的可能就得到了说明。可见回忆和时间对于唯识宗不能只察究到第六识和自证分，甚至不能止于那富于回忆冲动并将其把持的第七识，其根必追溯到阿识才能说明白。①

## 五

阿赖耶识与现象学的时间观是什么关系？它似乎比较接近胡塞尔的内时间意识流。对于胡塞尔，内时间意识行为必然会构造起一条绝

---

① 本文未能涉及唯识宗对回忆与第七识关系的看法。倪梁康教授在中山大学曾向我提出这个问题。他首先同意本文的一个观点，即只通过前六识讲唯识宗的回忆观是不够的，但他认为唯识回忆说主要涉及第七识或末那识。当时在场的姚治华教授则认为唯识宗是在确立了第八识的学说之后，才有关于第七识的相关思想。因此，唯识宗的回忆说虽然与第七识很有关，因为它更有回忆的冲动，但其根还是要归为第八识。他并提及以前撰写的一篇关于"念"的文章，其中阐发了与此问题相关的佛教学说。两位教授的问题和评议对我很有教益，对于阅读此文的读者或许也有益，故在此提及并向两位教授和学友致谢。另外，倪梁康教授还指出，对于唯识来说，形成"恒续"的"习气"是中性的，既可以形成无明，也可以在转识成智中发挥作用。由此纠正了我原文中的一个错误。

对的唯一时间流。"每个过去的现在都以滞留的方式在自身中隐含着所有先前的阶段。……因此,每个时间显现都根据现象学的还原而消融在这样一条河流中。"(《内时间》,第147—148页)① 也就是说,对任何时间对象的感知或原印象都会引出对它的滞留,而这滞留是如此地原发和非对象化,以致继起的意识行为会将这滞留再滞留下去,由此而形成一条内时间流。"第一个原感觉在绝对的过渡中流动着地转变为它的滞留,这个滞留又转变为对此滞留的滞留,如此等等。"(《内时间》,第115页)而关于滞留的描述也适应于前摄,即原印象必带有的向前的预持。由于这向后向前的原发保持和预持,及对它们的再保持和更前预持,就成就了"一条唯一的意识流,在其中构造起声音的内在时间统一,并同期构造起这意识流本身的统一"(《内时间》,第114页)。

这内时间流有着保持过去所经历者的持藏能力,因为它是连续的,"包含着一个在前—同期中统一的各个滞留的连续性"(《内时间》,第115页)。它使得我们对过去经历之事的再回忆得以可能。"对这个旋律的全部回忆就在于一个连续性,它是由这样一些[由滞留和前摄造成的]时间晕的连续统所构成,或者说,由我们所描述的这种立义连续统所构成。"(《内时间》,第68页)同理,这时间流又不是实体同一,而总含有变机,因为除了滞留与前摄的交叠,没有任何实体之我的支撑。"这河流的本质就在于:在它之中不可能有任何持恒存在。"(《内时间》,第151页)就此而言,它类似于唯识宗讲的阿识。

即便阿识及其变现、持存的种子所具有的"刹那灭"(《摄大乘论集注》卷二,第11页)② 之义,与现象学时间的发生结构也可进行于双方有益的对话。所谓刹那灭,指种子生出后的"无间"(无间隔)刹那中,就马上坏灭。以此义来破除任何形式的常住不变说,因为如有

---

① 胡塞尔:《内时间意识现象学》(以下简称为《内时间》),倪梁康译,商务印书馆2009年版。
② 无著造论,世亲释论,玄奘译论,智敏集注:《摄大乘论世亲释集注》(以下简称为《摄大乘论集注》),上海古籍出版社2004年版。

常住，那么种子就不能从根本处受杂染诸法（各种假象）或净意智缘（如"闻熏习""无分别智"）(《摄大乘论讲记》，第284页）的熏习或转化，就不成其为阿识和种子，也说明不了人无明混世或转识成智的终极可能。但这样一来，阿识的连续性或"转"中之"恒"何在呢？唯识宗通过刹那间因灭果生来解释。

> 此［阿赖耶］识性无始时来，刹那刹那果生因灭，果生故非断，因灭故非常，非断非常是缘起理，故说此识恒转如流。(《成唯识论》卷三，第171页）

这里说的是：阿识及其被熏种子在刹那间生灭，指它作为原因湮灭了，但同时以"一类相续""自类相生"(《成唯识论》卷二，第124页）的方式生出了结果。这样就在承认根本可变性的同时肯定了"瀑流"般的连续性。于是讲"果生故非断，因灭故非常，非断非常是缘起理，故说此识恒转如流"。（大意是：因为刹那间有果生出，所以此阿识不承认截然的断裂；又因为刹那间作为原因的种识湮灭了，所以也不承认有常住。只有以这样的既非断裂又非常住的方式，才可以明了缘起的道理。所以，唯识宗认此阿识在根本转变中保持了连续，就如同瀑流一样。）

但这里没有解释刹那灭与刹那生之间是如何保持了"一类相续"或内在连续性的。或者说，只是反复断言阿识有"恒"的一面，种子有"引自果""恒随转""一类相续"的特点，却没有说明能够产生这种"恒"的机制，或从刹那灭到刹那生的接引机制。

胡塞尔的内时间现象学似乎可以提供一种有利于理解此恒随转的机制，这就是知觉时间对象必涉入的"时晕"结构。如上所及，这时间晕说的是：任何知觉都必有对当下印象的原发滞留和前摄，形成一个晕圈，而依其本性，此晕必交融于继起之晕和先行之晕，从而成就

一条无断裂的时流。胡塞尔写道:

> 如果我们观看意识流的某个相位(……),那么它会包含着一个在前—同期中统一的各个滞留的连续性;这些滞留是关于这河流的各个连续先行的相位的总体**瞬间**连续性的滞留(……是先行的原感觉的滞留的滞留,如此等等)。如果我们让这河流继续流动,那么我们就具有在流逝中的河流连续统,它使这个刚刚被描述的连续性以滞留的方式发生变化,而在这里,由各个**瞬间—同期**存在的相位组成的每个新的连续性都是与在先行相位中的同时总体连续性相关的滞留。所以也就是说,有一个纵意向性(Längsintentionalität)贯穿在此河流中。(《内时间》,第115页。黑体为笔者所加)

这段引文及它所依据的时晕构流说都表明,胡塞尔认为每个意识的"瞬间"通过它**必然具有的**滞留—前摄之晕而与先行的和继起的瞬间之晕相连续。既然是那么自发的滞留,就不可能有孤立的滞留,而不同时或同期有对滞留的滞留。换言之,胡塞尔讲的"瞬间"和唯识宗讲的"刹那",都不可能是一个完全不含滞留的孤点。完全无线无面的孤点是初等数学的抽象,而现象学所论证的是:即便在最纯粹的本质直观中,一个可以无穷小的瞬间也不会只有孤点而无滞留与前摄。我们首先生活在、思想于内时间中,用唯识术语就是活于阿赖耶识的瀑流中,而不是可以数学计点化的抽象时间序列里。

如此看来,阿识的刹那灭、刹那生的"刹那",不可能是孤点,其中必有哪怕极微极细的晕结构。它微细到不可辨别打量,无任何现成质地,但还是有晕,因而有与其他晕的交汇。也就是说,正因为此晕中的"现行"(当下实现)与其他的现行(已行、将行)并不完全隔膜,也不相同,所以那介于有无或现在过去之间的记忆和时间才可能。

实际上，胡塞尔讲的滞留就是、应该是非现成或非对象的，即它不是或不只是对一个现成印象的保持，而是在意识时间（而非物理时间）中与之同时的缘发生。没有这种不同于同一的原同时，"恒"及"恒随转"是不可能的。由于有此时流，有其中的滞留保持，所以其刹那生灭（无限的变化可能）不碍连续持藏（一类相续、恒时相续），再多的杂染也不会完全阻断净智的可能。

而阿识的摄藏力就应该来自其刹那生灭中的保持和预持。这种保持是如此地非对象，完全地"无覆无记"（《成唯识论》卷三，第164页），不计较一切属性，包括善恶，所以成为原能藏、原能持，是它使得其他的七识可能。而胡塞尔讲的内时间意识也是由于滞留和前摄造就的时晕流，具有最原本的发生性和保持性，使得意向行为依凭的权能性甚至感性材料可能。在这个意义上，内时间意识是一切意识、意义及生活世界的源头。

于是，基于这种时间意识流的先验自我，就有了"习性"（Habitualität）的规定。"'习性'在胡塞尔现象学中是指那些习得并持留下来的先验自我之规定。'自我'之所以获得这些规定，乃是由于它在意识流中既是一个同一稳定的极，同时又进行着所有那些在此意识流中出现的自身经验和世界经验；因为根据这种通过内时间的，或者说，通过活的当下的被动综合而得以保证的统一性，自我的每一个新的行为进行都作为决然性或持续的信念，即作为一种可一再重复的'执态'的权能性而在作为极的自我之中凝聚下来。"（《胡塞尔现象学概念通释》，第209页）[①] 这现象学的习性说，与唯识宗讲的"习气""熏习"和"种子"有某种可比性。唯识论师无性认为："非唯习气名阿赖耶识，要能持习气。"（《摄大乘论讲记》，第50页）印顺写道："本识与种子［习气熏成者］两者的合一，是赖识的自相［胡塞尔讲的受习性规定的自我或可以看作是此自相的一种］；种识的生起现行［意向行为］是因相；杂染法

---

① 倪梁康：《胡塞尔现象学概念通释》（修订版），生活·读书·新知三联书店2007年版。

'熏习所持'［意向行为及相关项在时间流中的积淀或被晕晕保持］，也就是依染习而相续生的是果相［含习性化自我］。"（《摄大乘论讲记》，第 50 页）它们作为各种"稳定的极""统一性""执态"或"执态的权能性"，构成了阿识"恒转"中的"恒"的一面。

当然，胡塞尔讲的内时间意识与唯识宗讲的阿赖耶识也有重要的区别，比如前者强调此时间河流是"绝对的主体性"（《内时间》，第 109 页），而唯识秉持佛教原则，主张"无我"，当然也不会认为阿识的本性是主体性，反倒视之为是第七识的妄持所致，"第七识［末那识］缘第八识［阿识］起自心相执为实我"（《成唯识论》卷一，第 16 页）。即便考虑到胡塞尔对"先验主体性"的超主客二元的和源自内时间意识流的看法，及他后期加深的交互主体性思想（《胡塞尔现象学概念通释》，第 452 页），他的立场与无我时间观还是有相当差距。

另外，阿识与内时间意识虽然有一个相似，即它们初看上去都是以现在为基点的，但深究之下，却并非如此。唯识宗对于回忆、预想和时间的认识，按本文第一节耿宁先生的介绍，是以第六识（意识）的现在行为为基准的。而胡塞尔时间观则以当下呈现的原印象为起点和中心，就是回忆和想象也是一种"当下化"（Vergegenwärtigung），即对感知的当下再造。但再追究下去，在胡塞尔看来，时间流的收敛极是先验主体性，而"在他的后期，胡塞尔将那种进行着最终构造的主体性的时间形式理解为流动的—稳定的'生动当下'"（《胡塞尔现象学概念通释》，第 531 页）；"胡塞尔在后期相信，他在'生动当下'的概念中找到了对先验主体性的充足的发生规定"（《胡塞尔现象学概念通释》，第 452—453 页）。而我们在上文里看到，唯识宗通过阐发作为回忆源头的阿识的"瀑流"特性，拒绝将它收敛到一个先验自我极和生动当下里，而是总让它不断经受转变和他者的折磨或重塑。在这个意义上，基于阿识的时间观就不一定要以现在为基点。

# 致博大，务精深
## ——耿宁先生两书读后

阎 韬

(南京大学)

三十多年来，汉语文化圈的现象学运动，一直在扎实有力的发展，它不仅改变了我国西哲研究的面貌，也深刻地影响了中哲研究。瑞士现象学家、汉学家耿宁教授于此有重大贡献，他不仅对中国学子传道、授业、解惑，同时亲作表率，运用现象学方法对中国哲学进行研究，结出累累硕果，集中体现在《心的现象——耿宁心性现象学研究文集》①与《人生第一等事——王阳明及其后学论"致良知"》②两部巨著中。前书四十万字，约有一半文章研究中国哲学，另外研究现象学基本问题的文章也往往隐含着东西会通的用意。后书九十万字，专门研究阳明学的核心观念形成与发展，许多问题的理解较前书更为深入。耿宁先生站在西方，面向东方，力推东西哲学思想之融通。他的研究致博大而务精深，成就卓著，度越前贤，成

---

① 耿宁：《心的现象——耿宁心性现象学研究文集》(以下简称《心的现象》)，倪梁康等译，商务印书馆2012年版。

② 耿宁：《人生第一等事——王阳明及其后学论"致良知"》(以下简称《人生第一等事》)，倪梁康译，商务印书馆2014年版。

为中国哲学与汉学的新高峰。

## 一

耿宁说:"我有这样一个印象:王阳明及其学派的思想为今日中国提供了源自其哲学传统的最活跃和最出色的推动力,而且我猜想,如果这个思想在概念上得到澄清,并通过个人经验和科学经验而得到深化,它就有可能是最富于未来前景的中国哲学研究。"① 近年来的阳明学热,为这番话提供了有力的证据。

对西方汉学家来说,阳明学颇有特点。它的文献基本上是口语化的材料,比一般的中文哲学文献更具浓缩、简化、流动和机缘性的特点,与系统论述大不一样,虽然意味深长但不够明晰,所以特别需要澄清。其实对中国学人也是一样。因此耿宁认为:"一门习常人类意识的普遍现象学应当可以使这些现象变得更容易理解。"② 他的研究工作,就是用当今被视为普遍现象学的胡塞尔现象学,对阳明学核心概念"致良知"和其他一些概念进行分析。

自胡塞尔开始,现象学家一直恪守"回到实事本身"的方法论,正因为如此,无论胡氏的理论现象学,还是海德格尔、舍勒、萨特等人的应用现象学都取得了举世瞩目的成就。耿宁说:"'回到实事本身'的主张符合哲学对原创性的基本要求;现象学作为一种贴近地面工作的哲学能满足在哲学研究中的一个最基本讨论平台的期望;现象学所倡导的直接直观的审视可以避免在哲学研究中出现过大而空乏的概念范畴;现象学的'严格'和'审慎'之治学态度可以促使研究者不再以真理的缔造者或拥有者去发布纲领、构建体系,而是面对具

---

① 耿宁:《人生第一等事》,倪梁康译,第10页。
② 耿宁:《人生第一等事》,倪梁康译,第13页。

体问题进行含有实事的描述分析。所有这些，都为现象学在东方文化中找到同道提供了可能。"①

耿宁的阳明学研究，实实在在地贯彻了现象学的方法，其博大精深由此成就。何以见其博大？学贯中西使他能够在两大文化传统中自由穿越，得心应手地处理他的课题。作为哲学家，他深刻理解中西哲学；作为汉学家，他精通中文，熟知先秦以降的哲学典籍。他能明白告诉读者，阳明及其弟子所用文献的本义与引申义，经常用注释指出他们言语中暗指的原典。因此他的巨著得以综罗百代，在全部哲学历史发展背景下，清楚阐释阳明学派各种观念的思想渊源与学术定位。他熟悉明代历史，用专章详述明代社会状况、官场生态、士人生活、学术活动等等，让人明白阳明学产生的时代背景。《人生第一等事》第一部分谈阳明，第二部分谈他的几位重要弟子，所论对象总共十来位，但是书上涉及他们的亲朋、讲友、论敌、弟子等共二百多人，对其中的每个人都尽可能地予以考证、介绍。而且，作者不但读万卷书而且行万里路，多次访问阳明及弟子的家乡以及书院、庙宇等当年讲学与会议的场所，他会告诉你，它们的具体地理位置、原貌与今天的遗存。因此，这部书格外丰满、生动、扎实，有极强的说服力。

何以见其精深？耿宁特别注重"直接直观的审视"，对于所论人物的著作，统统进行严格的文献学考证，以致专门写了一个较长的附录——"王阳明哲学原始文本的刊印史"，研究《传习录》《阳明先生文录》两书不同版本的年代，用以确定阳明思想的发展，显示编者的用意。对于阳明弟子们的书信、会语，他厘清年代，确定先后关系、问难答辩关系，为此处理许多笼统标年甚至未标年代的书信，分清同一文本的不同版本及其意义。尤其值得注意的是其精密翔实的概念分析，这是他的兴趣所在，也是其功力所在。他不但极为精细地分析它

---

① 耿宁：《心的现象》，倪梁康等译，第499页。

们的诸多义涵,而且还确定它们在不同语境中的确切内容。在分析阳明良知的三个概念时,他就写下整整一节文字——"关于'本体'与'体'的歧义性与同义性的术语上的前说明",指出这两个表达除了有诸多歧义,还有相当的同义性:既可以意味某物的本己本质,也可以意味某物的实体,但究竟为何者,要依具体语境判定。这就为这一部分的研究奠定了基础。为求得中西思想的会通,他常常在西哲背景下考量阳明学的诸概念,在论述王阳明良知的第二个概念时,与西哲中的"良心"对照研究。在论述良知的第三个概念时,与西哲中的观念、形式、隐德莱希,以致实体、本质等观念对照研究。他把良知译为"本原知识",将致良知译为"本原知识的实现",将良知本体译为"本原知识的本己本质"或"本原知识的本己实在",初看有点不适应,但很快就能体会到它的合理性与会通中西的深意。

当前我国学界一些所谓"专家""大师",学风与此完全不同。他们害怕"贴近地面工作",喜欢炮制"大而空乏的概念范畴",不去研究概念、了解史实,甚至仅靠网上的只言片语"做学问",无知无畏,恣意妄言。有人不知国学一词有两个义项:一是国家最高学府,一是中国传统学术,常把此国学当作彼国学。有人不知史书上的"传论"是作者言论,反当作传主言论加以宣传,闹出无廉耻者大讲廉耻的笑话,种种乱象,触目惊心。我以为,提倡现象学的态度与方法,对于改善中国的学术生态非常有益。

## 二

耿宁对王阳明哲学核心概念良知的研究成果,突显了现象学"含有实事的描述分析"的威力。他认为阳明的良知有三种含义,就是说良知有三个概念,它们相互贯通但又明显不同。

他考察1520年前阳明有关良知的诸多文本,指出那时的良知概念与孟子的"良知良能"基本一致。它不是关于客观事物的知识，不是通过社会化而获得的规则意识，不是一种技术能力，而是一种本原的伦理能力，是人的自发的向善情感和倾向。良知是德性的开端或萌芽，人要成为有道德的人，就要对它进行开发充拓，使之成熟完满。但是耿宁又指出，阳明的"良知"概念并非简单沿袭孟子，他将"致良知"与《大学》"致知"对接，于是就把它融入伦理的实践系统——"八条目"中。他赋予良知以天理的意义，并把它与人的自私自利之心对立起来，建构成道德哲学的基本矛盾。这是阳明良知的第一个概念。

至此，孟子意义上的良知概念已经阐释得很全面了，但耿宁并不满足。他在"结尾的评论与进一步的现象学问题"一节中提出，对孟子所说良知四端，应该有更深一层的理解。譬如恻隐之心，人们往往把它看作同情心。耿宁对它做了深入分析，发现人们所说的同情应该理解为"为他感"，而并非同感。有人见孺子将入于井，匍匐去救，这是孟子的经典例子，其中救人者只是关注孩子的处境，而并不与孩子同感。因为当他担惊受怕时，孩子正玩得开心。而救上小孩后他很欣慰，孩子却因惊吓而号啕大哭。因此，正是为他感而非同感成为仁的开端，是道德行为的内在基础。

耿宁通过对1519—1520年间阳明语录与书信的研究，发现良知被赋予了另一层意思：对本己意向中的伦理价值的直接意识，此即良知的第二个概念。阳明用诸如"独知""是非之心"等用语描述良知，告诉人们良知即使在受遮蔽的情况下，也能够直接意识到心中意念的伦理性质，从而指导人们为善去恶。阳明在平定宁王叛乱后，功高见忌，皇帝身边的太监、将军都想置他于死地，处境极其危险。但他抛开利害考量，完全依据良知之明见来处置一切，终于顺利渡过难关，所以他非常重视这个从九死一生中得来的认识。以往不少哲学流派与哲学家，如小乘佛教说一切有部，如谢林、梅洛-庞蒂等都认为，与某意念同时发生的对其自身的意识是不可能的，人只能在事后的反思中才能把它当作对象。耿宁通过对唯识学的自证分和阳明"独知"的研究,认为人心中真实地存在自知这种意识现象。刀不能自割,指不能自指,但是光可以自照。良知就是能够照物并且自照之光。

阳明在1521年以后守孝在家,全身心投入研究与教学活动,沿着主体性思想路线继续前进,提出良知的第三个概念——良知本体。如前所述,耿宁把它译为"本原知识的本己本质"或"本原知识的本己实在"。良知本体是超验的始终完善的道德精神,只是由于私欲的遮蔽,才不能显露,从而使人离道背德。所谓致良知,就是向良知本体的回归。该本体不但是道德的源头,还是"造化的精灵",具有"生天生地,成鬼成帝"的作用,因而是世界的起源。耿宁指出良知本体概念的历史前提,就是佛家所谓本觉,但与佛家不同的是,它具有仁或真诚恻怛的品质,有入世的自觉,能够自发地履行儒家道德准则,这体现了他的儒家本色。这个良知本体,对于阳明来说,不是一个现存的现象,而是某种超越出现存现象,但却作为其基础而被相信的东西。所以它不仅是一个超越的、实在普遍的概念,也是一个信仰和神性概念。

耿宁说:"我们可以将王阳明的第一个'本原知识'概念称作他的心理—素质概念,将第二个概念称作他的道德—批判概念,以及第三个概念称作他的宗教—神性概念,即在确切词义上的'对完善的(神性的)实在的热情'。"[①] 耿宁关于良知的三个概念的探讨,发前人之所未发,是阳明学研究领域具有重要意义的新突破。

## 三

《人生第一等事》的第二部分是"王阳明后学之间关于'致良知'的讨论"。阳明去世后,由于"典型日远"以及心理、文化差异,阳明

---

① 耿宁:《人生第一等事》,倪梁康译,第273页。

后学共同体对良知的理解发生了严重分歧。为求得正确的或符合阳明原意的理解，他们之间展开了旷日持久的讨论。黄宗羲说："尝谓有明文章事功，皆不及前代，独于理学，前代之所不及也，牛毛茧丝，无不辨晰，真能发先儒之所未发。"① 对于这些"牛毛茧丝"辨析得最精细的，莫过于阳明及其后学。耿宁用现象学的眼光对他们的辨析进行再辨析，精准地为他们的致良知概念定位，揭示其实质与思想深度。

耿宁认为，钱德洪、欧阳德、陈九川等人坚持最流行的致良知方式，以诚意来实现善的意向而驳回恶的意向。他们认为人的良知不是始终澄明的，常常有某种程度的蒙蔽，但只要信任自知或独知的指引，不断通过戒慎恐惧实现诚意而不自欺，就可使良知完全澄明而复归于其本体。

与他们不同，聂豹不相信依据道德意识就可以致良知，因为道德意识不可能产生那样大的意志力，而且圣人为善是"行其所无事"，勉强为善不符合圣人形象。他的主张是"归寂"，"他想深入到'心'的更深层面，他通过一种'静坐'沉思的方法，将'良知'的'实体'从其所有朝向世界的活动或意向中分离出来，然后深入到寂静的、尚未活动的'良知'深处，以此来培育和强化其力量或潜力，这样，良知在以后面对世界时便会作为'主宰者'而能够'自行地'不加意志努力地发出善的意向和实施善的行为"②。但是，聂豹的理论和修为方式，不符合阳明后期的寂感统一、动静统一的思想，受到欧阳德与王畿等人的严厉批评。

王畿要确立一种立基于本体的先天之学，但本体非寂，而是寂与感的统一，所以他反对聂豹之归寂。他认为，静坐虽不失为一种修为方式，但它只能达到"证悟"，只有在社会实践中进行一念自反，才能

---

① 《明儒学案》，中华书局 1985 年版，第 17 页。
② 耿宁：《人生第一等事》，倪梁康译，第 1057 页。

达到"彻悟"。这种自反"是一种向自身的回返,放弃所有具体事物,信任地和明见地将自己托付给在自己心中起作用的'天机'创造力量,这是一种先行于自己对善恶意向道德区分的创造力量"①。王畿认为欧阳德、钱德洪所主张的修为路线,未在本体上立根,是在意念上立根的后天之学,适用于中下根之人,但要入圣也须透悟本体。

对于以上三种倾向,阳明的其他弟子如邹守益、刘邦采等,曾试图将它们融通为一,但是都不太成功。

耿宁的阐释,不仅比早前有关论著更清晰、更准确、更深刻,而且纠正了前人的某些误判。自黄宗羲《明儒学案》问世以来的几百年间,各种研究著述受《明儒学案》影响,都将阳明私淑弟子罗洪先划在以聂豹为首的归寂派中。然而耿宁面对阳明学中海量的"牛毛茧丝",一丝不苟地"贴近地面工作",得出了不一样的结论。

罗洪先与聂豹及其论敌王畿都是好朋友,研究罗与聂、王二人的关系对理解罗氏的思想倾向至关重要。耿宁将三人的交游、文章、信件与谈话记录,按年代和问辨关系整理得清清楚楚。经过精准的分析,发现罗氏思想倾向随着聂、王二人的不同影响,尤其是他本人思考的深入,呈现明显的阶段性。耿宁用了十多万字来还原这段思想交锋与进展。

第一阶段,从 1532 年开始,罗洪先在王畿影响之下进行修习,但对王畿不太重视收敛与保任,存有疑虑。第二阶段,自 1550 年开始,罗倾慕聂豹勇于担当、临难不惧的人品,从其经验—实践的视角出发,赞扬聂豹归寂观点,同时对王畿多有指责,其中最重要的是,人的现时良知是不充分不清晰的,不能将它等同于良知本体。良知不是现成的,它需要人们努力去"致"。第三阶段从 1554 年开始,他深感"绝感之寂"和"离寂之感"都是不真实的,静不比动更优越。致良知

---

① 耿宁:《人生第一等事》,倪梁康译,第 1058 页。

要在寂与感、动与静的统一中进行,在回归良知本体与关爱万物的统一中进行。他还认为致良知实际上是一个体认良知与信仰良知的过程。这样他就离开了聂豹的路线,而向王畿共同体回归。在此后的数年间,罗与王有过多次的会面与书信来往,他们在大同的前提下针对小异相互切磋,观点虽然在逐步接近,但直到最后也未能完全归一。

然而这不影响罗洪先与王畿一样,都是王阳明思想的真正继承者,而比较起来,罗洪先更胜一筹。耿宁指出,在阳明后学中,罗、王二人眼光最开阔,思维最敏锐。但是,"王畿对各种来源的概念与引证的辩证把弄已经十分精湛娴熟,尽管有其优势却时而也会给人以语词轻浮的印象,而在我看来从未将自己称作王阳明弟子的罗洪先却是在其第一代后继者中对'致良知'做了最彻底的思考,最仔细的实践和在建基于本己经验的话语中最可靠把握的人"①。

该书译者、中国知名现象学家倪梁康教授在"译后记"中告诉我们,对于书中所引的中文故典,耿宁要求他不仅要译出德文本的译文,而且要附上中文原文。倪教授指出,这"是一种往返的译注",有利于更多的人更方便地加以检验和证伪,因而难度大大提高。在我看来,此种做法鲜明地体现了耿宁先生求真求善的意向和虚怀若谷的气度。我阅后的感觉是,某些细微之处可以商榷,但因为是在细微处,所以并未影响理论分析的正确性。相信在斟酌吸取各方意见之后,此书第二版会更上一层楼。

## 四

耿宁说:"通常人们都会把现象学理解为一种意识哲学。这与胡塞尔在创建它时所具有的基本意图有关。这种意图不仅使现象学与欧洲

---

① 耿宁:《人生第一等事》,倪梁康译,第 1061 页。

哲学史上的传统内在哲学和精神哲学的学说建立起传承关系;而且对于东方学者来说尤为重要的是,在现象学与东方文化中的佛学唯识论以及儒学心学之间的比较研究越来越受关注。……虽然现象学的口号在于面对实事本身,而唯识学的口号在于回到文本或佛意,然而它们对意识问题的严谨细致的思考表明,在不同的人类文化和不同的思维方式中可以找到共同的理论兴趣和相似的分析结果。"①

最后一句话特别引起我的兴趣,很想知道胡塞尔哲学、佛教唯识论以及阳明心学之间"共同的理论兴趣和相似的分析结果"究竟是什么。耿宁在书中多次提到,意识分析也就是现象学分析②,甚至说"王阳明在这封信里对'本原知识'及其'实现'做了仔细的现象学心理学的分析"③。可见,在他看来,佛教唯识论、阳明学和胡塞尔学派,对意识分析有共同兴趣,都在以自己的方式研究现象学。但是它们三家有"相似的分析结果"吗?我按照耿宁两书的指引,思索胡塞尔与王阳明以及综合了唯识论成果的禅宗思想的关联,感到三者的目标都指向主体性,要将它确立为哲学的绝对根基。

历史上内在哲学都建基于心理主义、实证主义,以为"存在即是被感知","我思故我在"。胡塞尔认为,解决存在问题的根本是确立主体性,这是绝对超越论层面上的问题,是心理主义解决不了的。他说:"主体性是建构世界的,是绝对超越论层面上的;一切存在都是超越论主体性的相关项,这一主体性包含一切客体性的东西作为主体建构活动的相关项;一切的存在,从超越论的层面来看,都存于某种普遍的、主体性的创生之中,等等。"④ 又说:"现象学的还原的意义不在于'为了证明世界的现实性',而是'为了彰显出世界的可能与真实的

---

① 耿宁:《心的现象》,倪梁康等译,第498页。
② 耿宁:《人生第一等事》,倪梁康译,第254、702页。
③ 耿宁:《人生第一等事》,倪梁康译,第417页。
④ 转引自耿宁:《心的现象》,倪梁康等译,第35页。

意义',才将世界置于疑问之中。"①所以现象学不归于唯我论。

确立主体性,关键在转换立场,对思想取向进行"翻转",从客观—实证的立场,转到超越论的立场。耿宁说:"现在的目光不再对准那素朴—片面的或者说'直直地'对着那实证的存在物(作为实证性、客观性的本原)或者对准世界(作为实证性、客观性的总念),而是对准主体性,即那在其多样性的生活中使实证的东西得以'描画'('建构')出来的主体性。这种立场的改变绝不是任何一种实证性的丧失,恰恰相反,它是一种赢获,一种'扩展',因为现在我们是在实证性与主体性的相关关系中来看实证性,即将之视为某种在主体生活中的进行着客观描画或建构的东西。"②现象学所谓"悬搁""加括号"无非是转换立场的必要方法。转变立场之后,人们并未丧失实证性,世界还在,只是人的观点变了,从与主体性的关系中来看待它,因而更能看清"世界的可能与真实的意义"。

王阳明哲学是否进行了这样的翻转?仔细阅读耿宁两书,结论自然就出来了。对阳明一生思想、事业影响巨大的"龙场悟道",就是一次成功的立场转换。原来阳明遵照朱子学路线行事,认为理在万物,格物就是外向的穷理功夫。需要"今日格一物,明日格一物"地格下去,等到穷尽万物之理,就可以做圣贤了。然而两次格竹的失败,使他明白此路不通。被贬龙场,经历千难万险后,重又思索成圣问题,忽于一天夜里得悟:"乃知天下之物本无可格者,其格物之功只在身心上做。"③《年谱》解释说,当时明白了"圣人之道,吾性自足,向之求理于事物者误也"④。显然,阳明将思想取向做了根本性的翻转,如耿宁所说,不再对准外物,不再向外部世界求理学道,而是"直直地"对

---

① 转引自耿宁:《心的现象》,倪梁康等译,第49页。
② 耿宁:《心的现象》,倪梁康等译,第30页。
③ 《王阳明全集》,上海古籍出版社1992年版,第120页。
④ 《王阳明全集》,第1228页。

准了自己的内心。圣人之道就在吾人自性之中，所以入圣的一切工夫，都要在自己的心上做。所谓格物简单地说不过是诚意或正念头而已。

从耿宁关于良知的第三个概念——良知本体的分析中，可以更清楚地看出阳明实现的翻转不仅是向内，而且还明确地建构了主体性。他指出，良知本体不但是道德的源头，还是世界的起源。这就是说，世界是在良知的基础上建构起来的。请读阳明言论："可知充天塞地中间只有这个灵明，人只为形体自间隔了。我的灵明便是天地鬼神的主宰。天没有我的灵明，谁去仰他高。地没有我的灵明，谁去俯他深。鬼神没有我的灵明，谁去辩他吉凶灾祥。天地鬼神万物，离却我的灵明便没有天地鬼神万物了。我的灵明离却天地鬼神万物，亦没有我的灵明。"① 这是纯粹的主体性立场，只是没有用"普遍现象学"语言表达而已。天不自高，地不自深，它们的高与深是在人的仰观与俯察中建构起来的。正所谓"一切的存在，从超越论的层面来看，都存于某种普遍的、主体性的创生之中"。这种建构并不导致世界的虚无。阳明从不否认君臣、父子、兄弟、夫妇、朋友的真实存在，只是改变了视角，突显了他们与主体的关系，以及他们对于主体的意义。正如他所说："知来本无知，觉来本无觉，然不知则遂沦埋。"②

我尝试用这种观点去看禅宗公案，发现许多禅师所说的悟，也同样是一种立场的转换，与阳明的悟有高度一致性。譬如惟信禅师说他自己三十年前未参禅时，"见山是山，见水是水"；悟入之后，"见山不是山，见水不是水"；后来彻悟，依然"见山只是山，见水只是水"。③ 谈的就是这个转换过程。最初他所持的见解是世俗的自然主义的，亦即客观—实证论的见解，当然"见山是山，见水是水"。而悟入后的"见山不是山，见水不是水"，是对此种观念的彻底改变，山水

---

① 《王阳明全集》，第124页。
② 《王阳明全集》，第94页。
③ 普济：《五灯会元》，中华书局1984年版，第1135页。

不是原来绝对客观意义上的存在，而是主体性在人心中建构或描画出来的东西。彻悟阶段则是意识到，立场改变，看清它的意义后，在实证与存在层面上，仍然可以把它看作山和水。这样就做到了真谛与俗谛的圆融。

耿宁提供了一个观察阳明心学以及佛学的新视角——现象学的视角，对于加深我们的认识大为有益。

## 五

耿宁先生可谓哲学"神童"，1964 年 27 岁出版了成名作《胡塞尔与康德》，成为杰出的现象学家。该书的一节，1962 年先于全书在荷兰哲学杂志上发表，并很快被译成中文，发表在 1963 年《哲学译丛》上，可见影响之大。但我当时孤陋寡闻，对此一无所知。

20 世纪 80 年代他的兴趣转到中国哲学，作为访问学者来到南京大学。当时我在留学生部（现为海外教育学院）兼中国哲学课。他与年轻的留学生不同，听课之外常常与我交谈。当时我读书甚少，而且束缚于苏联教条之下，讲哲学史要突出唯物唯心的"两军对战"，研究哲学家首先要查阶级立场，将深刻丰富的中国哲学理解成干瘪枯燥的政治说教。但耿宁不嫌我浅陋，每次见面总是笑容可掬地叫我"阎老师"，很有兴致地说这说那。谈过两次我就清楚了，他见多识广，思想深刻，可以做我的老师，虽然他从未透露半点自己的哲学成就。

我们之间建立了持久的友谊。后来他多次来华，每到南京总要约我见面，谈学问，谈游历。我知道他在研究阳明学，曾到多地访古。直到 20 世纪 90 年代末，看到《中国现象学与哲学评论》，才对他的学问稍稍有点了解，模糊感到他是中国现象学的"西来祖师"，犹如达摩之于中土禅宗。

而今我读了他的两部大作，其博大精深，令我深深震撼，衷心敬佩。诚如译者所言，耿宁作为现象学家和汉学家，在中国哲学研究上，与西方不懂汉学的现象学家、不懂现象学的汉学家相比，具有特殊优势。实际上，相对中国的现象学家和中哲专家，情形也是一样。"仅这一点就足以使他独步天下，使他有可能用哲学—现象学的眼光和手法在中国哲学的领域中从容不迫地分析概念和追踪义理，得心应手地分辨观念名相的层次，有条不紊地梳理思想历史的脉络。"① 正因具有如此崇高的学术成就，两书对于沟通中西文化，增进理解，具有非凡的意义。

但耿宁本人却说："我意识到，我在这里距离这个被追求的目标还很远，因此，如果我的研究能够为这个领域的进一步现象学研究提供一个推动，我就已经非常满足了。"② 他在"结尾的评论与进一步的现象学问题"中，详细列出需要进一步研究的问题清单和他的初步意见，足见其开放的心态与永不自满的真心。

耿宁在《人生第一等事》的前言中对我表示了特别感谢。无功获誉，我心不安。当年他对我似有所问，但正如曾子所说，属于"以能问于不能，以多问于寡，有若无，实若虚"的那种情况，表现了大学问家尊重一字师的谦虚态度。曾子紧接着又说："昔者吾友尝从事于斯矣。"（《论语·泰伯》）曾子之所以郑重表彰那位朋友，因为谦谦君子自古就是"稀缺资源"。而我今生有幸得遇，我要欣喜地回应曾子："今者吾友耿宁毕生从事于斯矣。"

---

① 倪梁康译后记，见耿宁：《人生第一等事》，倪梁康译，第1183页。
② 耿宁：《人生第一等事》，倪梁康译，第12页。

# 人生第一等事

应 奇

（华东师范大学哲学系）

要说我是通过倪梁康教授才熟知至少是知道耿宁这个哲学家的大名的，这大致没有错，虽然准确的时间节点已经记不住了，或许是见之于当年印数惊人的《现象学的观念》中译初版译后记。我记得清楚的是，20世纪80年代末我在千岛之城舟山工作时，单位的书架上有一册田光烈的《玄奘哲学研究》；但我同样已经记不得，我是从哪里得知，耿宁先生三十年前在南京访学时，曾经到金陵刻经处向田光烈居士请教唯识学，也许这也是后来"阴差阳错"地成为我的师兄的倪梁康教授报道的吧。

1990年秋天，我来到上海社科院哲学所念研究生，在当时位于万航渡路华东政法学院院内的院图书馆抄卡片时，我意外地发现那里竟有不少胡塞尔著作的英译本，包括两大卷的《逻辑研究》，对于其时还沉迷于3H的哲学青年来说，这无疑是一条极其令人振奋的信息。事实上我的导师范明生先生也确曾与现象学有过一段"亲密接触"，这些书就是长期担任上海社科院图书馆选书委员的明生师圈购来的，他还是国内最早译介美国现象学家马文·法伯的学者之一。但是再次"阴差阳错"地，明生师不但没有支持我"研究"现象学，而且对我的"现象学梦"大泼冷水:"《逻辑研究》我读了半天也没有读懂!"

大概是三年前的一个晚上,在西湖边杨公堤茅家埠的一次"雅集"——由庞学铨教授做东,倪梁康、韩水法、孙周兴诸教授为主宾,敝系董平教授和我为陪宾——中,我听到倪梁康教授颇为细致地和董平教授讨论起王阳明哲学中若干重要术语的理解和翻译问题。即使已知倪梁康教授之博通中西古今,我还是对这个讨论稍感意外。承他善意地告诉我,其时正在翻译他的"精神导师"耿宁先生的"生命之作",是一部研究王阳明的著作。我是直到书的中译本在不久前出版了才知道,这本书还有个令人羡煞的名字:《人生第一等事》[①]!

据耿宁在前言中自陈,此巨著的内容"在许多年里都带有这样一个研究标题:'在中国哲学中关于良心与良心构成的一个讨论'。这里的'良心'应当再现中文表达的'良知',而'良心构成'则应当再现中文表达的'致良知。'"显然,良知和致良知均是用来刻画"人生第一等事"之确切内涵:读书学圣贤耳。不过耿宁曾经还是为这部著作的主标题颇费踌躇,这是因为他敏锐地觉察到中西方对于神圣性之不同观念,在西方的视野中,"哲学活动所涉及的必定不是获取神圣,而是获取智慧,因为就一个哲学家的名称而言,他爱的不是神圣,而是智慧;神圣是宗教的事情,而非哲学的事情"。另一方面,"在西方观念进入中国之前,这里并不存在哲学与宗教的原则性区分。这个区分在我们欧洲传统中是通过神的启示和恩典而得到论证的,它导致了对通过人的理性而获得的哲学认识与通过神的启示与恩典才得以可能的真正宗教之间的区分。对于儒家传统以及这个中国传统而言,这种原则上超越人的理性的神的启示之观念是陌生的,通过超人的、神的恩典的神圣化之观念同样是陌生的"。

按照李明辉教授的看法,耿宁对王阳明良知说的诠释可以归纳为

---

[①] 耿宁:《人生第一等事——王阳明及其后学论"致良知"》(以下简称《人生第一等事》),倪梁康译,商务印书馆2014年版。

三个方面：（1）他将王阳明的"良知"概念诠释为"自知"；（2）他区分王阳明的"良知"概念之不同含义；（3）他探讨王阳明及其后学如何说明"良知"与"见闻之知"的关系。李明辉高度肯定耿宁以"自知"解"良知"，推许为"甚具卓识，也可以在王阳明的相关文献中得到印证。借用牟宗三的说法，'良知'是一种'逆觉体证'。所谓'逆觉'即意谓：它是返向主体自身的，而非朝向对象的，不论对象是事物还是价值"。对于耿宁之区分王阳明的"良知"概念在不同时期之不同含义，李明辉认为与承自《孟子·尽心上》关于"良知、良能"的文本的前期良知概念相比较，借孟子所谓的"是非之心"来诠释的"王阳明后期的'良知'概念显然更符合'良知'作为一种'自知'之义"。而《人生第一等事》的新意在于提出了第三个"良知"概念，也就是"本体良知"的概念。与一开始就注意到王阳明的论述中作为"体"或"本体"的良知，但仍然把它与第二个"良知"概念之关系看作一种体用关系不同，耿宁现在提出要区分两种不同的"本体"概念：一是"某种类似基质和能力的东西，它可以在不同的行为或作用中呈现出来"，二是"某个处在与自己相符的完善或'完全'状态中的东西"。在"良知"与"见闻之知"的关系上，耿宁除了区分两种"见闻之知"，也就是"非德性的、事实性的，仅仅是理论的或技术性的知识"与"习得的道德知识"，主要是把欧阳南野和王龙溪在这个问题上的分歧归因于不同的"良知"概念："对龙溪而言，良知是人心之本然；而对南野来说，良知则是一种德性，即知恻隐、羞恶、辞让、是非的能力。"

李明辉对耿宁的批评集中在两个问题上，一是"四端"之"端"应作何解？二是在孟子的"四端"说当中，"是非之心"究竟居于何种地位？在前一个问题上，与耿宁将"端"字理解为"萌芽"，而将"四端"理解为"德性的开端"而非德性不同，李明辉认为，"孟子的'四端'之心并非'德性的开端'，而是我们对良知的不同侧面之直接意识，它已是德性，已是完善状态……依照这样的解释，四端之心便可以与耿宁所说的第三个'良知'概念（'良知本体'）连贯起来"。而如果耿宁把孟子的"四端"之心理解为王龙溪所谓的"见在良知"，就可以将"良知"理解为"自知"的看法贯穿于三个"良知"概念，但这实际上意味着需要"调整耿宁的分析架构，取消其中第一个'良知'概念"。至于"四端"说当中，"是非之心"起何种作用的问题，李明辉所针对的是耿宁的这样一个"疑惑"：在四端之心当中，孟子为恻隐、羞恶、辞让之心都举出了例子，唯独对于是非之心，"可惜孟子没有给出这个萌芽的例子，因此无法看出它所涉及是否也是一种情感或另一种人的心理现象"。

针对耿宁的这个"疑惑"，李明辉指出："孟子未为'是非之心'特别举例，并非出于疏忽，而是由于它同时包含于其他'三端'之中，故不需要特别举例。"从这个角度，李明辉还阐发了儒家对道德判断的理解中的"情理合一"特色，并肯定"王阳明所说'是非只是个好恶，只好恶就尽了是非'，也准确地把握了孟子'是非之心'的实义。在王阳明的话中，'是非'与'好恶'都是动词，分别意谓'是是非非'与'好善恶恶'，但其实是一回事"。李明辉还借用舍勒的说法，把"好""恶"两字分别译为 Vorziehen 与 Nachsetzen，"'好'、'恶'当然是一种'情'，但再度借用舍勒的说法，这种'情'是 Fühlen，而非 Gefühl。依舍勒之见，Gefühl 是一般意义的'情感'，是在肉体中有确定位置的一种感性状态，而 Fühlen 则是一种先天的意向性体验"。

李明辉对耿宁的批评和所做出的发挥，让我们想起牟宗三先生的"实践理性充其极论"。自来谈牟宗三哲学，最常见的"标签"是"良知的自我坎陷"，当所着重者在"机制"时，往往被简称为"坎陷论"；而当所重者在"结果"时，则被形象地称作"开出论"。其他如（宋明理学）"三系论""智的直觉论"和"圆善论"则都是围绕着"晚年定论"《现象与物自身》而"展开"的。但是，从牟宗三哲学的发展形成及其效果历史的角度,同时也是为了更好地把牟宗三哲学与我们视野中的当代哲学"对接"起来,从"实践理性充其极论"来探究牟宗三哲学的宗旨和理趣似乎是更具创发力的。例如麦克道威尔所倡导的那种自然复魅论实际上恰恰是基于一种"实践理性充其极论"而得出的。但是,"实践理性"仍然是一个西方哲学的语汇,在儒家传统哲学的词汇库中,更适宜于与耿宁所标举的"人生第一等事""对接"的乃是"成己"与"成物"这个对子,"实践理性充其极论"的哲学内涵就是成己以成物,成物以成己,不离成己言成物,不离成物言成己。这个"己"不是"主体",这个"物"也不是主客二分意义上的"对象"。这样来看,强调不舍成己言成物与不舍成物言成己就具有对等甚至同等的意义,因为这个意义场域本身正是由这种"不舍"和"不离"所构成的。

诚然,"仁者以天地万物为一体"这一在成己与成物上的根本洞见乃是维系儒家哲学于"一体"的基本保证,也得到历代儒者和当代儒学研究者的高度认同,牟宗三在《心体与性体》综论部分基于"实践理性充其极论",对于成己与成物,道体既存有又活动之哲学义蕴的发挥可谓其代表。在某种程度上,我们甚至可以将其当作判教中西的标尺。这种发挥当然有颇为坚实的根据,不过居今而言,重新面对中西沟通的问题,怎样在"判教论"和"范式论"之间保持某种恰当的平衡反倒成了一个全新的课题。

说到这里,我想起有一次也是在西湖边上和与童世骏教授一样致力于把哈贝马斯与孔子"沟通"在一起的林远泽博士聊天,谈到对成己与成物的理解,远泽兄认为,儒家哲学之所以要背上对整个宇宙做出一个存有论的说明这个沉重的理论"包袱",乃是由于受到佛教哲学中的"万法唯识"论的影响,而置身于"合理多元化"的时代,似乎也无人能够信服那种宏伟的"开物成务"的道德主体。更关键的是在于,通过开显出从康德到哈贝马斯的法政哲学一脉,我们似乎就能够对成己与成物给出一种新的解读。在这里，成己是要成就一个正义的主体，而成物是要成全一种正义的秩序，"成物"的意思就是在这种可以追溯到古典希腊时代的宇宙性正义秩序中"物各付物"。

经过这种"迂回"，我们似乎可以对耿宁在谈到王阳明的第三个"良知"概念时所说的这段话有更为同情的了解："但需要注意，（王阳明）在早先的文本中将'本原知识的本己本质'当作其'实现'的伦理实践之规范性目的观念或目的来讨论，而在后期的陈述中……他将'本原知识的本己本质'视作一个始终已经实存的完善现实、一个隐德莱希。我在这里有意使用了希腊本体论的两个表达，因为整个问题域都使我们回忆起我们关于存在、观念、形式、隐德莱希的古代讨论，或者说，回忆起实体、本质、观念、形式的拉丁文重述。"

去年九月初的一天，我从北京某民营书店的新到货品中得知《人生第一等事》已经上市，于是立即在网上搜索，但常用的购书网站中此书仍然显示为预售状态，于是就"迫不及待"地给商务印书馆的陈小文君发去了一则求书的简讯，小文君"慷慨"回复说："特意给你精装本，别人是没有的。不要向别人显摆，不然我应付不过来。"

# 再论如何理解"恻隐之心"的问题
## ——兼论耿宁的解释困境

### 罗高强
（西南政法大学哲学系）

"恻隐之心"乃是孟子的用语，他说："恻隐之心，仁也"（《孟子·告子上》）；又说："恻隐之心，仁之端也"（《孟子·公孙丑上》）。由此可知，"恻隐之心"是一种能够直接萌发或者直接呈显仁爱德性的道德情感，而这通常被理解成"同情"，西方学者有时也称作"同感"——"以某种方式分有他人的情感"[①]。近来，耿宁质疑这种解释的有效性，认为采用"为他感"——"为他人的感受"的方式来理解"恻隐之心"，才更为准确。[②] 那么，这是否意味着更新后的解释要比"同情"或"同感"更有资格让我们切中"恻隐之心"的体验与实践呢？这确实是个问题，但也只是问题的开始，因为在虔诚地步入这两种解释的过程中，我们发现这次诠释上的迭代并没有如愿以偿地完成它的解释任务，反而让我们触摸到潜藏在语言表相下的真实困境——在捕捉"恻隐之心"的过程中，"为他感"与"同情"（同感）都同样地有

---

[①] 耿宁：《人生第一等事——王阳明及其后学论"致良知"》（以下简称《人生第一等事》），倪梁康译，商务印书馆2014年版，第1065页。

[②] 耿宁：《人生第一等事》，倪梁康译，第1065页。

些"力不从心",因为"恻隐之心"总是在"同情"(同感)与"为他感"之间瞻前顾后、摇摆不定。

## 一、"恻隐之心"并非"同情"(同感)

孟子以"乍见孺子入井时"的情感体验来证明"恻隐之心"的存在,他说:"人皆有不忍人之心者,今人乍见孺子将入于井,皆有怵惕恻隐之心,非所以内交于孺子之父母也,非所以要誉于乡党朋友也,非恶其声而然也。由是观之,无恻隐之心,非人也。"(《孟子·公孙丑上》)而"乍见孺子入井"的关键点就在于可以直接领会的危险,如果参与这种领会,那么人们就会对这种危险的处境自发地流露出一种情感——"恻隐之心"。孟子认为这种直接领会和情感触动——"恻隐之心"——就是人性的萌发(端绪),应该被所有人普遍分享,并且还指出"恻隐之心"对于每个人而言是与生俱来的先天品质,也是仁爱行为的最初原因(端倪)。甚至在程明道和王阳明的解释中,这种情感品质就已经包含着一切德性。[1] 这样理解是否揭露了"恻隐之心"的全部现象呢?

通常认为,孟子及其后继者们所推崇的"恻隐之心"就是"同情"。[2] 在心理学中,"同情"一般指"对他人的不幸遭遇和处境在情感上发生共鸣,并给予道义上支持或物质上帮助的一种态度和行为"[3]。

---

[1] 有人问:"尽心之道,岂谓有恻隐之心而尽乎恻隐,有羞恶之心而尽乎羞恶也哉?"二程答曰:"尽则无不尽,苟一一而尽之,乌乎而能尽?"(《河南程氏粹言》卷二,《二程集》,中华书局 2004 年版,第 1254 页)王阳明说:"大人之能以天地万物为一体也,非意之也,其心之仁本若是,其与天地万物而为一也。岂惟大人,虽小人之心亦莫不然,彼顾自小之耳。是故见孺子之入井,而必有怵惕恻隐之心焉,是其仁之与孺子而为一体也;……是其一体之仁也,虽小人之心亦必有之。"(《王阳明全集》,上海古籍出版社 2011 年版,第 1066 页)

[2] 张岱年主编:《中国哲学大辞典》,上海辞书出版社 2010 年版,第 105 页。

[3] 冯契主编:《哲学大辞典》,上海辞书出版社 2001 年版,第 1459 页。

而所谓的"共鸣"就已经表明同情心的释放者对于他者(包括其他事物)的处境的所有感觉都将与他者完全一致,因此也称之为"同感"。西方学者对于"同感"或"同情"的研究由来已久。休谟在《人性论》中谈论美的本质和起源时,就提出同情是"人性本来的构造"的重要组成部分,对象能够引起快感是由于满足了人的同情心。① 康德也有类似的观点,认为人们在审美活动中存在着"共通感"和"普遍可传达性"。进而,费希尔父子又将审美情感分三个等级:"前向情感""后随情感"和"移入情感",其中"移入情感"是指审美活动的最完满阶段——审美主体的人格与对象完全融合为一,即是我们所谓的"同情"。② 里普斯将这种移情再次分为"实用移情"和"审美移情",并指出"审美移情"是审美主体在对过去生活经验的类似联想和对象的空间意象的基础上产生,最终会达到主体和对象相互渗透而融为一体。③ 同样,法国的巴希在研究康德时,也指出当人们对对象发生同情时,就会把自己的生命和情感灌注入对象,把它人格化,与对象融为一体,使对象的形象成为人的主观思想感情的象征。④ 与此类似的观点,还有谷鲁司的"内模仿"说⑤。如果暂且抛开这些论述中的美学论题,那么他们对于"同情"论述的最小公约数,就是博克所说同情是一种代替——设身处地去感受⑥,并最终达到与他人的感受融为一体。

如果同情的主要活动是代替,那么同情者和被同情者在这种活动中又需要具体做些什么呢？第一步,我们考察一下被同情者在代替活动(同情)中需要发生哪些具体行为。通常,同情总是发生在这样的情境中——被同情者即将或正在甚至已经遭受某种处境的伤害,因此

---

① 冯契主编:《哲学大辞典》,第 1459 页。
② 冯契主编:《哲学大辞典》,第 365 页。
③ 冯契主编:《哲学大辞典》,第 815 页。
④ 冯契主编:《哲学大辞典》,第 42 页。
⑤ 冯契主编:《哲学大辞典》,第 465 页。
⑥ 冯契主编:《哲学大辞典》,第 115、1459 页。

被同情者应该处于某种伤害性情境下，需要对这种处境做出心理反应或认知，并基于这种心理反应或认知采取某种态度和行为。第二步，我们继续来考察同情者在代替活动中又需要具体产生哪些行为。面对置身于具有伤害性的处境中的他人，同情者若须达到同情之境况，那么同情者首先需感受他人的处境，其次要感受他人在该处境中的感受，再者就是将他人的感受内化成自身的感受，最后模仿被同情的他人对于这种处境所采取的态度和行为。这些行为曾经被巴特森细致地梳理成八个部分：一是了解他人的内心状态（想法与感受），此为认知性同感；二是采取与他人的姿态或表情相匹配的姿态和表情以回应之，此为动作模仿或模拟；三是感受到他人的感受；四是想象他人会如何感想；五是设想自己在他人位置上会如何感想；六是看到他人受苦，自己也感受到痛苦，这种痛苦感受不是针对他人，而是他人的痛苦状态引起自己的痛苦感受；七是为受苦者的感受；八是他人取向的感受，是一种关心他人痛苦的慈悲、同情或同感式关爱。[①] 不难发现，唯有同情心的释放者完成了这些步骤，才算得上真正地达到了与他人的感受融为一体的境界，即"同感"或"同情"。

既然如此，就让我们以上述的方式来检验一下孟子的例子——"乍见孺子入井"。小孩（孺子）作为被同情的他者，他/她首先在客观上而非其自身感受的意义上处于即将掉入井中的情境；其次，小孩应该对这样的处境做出自己的判断——是安全的还是危险的；最后，选择某种态度和行为来应对自己的判断。在这个过程中，虽然难以发现小孩对处境的认知和判断，但是他/她应对处境的态度和行为——他/她在井边自得其乐地玩耍，便已经间接地传达出他/她的感受和认知。依照小孩的行为和态度来推断，他/她觉得在井边玩耍是安全的，

---

① 转引自陈立胜：《恻隐之心：同感、同情与在世基调》，《哲学研究》2011年第12期，第20页。

换言之，他/她对自身处境的认知和判断就是在井边玩耍的危险不足于令他/她感到害怕，进而去压抑在井边玩耍的意愿。接着，我们再来考察一下"乍见者"的心理过程。"乍见者"观察到小孩子在井边玩耍的情境之后，针对这种情境发生的认知和判断是小孩在井边玩耍具有极大的危险，确有使小孩远离井边的必要。显然，这与小孩对其自身处境的认知和判断以及行为倾向截然相反。这种情况也同样地反映在孟子的另一个例子——"以羊易牛"中。牛被牵去宰杀而有"觳觫"的身体反应，齐宣王见到牛的身体在发抖，便不忍心宰杀。在这个故事中，牛对自身处于被宰杀处境未有认知和判断，而只是身躯在微微地发抖——觳觫，这便是牛在其处境中的所有表现。甚至我们有理由怀疑牛在此情境中的身躯颤抖——觳觫也只不过是一种偶然性的表现，或者说是观察者对此感受结果的一种"外移现象"。相比于牛的"无知无畏"，齐宣王在看到牛处于无辜被杀的情境下，感到害怕和委屈——"无罪而就死"，进而为牛选择了"替代策略"——让羊代替牛去死。同样明显的是，牛在其自身被宰杀处境下的认知反应与齐宣王对于它要被宰杀的认知和判断截然不同。由此可知，孟子的两个例子都表现出一个共同点，那就是被同情的他者（小孩和牛）与同情者（乍见者和齐宣王）对他/她/它们处境的认知和判断完全不同，甚至是相反的。基于这样的理由，耿宁就指出这两种现象中的观察者与被观察者之间的情感反应、认知判断和行为态度都存在着差异，无法印证观察者与被观察者之间的关系就是同情者与被同情者之间的关系，所以"恻隐之心"不是"同情"（同感）——要与他人（或者其他生物）在情感上融为一体，而是一种"为他感"——"为他人的感受"。

## 二、以"为他感"解释"恻隐之心"

所谓"为他感"是指"乍见者"——观察者的"恻隐之心"所针

对的不是小孩（被观察者）的情感，而是"他的对他而言的处境"，并且"倾向于针对这个危险处境做些什么"①，例如"乍见者"替小孩感受到了他/她的处境的危险性，并试图立即去阻止孩子掉入井中。在这里，"为他感"不像"同情"（同感）那样与他者获得了相同的感受，而是去感受他者的处境，并在此感受上萌生行动的倾向。因此，"为他感"便不一定存在着被他者的情绪所感染或移入的现象，正如人们见到在井边玩耍的小孩而感到惊吓和害怕，然而小孩却毫无惧意地欢快玩耍。既然"为他感"并不包含他者的感受，那么是否意味着"为他感"就与他者无关呢？显然不是，"为他感"毕竟针对的是他者的处境，并且必然萌生了关于处境的感受，而且此时的感受（如感到惊吓和害怕）也必须依靠针对他者处境的行动来充实。② 既然如此，人们为小孩的处境感到危险的同时，便必然会直接产生阻止危险的行动倾向，而这种行动倾向的产生原因不可能来自于交情、声誉等外部要素的刺激。所以在孟子看来，这种"为他感"作为人所固有的精神能力而言，是"良知良能"，不需要通过外部的学习和培养而得到，但不排除它有可能被其他的欲望所蒙蔽或扭曲，或者也有可能通过学习和训练而有所加强。这种行为方式不同于通过外部规则来限制的外在行为，比如应该道谢和诚实，因为受制于外在的行为可以通过外部社会来培养，甚至还有可能成为一种如王阳明所说的取悦于他人的表演。③ 正是在这一点上，耿宁恰当地解释了什么是伦理上善的行为方式，即由为他人去感受而直接产生的行为倾向，同时也指出："仅仅由社会习得的规则来决定的行为方式不可能在道德上始终正确，因为普遍法则永远不会

---

① 耿宁：《人生第一等事》，倪梁康译，第1065页。
② 所谓"以行动充实关于处境的感受"便如同人们会在手舞足蹈中充实欢乐，在痛哭流涕中充实悲哀等。质言之，手舞足蹈和痛哭流涕并不存在着明确的行为目标，而只是在表达与它们一同出现的欢乐和悲哀。
③ 《王阳明全集》，第4页。

在道德上胜任所有的处境。"①

在孟子的两例子中，通常只察觉到对于危险处境的担忧，而在耿宁看来，这还不能全面地反映出"乍见者"或齐宣王的感知、感受和意愿的表象。因为对危险处境的担忧总是"一种负面的、痛苦的情感"，而在"为他感"中却并不如此。例如在"孺子入井"的故事中，当看到小孩被阻止落入井中，人们会感到轻松，并为小孩摆脱危险而感到高兴；同样，齐宣王看到牛被牵下大厅之后也会感到轻松。这类情感现象也常常成为好莱坞电影中的经典桥段，例如在观看灾难片时，都会出现这样一幕：当英雄救出受害人或者阻止一场毁灭性的灾难时，影片中的观看者和影片外的观看者都无不感到轻松，甚至起立欢呼和鼓掌。即便如此，这份喜悦却并不必然地参与到被救之人的情感中，因为在人们为了救起溺水者而欢呼雀跃的同时，被救之人有可能因真的想自杀而正在抱怨被救。因此，"为他感并不始终是一种为他人的痛苦，而也可能是一种为他人的快乐"②。

按照这样的解释，小孩或其他生物（如牛）在其所处的情境中的主观体验和感受并没有进入到观看者的"为他感"之中，那么这是否意味着被观看者的主观体验和感受就根本不必进入到"为他感"，或如果需要进入，又将会以何种方式进入呢？如果"为他感"根本不考虑到另一个主体对自身处境的体验和感受，那么，这种"为他感"所引发的行为意图——针对他者的处境为他者做些什么的倾向，是否有可能称作德性上的善，或者说一直利于他者的福祉？关于这个问题，耿宁认为"如果仅仅根据那些为他人的直接情感来对待他人，那么即使有这种为他们的感受，我们也常常会做出不利于他们福祉的行为"③。换言之，这种为他人的情感触发的直接反应和行为存在着伤害他人的可能。进而，耿

---

① 耿宁：《人生第一等事》，倪梁康译，第1068页。
② 耿宁：《人生第一等事》，倪梁康译，第1066页。
③ 耿宁：《人生第一等事》，倪梁康译，第1070页。

宁指出，想象被观察者在其自身处境中所意欲的内容对于在伦理上善待其人而言，十分必要①。即使是这样，耿宁也只是认为被观看者的主观体验和感受——"他者之感"应该在"为他感"之外找到了一个充当参照性原则的位置，而不是在"为他感"之中就已经能够得到体验。这种说法正是基于这样一种理由——如果仅仅在理解上获得被观察者对自身处境的意欲内容，"那么这样一种理解自身还不包含为它做善事的驱动力"②。因为观察者在这种理解中有可能获得如何误导、欺骗或伤害被观察者的信息，从而实现自己的欲望并且遮蔽了那种直接的"为他感"。最后，耿宁得出结论是"真正促进我们从伦理上善待其它体验生物的力量的确是那种孟子意义上的'德性萌芽'，尽管它们本身还不足以成为德性，而是尚需认知的、想象的理解才能成为德性。"③

相较于以"同情"（同感）来理解"恻隐之心"，耿宁更新后的理解（为他感）的确解决了一些问题。其一，"同情"的情感一般局限在负面的、消极的情感中，而不太会指向正面的、积极的情感，正如我们一般情况下不太容易说出"我们去同情一个新婚大喜、金榜题名或他乡遇故知的人"。而在"为他感"的理解中，这样的障碍就不存在，正如我们会说"为新婚大喜的人感到高兴"。当然，这里也只是就这种情感（恻隐之心）的理解的使用情境而言的。换言之，如果我说"我对你今天结婚动了恻隐之心"，那么关于这种情感的两种理解必须是一致的：第一种理解是我设身处地于你今天结婚的情境中，发现了你在结婚状态中所表现的喜悦情感，并"外移"到我的情感体验中，这就说明我对你发生了同感——相同的情感；第二种是我在设身处地中代替你体验到了喜悦的心情，而并没有"想象地理解"亦即参与你的情感体验，只是我为你感到高兴，这是我在"为他（你）感"中获得的情感。如

---

① 耿宁：《人生第一等事》，倪梁康译，第 1070 页。
② 耿宁：《人生第一等事》，倪梁康译，第 1070 页。
③ 耿宁：《人生第一等事》，倪梁康译，第 1070 页。

果这种情感恰好与你当时对自身的处境的感觉体验是一致的话，那么第二种理解就与第一种理解相一致。因此，就使用的情境而言，同情（同感）并不习惯使用于正面的、积极的情感体验中，而"为他感"却毫无障碍。其二，"同情"（同感）要求观察者与被观察者的认知与情感反应相一致，不易解释"恻隐之心"的心理反应的复杂性；而"为他感"则揭示出"恻隐之心"在体验两端的认知与情感的差异性。其三，"同情"（同感）不包含着"恻隐之心"在体验处境时的行动倾向；而"为他感"可以更好地解释"恻隐之心"所包含的行动意志。其四，"为他感"解释了"恻隐之心"只能作为"德性萌芽"而不是德性本身的原因在于缺乏对被观察者在其处境的自我认知与意欲内容的"想象的理解"——同情的理解，因而可能发生自私自利与伤害他人的行为。然"同情"（同感）却不能对此做出恰当的理论说明。

### 三、"为他感"未能让"恻隐之心"成为自足的德性

虽然"为他感"在理解儒家的"恻隐之心"的道路上，为我们克服了一些障碍，但是否意味着儒家的"恻隐之心"就已经在观念上获得了完全的澄明呢？简言之，我们真的可以在"为他感"的理解中真实切己地通达儒家的"恻隐之心"吗？对此，陈立胜指出，像耿宁这样以心理学、现象学视角来分析儒家的"恻隐之心"，并没有切中儒家本有的视角。在陈立胜看来，传统儒家抑制了他们对"恻隐之心"所涉及的"同情"（同感）、"为他感"的心理学和现象学机制的兴趣，而是更关注"恻隐之心"所开显的一气贯通的存在论。因为"同情"（同感）、"为他感"的心理学和现象学机制的存在论是人我、人物的意识区别必须在先且持久的存在，而儒家的基本世界观却是人我、人物的界限可以在宇宙大化一气贯通的天道生生观的世界图景中实现超越。因此，陈立胜认为"恻隐之心"是一种"在世基调"，"基于儒者浑然

中处于天地之间，仰观俯察、取物取身、天人交感这一源始情调，其此身在与他人、天地万物共同卷入一生存的场景之中，举手投足、扬眉注目、所感所触，必兴发人我、人物一体相通之感受"[①]。可是，无论多么重视传统儒家的"恻隐之心"与"同情"（同感）和"为他感"的心理学和现象学机制之间的存在论差别，也都难以掩饰所谓"人我、人物一体相通之感受"在经验认知层面上与"同情"（同感）之间的高度相似。换言之，我们自觉到与物同体相通之感受，如见到玩耍于井边的小孩必兴发出与他/她同体相通之感，这与通常所言的对小孩生起的"同情"（同感）之间，到底有多大的差别，实属难知。即使可以认为，同体相通之感源于一种万物一体的始源性的在世情调，而"同情"（同感）奠基在一种主客相对的分别意识之中，但是这种区别对于探寻如何从"恻隐之心"上兴起的伦理善行的作用却不甚明朗。也就是说，由万物一体之感达至与物同体相通，和主体通过生活经验的类似联想与关于对象的移情，达到主体与对象相互渗透而融为一体，这两种方式对于解释"恻隐之心"如何实现伦理上善的行为，都同样地含蓄无力。这是因为"同情"（同感）并不包含行善的驱动力，同样，"与物同体的感受"在实现伦理之善行上也存在着逻辑矛盾。如果说"乍见者"在一气贯通中兴发与孺子同体的感受，那么孺子在井边玩耍的欢快之感应该进入"乍见者"的同体之感中。倘若如此，在同体之感中"乍见者"是欢快的还是担忧的呢？若是欢快的，"乍见者"为什么要去阻止孺子在井边玩耍呢？如果不去阻止，孺子入井的危险就无法真实地消除在"乍见者"的一体共感之中，那又如何体现出伦理之善呢？倘若说"乍见者"有所担忧，那么就与孺子欢快的感受无关，又从何谈起与孺子同体之感？即便此时产生了阻止小孩的行为，那也不过是在一气贯通中体验到宇宙的生生之道——排除妨碍小孩生存的

---

[①] 陈立胜：《恻隐之心：同感、同情与在世基调》，《哲学研究》2011年第12期，第25页。

危险。因此，就"恻隐之心"所指向的德行而言，虽然"同情"（同感）和"为他感"的解释都没有切中儒家的天人合一、与物同体的超越视角，但并不妨碍"同情"（同感）和"为他感"都有可能让"恻隐之心"成就德行，实现善行。既然以"为他感"来理解"恻隐之心"的缺陷并不在于它揭橥的存在论视角的错误，那么它的偏失就应该与它所需要完成的任务有关，即"为他感"的理解必须要让"恻隐之心"成为"仁之端"甚至"仁"本身，而这种理解是否已经完成了呢？

根据以上的分析，"为他感"是观察者代替被观察者感受或理解其自身的处境，并且基于这样的理解和感受去行动。在中国传统文化中，有一种"父慈子孝"的说法，可是在这种文化的表象过程中却遭遇到了一些问题。例如，父母与子女之间经常就一项重要的事情——子女的婚嫁——发生分歧和矛盾。在中国式的生活中，父母经常以冲突方式来干涉子女的婚嫁，因为按照传统儒家的说法，子女的婚嫁需要"父母之命"，这就奠定了子女婚嫁中所涉及的父母与子女之间对待亲情的态度和原则问题，同时也关联着基于这种情感所引发的伦理问题。简言之，父母爱子女，要对子女负责，所以要在子女的婚嫁事情上代替子女做主，这是否属于伦理上善的行为？替子女做主源于父母在"为他／她（子女）感"中，并且必然产在了为他／她（子女）做什么的倾向。因此，充实这种为他／她做什么的行为倾向在传统儒家中便形成了一种绝对命令——"父母之命"。可是，子女的婚嫁与子女自身切己相关，自然使得子女对自己的婚嫁本能地产生出自己的感受和理解，以及基于这种理解和感受的相应行为。因此，如果以"为他／她感"来理解父母对子女之"爱"①，那么就必须牺牲子女自身对其生活

---

① 上文以"为他感"来理解"恻隐之心"，怎么到这里安排在"父母对子女之爱"上呢？其实原因很简单，"恻隐之心，仁也"，而"父母对子女之爱"无非仁也，比如程颐所说"恻隐固是爱"。（参见《二程集》，第182页）同时，父母在子女婚嫁事务中，他们对于子女的观察、理解和行动等程序与"见孺子入井"中"恻隐之心"的心理程序相似。下文将有详论。

处境的理解、判断以及行为，并且也可能直接引发父母在"为他/她感"中实现的价值判断和践履与子女在其对自身处境的理解中所确立的价值判断和践履之间的冲突。

这些冲突是否有可能伤害到对方呢？这个问题可以在梁山伯和祝英台的爱情悲剧中找到部分答案。祝英台对自己的婚嫁已有自己的观察和判断乃至行为，可就是无法拒绝马文才的提亲，因为与马文才的婚姻是源于"父母之命"，即祝父和祝母替祝英台对其婚嫁处境做出的价值判断，可是履行这种价值判断的人却是祝英台，这就意味着她应当放弃执行她对自己的婚嫁处境的感受和理解。换一种说法，假若祝英台对自己婚姻的理解和感受（她之感）可视为自律的婚嫁原则，而她父母对其婚姻的理解和感受（为她感）视为被动的他律原则，那么祝英台只有执行他律原则——"父母之命"，在儒家伦理上才称得上善。显然，故事安排了祝英台暂时停止在行动中执行"她之感"，而以伪装的方式去执行父母的"为她感"，以便抓住机会去实现"她之感"。简言之，祝英台暂时屈从"他主婚姻"，而未能合乎本心地伸张自主婚姻。而故事的结局就是祝英台的"她之感"无处执行，自主婚姻也无法现实地伸张，只能以悲剧的殉情方式得到"精神的表达"。从这段悲剧中我们不难发现，即使是爱——如果仅仅是"为他/她感"，而未能感受"他/她之感"，那么也往往只能结出在伦理上不善的果。其实，婚嫁中的矛盾只是一则显例，而这种因亲子之爱——"为他/她感"——而产生冲突的母题可以拓展到任何父母"为他/她（子女）感"的事情中，如子女的人生选择等。例如在另一则悲剧——《孔雀东南飞》中，阿母的"为他感"与兰芝和仲卿的"她/他之感"仍然发生了冲突和矛盾，而这种冲突的最终释放还只能依靠刘兰芝的"举身赴清池"和焦仲卿的"自挂东南枝"[①]。

---

① 吴兆宜：《玉台新咏笺注》，中华书局1985年版，第42—54页。

当然，耿宁也曾提醒过这种悲剧性的结局，他说"如果我们仅仅根据那些他人的直接情感来对待他人，那么即使有这种为他们的感受，我们也常常会做出不利于他福祉的行为"，因而他希望通过"想象地理解一种对另一个人如何感知他的处境以及他在此处境中意欲什么"，来达到伦理上善待此人。① 耿宁认为"为他感"若想在伦理上是善的，就必须增加一个必要性的补充环节——想象地理解他人（物）的感受与意欲内容。可是按照这样的解释，作为"为他感"的"恻隐之心"只是有可能成为仁德，而与孟子所言"恻隐之心，仁也"之意相违背。换言之，耿宁的"为他感"并没有很好地完成它的解释任务——"恻隐之心"是人类的一种成就伦理之善的本有德性，也是其他德性的根源，故而他只能得出"恻隐之心""不足以成为德性，而是尚需认知的、想象的理解才能成为德性"②的结论。

## 四、"为他整体感"使"恻隐之心"成为德性

如此看来，在"为他感"的解释框架下，"恻隐之心"成为一种并不完善的品性，它需要认知和想象的补充。这种说法无疑源自对"恻隐之心，仁之端"的误解，而类似的误解由来已久。朱熹在注释这句话时说："恻隐、善恶、辞让、是非，情也。仁、义、礼、智，性也。心，统性情者也。端，绪也。因其情之发，而性之本然可得而见，犹有物在中而绪见于外也。"③ 由此可见，朱熹认为"恻隐之心"仅仅是一种能够透露仁德的外部媒介性的情感。这种解释将与孟子在另一处所说的"恻隐之心，仁也；……仁义礼智，非由外铄我也，我固有之也，弗思耳矣"发生冲突。有鉴于此，朱熹在解释这段话时，就隐秘地改

---

① 耿宁：《人生第一等事》，倪梁康译，第1070页。
② 耿宁：《人生第一等事》，倪梁康译，第1070页。
③ 朱熹：《四书章句集注》，中华书局1983年版，第238页。

变了论证方向，他说："前篇言是四者为仁义礼智之端，而此不言端者，彼欲其扩而充之，此直因用以著其本体，故言有不同耳。"① 而李明辉却认为朱熹的这种辩解存在着语义的滑转——从端绪之端到开端之端，难有说服力。② 质言之，朱熹试图通过"端"字的语义滑转来调和"恻隐之心，仁之端"和"恻隐之心，仁也"之间的矛盾，其实也只是表象，而真正问题则在于朱熹的解释框架只能将"恻隐之心"视为一种用于彰显仁德的媒介性的情感，而不能当作与仁德直接相应的道德情感。恰如他所说："所谓'四端'者，皆情也。仁是性，恻隐是情。恻隐是仁发出来的端芽，如一个谷种相似，谷之生是性，发为萌芽是情。所谓性，只是那仁义礼智四者而已。"③ 其实，这就透露出朱熹的解释框架是一种在"心统性情"下的"心、性、情"三分的框架，如其所言："仁、义、礼、智，性也。恻隐、羞恶、辞让、是非，情也。以仁爱、以义恶、以礼让、以智知者，心也。性者，心之理也。情者，心之用也。"④ 在此基础上，朱熹又进一步提出"性体情用"之说："性者，理也。性是体，情是用。性情皆出于心，故心能统之。"⑤ 然而在朱熹的理论中，"性"与"理"相应，属于未发之中，所以"恻隐之心"作为"情用"而言，就是与"理"相对的已发之气的表现和呈显。倘若以这样的解释框架来面对"恻隐之心，仁也"——"恻隐之心"直接用于呈显仁德的道德情感，就必然不会有说服力，因为在这套解释框架中，"恻隐之心"是心之情感，是已发之用，又如何能被解释成为与心之本性和未发之体的"仁"的直接相应的道德情感呢？

显然，耿宁在"为他感"的解释框架下也遭遇到同样的困难，只

---

① 朱熹:《四书章句集注》，第 328—329 页。
② 李明辉:《孟子的四端之心与康德的道德情感》，《鹅湖学志》1989 年第 3 期，第 16 页。
③ 《朱子语类》，台北文津出版社 1986 年版，第 1380 页。
④ 《晦庵先生朱文公文集》，《朱子全书》第 23 册，上海古籍出版社、安徽教育出版社 2002 年版，第 3254 页。
⑤ 《朱子语类》，第 85 页。

是他索性就认为"恻隐之心"只是德性的萌芽,而非德性本身。正因如此,耿宁才有理由替"为他感"可能会伤害他人或做出不利于他们福祉的行为进行辩护,进而提出"想象地理解一种对另一个人如何感知他的处境以及他在此处境中意欲什么,这对于从伦理上善待此人而言是必要的"。这样可以很清楚地看到,以"为他感"来理解"恻隐之心",便已走向孟子所谈"恻隐之心,仁也"的对立面。孟子所说的"恻隐之心,仁也"是指"恻隐之心"由仁德本身直接呈现出的道德情感,与"仁"同属于本心的层面。换言之,若认为"恻隐之心"是"情",那么它也并非与人之本性和天理分立的一般情感,而是一种由本心而发,蕴含着价值确立、判断和践履的道德情感①。

另外,耿宁认为"恻隐之心"需要继续"认知的、想象的理解才能成为德性",这也显然不符合孟子及后继者的观点。孟子有言:"恻隐之心,人皆有之","恻隐之心,仁也","仁义礼智,非由外铄我也,我固有之也"(《孟子·告子上》)。孟子认为"恻隐之心"是一种人人都具备的完善的德性,它本然具足,无需后天的学习和培育,如果"为他感"的解释还需要通过继续认知和想象的理解——"同情的理解",才能使"恻隐之心"成为德性,这说明"为他感"还不足让"恻隐之心"成为人性固有之成分,自足地成为德性,而程明道和王阳明都认为"恻隐之心"具足一切德性,并不需要"认知和想象的理解"来让"恻隐之心"成为德性。

既然"恻隐之心"就是德性的情感——"本体论的觉情",那么"恻隐之心"就必然具足成为德性的一切条件。换言之,只要人们动了"恻隐之心"就不可能出现耿宁所说的伤害他人和不利于他人福祉的现象。为了解释得更加清楚,让我们再回到上文提到两个例子——阻止

---

① 牟宗三将这种道德情感命名为"本体论的觉情"。(参见李明辉:《孟子的四端之心与康德的道德情感》,《鹅湖学志》1989 年第 3 期,第 23 页)

小孩掉入井中和父母阻拦子女的婚嫁自由。在前一个例子中,人们在"为他/她感"中产生了伦理上善的行为——救了小孩;而在后一个例子中,父母在"为他/她感"中产生了伦理上不善的行为——子女为了追求婚嫁自由而殉情。这说明"为他/她感"只能作为发生伦理善行的可能性条件,而非充分条件。导致这种情况发生的原因在于耿宁将"为他/她感"单一地限定在"为他/她/它的处境而感",而忽略"他/她/它的处境"只能在"他/她/它的整体"(包括"他/她/它"对处境的感受)呈现中才能被表现出来。但是"为他/她/它整体感"并不能简单地在"为他/她/它的处境而感"之后添加一道工序,即认知和想象地理解他/她/它关于其自身处境的感受。如果只是在"为他感"之后简单地叠加一道"同情之理解"的工序,那么"为他感"依然无法清除其中可能表象的不道德的因素,因为同情的理解并不包含行善的驱动力,故而"为他感"所包含的行动倾向依然还是其现实行为的唯一表象。因此,行动中可能蕴藏着的不道德的因素——如伤害他人——并没有就此得以纠正。

倘若不是简单地叠加"同情之理解"的工序,那么就应该在"为他/她/它整体感"(为他/她/它整体的感受)中已经解决了"为他/她/它的处境而感"(为他/她/它感)与"他/她/它为处境而感"(他/她/它之感)之间有可能发生的价值冲突。要想解决"为他感"与"他之感"之间的价值冲突,那么就必须让"为他/她/它整体感"中包含着为"他/她/它"的整体意义做出价值决断,并且针对这种价值决断去做点什么。在上文的例子中,小孩的感受——在井边玩耍感到欢乐与"乍见者"的"为他处境而感"——为小孩在井边玩耍的处境感到危险——之间存在着价值冲突。如果"乍见者"顺从"同情之理解"来决策行动的话,那么就应该尊重小孩的行为,这不会被认为是伦理上善的行为,而如果在"为他/她的处境而感"中阻止小孩的行为,这才称得上伦理上善的行为。可是这种准则运用在后一个例子中,却导致了相反的结果。父母（观察者）与子女（被观察者）在婚嫁上存在着价值冲突。如果父母因爱之名而有"父母之命"——"父母为子女的婚嫁处境而感"，那么"子女之感"便不能受到尊重，最终会导致悲剧性的婚姻，这也不能称之为伦理上善的行为。相反，如果父母寄"同情之理解"于子女对自身婚嫁的主张，那么"父母之命"便不是婚姻的驱动因素，子女的婚嫁便是自由、自主的，这才是伦理上善的行为。如此看来，如果要解决在"恻隐之心"中的价值冲突，那么既不能只遵循"他/她/它之感"，也不能只依靠"为他/她/它而感"，而应该在"为他/她/它整体感"中就其整体意义而做出价值决断。

所谓"他/她/它整体"，指对象在处境之中关于处境的感受以及关于这种感受的价值反思，因此"为他/她/它整体感"并非指主体以外在方式移情到对象中来体验对象的处境，而是主体以对象自身的方式来体验对象的整体以及体验这种体验本身的价值。上文提到的跳河自杀这样的事例，我们绝不应该以"同感"（同情）方式来体验导致其自杀的处境因素从而认同其自杀，也不应该仅从"为她/他感"中体验到直接施救的行为从而指责其轻生，而是应该在对自杀者的整体体验中获得完善的救助行为——既要以自杀者的方式体验到自杀行为的真实诱因，又要就这种体验的本身指向价值体验，从而产生包括直接施救的行为和消除其自杀倾向的完善救助。这样才可能实现"恻隐之心"的全部伦理价值，同时也避免发生不利于他人福祉或伤害他人的行为。例如在子女的婚嫁问题上，如果父母以子女的方式来体验他/她们的婚嫁，同时又进行着指向这种体验的价值体验，那么父母既完成了对子女操心式的关爱，表现出"恻隐之心"的本然善性，又不会因为"父母之命"而伤害子女，表达出"恻隐之心"在客观上的伦理之善。

# "唯我论难题""道德自证分"与"八识四分"
## ——比较哲学研究三例

倪梁康

（中山大学哲学系、中山大学现象学文献与研究中心）

比较研究的概念曾在很长一段时间里流行过。很多研究者甚至相信，真正的研究是比较研究。因为，如海德格尔所说，如果看不到一个思想域的边界，就不能说理解了这个思想。而本己的边界恰恰是由他者构成的，看不见他者也就理解不了自己。就此而论，如果只了解一种宗教而看不到作为边界的其他宗教，也就没有真正理解这个宗教；如果只了解一种语言而看不到作为边界的其他语言，也就没有真正理解这个语言，诸如此类。可以说，他者就意味着自己的边界。看到了自己的界限，也就意味着理解了自己。比较研究正是一种通过他者来研究自己的方法，也是一种通过自己来研究他者的方法。

然而，尽管比较研究曾一度铺展很大，但真正可以令人记得住的成果最终却没有留下多少。许多时候我们面对的都是为比较而比较的工作和努力，比较研究者通常在寻找到共同的东西之后就放弃了进一步的思考。后来流行的更多是各种"跨—研究"，如跨文化研究、跨学科研究、跨区域研究、跨种族研究、跨语言研究，诸如此类。这些研究要求一个超越多个领域的高度和广度，尽管有它自己不可替代的特点，但实际上也并不能替代比较研究，因而这两者始终是在并行不悖地进行着。比较研究的特点和优点在于：它的观察方式应当是贴近地面的，具体而微的，它的解决方式是目的明确的，实际有效的：它要开启两个或两个以上的视角，提供两个或两个以上的进路，从而使研究者看到从单一视角无法看到的景象，解决从单一进路无法解决的问题。

这里要做的阐释主要是一种比较研究的努力。笔者在这里希望用三个例子来表明唯识学与现象学的比较研究的重要性。第一个是唯我论问题，在这里可以用唯识学来支持现象学的思考；第二个是道德自证分问题，在这里可以用现象学—唯识学来支持儒家心学的思考；最后是现象学和唯识学在意识结构与意识发生方面的互证与互补的可能性。

## 一、胡塞尔交互主体性现象学的唯我论问题与唯识学的解答方案

丹·扎哈维曾于 2016 年 9 月 24 日在中山大学 "心性现象学论坛"上做了 "交互主体性，社会与共同体"的报告。他在其英文报告的一开始便提到："胡塞尔只是在相当后期才开始意识到交互主体性的挑战。然而他在方法论上的唯我论承诺，其显然的观念论及其对具身性的忽视，都严重妨碍了他的工作，并意味着他意欲发展出交互主体性现象学的努力最终失败了。"[①] 按照我对他的了解，他本人实际上并不是胡塞尔的这个问题的批评者，但他似乎不经意地顺从了流行的说法。无论如何，我不愿意将它视作他自己的看法，而更愿意将它理解

---

[①] 参见 Dan Zahavi, "Intersubjectivity, Sociality, Community", p. 1: "According to this narrative, Husserl only started to realize the challenge of intersubjectivity fairly late. His commitment to methodological solipsism, his trenchant idealism and his disregard of the role of embodiment, however, seriously impeded his efforts and ultimately meant that his attempt to develop a phenomenology of intersubjectivity failed."

为他对目前在社会现象学领域流行看法①的一个概括。在报告后的交谈中，他也确认了这一点，并且他认为有必要对自己文稿的这段文字做修改。

为了避免误解和偏见的谬种流传，我在这里只想就这个相当流行的胡塞尔交互主体性现象学失败论的观点做三点反驳性的评论，借此表达我对这个流俗偏见的一个矫正说明。

1. 我在这里首先想要借助唯识学来进行说明。我对所谓"唯我论批评"的怀疑首先在于一个由比较研究的观察引发的问题：为什么在自古以来便同样主张"万法唯识"和"唯识无境"的佛教唯识学里鲜有唯我论的争论？为什么唯我论在与胡塞尔现象学持有完全相同立场和主张的佛教唯识学中并未成为一个问题，即一个类似在胡塞尔那里引发持续批评的问题？易言之，唯识学所说的"万法唯识"或"唯识无境"中的"识"，是谁的识？若是唯识学倡导者本人的"识"，唯识家在主张万法都归于自己的"识"吗？唯有唯识学家自己的"识"才是存在的吗？才是万法之所在吗？

在佛教历史上，这类与唯我论相似的问题在大小乘的争论中曾出现过，但笔者所知案例极少。只是在宋代永明延寿的《宗镜录》中提及大小乘之间的一场论争和对话：

> 小乘云：唯识之义，但离心之外更无一物，方名唯识。既他人心，异此人心为境，何成唯识耶？又他人境，亦异此境，即离此人心外有异境，何成唯识？
>
> 答责云：奇哉固执，触处生疑。岂唯识言，但说一识。汝小乘何以此坚执处处生疑。岂唯识之言，但说一人之识。若言有一

---

① 例如可以参见 Matthias Schloßberger, *Die Erfahrung des Anderen. Gefühle im menschlichen Miteinander*, Berlin: Akademie Verlag, 2005, S. 12f.

人之识者，即岂有凡圣尊卑。若无佛者，众生何求。若无凡夫，佛为谁说。应知我唯识言，有深旨趣。

　　论云：唯识言，总显一切有情，各有八识，六位心所，所变相分分位差别，及彼空理所显真如。言识之一字者，非是一人之识，总显一切有情，各各皆有八识。即是识之自体，五十一心所，识之相应，何独执一人之识。①

在这场争论中，大乘唯识学在反驳中首先提出的是一个否定性的命题：唯有"识"并不意味着唯有"一人之识"的主张，或者说，在"唯有识"的主张中并不包含"谁的识"的问题。"唯识"之"唯"，非"唯我"之"唯"。而后在这里还提出一个肯定性的命题："唯识"的主张，是对一切有情众生、凡夫佛者都有效的。"唯识"之"识"，是指所有的我心与他心。

此后在明末唯识家的高原明昱和王肯堂对《成唯识论》所做诠释中，"唯识"之"唯"在这个方向上得到进一步讨论。

明昱在《成唯识论俗诠》卷第八中首先引述了延寿记载的上述论辩，而后他加上了自己的评论："总立识名，故有深意。唯言下，谓立唯言，但遮遍计执，不遮依他起，故亦有深意。"② 而与他同时代的王肯堂以"异境非识难"为标题在《成唯识论证义》卷第七中对此也做了类似的记载和论述，他也谈道："唯之一字，但遮遍计执，不遮依他起。"③

明昱和王肯堂都提到的"但遮遍计执，不遮依他起"在这里是关键所在。两者涉及唯识学所说"三自性"中的两种自性。所谓"三自性"，在佛教经论中主要是指：（1）遍计所执自性（parikalpita-

---

① 延寿：《宗镜录》卷六十四，《大正藏》第48册，第777页上。
② 明昱：《成唯识论俗诠》卷八，《卍新续藏》第50册，第610页下。
③ 王肯堂：《成唯识论证义》卷七，《卍新续藏》第51册，第69页下。

svabhāva);（2）依他起自性（para-tantra-svabhāva）；（3）圆成实自性（pariniṣpanna-svabhāva）。无著在《显扬圣教论》中说："说三自性者，谓遍计所执自性、依他起自性、圆成实自性。遍计所执者，所谓诸法依因言说所计自体。依他起者，所谓诸法依诸因缘所生自体。圆成实者，所谓诸法真如自体。"①

对于"三自性"的含义与意义，可以在佛教思想史上找到各种可能的解释。我们这里大致可以列出三种，它们都将三自性与修行次第联系起来："依三自性如次建立三解脱门。"②对此，一种见解认为，对三自性的认识而非对三自性的否认才是修行的真正要义。从20世纪在尼泊尔发现的世亲《三自性论》中可以发现这样的主张："所执与依他，复有圆成实，是三自性深，智者所应知。"③而第二种与此相对的观点则认为：唯有认识到三种自性均为空，修行才会达到最高境界。④因而与"三自性"相对还有三种无自性性，又称三无自性，指遍计所

---

① 无著造，玄奘译：《显扬圣教论》卷十六，《大正藏》第31册，第557页中。
② 惠沼：《成唯识论了义灯》卷六，《大正藏》第43册，第789页中。
③ 它的中译者金克木认为："三自性的理论是唯识宗学说的重要部分（因此藏译之一指为龙树所造，显然错误），很明显的是在小乘有宗（实在论者）经大乘空宗（虚无论者？否定论者？）驳倒之后，由大乘有宗（极端唯心论者）建立出来的新理论。这是承认'空'的教条而加以新释，因而把它容纳在新理论系统之内，由此把以前的一正一反向前发展，结成更庞大的扶持原来正统的新理论体系（按照欧阳竟无先生说，更分法相与唯识二派）。《摄大乘论》《唯识三十颂》建立中心理论。《辩中边论》以有说空，解决'空'的问题。……《三自性论》有重要意义。无论它是世亲本人或世亲一派的人或其他的佛教中人所造，它所提出的理论是比《唯识三十颂》末尾更进一步，正面肯定了这一理论系统中的'宇宙'的最后的真实性。"（金克木：《〈三自性论〉译述》，《世界宗教研究》2004年第1期，第14页）
④ 例如，《解深密经》卷二在"无自性相品"中说明："我依三种无自性性，密意说言一切诸法皆无自性。所谓相无自性性、生无自性性、胜义无自性性。"（《大正藏》第16册，第694页上）《成唯识论》卷九对此解释说："依此前所说三性，立彼后说三种无性，谓即相、生、胜义无性。故佛密意说一切法皆无自性，非性全无。说密意言，显非了义。谓后二性虽体非无，而有愚夫于彼增益，妄执实有我法自性，此即名为遍计所执。为除此执故，佛世尊于有及无总说无性。云何依此而立彼三？谓依此初遍计所执，立相无性。由此体相毕竟非有如空华故。依次依他，立生无性。此如幻事，托众缘生，无如妄执自然性，故假说无性，非性全无。依后圆成实，立胜义无性。谓即胜义由远离前遍计所执我法性故，假说无性，非性全无。如太虚空虽遍众色，而是众色无性所显。"（《大正藏》第31册，第48页上）

执、依他起、圆成实等三性皆无自性，是空。这些说法与佛教中关于空有的争论互为因果，也与佛教空宗有宗学派相互关联。① 除此之外还有另一种说法。例如护法在《大乘广百论释论》中称："如来处处说三自性，皆言遍计所执性空，依他、圆成二性是有。故知空教别有意趣，不可如言拨无诸法。"②

据此，概括起来说，这里存在至少三种可能的解释：（1）有三种本性，（2）没有三种本性，（3）唯有第一本性（依他起）为空，后二本性（依他起、圆成实）为有。

现在让我们来回顾一下，明昱和王肯堂所说的"但遮遍计执，不遮依他起"所指究竟为何？

"遮"在这里是包含"制止""破除"的意思。从明昱和王肯堂的唯识学论述中可以发现，他们当时对"三自性"的理解是基本一致的：第一自性遍计执实际上是一种执虚为实的本性，因此在他们看来，它对相应五法（相、名、分别、正智、真如）中的任何一法都不能把握（摄：samgraha）。第二自性依他起则可以把握到四法：相、名、分别、正智。而最终的真如一法则只能由第三自性圆成实来把握，因而明昱说："《瑜伽》云：初自性，五法中几所摄？答：都非所摄。第二自性几所摄？答：四所摄。第三自性几所摄？答：一所摄。"③ 王肯堂也说："三种自性（即遍计等），相等五法。初自性（遍计所执），五法中几所摄？答：都非所摄。问：第二自性（依他起），几所摄？答：四所摄

---

① 例如，吕澂所译安慧《三十唯识释》论述三自性皆空："第一者，遍计自性。彼由相无自性，相是分别故。如说色相有碍，受者领纳等，皆无自体，犹如空华。云余复者，依他自性。彼如幻等，由他缘生，故无自性。又觉似如彼。实不如彼生故，为生无性。云彼诸法胜义中等，胜谓出世智，彼无上故，故义亦为胜。复次，犹如虚空一切一味，无垢不变法是圆成，说为胜义。如是圆成自性，是依他自体一切法之胜义，为彼法性故，即是胜义无自性，圆成为无性之自性故。岂唯胜义说圆成耶？不尔，彼亦是如性。亦声表非独说如性，亦应说法界等一切。"（吕澂：《安慧三十唯识释略抄》，载张曼涛编：《唯识典籍研究（一）》，台北大乘文化出版社1979年版，第310页）
② 护法造，玄奘译：《大乘广百论释论》卷十，《大正藏》第30册，第248页中。
③ 明昱：《成唯识论俗诠》卷八，《卍新续藏》第50册，第628页下。

(相、名、分别、正智)。问：第三自性(圆成实)，几所摄？答：一所摄(真如)。"①

而在唯识学中得到表达的"万法唯识"之要旨在于：这里涉及的是对第一自性的把握；它是一种执虚为实、执象为行相的本性，类似于错觉，因此无法把握到真正的实在。在此意义上，这个自性是空自性、非自性。但在"唯识"一词中尚未表达对第二自性和第三自性的把握，因为这两个自性涉及的是其他层次的问题。尤其是依他起自性的问题，例如自我与他人的分别如何形成的问题。明昱和王肯堂所说的唯识之说"但遮遍计执，不遮依他起"，完全可以理解为：唯识学虽然可以阻止遍计执的自性，即把握到以执为有的实质，但它并不能阻止依他起的自性，即把握对自我和他人之分别的实质。

用现代的概念来说，这个说法已经表明：这里讨论的"唯识"与"他心"实际上是两个层次的问题：认识论的和社会学的问题。前者涉及"诸识所缘，唯识所现"(《解深密经》)的道理，后者涉及我心与他心的分别和关联，即"他人心智""心差别智"的道理。

事实上，唯识学家们已经看到："唯识"所说的"识"，既不意味着个体自我的心识，也不构成个体自我心识的对立面。当我们询问这个"识"是谁的意识时，我们已经脱出单纯"识"的层面，而处在一个已经分别了"我识"与"你识"或"他识"的层面上。易言之，处在交互主体性问题的层面上。

这样也就可以回答厄尔的疑问："唯我论与交互主体性真的处在一个反思层面上，以至于前者可以消融在后者中吗？"②也就是说，如果交互主体性现象学成功了，现象学的"唯我论"就会自行消失吗？如上所述，答案显然是否定的。因为这是两个不同层面的问题：交互

---

① 王肯堂：《成唯识论证义》卷八，《卍新续藏》第51册，第96页中。
② Gerhard Ehrl, „Solipsismusproblem und Intersubjektivitätsfrage in Husserls Vorlesungen von 1910/11 und 1923/24", *Prima Philosophia*, 14 (3), 2001, S. 256.

主体性的问题在于：其他自我是以何种方式被给予本己自我的？唯我论的断言在于：除我之外没有其他的我存在。交互主体性的问题恰恰是以对唯我论断言的否定为前提的。这一点可以分两个方面来说：一方面，唯我论已经自行排除了交互主体理论的可能性，因而后者已经无法提供对前者的支持或反对；另一方面，交互主体理论也已经自行排除了唯我论的可能性，它要回答的并不是其他自我是否可能的问题，而是如何可能的问题。

借助于这个视角，我们也可以理解，胡塞尔为何在其写于 1912—1924/25 年期间的《纯粹现象学与现象学哲学的观念》第二卷中划分了两个层次的主体性"观念"：其一是"前社会的主体性"，它还没有以同感（Einfühlung）以及其他主体为预设，而只具有内经验和外经验；其二是"社会的主体性"，它是共同精神的世界，在这里有了对其他主体以及它们的内心生活的经验，但在这种经验中有一些借助同感来进行的想象的因素是永远无法通过直接直观来兑现的。（Hua IV, 198f）[①] 事实上，胡塞尔在这里已经看到了明昱和王肯堂看到的东西，并且也用自己的术语做出了相似的划分和表达了相似的见解。

2. 关于"唯我论承诺"的指责在意识现象学的语境中并不是一个值得大费周折去应对的问题。这也是一个来自东方哲学的启示。应当注意到：唯我论差不多完全是一个西方哲学特有的概念。在东方哲学中几乎从来没有提出过唯我论的问题。为什么？是否因为在这里几乎没有认识论的位置，在这里始终占据强势的是伦理学，因而我们虽然有"利己"（egoism）、"自私"（selfish）的类似概念，却基本上没有"唯我论""本我论"的说法。

儒家心学在提出"至圣"（成为圣人）的要求时，主张个体的伦理修习以下列步骤进行：诚意、正心、修身、齐家、治国、平天下。这

---

[①] 本文引用《胡塞尔全集》以"Hua 卷数, 页数"表示。

是一个与胡塞尔的现象学思想大致相同的步骤顺序：先了解和完善自己，而后再思考他人、社会、国家、天下。两个都是先内后外的视角，无论是工夫论的、实践哲学的，还是沉思的、理论哲学的。在理论层面上，它们都属于本我论的思路；在实践层面上，它们都属于内圣外王的思路。

这意味着，"唯我论"（solipsism）的问题，最初应当是一个认识论问题：egology的问题，后来被引到了伦理学的领域中，成为egoism的问题。即是说，它已经将两个层面的问题包含在自身之中。我认为，对胡塞尔"唯我论承诺"与"交互主体性现象学的失败"的批评就预设了对这两个问题的混为一体，预设了社会认识论和社会本体论的实然确证与社会伦理学的应然要求的同一性。

胡塞尔提供的是一个意识哲学的理论视角，在这个视角内，几乎所有交互主体问题的可能性都被他或多或少地斟酌过。对于他的思考结果，胡塞尔自己始终不满意，但他对自己研究的所有问题几乎都从来不曾完全满意过，因此这里难说"失败"，即便胡塞尔自己也误以为如此。我们可以批评说：这个视角本身是错误的，是不值得我们去浪费精力的；或者我们也可以批评说：仅仅限于这个视角是不够的，是狭隘的，如此等等。但至此为止还没有人能证明胡塞尔的努力是错误的；倒是更多人证明这个努力是极富价值的，尽管不是在此方向上唯一有价值的努力。事实上，扎哈维的这篇"交互主体性、社会与共同体"报告已经为我们相当清晰地勾画出，对此问题还会有许多可能的视角。当然，其中最主要的是社会学（sociology）的视角。这是与胡塞尔的本我论（egology）视角相对的视角。它是一条从社会存在到各个自我存在，再到单个自我存在的思路，也是一条从我们意识开始通往自我意识的道路。社会本体论者如哈贝马斯、图伊尼森走的是这条社会学的道路并且从这里出发来批评胡塞尔的交互主体性理论或本我论的道路。① 但这个视角也有其狭隘性，它也不能提供本我论视角所能提供的思想景观。

还应当注意到，在特奥多尔·利普斯那里，在舍勒那里，在埃迪·施泰因那里，唯我论都没有成为一个为他们认真对待的问题。② 我之所以这样说，是因为他们都在讨论"同感"，而这是一个本我论的视角。也许正因为此，胡塞尔才认为"同感"是一个"错误的表达"（Hua XIII, 335ff.），并选择"交互主体性"这样一个非本我论的概念。而在舍勒那里，只有"同一感"（Einsfühlen）和"相互感"（Miteinanderfühlen）才有与此相同的功能，而类似"同感"（Einfühlen）、"同情"（Mitfühlen）、"感染"（Anstecken）等，大都是从自我的角度出发来思考问题的。

3. 胡塞尔交互主体性现象学的"失败"并非一个定论，要看这里的失败具体所指的什么：是在德法文版《笛卡尔式的沉思》中的努力，还是在他未发表的《交互主体性现象学》中的努力。耿宁曾说，在读完《笛卡尔式的沉思》之后，他曾认为胡塞尔没有解决交互主体性的问题；而在编完《交互主体性现象学》三卷本后，他认为胡塞尔已经解决了这个问题。在三卷本的编者引论中，耿宁明确地说："在

---

① 胡塞尔本人就单子论所做的思考与研究是否也可以归入这个视角，这个问题还有待回答。因为需要考虑：一方面，单子论预设了多数，因此是社会学的视角，另一方面，胡塞尔也谈到"单子个体性的现象学"（Phänomenologie der monadischen Individualität），在此意义上单子是单数的、人格的自我，因此自身也包含了本我论的视角。

② 舍勒似乎比胡塞尔更清楚地看到了这一点。他并未花费力气去应对唯我论问题，而只是简单地说："通过一种明见的超越意识，唯我论是明见背谬的。"这种明见的超越意识是指一种"在每一个'关于……的知识'的行为中一同被给予的直接知识，它是对已经作为存在者的存在者本质上不依赖于一个知识行为之进行（以及也是对'这个'知识行为的知识，既是在我们对我们的感知方面，也是在我们对外部世界的感知方面）的知识"。看起来舍勒是通过某种对"自我－我思－我思对象"的笛卡尔式的直接知识来解决对笛卡尔式的唯我论的指责。他在这里已经看到"问题并不在于'集体'和'集体成员'之间的对立，而是在于本质和这个本质的（实例）个体之间的对立。"（Max Scheler, Der Formalismus in der Ethik und die materiale Wertethik, GWII, hrsg. von Manfred S. Frings, Bern/München: Francke Verlag, 1980, S. 378）

它们[《交互主体性现象学》三卷本]之中,胡塞尔在某种程度上解决了他从一个完全特殊的视角提出的陌生经验的问题。如果胡塞尔在其《形式逻辑与超越论逻辑》(1929)中说:他在 1910/1911 年的讲座中已经提出了解决交互主体性和超越论唯我论问题的要点,但所需的'具体研究'是在很久以后才得以结束的,那么这个'结束'可以在 1927 年 1 月至 2 月的研究中看到。在这些研究中,胡塞尔的同感(陌生经验)理论第一次找到了一个自成一体的、在实事上经过完全仔细加工的形态。"①

简言之,胡塞尔在《笛卡尔式的沉思》的第五十节并不妥当地谈及"陌生经验的间接意向性"。因而从社会学角度出发对本我论角度发出这样的批评:后者无法论证或建立交互主体的人际交往的直接性。这也是胡塞尔的交互主体性现象学被批评为失败,以及他的克服方法上唯我论的承诺无法兑现的主要根据。实际上,直接性对于社会学角度而言是一个人际交往的基本尺度。但将直接性与间接性加以简单对置的做法显然根本不适合用来刻画整个陌生经验的复合行为的复杂特征。我们在这里就已经必须更为准确地区分:如果他人的躯体是以体现的(presentative)方式"直接"被给予的,他人的心灵是以共现的(appresentative)方式"间接"被给予的,那么,整个他人主体性的被给予方式就既不能被称作"直接的",也不能被称作"间接的"。

在胡塞尔的交互主体性现象学中或在本我论视角中,他人的被

---

① Iso Kern, „Einleitung des Herausgebers", in: E. Husserl, *Zur Phänomenologie der Intersubjektivität. Texte aus dem Nachlaß. Zweiter Teil: 1921-1928*, hrsg. von Iso Kern, Den Haag, Netherlands: Martinus Nijhoff, 1973, S. XXXIV.——耿宁在这里接着认为:"胡塞尔后来对此课题的阐述本质上没有提供超出这个形态的东西。即使是在《笛卡尔式的沉思》(1929年)中对交互主体性理论的展示在陌生感知的问题方面也远未达到 1927 年的这些反思的力度和深度。"也正是基于这个理由,在耿宁为中译本提供的《交互主体性现象学》的简要选本(由王炳文先生翻译,即将作为由笔者主编的《胡塞尔文集》第五卷在人民出版社出版)中,1927 年以后的思考内容被忽略不计。

给予方式本质上是用"原本性"概念来描述的：他人是"原本地"被给予我的（Hua XIV, 233），因而既非"直接地"也非"间接地"被给予。胡塞尔在他的《交互主体性现象学》三卷本中已经区分出三种"原本的被给予性"的基本类型：本己当下体验的（感知）、本己过去体验的（回忆）和他人的体验的（陌生感知）原本被给予性，他将它们分别称作"第一原本性（原一原本性）"、"第二原本性"和"第三原本性"（Hua XV, 641f.）。①

这个分析和把握，显然要比"直接－间接"的简单说法更为细致和深入地揭示了本己经验与他人经验之间的原本性层次差异。

## 二、王阳明、王龙溪、熊十力的良知问题与现象学—唯识学的解答方案

另一个比较研究的成功案例是由耿宁对王阳明的"良知"概念多角度切入理解所提供的。王阳明后期的四句教中的"知善知恶是良知"，也包括他的弟子王龙溪的"一念自反，即得本心"，都让后人觉得其中含有百思不得其解的禅机，因而引发了至今仍在继续的讨论，包括在当代新儒家熊十力、牟宗三那里的讨论。

王阳明的"知善知恶是良知"看似简单，但细究起来则疑问重重。首先的问题在于：知善知恶的"知"是一种什么样的知？是孟子所确定的作为四端之一，生而有之的道德知识（"是非之心"）？还是《大学》中的通过后天的学习而获得的道德知识（"格物致知"）？这个问题在王阳明还在世时已经在他的两大弟子钱德洪与王畿之间引发了根

---

① 关于这个问题的详细讨论可以参见笔者意大利维罗那报告《舍勒与胡塞尔关于同感的原本性问题的思考》：Ni Liangkang, „Die Streitfrage über Unmittelbarkeit bzw. Mittelbarkeit der interpersonalen Erfahrung bei Scheler und Husserl" (Paper presented at XIII International Conference of Max-Scheler-Gesellschaft, Verona, May 27-30, 2015).

本性的讨论。

耿宁认为，在王阳明的"良知"概念中同时包含着这两种含义，甚至还有第三个含义。我在《人生第一等事——王阳明及其后学论"致良知"》①的"译后记"中对它们做了如下的概括说明：

其一，"良知"作为孟子意义上的"良知良能"（参见《孟子》中所举"入井怵惕""孩提爱敬""平旦好恶"之例），它是一种自然的禀赋，一种天生的情感或倾向（意向）。这个意义上的"良知"是王阳明在1520年明确提出"致良知"概念之前所谈论和倡导的"良知"概念。耿宁将它定义为"向善的秉性"，亦即天生的向善之能力（参见《人生第一等事》，第一部分第一章）。

其二，"良知"作为通常所说的"良心"，即一种能够分别善恶意向的道德意识，借用唯识学的四分说（参见《成唯识论》中的"见分、相分、自证分、证自证分"）可以将它定义为一种道德"自证分"。即是说，这个意义上的"良知"不再是指一种情感或倾向（意向），而是一种直接的、或多或少清晰有别的对自己意向的伦理价值意识。这是王阳明在1520年"始揭致良知之教"（钱德洪语）之后明确提出的"良知"概念。王阳明曾从各个角度来描述这种对意向的伦理区分，如"见心体""天聪明""是非之心""本心""独知"等等。耿宁将它定义为"对本己意向中的伦理价值的直接意识"（参见《人生第一等事》，第一部分第二章）。

其三，"良知"作为在其"本己本质"之中的"本原知识"，它是始终完善的，是带有宗教意义的"良知本体"，即"至善"（参见《大学》中的"大学之道，在明明德，在亲民，在止于至善"）。王阳明也曾从各个角度来描述这个意义上的"良知本体"，如"天理""天

---

① 以下简称《人生第一等事》，德文版：*Das Wichtigste im Leben. Wang Yangming (1472—1529) und seine Nachfolger über die „Verwirklichung des ursprünglichen Wissens"*, Basel: Schwabe, 2010；中文版：倪梁康译，商务印书馆2014年版。这里最后一段引文出自中文版。

道""佛性""本觉""仁""真诚恻怛""动静统一"或"动中有静"等等。耿宁认为这种"始终完善的良知本体""不是一个现存的现象,而是某种超越出现存现象、但却作为其基础而被相信的东西。在此意义上,我们不仅可以将这第三个'本原知识(良知)'的概念标识为超越的(超经验的)、理想—经验的和实在—普遍的(不只是名称上或概念上普遍的)概念,而且也可以将它标识为信仰概念"。(参见《人生第一等事》,第一部分第三章)

总起来看,可以用耿宁的概念将王阳明三个"良知"概念简捷扼要地概括为:第一个概念是"**心理素质的概念**",第二个概念是"**道德判别的概念**",第三个概念是"**宗教神性的概念**"。

这里还要补充耿宁的一个观察结果:"从编年的角度出发,我们将这三个概念中的第一个标识为王阳明早期的'良知'概念,因为它在王阳明那里要先于其他两个概念出现。但这个'早期'概念并未在两个较后的概念出现后便消失,而是也在王阳明晚年出现,以至于在这个时期的陈述中有可能出现所有这三个概念。"①

在对这三个"良知"做出区分之后,我们再来回看一下,"知善知恶是良知"中的"良知"涉及的究竟是王阳明的哪一个"良知"概念。耿宁将它定义为"对本己意向中的伦理价值的直接意识",也就是三个良知概念中的第二个:"道德判别的概念"。耿宁将这个意义上的"良知"理解为唯识学意义上的"自证分",而且是"道德自证分",即意识在自身活动的同时不仅自己能够意识这个活动,而且还意识到这个活动的善恶,因而在这个意义上是道德判别的自证分。

耿宁的这个结论是基于比较研究的视角与立场而得出的,而且不仅是对儒学和佛学的比较研究,也是对它们与现象学的比较研究。耿

---

① 参见耿宁:《人生第一等事》,第344页。

宁此前已经撰写过关于唯识学的自证分和现象学的自身意识的论述。[①] 而在《人生第一等事》中，他将唯识学的"自证分"与王阳明的作为"自知"的"良知"加以联系和比照，并创造出"道德自证分"或"道德自身意识"的表达："王阳明据我所知没有在任何地方使用过'自证分'这个术语来刻画'本原知识'，他也从未提到过玄奘的'四分说'。他自己所使用的是'自知'的表达，这个表达既可以意味着'从自己出发而知道'或'关于自己所知道'，也可以意味着'对自己所知道'或'为自己所知道'。玄奘的《成唯识论》在明代已成为佛教正典，在当时并非不为人知。虽然无法认定他的'自证分'学说对王阳明的第二个'良知'概念有直接影响，但相关的思想在知识阶层的氛围中还是或多或少为人所知晓的。但同样要注意到，王阳明的'良知'并不可以简单地等同于'自证分'，因为'良知'不像'自证分'那样是意向一般的'自身意识'，而是对意向的善与恶的'道德自身意识'。"[②]

耿宁的这个观察和结论涉及在三种文化中都存在的共同方向上的思考：

（1）耿宁本人十分了解和熟悉的现象学自身意识理论：其一，胡塞尔在其早期奠基之作《逻辑研究》的第五研究以及在《内时间意识现象学讲座》中已经对自身意识意义上的"内感知""内意识"等问题做了深入思考；其二，耿宁在台湾和中国大陆学习了唯识学后对"四分说"以及"自证分"的理解和把握：玄奘在《成唯识论》中对"自证分"的分析和阐述与现象学的意识分析结论基本一致；其三，他在对王阳明心学的长期研究中所理解作为"良知"的"自知"。

事实上，耿宁在这里所做的已经不仅仅是几种意识理论的比较研

---

① 参见耿宁的以下三篇文章：《试论玄奘唯识学的意识结构》《胡塞尔现象学中的自身意识和自我》《玄奘〈成唯识论〉中的客体、客观现象与客体化行为》，载耿宁：《心的现象——耿宁心性现象学研究文集》（以下简称《心的现象》），倪梁康等译，商务印书馆2012年版。

② 耿宁：《人生第一等事》，倪梁康译，第219页。

究以及通过研究对思想视域的开拓①，而且还有通过比较研究而完成的哲学观念与概念的创造以及对哲学问题的创造性诠释和解决。

耿宁是通过儒学、佛学和现象学三者的比较研究来完成自己的创造性哲学思考的：首先，当我们在做某件事情时有不安的感觉，受到所谓"良心谴责"，或听到所谓"良心发言"时，这个"良心"或"良知"是一种当下的呈现，还是一种随后的反思？这个问题不仅涉及王阳明的"良知"之"自知"的性质问题，也涉及王龙溪的"一念自返"之"自返"的性质问题，更是涉及熊十力的"直下自觉"这个"直复活了中国血脉"的问题。② 对此可以重温牟宗三的警示："全部困难就是关于一个主体如何能内部地直觉它自己。"③ 这里所说的"内部直觉"，实际上就是熊十力的道德本体（或王阳明的"良知本体"）意义上的"自觉"。

但对牟宗三问题的回答还不能止步于此。我们要进一步回答：如何才能理解、把握和界定这个"自知"或"自觉"呢？换言之，道德主体对它自己的内部直觉究竟是如何进行的？这个问题事关儒学的本体论和工夫论，同时也涉及唯识学与现象学的基本问题。

（2）以王阳明、熊十力、牟宗三为代表的儒家心学，已经赋予"良知""自知""自觉"等概念以道德判别的含义。这是在比较研究视域下可以看到的一种佛学与儒学的交融的结果，无论王阳明、熊十力、牟宗三等人是否意识到这一点。一旦我们将这个意义上的"良知"理解为佛学意义上的一种特殊的自证分，即道德自证分，那么在比较研究基础上就有一个新的道德哲学观念得以形成，它超越出这些被比较

---

① 这种比较在耿宁的书中也常常出现，例如当耿宁谈及王阳明的四句教的表达形式时，他说"这种教理口诀在形式上让人联想起佛教的教理诗句（偈：Gatha）"（耿宁：《人生第一等事》，倪梁康译，第572页）。

② 参见牟宗三：《五十自述》，台北商务印书馆1989年版，第88页。

③ 牟宗三：《智的直觉与中国哲学》，台北商务印书馆1971年版，第132、142页。

的哲学之上而成为一个跨文化的思想范畴。

当牟宗三将熊十力的"直下自觉"理解为"一个主体对它自己的内部直觉"时,他实际上已经偏离了"道德自证分"的含义。因为主体对自己的"内部直觉"只能是一种反思,它原则上不同于熊十力的"直下自觉"。当然,这里的问题在于:如何理解这里的道德本体?如果它是对象性的主体或自我实体,那么对它的直觉就是反思或反省;而如果它指的是非对象性的我思的意识活动,那么对它的把握就是具有道德判别功能的自身意识:道德自证分。这两者都可以用王龙溪的"一念自反"来描述,但在它们之间存在着本质差异。

对主体及其行为的道德反思本质上与道德判断相关,它总是在道德行为完成前或完成后进行的。当然它也可以在道德行为进行时进行,但这就意味着道德行为的中断,因为反思本身是一个对象性的行为,它不可能与一个对象性的行为同时进行。对于关注的意识而言,两个主题就等于没有主题。我们不可能在进行一个道德行为的同时对这个道德行为进行反思。我们的意识总是需要做出切换,无论这个切换的过程多么短暂。在此意义上,任何反思,包括作为道德判断的道德反省,都是一种后思,因而很难说这是一种"直下自觉"。

王龙溪曾以孟子的例子在否定的意义上谈到这种反思:"今人乍见孺子入井,皆有怵惕恻隐之心,乃其最初无欲一念,……转念则为纳交要誉、恶其声而然,流于欲矣。"① 这里的"转念"也就是某种类型的"道德反思",即那些往往出于私欲的道德判断,或是考虑自己见死不救而造成的坏名声,或是考虑其他的因素,这里姑且不论道德判断也可以是基于正义的。②

而真正的"直下自觉"是与道德行为同时进行的,是道德行为在

---

① 《南雍诸友鸡鸣凭虚阁会语》,《王畿集》,南京凤凰出版社2007年版,第112页。
② 笔者在《道德本能与道德判断》(《哲学研究》2007年第12期)一文中对此已有详细论述。

进行中的自身意识。这也就是王龙溪在前引文字中所说的"最初无欲一念",这也就是孟子和王阳明都强调的无需学习、生而有之的"良知""良能"。王龙溪就上述案例所说的是:"遇孺子入井自能知怵惕"①,完全不假思索或反思。

在这里需要引入现象学的研究结论:按照现象学的分析,自身意识本身不是一种对象性的意识、客体化的意识,因而不是"见分－相分"意义上的"意向活动－意向相关项",它只是意识在进行过程中对自身之进行的意识到,即笛卡尔所说的"诸思维"(cogitationes)在进行时对自己的直接知识或直接意识②,它与熊十力所说的"直下自觉"几近一致。当然,笛卡尔的"我思"可以是指"我表象",也可以是指"我感受"或"我意欲",或者就是指"我意识",换言之,笛卡尔的"我思"可以指任何一种意识活动,而对"我思"的直接意识,却似乎并不会随着"我思"的意识活动的变化而变化;即是说:如果"我思"是一种"我喜欢"或"我厌恶",在它进行时对它的直接意识并不具有相应的性质,至少无论是笛卡尔,还是胡塞尔,都没

---

① 《宛陵会语》,《王畿集》,第 44 页。
② 参见笛卡尔的原话:"我将思维(cogitatio)理解为所有那些在我们之中如此发生的事情,以至于我们从我们自身出发被**直接地意识到**(immediate conscii)它。"(R. Descartes, *Principia Philosophiae, Oeuvres*, Paris: Publiées par Ch. Adam et P. Tannery, 1897-1913, I, S. 9. 黑体为笔者所加)基本相同的一段文字也出现在《第一哲学沉思集》的第二答辩中:"我将'思维'这个名字理解为所有那些如此地在我们之中,以至于为我们所**直接地意识到**的东西。"(R. Descartes, *Meditationes de prima Philosophia, Oeuvres*, Paris: Publiées par Ch. Adam et P. Tannery, 1897-1913, VII, p. 143;黑体笔者所加)——这里的引文主要根据德译本译出。笛卡尔《第一哲学沉思集》和《哲学原理》两本书的译者布赫瑙(A. Buchnau)在与"自身意识"相关的这两处都使用了德文的 unmittelbar(直接)一词。与此对应的拉丁原文是 immediate,而由笛卡尔本人校定过的法译文则是"immédiatement"。但笛卡尔本人对"直接"一词的解释比较含糊:"我附加'直接'一词是为了排斥那些只是从思维中推导出来的东西"(R. Descartes, *Meditationes de prima Philosophia*, p. 143)。据此,非直接的东西在笛卡尔那里既可以是指从思维中推出的间接的所思(结果),也可以意味着通过反省思维(反思)而推导出的间接的我思(活动)。但根据上下文的情况,我们在这里更有理由将"直接性"看作是笛卡尔赋予自身意识的第一个特性。(对此还可参见拙著:《自识与反思——近现代西方哲学的基本问题》,商务印书馆 2002 年版,第三、四讲)

有明确地对这种直接意识做进一步的规定和描述,没有将这种对"我思"的直接意识看作道德判别的意识,亦即没有提出"道德自证分"的概念,而且在提出意识四分说的佛教唯识学那里,"自证分"也从未被赋予道德判别的含义。① 赋予自证分以道德含义或属性的,是王阳明和熊十力。

(3)见分、相分、自证分和证自证分的心识四分说是由唯识学家最早提出,其间按《成唯识论述记》的说法有从安慧的"一分说"、亲胜的"二分说"、陈那的"三分说"到最后护法的"四分说"的发展。② 按照唯识学的教理,自证分是对见分的证明,原则与见分属同一类型,因此会有谁来证明"自证分"以及无穷证明的问题。③ 唯识学家最终是通过设立"证自证分"一项,并用它来与自证分互证,才得以从逻辑上避免无穷之过。④ 而在现象学家这里,"每个行为都是关于某物的意识,但每个行为也被意识到"(Hua X,481)。因而意向活动、意向相关项和意识行为自身的内意识构成一个三分的整体结构。从现象学的意识分析结果来看,对直接的道德自身意识与作为道德判断的道德反思的区分标准在于,前者是非对象性意识,而后者则是对象性意识。据此,在这个三分意识结构中,前两者实际上已经形成与第三者的互证。故而在现象学家看来,没有必要再假立第四分来解决无穷循环的逻辑问题。

这样也就完成了对王阳明的"良知自知"、王龙溪的"一念自

---

① 虽然在唯识学中常常可以读到"菩提自证"的说法,但那个"自证"与"自证分"意义上的"自证",并不是一个意思。前者是指"自己证得菩提",后者是指"自己认知之作用"。
② 参见窥基:《成唯识论述记》:"或实说一分如安慧,或二分亲胜等,或三分陈那等,或四分护法。"(《大正藏》第 43 册,第 242 页上)
③ 参见护法等造,玄奘译:《成唯识论》卷二:"又心心所,若细分别,应有四分。三分如前,复有第四证自证分。此若无者,谁证第三。"(《大正藏》第 31 册,第 10 页中)
④ 参见护法等造,玄奘译:《成唯识论》卷二:"证自证分唯缘第三。非第二者,以无用故。第三、第四皆现量摄。故心、心所,四分合成,具所能缘,无无穷过。非即非离,唯识理成。"(《大正藏》第 31 册,第 10 页中)

反"、熊十力的"直下自觉"的现象学界定：它是一种意识在进行过程的自身意识，且带有道德分别的作用，即不仅以非对象的、非课题的方式同时意识到自己的意识活动的进行，而且还意识到它的善恶。

这个"道德自证分"概念的提出，实际上集合了三家心性学的思想力量。佛教唯识学、儒家心学和意识现象学都为此做出了自己的贡献。没有比较研究的眼光，这种跨领域、跨学派的意识分析和概念创造的哲学活动是无法想象的。

## 三、现象学与唯识学关于意识结构（八识四分）与意识发生（三能变）的思考与互释

在前一节中谈到的四分说属于唯识学在意识结构方面的分析结果。按《成唯识论》的说法："心、心所，若细分别，应有四分。"① 由于"心"分八种，"心所"分五十一种，因而这意味着在所有这些"心"与"心所"中都包含了"见分、相分、自证分、证自证分"的四分结构。如前所述，它与意识现象学在横意向性的结构分析方面得出的结论相似，尤其是在前六识及其相关心所方面。不过这主要是指，如果将认知行为（表象）视作建构客体的行为，将感受行为与意欲行为视作虽不建构客体，但仍指向并拥有客体的行为，那么认知行为与感受行为和意欲行为之间存在的奠基关系就与心与心所之间的奠基关系基本一致。它们符合现象学的"意向活动－意向相关项"以及唯识学所说的"见分－相分"的最基本意识结构。

然而在涉及第七末那识与第八阿赖耶识时，困难就会出现。在现象学对意识结构的分析和把握中，似乎找不到与这两种识相对应的意识类型。只有进入现象学的发生分析的领域，我们才能重又发现：唯

---

① 参见护法等造，玄奘译：《成唯识论》卷二，《大正藏》第31册，第10页中。

识学与现象学在意识研究结论方面又可以相互印证了。

八种识的类型划分本身就已经属于意识发生的范畴。与其说它们是相互并列的八种心识类型，还不如说它们是一个发生的接续序列。唯识学也将它们称作发生变化的序列，即三能变。从初能变阿赖耶识到二能变末那识，再到三能变前六识，心识的发生变化被分成三个基本阶段。这里有一个心识的本质变化的过程。

如果唯识学主张八识都有四分，那么就意味着，"见分—相分"的横向本质结构贯穿在纵向本质发生的三个阶段的始终。

1. 现在的问题是，在阿赖耶识和末那识中，"见分"和"相分"各自是指什么？在心识发生的这两个阶段上，作为前五识的感觉材料尚未出现，对它们进行统摄的第六识也尚未发生。它们显然不同于认知行为与建基于其上的感受行为和意欲行为。那么它们的"见分"与"相分"指的是什么？这里从一开始就可以确定一点：如果第七识和第八识有"相分"的话，它一定不会是前六识的"客体"或"外境"意义上的"相分"。

"阿赖耶"的基本含义是"含藏"或"贮藏"，因而也叫作"藏识"。之所以叫"藏识"，按《成唯识论》卷二的说法，是因"此识具有能藏、所藏、执藏义故"[①]。由此这里已经可以得出一种对第八识的"见分—相分"的可能解释：见分和相分在第八识这里是指"能藏"和"所藏"，就像它们在前六识那里是指"能缘"和"所缘"一样。"能藏"是指含藏一切种子的能力或活动，所藏则是指被含藏的一切种子。

而末那的基本含义是"思量"，但作为第七识的"末那"与作为第六识的"末那"不同之处在于：前者是"恒审思量"[②]，而后者是有间断

---

① 护法等造，玄奘译：《成唯识论》卷二，《大正藏》第 31 册，第 7 页下。
② 护法等造，玄奘译：《成唯识论》卷二，《大正藏》第 31 册，第 7 页中。

的。那么末那识的见分和相分是什么呢?《成唯识论》在论及藏识时还列出它的在"能藏""所藏"之外的第三个含义:"执藏"。它是指第八识持续不断地被第七末那识妄执为实我、实法,即所谓"有情执为自内我"①,"由有末那,恒起我执"②。在此意义上,第七识的见分和相分也应当不同于第八识和前六识的见分与相分。它更可能是指"能执"和"所执"。"能执"是指将第八识执守为内自我的能力或活动,"所执"则是指被执守为"自内我"的第八识。

如此看来,"见分"和"相分"的含义,在心识发生的各个阶段上是各不相同的:在初能变阶段上,它们主要是指"能藏"和"所藏";在二能变阶段上是指"能执"和"所执";在三能变阶段上是指"能缘"和"所缘"。

按照这样的解释,"见分"和"相分"的说法并不仅仅与意识的横向静态结构有关,而且也可以涉及意识的纵向发生变化。尤其是第七末那识,它以第八识为相分,这也就意味着这是一种心识对心识的纵向攀缘或纵向执着。它使"我"的产生得以可能,或为"我"的形成提供了解释。而前六识的"见分"和"相分"则与它的基本功能"了境"有关,它说明了心识对外境的横向攀缘和横向执着;它们使"法"的产生得以可能,或为"法"的形成提供了解释。

因此,心识(第七识)对心识(第八识)的攀缘是发生也是构造,心识(前六识)对外境的攀缘是构造也是发生。于是我们也可以理解,胡塞尔晚年为何常常将"发生"与"构造"作为同义词使用。③

但第八识的情况十分特别,因为按《成唯识论》的说法,在它的三个功能中,除了"能藏"和"所藏"之外还有"执藏",它是第七识

---

① 护法等造,玄奘译:《成唯识论》卷二,《大正藏》第31册,第7页中。
② 护法等造,玄奘译:《成唯识论》卷五,《大正藏》第31册,第26页上。
③ 对此的详细论述可以参见拙文:《胡塞尔的"发生"概念与"发生现象学"构想》,《学海》2018年第1期。

产生的前提。在此意义上,阿赖耶识本身既包含心识结构的脉络,也包含心识发生的脉络,它构成佛教唯识学心识分析的两条基本线索的起始点。

2. 第八阿赖耶识历来被视作佛教思想所特有的概念范畴。由于在其他文化传统中找不到对应的理解和解释,加之其本身意味的"微细极微细,甚深极甚深,难通达极难通达"①,因而在交互文化史上常常带着神秘的色彩出现,而且在佛教内部也往往被认作是一种无法通过理解,而需通过修行才能获其真谛的境地或境界。事实上,阿赖耶识所具有的这个集两条思想脉络之起点于一身的特有性质使得它在意识现象学的研究中也几乎找不到与之对应的意识类型。

但笔者在近期对早期现象学运动核心人物亚历山大·普凡德尔的意欲现象学的研究②中发现,"意欲"(Wollen)或"意志"(Wille)的现象所具有的特殊性质与阿赖耶识在以上所述性质方面极为相似。

对"意欲"(或"意愿"或"意志")的最通常的中文翻译应当是"要"。而"要"可以分为最基本的两类:与对某个东西的"要"和对某个行为的"要"。前者是及物动词,例如"我要一杯茶";后者是助动词或不及物动词,例如"我要去散步"。这两个词义与"意欲"的两个意向特征是有内在联系的。及物动词的"要"是建基于表象行为或认知行为中的意欲行为。我们可以将它称作后表象的或后客体化的意欲;"后"在这里是指这种意欲在发生上后于表象,用唯识学的语言可以说是属于"心所"的一种。而助动词的"要",原则上可以在客体化行为之前发生。我们可以将它称作前表象的意欲;"前"在这里是指这

---

① 参见《解深密经·胜义谛相品第二》,《大正藏》第 16 册,第 691 页中。另可参见弥勒:《瑜伽师地论》卷第七十五,《大正藏》第 30 册,第 714 页下,以及圆测:《解深密经疏》卷第二,《卍新续藏》第 21 册,第 228 页中。

② 参见拙文:《意欲现象学的开端与发展——普凡德尔与胡塞尔的共同尝试》,《社会科学》2017 年第 2 期。

种意欲在发生上先于表象。①

普凡德尔将这两种意欲纳入广义的意欲范畴，同时将助动词的"意欲"视作狭义的、"本真的意欲"的一个基本界定：它是主动的、趋向行动的，他也将这个意义上的"意欲"定义为某种"相信"，即相信有可能通过行动来实现被追求之物，如此等等。②此后，很可能是受普凡德尔的影响，胡塞尔在《纯粹现象学与现象学哲学的观念》第一卷的第 125 节中曾将这个助动词的"意欲"描述为在"意识行为"（Aktvollzug）进行之前的"行为萌动"（Aktregung）。

可以看出，如果及物动词的"意欲"属于静态结构的描述现象学领域，那么助动词的"意欲"就已经属于动态发生的说明现象学的范畴了。而如果我们将这个发生过程一直追溯到全部客体化行为发生之前的前客体化意欲中，追溯到胡塞尔所说的在意向意识形成前的"前自我""前意向"和"前现象"的领域中，那么我们是否就会获得一个纯粹的意欲领域，它含有所有尚未现实展开、尚未朝向对象，仅仅是纯粹的"萌动"（胡塞尔）或"端"（孟子），亦即纯粹的、无对象的本能、本性、本欲。

还有许多思想家指出过这个同样"深密"的意识领域，例如弗洛伊德的广为人知的在"本我"（ID）的标题下对特定的潜意识领域指明；而鲜为人知的是早期的海德格尔也曾在"自己"（Selbst）的标题下讨论过本欲（Trieb）和情感（Gefühl）的领域："最后的自身（Selbst）在其核心中是本欲和情感。作为最后的中心而形成的是捆成

---

① 关于"前客体化行为""客体化行为""后客体化行为"的详细讨论可以参见笔者的两篇论文：《客体化行为与非客体化行为的奠基关系问题——从唯识学和现象学的角度看"识"与"智"的关系》与《体化行为与非客体化行为的奠基关系再论——从儒家心学与现象学的角度看未发与已发》，分别发表于《哲学研究》2008 年第 11 期以及 2012 年第 8 期。——这两篇文章已收入笔者即将出版的文集《心性现象学》。

② A. Pfänder, *Phänomenologie des Wollens. Motive und Motivation*, München: Verlag Johann Ambrosius Barth 1965, S. 86.

一束的感受与本欲。"（GA 59, 160）

海德格尔在这里实际上将"意欲"和"情感"并列合用，这也是对在欧洲哲学与宗教传统中早已有之的"知—情—意"三分的通常用法：将认知与情感—意欲进一步分为两大类：认知或知性为一类，情感与意欲为另一类。胡塞尔也是将前者看作客体化行为，后两者视为非客体化行为，即我们所说的"后客体化行为"。海德格尔在这里则实际上是将情感与意欲和合共成一相，即合并为"前客体化行为"。这种用法有其合理之处，因为在这两种类型的心识之间的本质界限并没有它们与认知行为之间的本质界限那样明晰。中国古人也是将"七情""六欲"等等放在同一个范畴中讨论。例如孟子的"四端"究竟是本能（良知、良能）还是情感（恻隐、羞恶、恭敬）？反过来，在第八识与第七识之间的界限也不是那么明确：第八识作为第七识的所执已经被包含在第七识中，痴、见、慢、爱的四烦恼是与第八识的执藏内在相关联的，它们是情感还是本能？

3. 笔者刚才已经开始将唯识学所说的第八识与第七识类比为现象学所说的前客体化的意欲意识与情感意识了。此前，还在讨论普凡德尔与胡塞尔的意欲现象学研究时，笔者便曾提出这样的比较诠释的可能性：将前六识（识）理解为知识、表象，将末那识（意）理解为情感、情绪，将阿赖耶识（心）理解为意欲、本能。若这个理解能够成立，那么作为意欲、情感的阿赖耶识和末那识就是发生在先的，它们为作为表象的前六识提供了发生的前提或奠基。

在这个意欲意识的开端上汇集了两条意识分析的脉络起点，一条导向横向的结构意向性，一条导向纵向的发生意向性。如果我们借胡塞尔与早期海德格尔的意识之为河流的比喻来做刻画，那么这两个方向一方面意味着河水对两岸的冲刷和扩展的力量，另一方面意味着向前的流动进程。因此，意欲现象学研究的一个重要特点在于：在意欲分析中蕴含着对意识的结构研究和发生研究两方面的可能性。在这一点上，意欲意识与阿赖耶识有十分相近之处。

这种将阿赖耶识等同于特定类型的意志或意欲的做法并非笔者的创新之举。耿宁在其哲学自传《有缘吗？——在欧洲哲学与中国哲学之间》第十二章中回忆他在北京广济寺跟随郭元兴[①]学习唯识学的情形。他将郭元兴称作"时而抛出异常大胆的惊人观念和洞见"的"天才佛教学者"，并提到后者对第八阿赖耶识的一个理解和解释："对于郭先生来说，第八识差不多就是生命意志、生存意志。"[②]

这个对第八识的诠释初看上去是奇特的。但仔细想来有其道理。只是这里还需要对第八识的概念做一个外延上的扩展。耿宁此前已对阿赖耶识的另一个含义"种子识"做了说明："第八识（主观性的）的'种子'，也就是天生的'功能'和通过习惯而获得的'习气'，即第八识所具有的原初的习性，如能力、本能以及习惯等，我认为可以根据情况归属于动物的感性或人类的理性。"[③] 耿宁的这个理解依据的是对第八识的另一名称的通常解释，即种子识。《成唯识论》将八识分为与三能变相应的三种："集起名心，思量名意，了别名识。"[④] 而第八识的"集起"，是指"杂染清净诸法种子之所集起，故名为心。"[⑤] 按照自《瑜伽师地论》直至《成唯识论》的一以贯之的说法：一切种子都可以分为两种：其一为"本性住种"，其二为"习所成种"[⑥]。它们也就是通

---

① 郭元兴（1920—1989），江苏睢宁人。1949年后，在上海从事佛学研究，1956年参与撰写《中国佛教百科全书》和斯里兰卡《佛教百科全书》（中国佛教）的部分内容。1980年在南京金陵刻经处工作，后调到中国佛教协会研究部。1986年成为中国佛学院研究生导师。后受聘于中国佛教文化研究所，为研究员。1989年6月30日在北京逝世。主要著述有《达摩二入四行与道家言》《佛教与长寿》《高僧法显行迹杂考》等。

② Iso Kern, *Zwischen europäischer und chinesischer Philosophie – Gibt es einen Grund?* ——该书的德文本已经完成。中文翻译正在进行之中，字数在一百万字以上。预期在2018年前后完成并交付出版。

③ Iso Kern, *Zwischen europäischer und chinesischer Philosophie – Gibt es einen Grund?*

④ 护法等造，玄奘译：《成唯识论》卷五，《大正藏》第31册，第24页下。

⑤ 护法等造，玄奘译：《成唯识论》卷三，《大正藏》第31册，第15页中。

⑥ 护法等造，玄奘译：《成唯识论》卷九，《大正藏》第31册，第48页中。

常所说的本性与习性。① 如果我们将各种生而有之的本能、本欲、本性都归入种子之列，那么生存意志、生命意志作为自我保存的本能完全可以被视作包含在阿赖耶识中的一类种子。

因此，可以将特定的或"本真的"意愿理解为贮藏在第八识中的种子，首先理解为本能和本性，其次理解为通过前六识的对象化行为的现行熏习而积淀下来的习性、习惯、习俗。

而当这些贮藏的种子被第七识所持续地执守，它们便成为所谓的"自内我"。它被当作"实我"就像前六识会将外部世界当作"实法"一样，但这个"自内我"实际上只是"我执"，即获得了统一性的"思量"活动。第六识的"思量"实际上是一种以非对象的"执藏"为所执的意欲活动和感受活动。

依据这样一种解释，心意识从第八识到前六识的三阶段变化和发展，就应当被看作是一种从"藏"到"执"再到"缘"的发生过程，是从前客体化行为到客体化行为的发生过程，它是现象学和唯识学的发生研究的课题；而在作为客体化行为的第六识中，作为表象的"心"与作为情感和意欲的"心所"的关系则是一种在对象性的认知和表象行为与对象性的感受和意欲行为之间的奠基关系。

至此便可以重申一下笔者在前引关于意欲现象学的文章已经初步得出的结论："这里出现一种意识领域中的双重奠基现象：知→情→意的结构奠基顺序与意→情→知的发生奠基顺序。它们在普凡德尔与胡塞尔的意欲现象学思考中都或多或少地显示出来。意欲在这里或者是作为意欲'总体进程'的中间环节，或者是作为其初始环节，前者是对象性的，指向被意欲者，在语言学上是及物动词连同被及物；后者是非对象性的，在语言学上仅仅是一个不及物动词"或助动词。

---

① 笔者在《唯识学中的"二种性"说及其发生现象学的意义》（载《唯识研究》第4辑，中国社会科学出版社2016年版，第247—260页）一文中对这里所说的"种子"或"种性"或"种姓"做了较为详细的说明。

笔者相信，这样一种唯识学和现象学的互补性解释可以为心性学的研究提供新的思考方向和分析路径。

最后只需说明一点：不仅是这里的例子，而且前面举出的另外两个案例都与心性现象学在心、意、识问题方面的研究有关，而且都涉及耿宁在相关领域中的比较研究和跨文化思考。

江门会议（2013）论文

# 耿宁与《心的现象》

倪梁康

（中山大学哲学系、中山大学现象学文献与研究中心）

2012年12月，商务印书馆出版了由我编辑并由在座的部分与会代表参与翻译的《心的现象——耿宁心性现象学研究文集》。编辑和出版此书的初衷是为庆贺与纪念耿宁（Iso Kern）先生的七十五岁诞辰。接下来的基本意向则是向汉语学界展示和引介耿宁的思想道路与研究成果。我在这个集子的"编后记"中曾有以下的基本说明：

> 这部文集几乎收集了耿宁先生一生发表的所有重要论文与公开报告。根据他自己的愿望，这部文集是按各篇文章与报告的发布时间顺序来排列的。这也许可以说明，耿宁在自己思想成果的文字见证方面，更为偏好王阳明式的在精神发展历程方面的纪年顺序，而非朱熹式的在实事论题方面的系统"语类"划分。

耿宁先生于1961年以《胡塞尔与康德——关于胡塞尔与康德和新康德主义之关系的研究》（海牙，1964年初版，1984年二版）为题在比利时鲁汶大学完成其哲学博士学业。1968—1972年期间，他根据胡塞尔遗稿整理和编辑出版了以《交互主体性现象学》为题的《胡塞尔全集》第13、14、15卷（海牙，1973年）。

与此同时他还完成了《哲学的观念与方法——一门理性理论的主导思想》（柏林，1975年）的著作，并以此在德国海德堡大学获得大学教授资格，在那里从1974年起执教至1979年。

在1979年至1984年期间，耿宁先生先后在台湾大学、南京大学、北京大学，以及在纽约哥伦比亚大学潜心学习中国哲学。从1984年至2006年，他任教于瑞士的伯尔尼大学、弗里堡大学和苏黎世大学，讲授欧洲哲学与中国哲学。于此期间他扼要发表了关于欧洲哲学与中国哲学之间关系以及关于现象学问题的一些著作和文章。其中的一些文章被译成中文，陆续发表在各类学术刊物上。2010年初，耿宁先生出版了关于儒家心学的一部巨著，也是他的生命之作：《人生第一等事——王阳明及其后学论"致良知"》（巴塞尔，2010年）。

耿宁先生是汉学家，但更多是一位现象学哲学家。他毕生关注意识哲学或心学问题，并致力于这方面的研究，试图了解和把握人类思想史上形形色色的心学思考和观心方法，其中包括胡塞尔现象学、佛教唯识学和儒家心学。他的关于儒家心学之新作的献辞是："献给我的那些以现象学方式探讨中国传统心学的中国朋友们"。

耿宁先生在西方哲学界素有"隐士"或"道士"之称，并非仅仅因为他近年来迁居到图恩湖畔的克拉蒂根山村里并乐于自称为"山人"，而主要是因为他始终埋头于自己哲学问题的研究，全然不在自己的学术影响方面刻意地用力。同样，对胡塞尔现象学哲学在中国以及汉语哲学地区的引进、传播和发展，他所起的极其重要的作用也始终是在幕后。

这里结集出版的文章与报告共二十四篇，是耿宁先生毕生"心性现象学"思想的文字见证，从中可以看到他的相关思考的细致、深刻与丰富。其中的文章与报告，有些已经在西文刊物上发表过,此次是首次译成中文发表。还有一些已在中文刊物上发表过,此次重新做了录入和校对,有的则重新做了翻译。耿宁先生对几篇文章自己做了仔细地校对,尤其是第 16 篇《意识统一的两个原则:被体验状态以及诸体验的联系》与第 17 篇《特殊的过去之现实》,耿宁认为这是他这些文章中最要紧的两篇文字。

参与本文集翻译的多为耿宁先生的朋友和学生以及他学生的学生。

在参会代表中,李明辉应当是最早认识耿宁先生的。耿宁那时还在台北学习中文和中国哲学。明辉曾与他一同在牟宗三先生家中席地而坐,旁听牟宗三先生的讲课。而我是在座的代表中第二个认识耿宁的。那时耿宁已到南京大学随阎韬老师学习儒家心学,尤其是阳明学。当时我曾协助他翻译和讲授其"胡塞尔的时间意识分析"的中文报告。后来耿宁又去了北京,随楼宇烈老师学习佛教唯识学。我介绍他与王庆节认识。因此,庆节是在座的代表中第三个与耿宁认识的人。屈指算来,这已是三十年前的故事了。

耿宁在中国学习中国哲学之前便已是功成名就的现象学家。这主要归功于他的博士论文《胡塞尔与康德》与任教资格论文《哲学的观念与方法》这两部著作,以及他编辑出版的至关重要的《胡塞尔全集》第十三卷至第十五卷:《交互主体性现象学》三卷本。他是世上少数几位阅读过胡塞尔全部速记手稿的人,也是第一位将胡塞尔的专题研究手稿(不是著作和讲座稿)编辑并付诸出版的现象学家。这些工作使耿宁于 20 世纪 70 年代能够在德国海德堡大学获得终生教职。但他后来自己放弃了它,并且终生也再未申请过这类教职,主要是因为他不想被束缚在一个教席上,而放弃他差不多每年都会计划的东方之旅。他似乎到过王阳明与玄奘一生曾经去过的所有地区。

在学习中文与中国哲学期间,耿宁已经开始发表一些讨论中国传统心识哲学（儒家心学与佛教唯识学）的文章。这部文集中的许多文章是以前在汉语的刊物中发表过的。还有一些文章则是为此次出版而专门从耿宁的其他以德文与英文发表的文章中译成中文的。耿宁一生撰写的文章不多，但每篇都极富内容，都有想要表达的明察。他在《意识统一的两个原则：被体验状态以及诸体验的联系》一文中阐述的一个原则显然也可以用来刻画他的总体思考风格："我在这里听凭一个直接的明见（直观）的引导，并且试图将它用某些语词表达出来并澄清它，以便能够诉诸读者的相应的明见。我对直接明见的信任要甚于对语言使用的信任，并且我试着在后者中指明前者。"

在全书的编辑接近完成时，我催促耿宁尽快完成一篇作者的中文版自序，而后放在文集中发表。他欣然同意，因为他觉得，将以前的文章不加说明地再次出版，可能会导致读者对他的许多思想的误解。他希望通过一个自序来补充说明他对自己各个时期的各篇文章的当下看法与态度。但这个自序的写作直至今日尚未完成。我在文集"编者补记"中曾说：

> 这部文集本来应当有一个类似"作者自序"的文字。作者的确也已经从半年前开始撰写。但根据他于8月23日与9月4日发给编者的部分初稿来看，这个"前言"已经写得很长，而且看起来难以在两个月内结束。其原因作者自己在其中已经做了充分的解释，这里按下不表。只是如此一来，要想在今年出版此书，而这又是必须的，就不得不先放弃这个"前言"，它将有一百多页，足以成书单独出版。这样我们就有一个坏消息和一个好消息：坏消息是这部文集少了"作者自序"；好消息是会多出来作者的另一部有趣的书，暂且叫作"《心的现象》集外序"。

这个"集外序"现在已经写到何处，我还不得而知。但在我于

2013 年 8 月去瑞士访问他时，他已经完成了全部自序的前十二章，差不多已经写到他在南京游学的时光。他自己预计最终这个自序会与《心的现象》篇幅一样大，即字数会达三十多万。这意味着：它实际上已经成为耿宁先生的一篇哲学自传。他为自己的这个自传起名为"有缘吗？"目前尚不知这个"缘"是指他与哲学之缘，还是他与中国之缘。耿宁计划于 2014 年内完成它。我计划于 2015 年组织翻译出版它。题目暂定为《有缘吗？——〈心的现象〉集外序》。如此算来，在《中国现象学文库》中已出版和将出版的耿宁先生著作将会有三部。除了这里所说的已经发表的《心的现象》与有待发表的《有缘吗？》之外，他还有一部一百万字的巨著很快会在"中国现象学文库"中出版。这可以说是他的生命之作：《人生第一等事——王阳明及其后学论"致良知"》（巴塞尔，2010 年）。

目前我已经完成它的翻译，并将译稿交给商务印书馆，预计 2014 年年内可以面市。我希望能够在 2014 年下半年邀请耿宁来中国参加此书的发布和研讨会，也希望他的健康状态能够允许他此次的东方之旅。他曾说他为中国哲学的研究付出了沉重的健康代价。由于耿宁自小患有哮喘，因而可以在瑞士免服兵役。他在早年一直能够有效地控制自己的病情。但在近几年的中国旅行中，他因内地空气质量日趋恶劣而在每次旅行之后都检测到肺部功能的显著下降。我希望他不必再为明年的这次旅行耗费自己的肺部健康，因此计划将明年的《人生第一等事》的发布和研讨会放在一个空气质量较好的地区举办，如肇庆、珠海、北海等。

耿宁的其他几部著作的翻译出版（《胡塞尔与康德》《哲学的观念与方法》《十七世纪中国佛教对基督教的批判》）也已经纳入计划，将会在今后几年里陆续地进行。

# 耿宁对王阳明良知说的诠释

李明辉

(台北"中央"研究院中国文哲研究所)

瑞士哲学家兼汉学家耿宁(Iso Kern)的论文集中文版《心的现象——耿宁心性现象学研究文集》于2012年出版①,其专著《人生第一等事——王阳明及其后学论"致良知"》的中译本也已出版②。对于中西哲学交流而言,这是一桩意义深远的盛事。因为耿宁不同于一般的汉学家:他首先是专业的西方哲学家,其次才是汉学家。他的《胡塞尔与康德:关于胡塞尔与康德及新康德学派之关系的探讨》(Husserl und Kant. Eine Untersuchung über Husserls Verhältnis zu Kant und Neukantianismus)于1964年出版。他编辑的《胡塞尔全集》(Husserliana)第13—15册《交互主体性现象学》(Zur Phänomenologie der Intersubjektivität)继而于1973年出版,奠定了他在西方哲学界作为现象学家的地位。

---

① 耿宁:《心的现象——耿宁心性现象学研究文集》(以下简称《心的现象》),倪梁康等译,商务印书馆2012年版。
② 耿宁:《人生第一等事——王阳明及其后学论"致良知"》(以下简称《人生第一等事》),倪梁康译,商务印书馆2014年版。德文本 Iso Kern, *Das Wichtigste im Leben. Wang Yangming (1472-1529) und seine Nachfolger über die «Verwirklichung des ursprünglichen Wissens»*, Basel: Schwabe, 2010.

其后，他的研究兴趣转向中国哲学，而在台湾及中国大陆进行多年的研究工作。在这段期间，他花了很多功夫研读中国哲学的文献，尤其是唯识宗与阳明学的文献。他的西方哲学背景（尤其是现象学的背景）极有助于他对中国哲学文献的解读，使他的相关研究具有跨文化的视野，并且兼顾义理探讨与文本解读两方面的要求。《心的现象》一书便呈现了他的部分研究成果。本文将探讨他对王阳明良知说的诠释。他在《人生第一等事》中对此问题有更详细的探讨，但为了集中焦点，本文的讨论仍以《心的现象》一书为主。

本文将耿宁对王阳明良知说的诠释归纳为三个方面：（1）他将王阳明的"良知"概念诠释为"自知"；（2）他区分王阳明的"良知"概念之不同含义；（3）他探讨王阳明及其后学如何说明"良知"与"见闻之知"的关系。以下即分别论之。

首先，在《从"自知"的概念来了解王阳明的良知说》[①]一文中，耿宁主张："王阳明的'良知'一词所指的是'自知'。"[②]接着，他借用唯识宗的术语来说明"自知"之义："（唯识宗的）见分相当于王阳明的'意'，即意念，相分就是意识对象，相当于王阳明所说的'物'或者'事'。……自证分相当于王阳明的'良知'。"（《心的现象》，第129页）他又指出：这种自知相当于布伦塔诺（Franz Brentano，1838—1917）所谓的"内知觉"（innere Wahrnehmung）、胡塞尔（Edmund Gustav Albrecht Husserl，1859—1938）所谓的"内意识"（inneres Bewusstsein）或"原意识"（Urbewusstsein）、萨特（Jean-Paul Sartre，1905—1980）所谓的**"反思以前的意识"**（conscience

---

[①] 此文原系笔者于1993年10月6日邀请耿宁到台湾大学三民主义研究所发表的演讲稿，其后刊登于"中央"研究院中国文哲研究所筹备处：《中国文哲研究通讯》1994年第1期，第15—20页。尽管已时隔二十余年，笔者对那次演讲仍记忆犹新。

[②] 耿宁：《心的现象》，倪梁康等译，第126页。以下引述此书中的论文时，将页码直接附于引文之后，而不另作脚注。

*préréflexive*）(《心的现象》，第 128—129 页)。

但是耿宁没有停留在借唯识宗与西方现象学的说法来诠释"自知"之义。他特别强调："王阳明的'良知'，也就是自知，不会是一种纯理论、纯知识方面的自知，而是一种意志、实践方面的自知（自觉）。"(《心的现象》，第 131 页) 不但如此，"王阳明的'良知'不仅是一个意志或者实践方面的自知，还是一个道德方面的评价。"(《心的现象》，第 131 页) 在这个脉络中，他引述王阳明《大学问》中的一段文字：

> 凡意念之发，吾心之良知无有不自知者。其善欤？惟吾心之良知自知之；其不善欤？亦惟吾心之良知自知之。是皆无所与他人者也。①

又引述《传习录》下卷的一段文字：

> 良知只是个是非之心。是非只是个好恶，只好恶就尽了是非。(《王阳明全集》，第 126 页)

他由此推断说：

> 毫无疑问，王阳明的德性之知（即良知）根本不是对他人行为的一个道德评价，也不是我对于他人对我的行为的道德评价之内心转向，而是原来自己意志的自知评价。(《心的现象》，第 132 页)

> 良知之不可排除的中心（即本质），并不是是非，不是道德判

---

① 《王阳明全集》，上海古籍出版社 2011 年版，第 1070 页。以下引述王阳明的文字时，均根据此一版本，将页码直接附于引文之后，而不另作脚注。

断,而是自知。(《心的现象》,第 132 页)

耿宁将王阳明的"良知"理解为一种"自知",甚具卓识,也可以在王阳明的相关文献中得到印证。借用牟宗三的说法,"良知"是一种"逆觉体证"。所谓"逆觉"即意谓:它是返向主体自身的,而非朝向对象的,不论对象是事物还是价值。

接着,耿宁区分王阳明的"良知"概念在不同时期的不同含义。在《论王阳明"良知"概念的演变及其双义性》一文中,耿宁以明武宗正德十五年(1520)为界,区分王阳明前后期的两个不同但相关的"良知"概念。前期的"良知"概念承自《孟子·尽心上》关于"良知、良能"的文本。在这个脉络中,良知"同时也是'良能',即一种善的自发的倾向,如果它不受到压抑的话,它能自我实现"(《心的现象》,第 170 页)。在《后期儒学的伦理学基础》一文(最初以德文发表于 1995 年)中,耿宁指出:王阳明将孟子的"良知"概念与"四端之心"联结起来,而将良知视为"作为人的精神(人心)的基本性格的向善能力,或者说,从此能力中产生的爱、怜悯、敬重等等自发的萌动或情感"(《心的现象》,第 276 页)。耿宁一再强调:四端之心"还不是德性本身,但却是德性的萌芽、德性的开端"(《心的现象》,第 272 页;参见《心的现象》,第 428—429、448、460 页)。后期的"良知"概念则是借孟子所谓的"是非之心"来诠释"良知"。在这个脉络中,"'良知'不是一个善的自发的同情、孝、悌等之动力(意念),从根本上说不是意念,也不是意念的一种特殊的形式,而是在每个意念中的内在的意识,包括对善与恶的意念的意识,是自己对自己的追求和行为的道德上的善和恶的直接的'知'或'良心'"(《心的现象》,第 182 页)。根据耿宁的解释,王阳明之所以提出新的"良知"概念,主要是由于他要回答一个重要的问题,即是:"作为具体的个人如何能够在他的每一具体情况下将他的私(恶)意从他的向善的倾向

或'诚意'中区别出来。"(《心的现象》,第 174 页)

耿宁归诸王阳明后期的"良知"概念显然更符合"良知"作为一种"自知"之义。这证诸耿宁自己在《王阳明及其弟子关于"良知"与"见闻之知"的关系的讨论》一文(最初以中文发表于 2000 年)中的说法:

> 在阳明后来的语录和著作中,良知除了作为一种与生俱来的为善的倾向和辨别善恶是非的能力外,也意味着对这种意念的道德品格的当下的意识或觉察。用中国的术语来说,良知不是意念,不是意向,而是一种"自知",一种对意念的当下直截的觉察。(《心的现象》,第 305 页)

然而在《人生第一等事》中,耿宁还提出了第三个"良知"概念,即"良知本体"的概念。他将此一概念译解为"本原知识的本己(真正)本质"或"本原知识的本己实在",并且解释说:"它始终是清澈的(显明的、透彻的、认识的:明),而且始终已经是完善的,它不产生,也不变化,而且它是所有意向作用的起源,也是作为'心(精神)'的作用对象之总合的世界的起源。"(《人生第一等事》上册,第 271 页)耿宁将这第三个"良知"概念也归诸王阳明的后期思想。在《论王阳明"良知"概念的演变及其双义性》一文中,耿宁虽然已注意到在王阳明的论述中作为"体"或"本体"的良知,但他并未将这个概念独立出来,还是将它视为王阳明早期的"良知"概念,即"作为本体的善的秉性或倾向,它是所有意念的基础",而将王阳明早期的"良知"概念与第二个"良知"概念之关系理解为一种体用关系(《心的现象》,第 185—186 页)。然而,在《我在理解阳明心学及其后学上遇到的困难:两个例子》一文(最初以德文发表于 2010 年)中,耿宁却区分两种"本体"概念:一是"某种类似基质(Substrat)和能力

(Vermögen)的东西,它可以在不同的行为或作用中表现出来",二是"某个处在与自己相符的完善或'完全'状态中的东西"(《心的现象》,第474页)。耿宁在《论王阳明"良知"概念的演变及其双义性》一文中显然是根据前一个意义来理解作为"本体"的良知,而在《人生第一等事》中则根据后一个意义来理解"良知本体"。

我们不禁会问:这三个"良知"概念的关系为何?在《人生第一等事》第一部分第四章,耿宁试图回答这个极具关键性的问题。耿宁的考虑很复杂,他似乎无法将这三个"良知"概念整合为一,故最后只能说:

> 或许是"本原知识"的第三个概念,即它的完善的本己本质,促使王阳明用"良知"这同一个词来命名自然的善的萌动(意向)与对意向的伦理价值的意识。他用了很长时间才将"独知"称作"良知"。但如果"本原知识之本己本质"既产生出善的意向,也知道由于利己主义而对它们的"阻碍与遮蔽"以及在人心中对"物"的执着,那么这种知道也是"良知"。(《人生第一等事》上册,第355页)

至于"良知"("德性之知")与"见闻之知"的关系,是《王阳明及其弟子关于"良知"与"见闻之知"的关系的讨论》一文的主题。《人生第一等事》第一部分第五章也聚焦于此一问题。在这个问题脉络中,耿宁区分两种"见闻之知":一是指"非德性的、事实性的,仅仅是理论的或技术性的知识",二是指"习得的道德知识",例如,"通过对历史和儒家学者提供的道德标准的学习"(《心的现象》,第295页)。相应于这两种"见闻之知","良知"与"见闻之知"的关系也可以区分为两个问题。耿宁指出:"在我看来,这第二类关于良知与见闻的关系问题与第一类问题相比,似乎很少为王阳明及其弟子所讨论。"(《心的现象》,第 295 页)反之,对于朱子而言,第二类问题可能更为重要,因为他特别重视对经典的研读。

在第一类问题方面,耿宁注意到王阳明在《传习录》中有两个表面看来似乎相互矛盾的说法:一是"德性之良知非由于闻见耳"(《王阳明全集》,第 57 页),二是"见闻莫非良知之用"(《王阳明全集》,第 80 页)。将良知视为先天之知,而独立于见闻之知之外,这是王阳明与孟子的基本观点。问题是:王阳明的第二种说法是否与这个基本观点相矛盾?耿宁认为其间并不存在矛盾。其实,王阳明在《答欧阳崇一》中对这个问题有最完整而扼要的说法:"良知不由见闻而有,而见闻莫非良知之用。故良知不滞于见闻,而亦不离于见闻。"(《王阳明全集》,第 80 页)[①] 对于"见闻莫非良知之用"之说,耿宁的解释是:

> 关于良知与见闻的关系问题在阳明思想中不属于理论逻辑而属于实践逻辑:一种真诚恻怛的态度包含着寻找某种条件而使其自身得到体现的要求,这种实践关系也许也表述为目的与手段之间的关系:此诚孝之心的目的乃是使父母生活幸福,而欲达此目的,便要通过"见闻"获得种种必要的手段。在这种意义上,"见闻"也能被当作良知之发用流行。(《心的现象》,第 299 页)

耿宁也讨论了阳明弟子欧阳南野与王龙溪在这个问题上的不同看法。欧阳南野与王龙溪均将"良知"与"见闻之知"视为异质的。在这个共同前提之下,欧阳南野强调两者的互补性,但"对龙溪来说,'见闻之知'只有在良知之中才是有价值的"(《心的现象》,第 301 页)。在这个问题上,耿宁认为:"龙溪比南野更接近阳明本人。"

---

① 耿宁在《人生第一等事》上册,第 367 页中也引述了这段文字,但未将它当作一句纲领性的话来讨论。

(《心的现象》，第301页）对于欧阳南野与王龙溪在这个问题上的分歧，耿宁归因于不同的"良知"概念："对龙溪而言，良知是人心之本然；而对南野来说，良知则是一种德性，即知恻隐、羞恶、辞让、是非的能力。"（《心的现象》，第301页）[①] 在《人生第一等事》中，耿宁对这个问题有更细致的处理。不过，他还是认为："对于弟子们关于'本原知识'对伦理正确的行为是否是充分的问题，王阳明的回答是各不相同的，这取决于他的回答是基于其早先的、依照孟子的'良知'概念，还是基于他较后的'良知'概念，即始终完善的、也包括所有'心'的作用的'良知本体'。"（《人生第一等事》上册，第358页）

关于王阳明如何看良知与第二类"见闻之知"的关系，耿宁的讨论很简略。他除了再度强调王阳明视良知为独立于"见闻之知"的观点之外，仅根据王阳明在《示弟立志说》中所言："圣贤垂训，莫非教人以去人欲而存天理之方"（《王阳明全集》，第290页），而得出以下的结论："在这方面对阳明来说，'见闻'如果不是必要的话，也是有用的：首先，导致良知的觉醒；第二，从他人致良知的经历中得到教益。"（《心的现象》，第304页）

以上笔者尽可能忠实地阐述了耿宁对王阳明良知说的诠释，接着要对他的诠释提出两点质疑，而这两点都涉及孟子的"四端"说。第一个问题是："四端"之"端"应作何解？第二个问题是：在孟子的"四端"说当中，"是非之心"究竟居于何种地位？或者说，具有何种作用？

先谈第一个问题。上文提到：耿宁将"四端"之"端"理解为一种情感性的"萌芽"或"萌动"，它们是"德性的开端"，但还不是德性。正是根据这种理解，耿宁将"四端"之心与第三种意义的"良知"

---

[①] 这段引文的后半句说得不太精确，因为耿宁一再强调四端还不是德性。耿宁在该文的另一处说："在他（指欧阳南野）与罗钦顺（整庵）的讨论中，南野是通过《孟子》的'四端'来定义良知的，也就是说，良知被看作知恻隐、羞恶等能力。"（《心的现象》，第299—300页）可见这段引文的后半句指的是第一种意义的"良知"。

区别开来。但问题是：孟子的"四端"是否如此狭义？"四端"之说见于《孟子·公孙丑上》：

> 孟子曰："人皆有不忍人之心。先王有不忍人之心，斯有不忍人之政矣。以不忍人之心，行不忍人之政，治天下可运之掌上。所以谓人皆有不忍人之心者，今人乍见孺子将入于井，皆有怵惕恻隐之心——非所以内交于孺子之父母也，非所以要誉于乡党朋友也，非恶其声而然也。由是观之，无恻隐之心，非人也；无羞恶之心，非人也；无辞让之心，非人也；无是非之心，非人也。恻隐之心，仁之端也；羞恶之心，义之端也；辞让之心，礼之端也；是非之心，智之端也。人之有是四端也，犹其有四体也。有是四端而自谓不能者，自贼者也；谓其君不能者，贼其君者也。凡有四端于我者，知皆扩而充之矣，若火之始然，泉之始达。苟能充之，足以保四海；苟不充之，不足以事父母。"

朱子在其《孟子集注》中将这段文字解释为："恻隐、羞恶、辞让、是非，情也。仁、义、礼、智，性也。心，统性情者也。端，绪也。因其情之发，而性之本然可得而见，犹有物在中而绪见于外也。"在此，他根据一个心、性、情三分的间架，将恻隐、羞恶、辞让、是非视为情，将仁、义、礼、智视为性；恻隐、羞恶、辞让、是非不是仁、义、礼、智，而只是仁、义、礼、智之"端"，是仁、义、礼、智之性显现于外的端绪。这似乎可以支持耿宁将四端视为"德性的开端"，而非德性的说法。但是在《告子上》，孟子却直截了当地说："恻隐之心，仁也；羞恶之心，义也；恭敬之心，礼也；是非之心，智也。"而与朱子对"四端"的诠释相抵牾，也间接否定了耿宁的上述说法。①

---

① 熟悉牟宗三著作的人都知道，他一再指出朱子"心、性、情三分"的诠释间架并不符合孟子的原意。

孟子在这两处对"四端"之心的不同说法，使我们不得不怀疑朱子与耿宁的诠释，并重新考虑"端"字的含义。耿宁将"端"字理解为"萌芽"，而将"四端"理解为"德性的开端"，而非德性。朱子虽未直接如此说，但他的诠释似乎也隐含此义，因为他有"四端亦有不中节"之说①。四端既有不中节，可见它们如耿宁所言，尚非德性。但问题是：四端之心是孟子论证"性善"的根据，或者如徐复观所言，孟子是"以心善言性善"②。如果四端有不中节或不善，"性善"之义便不能成立。韩儒奇高峰（名大升，1527—1572）也曾提出"四端亦有不中节"之说，而为李退溪（名滉，1501—1571）所驳斥。③

依笔者的理解，孟子的"四端"之心并非"德性的开端"，而是我们对良知的不同侧面之直接意识，它已是德性，已是完善状态。诚如康德所言，良知是不会犯错的④（虽然康德与孟子的"良知"概念不尽相同）。尽管朱子诠释四端之心的架构有问题，但是他将"端"解释为"端绪"之"端"，却更能表达"直接意识"之义。当然，耿宁可能和大多数读者一样会问：如果四端已是德性，已是完善状态，它们何以还需要"致"（扩充）呢？人何以还需要道德修养（工夫）呢？笔者的回答是：这种扩充并非在质（纯度）上的提升，而是在量（应用范围）上的拓展，这就是王阳明所谓"事上磨炼"之义。在这个意义下，道

---

① 例如，《朱子语类》云："恻隐羞恶，也有中节、不中节。若不当恻隐而恻隐，不当羞恶而羞恶，便是不中节。"又云："而今四端之发，甚有不整齐处。有恻隐处，有合恻隐而不恻隐处；有羞恶处，又有合羞恶而不羞恶处。且如齐宣不忍于一牛，而却不爱百姓。嘑尔之食，则知羞而弗受；至于万钟之禄，则不辨礼义而受之。"又云："恻隐、羞恶、是非、辞逊，日间时时发动，特人自不能扩充耳。又言，四者时时发动，特有正与不正耳。如暴戾愚狠，便是发错了羞恶之心；含糊不分晓，便是发错了是非之心；如一种不逊，便是发错了辞逊之心。日间一正一反，无往而非四端之发。"（《朱子语类》第4册，中华书局1986年版，第1285、1293页）

② 参见徐复观：《中国人性论史：先秦篇》，台湾商务印书馆1969年版，第6章"从性到心——孟子以心善言性善"。

③ 参见拙著：《四端与七情——关于道德情感的比较哲学探讨》，台湾大学出版中心2005年版，第246—251页；简体字版：华东师范大学出版社2008年版，第184—188页。

④ Kant, *Metaphysik der Sitten*, in *Kants Gesammelte Schriften* (Akademieausgabe), Bd. 6, S. 400f.

德修养（工夫）就在于护持本心（即良知），使其不放失。所以孟子才说："学问之道无他，求其放心而已矣。"（《告子上》）如此，我们才能理解王阳明答弟子黄修易（字勉叔）所说："既去恶念，便是善念，便**复心之本体**矣。"（《王阳明全集》，第112—113页）所谓"复心之本体"即是"求其放心"之义。依照这样的解释，四端之心便可以与耿宁所说的第三个"良知"概念（"良知本体"）连贯起来。

在王阳明的弟子当中，王龙溪最能把握此义，故据此提出"见在良知"（或称"见成良知"）之说，而与罗念庵（洪先）、聂双江（豹）、刘师泉（邦采）诸人发生辩论。关于这个问题，笔者在他处已有较详细的讨论①，此处不妨略述其义。"见在良知"之说见于王龙溪《与狮泉刘子问答》：

> 先师提出"良知"二字，正指见在而言。见在良知与圣人未尝不同，所不同者，能致与不能致耳。且如昭昭之天与广大之天，原无差别，但限于所见，故有小大之殊。②

所谓"见在良知"，即是指每个人的良知，它可以当下呈现，而且当下具足，换言之，每个人随时都可以直接而充分地意识到它。王龙溪常以"一念自反，即得本心"③来表达这种意识的直接性与充分性。以良知不待修证而能随时呈现，又谓之"见成良知"。就此而言，圣人

---

① 参见拙著：《康德伦理学与孟子道德思考之重建》，台北"中央"研究院中国文哲研究所1994年版，第112—115页。
② 《王畿集》，凤凰出版社2007年版，第81页。
③ 如其《致知议辩》云："愚则谓良知在人，本无污坏，虽昏蔽之极，苟能一念自反，即得本心。"（《王畿集》，第134页）又如《华阳明伦堂会语》云："苟只求诸一念之微，向里寻究，一念自反，即得本心，吉凶趋避，可以立就，人人可学而至，但患其无志耳。"（《王畿集》，第162页）又如《书先师过钓台遗墨》云："虽昏蔽之极，一念自反，即得本心，可以立跻圣地。"（《王畿集》，第470页）又如《刑科都给事中南玄戚君墓志铭》云："惟牿于意见，蔽于嗜欲，始有所失。一念自反，即得本心。譬之白日翳于重云，贞明之体原无加损也。"（《王畿集》，第613页）

的良知即是平常人的良知,并非须修至圣人,始成其为良知。

然而,罗念庵等人对"见在良知"之说却深感不安而加以驳斥。王龙溪《抚州拟岘台会语》提到:"有谓良知无见成,由于修证而始全,如金之在矿,非火符锻炼,则金不可得而成也。"① 这便是指罗念庵等人的说法。黄梨洲在《明儒学案》中记述王龙溪与刘师泉之间的一段对话,明确凸显出双方争论的焦点。梨洲记曰:

> 龙溪问见在良知与圣人同异。先生曰:"不同。赤子之心、孩提之知、愚夫妇之知能,如顽矿未经煅炼,不可名金。其视无声无臭、自然之明觉何啻千里!是何也?为其纯阴无真阳也。复真阳者,更须开天辟地,鼎立乾坤,乃能得之。以见在良知为主,决无入道之期矣。"龙溪曰:"以一隙之光,谓非照临四表之光,不可。今日之日,本非不光,云气掩之耳。以愚夫愚妇为纯阴者,何以异此?"②

刘师泉等人的争论点在于:承认每个人都有见在良知,即无异于承认每个人都是现成的圣人,将使道德修证失去意义。其实,这是对"见在良知"说的误解。因为孟子正是由孩提之童无不知爱其亲、敬其长,由齐宣王不忍见牛觳觫就死之心,由行道之人弗受、乞人不屑之心指点良知。在这些人的心中直接呈现的良知即是圣人的良知,故孟子才会说"尧、舜与人同耳"(《孟子·离娄下》),"圣人与我同类者"(《孟子·告子上》)。这犹如王阳明所谓的"心之良知是谓圣"(《王阳明全集》,第312页)或"满街人都是圣人"(《王阳明全集》,第132页),均是就每个人的良知不待教而能随时直接呈现来说,而不是说每

---

① 《王畿集》,第26页。
② 《明儒学案》,《黄宗羲全集》第7册,浙江古籍出版社1994年版,第506页。

个人都是现成的圣人。

在这个意义之下,"四端"之"端"亦是就良知之直接呈现而说,故此"端"字是"端倪"或"端绪"之义,意谓良知于此直接呈露。因此,每个人的心中直接呈现的恻隐之心即是圣人之天心(羞恶之心等亦同),在质上原无差别。王龙溪所谓"昭昭之天与广大之天原无差别","以一隙之光,谓非照临四表之光,不可",均是此意。圣人之所以为圣人,只因他能将在某一特殊机缘直接呈露的良知扩而充之,使之全幅朗现而已。这种扩充的工夫是量的问题,无关乎质上的差异,对原先的良知亦无所增益。

耿宁在《人生第一等事》第二部分第四、五章也详细讨论了阳明后学关于"见在良知"及其他相关问题的争论。他尽可能客观地呈现了辩论各方的观点,最后以现象学的方式提出了八项论题(《人生第一等事》下册,第1063—1081页)。其中第二项论题"良知与直接的道德意识"直接涉及"见在良知"的问题。在王龙溪与罗念庵等人的观点之间,耿宁并未明确地表态,但从他依然将孟子的"四端"之心理解为"德性萌芽","它们本身还不足以成为德性,而是尚需认知的、想象的理解才能成为德性"(《人生第一等事》下册,第1070页)看来,他似乎倾向于罗念庵等人的观点。在其《我在理解阳明心学及其后学上遇到的困难:两个例子》一文中,王龙溪的"一念自反,即得本心"正是其理解困难的一个例子。

如果笔者的推断并未误解耿宁的意思,他对王阳明良知说的诠释便要面对两个理论上的困难。首先,他将"良知"理解为"自知"的看法无法贯彻于他所区分的三个"良知"概念,只能明确地适用于第二个"良知"概念,而完全无法适用于第一个"良知"概念。如果我们将第三个"良知"概念("良知本体")视为完整的"良知"概念,因而包含第二个"良知"概念,或许还可以说:它也是一种"自知"。但如果他将孟子的"四端"之心理解为王龙溪所谓的"见在良知",便可以避免这项理论困难。

其次,耿宁注意到王阳明借孟子的"是非之心"来诠释"良知",并据以提出第二个"良知"概念。耿宁指出:孟子的"四端"之心是"人的精神中或人心中的天生自发萌动……这些善的萌动在孟子看来主要是**情感**"(《心的现象》,第272页)。但是令耿宁感到疑惑的是:在四端之心当中,孟子为恻隐、羞恶、辞让之心都举出了例子,唯独对于是非之心,"可惜孟子没有给出这个萌芽的例子,因此无法看出它所涉及是否也是一种情感或另一种人的心理现象。"(《心的现象》,第273页)

一般学者很容易怀疑:是非之心既是一种道德判断的能力,它是否还能被视为一种"情"?这种怀疑系不了解儒家对道德判断的看法。至少对于孔、孟而言,道德判断从来不仅是理性之事,同时也是情感之事;换言之,道德判断同时包含"理"与"情"之两面。笔者曾以孔子与其弟子宰我辩论三年之丧的存废(《论语·阳货》)为例,来说明在儒家对道德判断的理解中这种情理合一之特色。在这场辩论中,孔子为三年之丧辩护,他一方面诉诸心之安不安,另一方面又同时诉诸"感恩原则"(principle of gratitude),而未将两者区分开来。① 在这种意义下,道德的"判断原则"(principium dijudicationis)与"践履原则"(principium executionis)是合一的。

同样地,王阳明所说:"是非只是个好恶,只好恶就尽了是非",也准确地把握了孟子"是非之心"的实义。在王阳明的话中,"是非"与"好恶"都是动词,分别意谓"是是非非"与"好善恶恶",但其实是一回事。借用现象学家谢勒(Max Scheler,1874—1928)的说法,

---

① 参见拙文:《〈论语〉"宰我问三年之丧"章中的伦理学问题》,载钟彩钧编:《传承与创新:"中央"研究院中国文哲研究所十周年纪念论文集》,台北"中央"研究院中国文哲研究所1999年版,第521—542页;亦刊于《复旦哲学评论》第2辑,上海辞书出版社2005年版,第35—50页。

"好""恶"二字可分别译为 Vorziehen 与 Nachsetzen。"好""恶"当然是一种"情",但再度借用谢勒的说法,这种"情"是 Fühlen,而非 Gefühl。依谢勒之见,Gefühl 是一般意义的"情感",是在肉体中有确定位置的一种感性状态,而 Fühlen 则是一种先天的意向性体验。① 因此,笔者认为:孟子未为"是非之心"特别举例,并非出于疏忽,而是由于它同时包含于其他三"端"之中,故不需要特别举例。按照这样的理解,"四端"之心就不只是德性的开端或萌动,而能与耿宁所指出的第二个及第三个"良知"概念贯通起来,而且也完全符合他将"良知"理解为"自知"的观点。

此外,如上文所述,耿宁认为:阳明弟子欧阳南野与王龙溪在"良知"与"见闻之知"问题上的分歧,系由于他们分别根据王阳明前后期不同的"良知"概念而立论,而王龙溪的立场更接近王阳明。但根据林月惠的分析,欧阳南野在这个问题上的看法与王阳明的看法是一致的。② 换言之,欧阳南野与王龙溪在这个问题上根本不存在分歧。然则,耿宁所见到的"分歧"恐怕也是他的分析架构所造成的,未必是真正的"分歧"。因此,调整耿宁的分析架构,取消其中第一个"良知"概念,是理所必至的。因为如此一来,我们不但可以吸纳耿宁借现象学方法诠释王阳明"良知"概念的丰硕成果,还可以避免他的诠释所必然遭遇的理论困难。

---

① 参见 Max Scheler, *Der Formalismus in der Ethik und die materiale Wertethik*, Bern: Francke, 1966, S. 77ff, 261ff, 335ff。

② 参见林月惠:《良知与知觉——析论欧阳南野与罗整庵的论辩》,《中国文哲研究集刊》(台北)2009 年第 34 期,第 302—304、311—312 页。

# 阳明与阳明后学的"良知"概念
## ——从耿宁《论王阳明"良知"概念的演变及其双义性》谈起

### 林月惠
（台北"中央"研究院中国文哲研究所）

## 一、耿宁《心的现象》对王阳明心学研究的启发

在百年来西学东渐的历史潮流下，当中国传统的"义理之学"转型为现代学术分类下的"中国哲学"研究时，本有许多不同的研究取径。其中，客观地理解与吸收西方哲学以深化或活化中国哲学，是诸多学者努力的方向。百年前王国维（1877—1927）曾以其学习西方哲学的经验预言："异日昌大吾国固有之哲学者，必在深通西洋哲学之人，无疑也。"[①] 而当代新儒家牟宗三（1909—1995）之所以能把中国哲学研究推向高峰，既来自于他对中国哲学文本的客观理解与诠释，也来自于他对西方哲学的消化与吸收。故劳思光论及中国哲学研究时，屡屡强调"在世界中的中国"（China in the world）[②]，呼吁中国哲学研究

---

① 王国维：《哲学辨惑》，《教育世界》第55号（1903年7月），收入姚淦铭、王燕编：《王国维全集》第3卷，中国文史出版社1993年版，第3—5页。
② 参见劳思光：《旨趣与希望》，载刘国英编：《虚境与希望——论当代哲学与文化》，香港中文大学出版社2003年版，第221页；亦参见上书《中国哲学研究之检讨及建议》《"中国哲学"与"哲学在中国"》《哲学史的主观性与客观性》《中国哲学的回顾与展望》诸文。

须与世界其他哲学传统对话，以取得其学术的立足点。就此而言，中国哲学研究早已进入比较哲学的视域。

然而，在西方哲学家的研究中，中国哲学研究并未受到相对的重视。因为，西方学者面对庞大的中国传统学术资源时，如何进行"文本的理解"与"哲学的思考"是极大的挑战。前者涉及汉学研究的扎实功底，后者显示哲学研究的敏锐度与洞见，要兼顾二者，着实不易。但令人敬佩的是，我们在瑞士现象学家耿宁（Iso Kern，1937—　）所出版的《心的现象——耿宁心性现象学研究文集》（2012中文版）① 与《人生第一等事——王阳明及其后学论"致良知"》（2010德文版）两本力作中，不仅看到他如何将汉学研究与哲学研究细致地交织为一体，更重要的是，我们也看到他如何运用现象学的研究进路来探讨中国儒家心学，特别是阳明与阳明后学。这样的研究，开启现象学与儒家心学内在结合的可能性，使传统儒家心学所着重的精神发展历程，有一更清晰、更深入的哲学论述。

作为现象学家的耿宁，毕生关注意识哲学，因而，胡塞尔现象学、佛教唯识学与儒家心学，是他研究的重心所在。故《心的现象》收集的24篇论文，也大抵涵盖这三类：一是欧陆哲学（以现象学为主），二是佛教哲学（以唯识宗为主），三是中国哲学或思想（以儒家心学为主）。其中，属于东方哲学的第二、三类论文有13篇②，超过本书一半

---

① 耿宁：《心的现象——耿宁心性现象学研究文集》（以下简称《心的现象》），倪梁康等译，商务印书馆2012年版。

② 这13篇论文依序是：（1）《利玛窦与佛教的关系》（1984年），（2）《从"自知"的概念来了解王阳明的良知说》（1993年），（3）《试论玄奘唯识学的意识结构》（1988年），（4）《从现象学的角度看唯识三世（现在、过去、未来）》（1994年），（5）《论王阳明"良知"概念的演变及其双义性》（1994年），（6）《王弼对儒家政治和伦理的道家式奠基》（1990—1991年），（7）《玄奘〈成唯识论〉中的客体、客体现象与客体化行动》（1992年），（8）《后期儒学的伦理学基础》（1995年），（9）《王阳明及其弟子关于"良知"与"见闻之知"的关系的讨论》（2000年），（10）《孟子、亚当·斯密与胡塞尔论同情与良知》（2008年），（11）《中国哲学向胡塞尔现象学之三问》（2008年），（12）《我对阳明心学及其后学的理解困难：两个例子》（2010年），（13）《汉语文化圈中的现象学研究》（2000年）。

以上篇幅，而论及阳明与阳明后学的有 5 篇，大多集中在"良知"概念的现象学式理解与诠释。在耿宁看来，中国儒家心学丰富地显现在阳明及其后学对"良知"（含"致良知"）的体会与具体实践中。这样的精神传统，不仅触及人类精神活动的本质性探问（良知），而其具体的体证经验（致良知），更是人类精神史的重要资产，有其普遍性与开放性，原则上是可以被所有人理解的。而现象学"回到实事本身"的要求与提问，以及对意识活动之结构的细密分析，正可以使"良知"概念有更清晰的哲学论述，也能对"致良知"的体证经验进行更严谨的现象学描述。经由耿宁的尝试与努力，笔者看到他对儒家心学所进行的现象学分析，不仅使现象学思维接近中国哲学研究，也使中国哲学研究向现象学开放，产生新的活力。

笔者忝为阳明与阳明后学研究者，在细读耿宁此论文集后，发现在其有关阳明与阳明后学的 5 篇论文中，《论王阳明"良知"概念的演变及其双义性》一文颇能显示耿宁的思路，可作为讨论的起点[①]。而耿宁有关阳明与阳明后学的研究，其论述方式也有其独特处[②]，值得关注。耿宁一方面聚焦于"良知"概念与"致良知"体验的现象学分析；另一方面，他又对这些概念或体验所依存的"生活实况"（含政治、社会、文化、地理等脉络）进行编年式的翔实研究与描述。耿宁如此的论述方式，既不使概念分析流于苍白与空乏，也不同于思想史的现象陈述，而是以哲学问题为导向，以便对"良知"概念与"致良知"的体证经验有更完整的理解。由于笔者对于现象学所知有限、学力不足，在吸收耿宁研究成果后，仅针对阳明与阳明后学的"良知"概念（也含"致良知"）提出管见，冀能产生思想的激荡与对话。

---

① 笔者本文仅以此本论文集之 5 篇论文，即前注编号（2）（5）（8）（9）（12）讨论之，较少涉及《人生第一等事——王阳明及其后学论"致良知"》一书的讨论。

② 耿宁对阳明心学独特的论述方式，更充分展现在其《人生第一等事——王阳明及其后学论"致良知"》此扛鼎之作中。

## 二、再论阳明前后期良知概念的演变①

历来对王阳明（名守仁，1472—1529）学思历程的演变，有所谓前三变与后三变的说法②，但少有论及阳明的"良知"概念有前后期的不同。根据阳明《年谱》的记载，1508年阳明37岁时，虽于贵州龙场"始悟格物致知"③，但直至1521年阳明50岁时，才揭示"致良知之教"④。从此以后，"良知"概念与"致良知"之教成为阳明思想的宗旨，也为阳明后学所继承与宣扬。不过，在《论王阳明"良知"概念的演变及其双义性》一文中，耿宁特别提问：阳明的"良知"概念是否也经过一个演变的过程而确定下来？在耿宁看来，阳明在1519—1521年之前虽使用"良知"与"致良知"这两个术语，但为何直到1521年才确定下来？这两个术语成为他思想的核心概念，无法用其他术语取代。就如同阳明也曾自道："吾'良知'二字，自龙场以后，便已不出此意，只是点此二字不出，于学者言，费却多少辞说。今幸见此意，一语之下，洞见全体。"⑤因此，耿宁敏锐地察觉到：王阳明1519—1521年间的"转折"在哲学上究竟意味着什么？⑥显然，耿宁寻求的不是一个学术史的外在解答，而是哲学史的内在解释。

---

① 耿宁于1994年所写的《论王阳明"良知"概念的演变及其双义性》一文中，指出阳明"良知"概念有前后期的演变，因而有其双义性，即"向善的禀性"与"本原意识"。而2010年所写的《人生第一等事——王阳明及其后学论"致良知"》一书，也许因现象学精微的意识分析，以及研究阳明后学影响，他指出阳明的三个"良知"概念：一是向善的禀性（本原能力），二是对本己意向中的伦理价值的直接意识（本原意识、良心），三是始终完善的良知本体。笔者认为耿宁2010年的三个"良知"概念，虽然较1994年的"良知"概念双义性周全，但仍以阳明"良知"概念有前后期的演变为基本思路。因本文为《心的现象》一书的评论，故仍聚焦于"良知"概念的双义性之检讨。
② 参见黄宗羲：《姚江学案》，《明儒学案》卷十，台北华世出版社1987年版，第179页。
③ 《王阳明全集》，上海古籍出版社1992年版，第1228页。
④ 《王阳明全集》，第1278页。
⑤ 钱德洪《刻文录叙说》引阳明语。（参见《王阳明全集》，第1575页）
⑥ 耿宁：《论王阳明"良知"概念的演变及其双义性》，《心的现象》，倪梁康等译，第168页。

遗憾的是，耿宁认为迄今为止的研究对此问题的解释并不令人满意。因此，耿宁从《传习录》与对阳明其他书信的编年式的仔细梳理中得知，阳明"良知"概念有早期与晚期之别。在1519年之前，阳明使用"良知"概念，基本上是援用孟子所赋予的"良知"含义，指的是善的自发倾向、心理动力、心理情感等善的能力。易言之，"良知"与"致良知"的较早含义，是指善的能力和该能力的实现。且早期的"良知"概念，也可以用其他概念如"心""本心""道心""心之本体"来表述[1]。然而，迟至1518年左右，阳明意识到"如何在心中将这一向善的倾向从不良秉好中区分出来"这一问题在道德实践上的迫切性，这促使他重新定义良知概念，而产生了晚期的良知概念[2]。故阳明1521年所揭示的正是此新的良知概念，其含义是指对意念之道德品格的意识，亦即是能区分善的意念与恶的意念之直接意识，以耿宁现象学的术语来说，称之为"本原意识"；而"致良知"就意味着本原知识的拓展和实现[3]。当新的良知概念确定后，阳明不仅对1518年的问题予以回应，而良知也上升为他的生活、思想与学说的中心内容，取得了理论上的首出性与独立性，而无法被其他术语所取代。这前后期的良知概念含义之不同，就是耿宁所说的"双义性"。就此前后期良知概念的关联来说，耿宁认为，早期的良知概念可以被视为后期良知概念的本体论前提[4]，但不能用来回答如何区分自己心中善与恶的倾向（意念）

---

[1] 耿宁：《论王阳明"良知"概念的演变及其双义性》，《心的现象》，倪梁康等译，第170—173页。

[2] 耿宁：《论王阳明"良知"概念的演变及其双义性》，《心的现象》，倪梁康等译，第169页。

[3] 耿宁在《后期儒学的伦理学基础》一文中，或以"本原意识"（本原的自身意识），或以"本原知识"来翻译王阳明的"良知"概念（《心的现象》，倪梁康等译，第278—280页）。亦即"本原意识"与"本原知识"的含义相同，都指涉"良知"概念。

[4] 耿宁：《论王阳明"良知"概念的演变及其双义性》，《心的现象》，倪梁康等译，第186页。

问题①。换句话说，早期阳明良知概念仅是孟子"不虑而知，不学而能"（良知良能）的向善秉性，而不是直接的"知是知非"之道德自身意识（意向的自身意识）。就此而言，耿宁认为阳明后期的良知概念及其伦理学论证，也不同于孟子②。不过，耿宁也发现，新的良知概念形成后，原有的良知概念并未消失，而是继续与新的概念一起流行于王阳明的学说中。这一情况使耿宁感到困扰，因为这使我们对王阳明良知论述的理解变得困难③。

基本上，耿宁对于阳明1519—1521年间的转折之提问是有意义的，他所要求的哲学性解释，以及对于阳明良知概念的理解，也是关键所在。然而，耿宁现象学的意识分析，太着眼于阳明良知概念与孟子的关联，却忽略了阳明良知概念与朱子（名熹，1130—1200）对《大学》解释的面向。笔者认为，不论从阳明思想的演变或哲学对话对象，还是从功夫实践的体验来看，朱子对《大学》"格物致知"的外向性解释，是阳明要克服的哲学问题。这期间的确经过了前后期的改变，但此"转折"的哲学意义，不应从孟子"良知"概念与阳明的后出转精来谈，而要从阳明《大学古本序》三易其稿来切入。亦即，阳明1521年才揭示"致良知之教"，确定"良知"概念在其思想中的核心地位，这正标示他克服朱子《大学》"格物致知"的解释，完成其思想与实践功夫的一贯性、完整性。

有关阳明《大学古本序》三易其稿的研究，阳明与其弟子都曾提及，也得到当代学者的证实。现载于《王阳明全集》的《大学古本序》，疑非1518年阳明四十七岁所刻的原序④。阳明的原序，见于罗整

---

① 耿宁：《论王阳明"良知"概念的演变及其双义性》，《心的现象》，倪梁康等译，第178页。
② 耿宁：《后期儒学的伦理学基础》，《心的现象》，倪梁康等译，第275页。
③ 耿宁：《论王阳明"良知"概念的演变及其双义性》，《心的现象》，倪梁康等译，第185页。
④ 参见冈田武彦等编，荒木见悟等译注：《阳明门下》上，载《阳明学大系》第5卷，东京明德出版社1973年版，第310页。

庵（名钦顺，1465—1547）的《困知记》①。根据罗整庵的说法，阳明此序写于1518年，并于1520年寄给他指教。又，阳明揭示致良知之教后，于1523年寄书于其弟子薛尚谦，明白表示曾更改《大学古本序》数语②，此为第二次易稿。嗣后1524年，阳明《与黄勉之》书云："短序亦尝三易稿，石刻其最后者，今各往一本，亦足以知初年之见，未可据以为定也。"③由此推知，今《王阳明全集》的《大学古本序》，应该是三易其稿后的改序④。换句话说，阳明于1518年、1523年、1524年曾三次改动《大学古本序》。1524年的《大学古本序》为定本，而1527年的《大学问》则为阳明对《大学》最严密完整的论述，是所谓"师门之教典"⑤。笔者认为阳明良知概念的演变，随着他对《大学》解释的逐步深化圆足而确定，良知含义的诠释亦然。

若比对阳明《大学古本序》的原序与最后的定本，即可很清楚地看出二者的差异。1518年的《大学古本序》原序数百言，诚如罗整庵所言，"并无一言及于致知"。原序首云：

　　《大学》之教，诚意而已矣。诚意之功，格物而已矣。诚意之极，止至善而已矣。

序末又针对朱子而言：

　　是故不本于诚意，而徒以格物者，谓之支。不事于格物，而徒以诚意者，谓之虚。支与虚，其于至善也远矣。合之以敬而益

---

① 罗钦顺：《困知记》，阎韬点校，中华书局1996年版，第95页。
② 《寄薛尚谦》，《王阳明全集》，第199—200页。
③ 《与黄勉之·一》，《王阳明全集》，第193页。
④ 吴光等人所编校的《王阳明全集》认为："今《阳明全书》所载《大学古本序》系嘉靖二年（1523）改作。"（第1197页）但笔者认为此序应为1524年阳明三易其稿后的定本。
⑤ 《大学问》，《王阳明全集》，第973页。

缀，补之以传而益离。吾惧学之日远于至善也，去分章而复旧本，旁为之什，以引其义，庶几复见圣人之心，而求之有要。①

1524年的《大学古本序》定本开宗明义说：

《大学》之教，诚意而已矣。诚意之功，格物而已矣。诚意之极，止至善而已矣。**止至善之则，致知而已矣。**②

序末则言：

是故不务于诚意，而徒以格物者，谓之支。不事于格物，而徒以诚意者，谓之虚。**不本于致知，而徒以格物诚意者，谓之妄。**支与虚与妄，其于至善也远矣。……噫！乃若致知，则存乎心悟。**致知焉，尽矣。**③

从原序与改序的比对来看，阳明对《大学》格物致知的理解，有一个发展变化的过程：由以"诚意"为本，转向以"致知"为本④。这个"转折"的哲学意义为何？笔者试着提出与耿宁不同的解释。

据《年谱》所载，阳明12岁即有"读书学圣贤"（人生第一等事）的向往。而从18岁接触宋儒格物之学开始，他就遍读朱子遗书，也曾两次循朱子格物致知的方式做功夫，但均失败了。即使在37岁龙场悟

---

① 罗钦顺：《困知记》，阎韬点校，第95页。
② 《大学古本序》，《王阳明全集》，第242页。
③ 《大学古本序》，《王阳明全集》，第243页。值得注意的是，1992年吴光等人所编校的《王阳明全集》，将《大学古本序》末句标点为："乃若致知，则存乎心；悟致知焉，尽矣。"（第243页）此标点断句显然有误，不成义理。而2010年出版的《王阳明全集》（新编本）第一册（第259页）也未能更正。故笔者改订为："乃若致知，则存乎心悟。致知焉，尽矣。"
④ 参见陈来：《有无之境——王阳明哲学的精神》，人民出版社1991年版，第124页。

道,也只意味着他对朱子"格物致知"工夫有一"内在"的转向,所谓:"始知圣人之道,吾性自足,向之求理于事物者误也。"① 此时,阳明还未能提出自己完整的"格物致知"说。在阳明之前,朱子"格物致知"俨然成为圣学的主要工夫入路。由朱子对《大学》的诠释来看,功夫的次第,由格物→致知→诚意→正心,既有先后次序,也是一个由外而内的伦理实践过程。就如同耿宁对朱子的理解:"伦理的行为举止的根据被看做是一个自然法则或宇宙法则,人必须与之一致。"② 对朱子而言,工夫实践次第上以"格物致知"为先,此是属于"即物穷理"的"知"之工夫;"诚意正心"为后,此是属于"涵养"的"行"之工夫。二者再以"敬"联结,如此才能纯化意念,为善去恶。在此意义下,朱子主张"先知后行";就《大学》工夫次第言,也是"先格致而后诚意功夫"。但在阳明看来,朱子"格物穷理"的工夫入路,不免"外求"与"支离";而知与行的工夫也"分作两件"(《传习录》下:226)③,"知之"未必能"行之"。这些都是阳明"良知""致良知"概念所需回应的问题。

职是之故,1518年阳明的《大学古本序》原序,显示阳明意识到《大学》所言"格物"工夫要聚焦到"诚意"才有着落处、才能着力。诚如阳明对朱子的批判:"纵格得草木来,如何反诚得自家意?"(《传习录》下:317)道德实践本是"为善去恶"的伦理行动,其始点当由意念的纯化着手。故《大学古本序》原序是以"诚意"为主来谈论"格物"工夫。但当我们继续追问,意念的纯化如何可能时,则必涉及善之意念与恶之意念如何区分的问题。这在理论与实践上,就必须再翻一层到"意之本体便是知"(《传习录》上:6)。因而,1524

---

① 《年谱》,《王阳明全集》,第1228页。
② 耿宁:《后期儒学的伦理学基础》,《心的现象》,倪梁康等译,第273页。
③ 本文凡引《传习录》皆据陈荣捷:《王阳明传习录详注集评》,台湾学生书局1983年版,卷数与编号亦从该书,不另注明页码。

年阳明的《大学古本序》定本,就以"致知"(致良知)为本,来统摄"格物""诚意"。亦即一旦"知致",则同时"意诚""物格"。在这个意义下,"致知"(致良知)才是本质性的工夫所在,故云:"致知焉,尽矣!"

　　阳明《大学古本序》的三易其稿,呼应出耿宁的提问是有意义的。对耿宁而言,阳明1519—1521年间的思想转折,意味着早期的良知概念,从意识活动之结构分析来看,必须转向新的良知概念之确立,亦即良知是一个直接的道德意识,一个直接的对所有意念的道德的自身意识①。然而,对笔者而言,阳明1519—1521年间的思想转折,意味着阳明随其对《大学》理解的深入,克服朱子的"格物致知",使其"良知"概念逐步深化而确立,最终取得其理论与实践的枢纽地位。但这思想演变,并不表示阳明良知概念有前后期的不同或双义性。因为,若如耿宁所言,就很难解释,为何阳明1521年确立新的良知概念后,还继续使用前期的良知概念。

　　有趣的是,耿宁一再紧扣《传习录》文本出现的年代进行良知概念前后期的分析,但他却着重于阳明与《孟子》"良知"概念的差异。耿宁似乎未发现,记载1512—1518年的《传习录》卷上,是以徐爱(号横山,1488—1518)的提问开始,而以蔡希渊的提问结束,两位阳明弟子都紧扣阳明《大学》古本与朱熹新本的解释之异为切入点,而"格物致知"与"诚意"是讨论的重点。同样,《传习录》卷下首条陈九川(号明水,1494—1562)于1519年的提问(《传习录》下:201),虽被耿宁视为新的良知概念之出现,但细绎陈九川之疑与阳明之回答,依旧在《大学》的"格物致知"与"诚意"的讨论上。而《传习录》卷中1520—1527年诸封书信,对朱子"格物致知"的讨论也是重点。换言之,从《传习录》卷上到卷下,对"良知"(致良知)概念的讨论,

---

① 耿宁:《论王阳明"良知"概念的演变及其双义性》,《心的现象》,倪梁康等译,第182页。

是与《大学》古本、朱子新本的"格物致知"之工夫的理解相关,而"知行合一"的议题也有所涉及。因此,探究阳明的良知概念,不能忽视他与朱子《大学》"格物致知"的思想搏斗与对话。也许我们可以如此说,阳明的"良知"概念虽于《孟子》有所本,但却从《大学》"致知"来立说,"致知"即是"致良知"。从某个意义上说,阳明是以《大学》"致知"之"知"来诠释《孟子》的"良知"。因此论及良知概念的含义,显然不能忽略《大学》之讨论脉络①。据此,笔者认为,耿宁所谓前后期良知的双义性似乎不如此明显,而阳明新的良知概念确立后仍使用前期良知概念所带来的理解上之困扰,也可迎刃而解。

## 三、良知概念的双义性与闻见之知

如前所述,随耿宁对阳明良知概念的演变之讨论,乃有良知的双义性。也许耿宁因采取现象学的意识活动之描述与分析,特别着眼于孟子与阳明"良知"概念的差异。耿宁认为,阳明表达此早期良知概念的最重要出处在于《传习录》卷上阳明对徐爱的回答:

> 又曰:"知是心之本体。心自然会知,见父自然知孝,见兄自然知弟,见孺子入井,自然知恻隐。此便是良知,不假外求。若良知之发,更无私意障碍,即所谓'充其恻隐之心,而仁不可胜

---

① 笔者认为阳明的"良知"概念虽本于孟子,但其含义的深化,是针对朱子对《大学》"格物""致知""诚意""正心"之诠释而来的。此在《传习录》上、中、下卷(参下节笔者的分析),或是《大学古本序》、《大学问》、"四句教"中都可以很明显地看出来。但耿宁在《人生第一等事——王阳明及其后学论"致良知"》一书中,虽论及朱熹,但未注意朱子对《大学》"心""意""知""物"的解释;虽论及阳明的《大学古本序》,却未论及阳明三易其稿,只聚焦于"本体"的多重含义。又,耿宁论及阳明的三个"良知"概念的区分,是以阳明亲炙弟子黄弘纲(号洛村,1492—1561)之言来作为一个历史证明,但未注意到阳明弟子的问题意识与阳明本人已经不同。换言之,耿宁讨论阳明的"良知"概念,重孟子而轻《大学》,此恐怕脱离了阳明良知说的问题意识。

用矣'。然在常人不能无私意障碍,所以须用致知格物之功,胜私复理。即心之良知更无障碍,得以充塞流行,便是致其知,知致则意诚。"(《传习录》上:8)

此条记载系于1512年,属于耿宁所认为的阳明早期的良知概念,此处之"知"或"良知"直接与《孟子》"良知"概念相连接,指的是心中自发向善的能力或秉性。而此向善秉性的完全实现,就是致良知,亦即是"良知良能"的完全实现[①]。在耿宁看来,孟子的良知,是指仁义等德性的"开端"或"萌芽",是作为人的精神的基本性格的向善能力或情感[②]。如果没有私意的障碍,此向善的秉性就能自然的发展,完全实现至善,彰显人之心(精神)的完整性。在这个意义下,"知是心之本体",只意味着知(良知)属于心的真本质,完全的本质。

若依耿宁上述的理解,孟子与阳明早期的"良知"概念,虽能说明是"人之异于禽兽者"的心之本质,但它只是道德意识的开端、萌芽,并非全然至善的德性自身。如此一来,"良知"作为向善的秉性或能力,其向善的自发性力量或动力还不足,还未"完完全全",还有待发展。虽然耿宁的理解着眼于道德意识之初始结构的分析,但也可能导致亚里士多德式的"潜能到实现"之分析模式。问题是,孟子与阳明早期的良知概念是否仅止于向善的秉性而已?此良知是否就无法做出道德评价?对孟子而言,恻隐、羞恶、辞让、是非之心,人皆有之,不由外铄,我固有之,是人人先天本有的根源性道德意识。当孟子举出"今人乍见孺子入井"一例时,就显示此根源性道德意识的直接性,也蕴含其能做出道德的判断与抉择。同样地,当孟子说"是非之心,智也"(《孟子·告子上》)、"无是非之心,非人也"、"是非之心,智

---

① 耿宁:《论王阳明"良知"概念的演变及其双义性》,《心的现象》,倪梁康等译,第171页。
② 耿宁:《后期儒学的伦理学基础》,《心的现象》,倪梁康等译,第276页。

之端也"(《孟子·公孙丑上》)时,虽没有如恻隐之心般举出实例,但举一反三,是非之心作为原初根源性直接的道德意识自身,亦然。由于耿宁将"是非之心,智之端也"之"端"解释为"萌芽",故良知只能是向善的秉性,而非始终完善的良知本体。这样的分析,未免"窄化"孟子与阳明早期的良知概念。

另就上述《传习录》引文来说,阳明所言"心自然会知,见父自然知孝,见兄自然知弟,见孺子入井,自然知恻隐",乃转引自陆象山(九渊,1139—1193)①,而象山与阳明同为心学一脉。"见父自然知孝"之"本心"或"良知",作为根源性的道德意识,其动力具足,不会仅止于还未发展完全的向善之秉性而已。该引文虽被视为最早出现"良知"一词的文本,但"知"作为"心之本体"的论述,在耿宁所谓的阳明前期与后期文本中都出现过,也与意念的道德评价相关。如《传习录》卷上:

(1)**身之主宰便是心,心之所发便是意,意之本体便是知,意之所在便是物**。……所以某说无心外之理,无心外之物。(《传习录》上:6)

(2)问:"身之主为心,心之灵明是知,知之发动是意,意之所着为物。是如此否?"先生曰:"亦是。"(《传习录》上:78)

(3)惟干问:"知如何是心之本体?"先生曰:"**知是理之灵处**,就其主宰处说便谓之心,就其禀赋处说便谓之性。"(《传习录》上:118)

写于1524年的《答顾东桥书》亦云:

---

① 参见陆九渊:《陆象山全集》卷三十四,台北中华书局1979年版,第261页。

（4）心者，身之主也，而心之虚灵明觉，即所谓本然之良知也。其虚灵明觉之良知应感而动者，谓之意。有知而后有意，无知则无意矣。知非意之体乎？意之所用，必有其物，物即事也。……凡意之所用，无有无物者：有是意即有是物，无是意即无是物矣。物非意之用乎？（《传习录》中：137）

写于1520年的《答罗整庵少宰书》也记载：

（5）理一而已，以其理之凝聚而言则谓之性，**以其凝聚之主宰而言则谓之心，以其主宰之发动而言则谓之意，以其发动之明觉而言则谓之知，以其明觉之感应而言则谓之物。**（《传习录》中：175）

《传习录》卷下也记载阳明于1519年对陈九川的回答：

（6）但指其充塞处言之谓之身，指其主宰处言之谓之心，指心之发动处谓之意，指意之灵明处谓之知，指意之涉着处谓之物，只是一件。（《传习录》下：201）

上述引文，主要聚焦于"心""意""知""物"等意识活动本身的结构分析，时间上涵盖耿宁所说的阳明前后期良知含义的演变。若依耿宁之分析，"知是心之本体"是早期良知概念的含义，则"意之本体便是知"应是晚期良知概念的含义。前者指向善的秉性，后者指对意念之道德品格的直接意识。然而，后者怎会出现在前期的文本呢？再者，同是前期文本的"本体"含义，"知是心之本体"为"本质"（essence）义，"意之本体便是知"为"实体"（reality）义，阳明之用语岂不混乱不清？实则，阳明无论在前后期就"心"或"知"（良知）

所言的"本体"(或"体")都含有本质义与实体义。耿宁质疑阳明所言"本体"与"体"之歧义性,是他本人基于现象学的意识分析太甚所致,而非阳明的问题。因此,笔者认为,耿宁之所以将孟子与阳明早期良知概念理解为向善的秉性,实与他视良知为心之"端"(萌芽、开端)与"本体"(本质、本真)的诠释有关,未必与孟子或阳明心学传统的理解相应。

至于耿宁对于阳明后期良知概念的诠释,对于阳明与阳明后学的研究,有极大的启发。依据耿宁的诠释,由于阳明意识到意念的道德品格(评价)问题,所以新的良知概念是对本己意念之道德品格的直接意识,用阳明的表述就是,知是知非是良知(知善知恶是良知);以耿宁现象学的术语来说,可称之为"本原意识"。耿宁进一步以现象学与唯识学的意识分析,更清楚地将"良知"理解为本原意识之"自知"。若借用唯识学的意识结构之分析来说,阳明就"心之所发"界定的"意"(意念),就是"见分"(能,意识活动);就"意之所在"而言的"物",则是"相分"(所,意识对象);就"意之本体"或"意之灵明处"而言的"知"(良知),就是"自证分",亦即是意识活动的"自身觉知"①。因此,阳明的"知是知非是良知",依据耿宁的分析,良知作为"本原意识",是我们最根本的、直接的、所有意向与各类意识活动的基础,它是根源性道德意识的当下直接的自我觉知(自知自觉),此自知自觉还包含对自身意志(意向)的伦理价值之区分与判断②,此即良知的知是知非。在这个意义下,"知是知非"是良知之"自知",所谓:"是的还他是,非的还他非,是非只依他(良知)"(《传习录》下:265);"良知只是一个天理自然明觉发见处"(《传习录》下:189)。换句话说,有"本原意识"的"自知","知是知非"

---

① 耿宁:《从"自知"的概念来了解王阳明的良知说》,《心的现象》,倪梁康等译,第128—130页。
② 耿宁:《从"自知"的概念来了解王阳明的良知说》,《心的现象》,倪梁康等译,第131页。

的道德评价与判断才成为可能。耿宁认为良知的这种"自知"的特性，与现象学所说的"原意识"，或唯识学所说的"自证分"，在意识分析上基本上是一致的。① 而这样的阐释，使阳明的良知概念清晰地表现出其一贯性与系统性。笔者认为，耿宁借由现象学与唯识学的意识分析，彰显良知的"自知"特性，有助于我们更好地理解阳明的"良知"与"致良知"，也能区分"德性之知"与"见闻之知"。如果对照朱子的《观心说》，更能凸显耿宁以"自知"为良知之特性的洞见。朱子反对佛教的观心说，而有以下的论述：

> 夫心者，人之所以主乎身者也，一而不二者也，为主而不为客者也，命物而不命于物者也。故以心观物，则物之理得。今复有物以反观乎心，则是此心之外，复有一心，而能管乎此心也。②

又批判云：

> 释氏之学，以心求心，以心使心，如口龁口，如目视目，其机危而迫，其途险而塞，其理虚而其势逆。③

显然地，在朱子格物穷理的思考下，"心"只能以"主—客""能—所"的横列认知来思考，无法有心之自我反观自身的"自证分"的理解。实则，心之反身的自知自证，对佛教与阳明心学皆可说，并无以一心观一心的矛盾。牟宗三就指出，此种反身的体证

---

① 耿宁：《从"自知"的概念来了解王阳明的良知说》，《心的现象》，倪梁康等译，第130页。笔者认为阳明的"良知"、现象学的"原意识"、唯识学的"自证分"，三者在意识的形式分析上虽然一致，但其内容含义却不同。
② 朱熹：《朱子文集》卷六十七，陈俊民订校，台北财团法人德富文教基金会2000年版，第3389页。
③ 朱熹：《朱子文集》卷六十七，陈俊民订校，第3390页。

（观或知），当下即可融于此本心而只是此本心之呈现，此只是心之自知而已。他以是非之心为例来说明，是非之心呈现，我们即可依是非之察觉中之觉明而知其为是非之心。此种知皆反融于心之自己而自知，并不形成另一个心。自知即是心自己呈现之振动而自醒。①牟宗三虽不从现象学的意识分析来谈良知之自知，却可与耿宁的说法相呼应。

由于良知是本原意识当下的自知自证，所以"致良知"工夫最关键处，依耿宁的看法，即在于唤醒良知这种"自知"的特性，顺其发用，而非认识外在的伦理规范。就牟宗三的主张言，这是"逆觉体证"，而非"顺取"之路。犹有进者，良知以"自知"为特性，则"致良知"之功夫，就不是以另一心去致良知，而是良知本体之"自致"，而非"他致"。因此，阳明面对其弟子如何"致良知"的回答，或说："此须你自家求，我亦无别法可道。"（《传习录》下：280）或说："尔那一点良知，是尔自家底准则。尔意念着处，他是便知是，非便知非，更瞒他一些不得。尔只不要欺他，实实落落依着他做去，善便存，恶便去。"（《传习录》下：206）由此可见，致良知须以悟得心之良知本体为前提。在这个意义下，阳明《大学古本》改序定本以"乃若致知，则存乎心悟。致知焉，尽矣"总结，对阳明后学具有指标性的意义，成为阳明后学的问题意识。阳明后学的"致良知"谈论，乃以如何"悟良知本体"（悟本体）为本质性的关键工夫，更彰显宗教性的面向（顿悟／渐修）②。

若从上述"良知"为"自知"，"致良知"为"自致"的角度着眼，道德实践的本质工夫的关键在于"德性之知"的自知，"闻见之知"的

---

① 牟宗三：《心体与性体》第3册，台北正中书局1987年版，第334页。
② 参见林月惠：《阳明后学的"克己复礼"解及其工夫论之意涵》，《诠释与工夫——宋明理学超越蕲向与内在辩证》（增订版），台北"中央"研究院中国文哲研究所2012年版，第268—283页。

获得，居于辅助性的位置。因此，无论阳明或阳明后学，"德性之知"为第一义，根源性道德意识的觉醒与培养最为重要；"闻见之知"是第二义，较少关注。事实上，有关"德性之知"与"闻见之知"的关系，阳明对于欧阳南野的回应，是一原则性的宣称，亦是阳明后学的共识。阳明说：

> 良知不由见闻而有，而见闻莫非良知之用；故良知不滞于见闻，而亦不离于见闻。孔子云："吾有知乎哉？无知也。"良知之外，别无知矣；故"致良知"是学问大头脑，是圣人教人第一义。（《传习录》中：168）

从理论与概念分析上说，良知作为"德性之知"是先天本有的根源性道德意识，它不是来自于经验的"闻见之知"，所以二者有本质上的区分。良知不能直接推出或产生见闻之知，道德与知识各有畛域，各有律则，故谓："良知不由见闻而有……良知不滞于见闻。"然而，在具体的伦理道德生活中，良知与见闻之知交错并起，形成活生生的具体伦理情境。每一个道德行为的判断与践履，既有良知决断的"行为系统"，又有见闻之知所构成的"知识系统"，就此而言，良知"见闻莫非良知之用……（良知）亦不离于见闻"。换言之，在具体伦理道德生活中，在致良知的实践要求下，也必须纳入见闻之知的学习。良知与见闻之知这种"不滞"（不杂）"不离"的关系，显示二者既区分又统合，而且良知在理论与实践上都有优先性：良知为"主"，见闻之知为"从"。若从体用关系来说，良知作为本体，它的发用并不直接产生见闻之知，见闻之知之所以能成为"良知之用"，意味着见闻之知杂多而无穷无尽，必须由良知来规范（主导），见闻之知才能彰显其真实的价值。在这个意义下，良知与见闻之知是主／从、本／末的隶属关系，故良知为体，见闻之知为用，是一种间接的体用关系①。由此可见，阳明对于良知与见闻之知的分析，显示二者在阳明思想中既属于理论逻辑，又属于实践逻辑。

不过，耿宁在理解阳明及其弟子对于良知与见闻之知的讨论时，却认为良知与见闻之知的关系在阳明思想中不属于理论逻辑，而是属于实践逻辑②。耿宁的分析是从"德性之知与事实性知识""良知通过问学而来的道德知识"来讨论此论题。对耿宁而言，"事实性知识"与"通过学问而来的道德知识"都属于见闻之知。他认为阳明并未关注事实性知识，且阳明与其弟子对于通过学问而来的道德知识也较少讨论。再者，耿宁认为具体的道德实践需要见闻之知，良知需要通过见闻之知来显现或扩充其自身。就此而言，良知与见闻之知属于实践逻辑。若依此实践逻辑而言，见闻之知包括在良知之中，道德的完善必须与见闻之知结合起来。但阳明一方面说"良知不由见闻而有"，另一方面又说"见闻莫非良知之用""良知之外别无知矣"，二者岂不自相矛盾？故耿宁认为良知与见闻之知不属于理论逻辑。对此矛盾的解决，耿宁从实践逻辑上来为阳明解套。但事实上，若从良知与见闻之知作为间接的体用关系及其辩证关系来看，二者在逻辑上并不矛盾。

根据前述的论证，在实践逻辑上，耿宁认为良知需要见闻之知，朱子格物致知所获得的道德知识，有其价值。其实，阳明与其弟子都未曾忽略见闻之知在道德实践上的重要性，但它并非本质性的工夫。如阳明就说：

> 圣人无所不知，只是知个天理；无所不能，只是能个天理。

---

① 参林月惠：《王阳明的体用观》，《诠释与工夫——宋明理学超越蕲向与内在辩证》（增订版），第170—176页。
② 耿宁：《王阳明及其弟子关于"良知"与"见闻之知"的关系的讨论》，《心的现象》，倪梁康等译，第299页。

> 圣人本体明白，故事事知个天理所在，便去尽个天理，不是本体明后，却于天下事物，都便知得，便做得来也。……圣人于礼乐名物不必尽知。然他知得一个天理，便有许多节文度数出来。不知能问，亦即是天理节文所在。(《传习录》下：227)

又批判朱子说：

> 文公"格物"之说，只是少头脑。如所谓"察之于念虑之微"，此一句不该与"求之文字之中，验之于事为之着，索之讲论之际"混作一例看，是无轻重也。(《传习录》下：234)

对阳明而言，良知即是天理，即是天理之自然明觉发见处，并非透过见闻之知去获得的。故"察之于念虑之微"属于德性之知，而"礼乐名物"等事实性知识，或"求之文字之中，验之于事为之着，索之讲论之际"等道德知识，都属于见闻之知，只要以良知为主（头脑），见闻之知都有其价值，也需要学习。就此而言，阳明及其弟子并非不关注见闻之知，而是要明辨良知与见闻之知的区分以及主从关系，这才是他们讨论的焦点所在。

再者，良知与见闻之知的关系，前述阳明"不滞""不离"的解释，是阳明后学的共识，尤其是阳明第一代弟子。但耿宁认为，对阳明弟子来说，良知与见闻之知的关系问题，在阳明那里并未得到解决，所以王龙溪（名畿，1498—1583）与欧阳南野（名德，1496—1554）有歧见。耿宁认为《滁阳会语》所言"良知落空，必须闻见以助发之，良知必用天理则非空知"① 是欧阳南野的主张。亦即欧阳南野是通过《孟子》的"四端"来定义良知的，良知即是恻隐、辞让、羞恶、是非

---

① 《滁阳会语》，《王畿集》，凤凰出版社2007年版，第34页。

的能力；而且通过见闻，良知把握到天地万物之理。① 如此一来，欧阳南野所理解的良知似乎是耿宁所谓的向善秉性，它还不是完全的良知本体，所以需要与见闻之知结合起来，才能有完善的道德。而王龙溪认为良知是人心之本然，此理解属于阳明后期的良知概念，故良知不需要通过见闻之知来显现、觉察或扩充其自身。比较之下，耿宁认为王龙溪的看法近阳明，欧阳南野的看法则试图保留和容纳朱熹学说中有价值的部分（见闻之知）②。

笔者认为，王龙溪与欧阳南野对于良知与见闻之知并无歧见，上述《滁阳会语》所引之见，也非欧阳南野的主张。尤有甚者，在阳明后学中，欧阳南野在与罗整庵在1534—1535年的辩论中，更本于阳明之见，将良知与见闻之知二者的关系，辨析得更为细致，发挥得更为淋漓尽致。③ 如欧阳南野对"良知"的阐释是：

> 良知即是非之心，性之端也。性无不善，故良知无不中正。故学者能依着见成良知，即无过中失正。④

对"致良知"的诠释则是：

> 良知二字，就人命根上指出本体，功夫真是切实着明，谓之"不学而能"、"不虑而知"，则本体自然，一毫人力不与焉者。学

---

① 耿宁：《王阳明及其弟子关于"良知"与"见闻之知"的关系的讨论》，《心的现象》，（增订版）第299—300页。
② 耿宁：《王阳明及其弟子关于"良知"与"见闻之知"的关系的讨论》，《心的现象》，（增订版）第301—302页。
③ 参见林月惠：《良知与知觉：析论罗整庵与欧阳南野的论辩》，《中国文哲研究集刊》（台北）2009年第34期，第287—317页。
④ 《答董兆时问》，《欧阳德集》，凤凰出版社2007年版，第274页。

者循其自然之本体而无所加损，然后为能致其良知。①

欧阳南野并未将"性之端"之"端"理解为萌芽，而是理解为良知本体之自我"呈现"。而对"良知"与"致良知"两个重要概念的诠释，他与王龙溪并无差异。

尤其，在"良知"与"知觉"（闻见之知）的分辨上，欧阳南野力陈：

> 某尝闻知觉与良知，名同而实异。凡知视、知听、知言、知动，皆知觉也，而未必其皆善。良知者，知恻隐、知羞恶、知恭敬、知是非，所谓本然之善也。本然之善，以知为体，不能离知而别有体。盖天性之真，明觉自然，随感而通，自有条理者也，是以谓之良知，亦谓之天理。天理者，良知之条理；良知者，天理之灵明。知觉不足以言之也。②

南野不仅区分"良知"与"知觉"的不同，反驳罗整庵"以知觉为良知"的谬误，申明"良知即天理"。他同时也善于掌握阳明"体用一源"的辩证思维，说明"良知"与"知觉"二者之"不离"的关系。在此脉络下，闻见之知有其价值。欧阳南野的看法，与阳明并无差异，耿宁之论断，有待商榷。耿宁之所以误解欧阳南野之说，仍源自他对良知为是非之"端"的错解。但此错解，也凸显阳明后学有关"良知"（致良知）诠释的重要争辩。

---

① 《答聂双江》，《欧阳德集》，第29页。
② 《答罗整庵先生寄〈困知记〉》，《欧阳德集》，第12页。

## 四、阳明后学的良知诠释：良知之端与良知本体

耿宁在此论文集中论及阳明后学时，王龙溪"一念自反，即得本心"的修行语式，与就聂双江（名豹，1487—1563）"归寂说"、罗念庵（名洪先，1504—1564）"收摄保聚"而言的"寂静意识"，是他讨论的两大重点。耿宁从现象学的角度，对此良知原初一念，以及良知本体作为寂静意识的分析，使我们对阳明后学的致良知工夫体验，有更清晰与深入的理解。笔者所要补充的是，耿宁似乎未注意到，王龙溪与聂双江、罗念庵的歧见，来自良知作为"本原意识"的动力问题。

虽然阳明与阳明后学都强调"良知"与"致良知"，但笔者认为阳明本人与阳明后学的问题意识已经不同。阳明的问题意识主要是针对朱熹"格物穷理"之"外求"与"支离"而发，故阳明关注的是工夫的入路问题，"良知"一反观而自得，此是阳明的回应。但对阳明后学而言，已经无须回应朱熹所带来的工夫入路问题，而是在肯认人人皆有良知本体的共识下，转向阳明提问：如何致良知？因为，阳明后学在致良知的工夫体验中，大多经验到在意念上用功并对治的繁难与弊端，故致良知工夫必须在"良知本体"上用功。在这个意义下，"致良知"工夫的重点乃聚焦于如何"悟心体"（悟本心）、"悟良知本体"或"保任良知本体"。阳明《大学古本序》定本所谓"乃若致知，则存乎心悟"最能表现阳明后学的问题意识。因此，如何在先天心体（良知本体）上用功以彻底纯化意念，是阳明后学关切的工夫论问题。由此而有对"良知"本体的不同理解与诠释。

对王龙溪而言，"良知"原初一念，作为良知之"端"，意味着良知本体的当下呈现，它与良知本体在本质上并无差别，因其自身都是"当下具足""完完全全"，此是王龙溪"一念自反，即得本心"的另一种解释。王龙溪称此良知之初始一念为"见在良知"（见成良知），离开此见在良知的呈现，致良知工夫无着力点。在此意义下，良知本体只能从当

下"一念自反"而得，时时发用，无动静之别；致良知工夫也无动静之分。对阳明或王龙溪而言，如何保持念念都是良知原初一念（念念致良知），是致良知工夫的关键所在。犹有进者，王龙溪"一念自反，即得本心""从一念入微处，归根反证"①，都意味着良知作为"一念灵明"，亦即是良知本体的发用，其根源性实践动力是当下具足，沛然莫之能御。

为了彰显见在良知"一念自反"实践动力之"当下具足"，龙溪每每强调良知"一点灵明，照彻上下"②。而其论述根据就在阳明的"昭昭之天"之喻：

> 比如面前见天，是昭昭之天。四外见天，也只是昭昭之天。只为许多房子墙壁遮蔽，便不见天之全体。若撤去房子墙壁，总是一个天矣。不可道眼前天是昭昭之天，外面又不是昭昭之天。于此便见一节之知即全体之知，全体之知即一节之知。总是一个本体。（《传习录》下：222）③

龙溪则将阳明的比喻做更简要的表述：

> 昭昭之天即广大之天。容隙所见，则以为昭昭；寥廓所见，则以为广大。是见有所牿，非天有小大也。④

---

① 王龙溪"须时时从一念入微处，归根反证"。（《趋庭漫语付应斌儿》，《王畿集》，第440页）耿宁断句为"一念""入微归根反证"，有误。（参见耿宁：《我对阳明心学及其后学的理解困难：两个例子》，《心的现象》，倪梁康等译，第484—485页）又，此文中另一标点错误处在于《传习录》上卷："只是这个灵能不为私欲遮隔，充拓得尽，便完。完是他本体。"（第474—475页）应改为："只是这个灵能不为私欲遮隔，充拓得尽，便完完是他本体。"
② 《南游会纪》，《王畿集》，第152页。
③ 与此类似的比喻还有："比如日光，亦不可指着方所。一隙通明，皆是日光所在。虽云雾四塞，太虚中色象可辨，亦是日光不灭处。"（《传习录》下：290）
④ 《别曾见台漫语摘略》，《王畿集》，第463页。

从阳明"一节之知即全体之知"与龙溪"昭昭之天即广大之天"的比喻看来,他们都强调当下一念灵明所呈现的良知(良知之端),其实践动力与良知本体一样,同是具足完整的。

然而,王龙溪的看法,并未得到聂双江、罗念庵等人的相应理解。因为,聂、罗二人认为,良知之"端"并非良知"本体",不是本原意识;故致良知工夫,应反求诸虚静的良知本体。如罗念庵就批评说:

> 今之谈学者多认"良知"太浅,而言"致良知"太易。盖良知本于"不学不虑"之虚体,而后有"知是知非"之流行。……"知是知非",愚夫愚妇与圣人同也。愚夫愚妇则星星也,圣人则燎原也。自星星以至燎原,其蕴积郁煽,赓续广大,必有次第,而顾恃星星自足,措之于用,可不可耶?故吾人"知是知非"不足以为事物之主宰者,以其不尽出于虚体故也。①

聂双江也批评说:

> 然则致良知者,将于其爱与敬而致之乎?抑求所谓真纯湛一之体而致之也?……故致知者,必充满其虚灵本体之量,以立天下之大本,使之发无不良,是谓贯显微内外而一之也。②

对罗念庵而言,愚夫与愚妇虽同有"知是知非"之流行发用,但却认为发用的良知,不能为主宰。由他所举的"星星之火"与"燎原之火"来看,念庵并不认为"星星之火"本身具有足以"燎原"的力量,必须添加"蕴积郁煽",才能有燎原的强大力量。如此一来,当下

---

① 《别宋阳山语》,《罗洪先集》,凤凰出版社 2007 年版,第 644 页。
② 《答东廓邹司成·三》,《聂豹集》,第 264 页。

呈现发用的"见在良知",其实践动力是不足的。这样的观点,也同时出现在罗念庵对孟子"四端"之心的理解。罗念庵说:"故谓良知为端绪之发现可也,未可即谓时时能为吾心之主宰也。"① 据此,罗念庵显然认为"恻隐""羞恶""辞让""是非"都是良知"一端之发现",本身有"未完成"之意,其实践动力显然不足。② 同样地,聂双江也认为"爱敬""恻隐""羞恶"都是"仁、义"之"端",可谓"知觉",但不是"良知"本体自身。故不能以"恻隐、羞恶"为"仁、义"。聂双江这样的思维,也显示他认为王龙溪所谓的"见在良知"(爱敬、恻隐、羞恶等)实践动力不足。在聂双江看来,良知有"一节之知"与"全体之知"的区别,后者才是"良知本体",才是本原意识,才是致良知的功夫所在,故"以充满其虚灵本体之量"为"致知"。

比较王龙溪与聂双江、罗念庵对"良知"本体的诠释,二者实有"良知之端"与"良知本体"的不同。这样的诠释,似乎与耿宁的良知双义性相关。笔者期待耿宁在对王龙溪"一念自反,即得本心"与聂、罗的"寂静意识"做出现象学的分析时,还能触及"本原意识"的实践动力问题。

## 五、结语

细读耿宁《心的现象——耿宁心性现象学研究文集》一书有关阳明心学的研究后,如实地说,对目前中文学界的大多数阳明与阳明后学研究者而言,耿宁的现象学进路既陌生又熟悉。因为,就耿宁所使用的现象学意识分析,此观看方式或哲学语言是陌生的,它将带来既

---

① 《夏游记》,《罗洪先集》,第72页。
② 曾见台举罗念庵"收摄保聚"之说:"孩提爱敬乃一端之发见,必以达之天下而后为全体。孩提之知比诸昭昭之天,达之天下比诸广大之天,收摄保聚所以达之也。"(《别曾见台漫语摘略》,《王畿集》,第463页)

有分析与思考模式的"摇晃"与"位移"。而从他所援引的文献与哲学文本来说，又是我们所熟悉的，甚至习焉而不察，它将要求我们进行更好的理解或重新诠释。这可说是激发我们再深入研究阳明心学的"动力"所在！尤其，当我们将耿宁现象学的分析，与牟宗三康德式的分析加以对比时，就可对显出牟宗三的良知三性说（主观性、客观性、绝对性）①比耿宁的良知双义性（或三个不同良知概念）②更能相应阳明心学的哲学分析。尽管现象学对意识或经验的严谨分析与描述有其精彩之处，但能否与阳明心学相应地对焦，是可以再思考的。当然，牟宗三与耿宁的研究进路，各有其殊胜之处，对后续的研究者而言，都是丰富的思想资源。

耿宁在《人生第一等事——王阳明及其后学论"致良知"》的"前言"中很清楚地表明，他最终的目标并不在于将中国心学转变为现象学的理论，而是在于使现象学的明见服务于心学。他更发出他诚挚邀请与期盼，将他阳明心学的力作，"献给我的那些以现象学方式探究中国传统心学的中国朋友们"。耿宁如此珍视中国传统心学，并竭力将我们今日之人带到这个精神传统的近旁，其心其行，令人感佩动容。昔日阳明诗云："抛却自家无尽藏，沿门持钵效贫儿。"③今日身处在此传统的中国研究者，在拥有吸收更多的东西方学术资产后，何兴归来乎？——"落红不是无情物，化作春泥更护花。"④

---

① 牟宗三认为阳明的良知有主观性、客观性、绝对性。"知是知非"是良知的主观性，"良知即天理"是良知的客观性，良知是"乾坤万有基"是良知的绝对性。参见牟宗三：《从陆象山到刘蕺山》，台湾学生书局1984年版，第217—220页。
② 耿宁的良知三义，参见氏著：《人生第一等事——王阳明及其后学论"致良知"》。
③ 《咏良知四首示诸生》之四，《王阳明全集》，第790页。
④ 龚自珍《己亥杂诗》："浩荡离愁白日斜，吟鞭东指即天涯。落红不是无情物，化作春泥更护花。"

# 去玄的玄学解读
## ——简评耿宁先生的王弼研究[①]

### 李兰芬
（中山大学哲学系）

## 引言　特别的论题——从玄学解理学

魏晋玄学研究在中国哲学领域并不算是个热闹的话题，耿宁先生在其讨论中国哲学的系列论文中，却有一篇专讨论王弼玄学，与其后继研究的儒学、佛学研究相比，显得非常特别。

与一般讨论玄学的研究不一样，耿宁的王弼研究之切入点明确为讨论王弼道家思想与儒学的关系。并且，他将对这种关系的理解，落实为王弼用玄学为儒家政治与伦理做奠基。[②]他还进一步指出，王弼玄学中的道家思想对儒家政治与伦理思想的影响，可以通过宋明理学来看。

耿宁客观地指出，有少数中国学者已经看到王弼玄学与儒学，甚至是宋明理学的关系：

---

[①]　"去玄"并不是"非"玄。"去玄"的形容，只意味耿宁先生对王弼玄学的解读，有将"玄"与"用"和"实"相连的特色。

[②]　参见耿宁：《王弼对儒家政治和伦理的道家式奠基》，《心的现象——耿宁心性现象学研究文集》（以下简称《心的现象》），倪梁康等译，商务印书馆2013年版。

王弼（226—249 年）和郭象（252—312 年）在中国思想史上占有一决定性地位，它被视作一个转折点：汤用彤在它那里看到了从汉代的宇宙论思想或宇宙起源论思想向后期中国哲学的本体论思想或形而上学思想的转折。① 他和王弼著作的编者楼宇烈都把这一哲学思潮视为"宋明**理学**（关于原则的学说）"的真正开端，后者在西方是作为新儒学而广为人知的。② 陈荣捷、钱穆以及其他一些人也把中国哲学思考的一些基本概念如"至高的原则"（至理）或"体—用"（实体—功用）追溯到王弼那里。③

实际上，耿宁所举的这些学者并不是十分明确地从与宋明理学的关系上来拓展及论述对王弼玄学理解。

如上述引文提到，汤用彤算是其中最为明确提到这个问题的。但他本人并没有对此做仔细、深入的讨论。

尽管汤用彤最早的一篇长文极为关注以朱熹、王阳明为代表的宋明理学，之后也有个别讨论儒家思想的文章④，可其后的学术研究并

---

① 耿宁文原注："参见《魏晋玄学流别略论》、《王弼之〈周易〉〈论语〉新义》，载：《汤用彤学术论文集》，北京，中华书局，1983 年，第 233、264—265 页；以及《汉魏学术变迁与魏晋玄学的产生》（汤一介整理发表），载：《中国哲学史研究》，1983 年第 3 期，第 40—41 页。"

② 耿宁文原注："参见前引的汤用彤遗稿，载《中国哲学史研究》，1983 年第 3 期，第 36 页；参见楼宇烈为他的《王弼集校释》（中华书局，1980 年）撰写的'前言'。"

③ 耿宁文原注："例如参见陈荣捷《作为原则的新儒家的"理"概念的演进》（The Evolution of the Neo-Confucian Concept li as Principle），载：《新儒学论文集》（Neo-Confucianism, Essays），香港，1969 年；以及他为王弼的《老子道德经注》所写的'前言'，隆普（Ariane Rump）翻译，夏威夷，1979 年。顺便说一下，就'体—用'这对概念而言，我并不相信人们在王弼那里已经可以发现它的实体［Substanz］（根本真实）—功用（效用、表现）的含义。在王弼那里，'体'并没有根本真实（本体）的含义，而是有身体、个体的含义。但是王弼的思想，比如他的本—末这对概念，可能也参与规定了体—用那对概念的意义。那对概念原本是来自于佛教文本。"

④ 汤用彤最早的长文为《理学谵言》。（参见氏著：《理学·佛学·玄学》，北京大学出版社 1991 年版，第 1 页）另，据孙尚扬整理的《汤用彤学术年表》，汤用彤的《理学谵言》自 1914 年 9 月至 1915 年 1 月连续刊布于《清华周刊》第 13—29 期。（参见氏著：《汤用彤》，台北东大图书公司 1996 年版）除这篇正式刊发的讨论儒家思想的论文外，汤用彤还有一篇尚待整理发表的讨论儒家思想的文章。与这篇文章相关的演讲，在吴宓日记中被提到。（参见《吴宓日记》第 8 册，

没有继续直接或更深地讨论儒家思想。他影响较大的学术贡献之一是玄学研究,其系列论文里也没有特别将魏晋玄学与理学关联在一起分析①;贯彻或体现他将玄学与宋明理学关联思想的,大概散落在他一些中英文的中国哲学史及魏晋玄学讲稿(被重新整理)中。从其对中国哲学及玄学的基本概念(如"名""理"、"道""德"、"性""天"、"工夫""性情"等配对概念)的突出解释,及对玄学于政治理论上奠基作用的一再强调等,可以看出,汤用彤的玄学研究确实依然将魏晋玄学与儒家精神、与儒家的政治和道德关怀关联起来。②另外,20世纪40年代初期,他曾指导学生任继愈专门对此问题进行分析。任写成了他的本科论文《理学探源》,这篇论文直至20世纪80年代中期纪念汤用彤的一本文集出版时,才得以公开发表。③

上述耿宁所提到的其他学者,如楼宇烈、钱穆、陈荣捷等,也只是在相关研究中提到玄学与理学的关联,但他们都没有进行专门的讨论。④

西方汉学家中,海德堡大学的瓦格纳教授(Rudolf G. Wagner)在其研究王弼玄学的巨著中,极其关注王弼玄学与儒家政治思想的关系,

---

(接上页)生活·读书·新知三联书店1998年版,第7页)另,吴宓的这篇日记,又见汤用彤:《儒学·佛学·玄学》,江苏文艺出版社2009年版,第36页。汤用彤未刊文稿整理者赵建永在他的《汤用彤未刊稿的学术意义》一文中提到,汤用彤未刊的、1941年于武汉"儒学会"所作的演讲稿为《儒家为中国文化之精神所在》。(参见氏著:《汤用彤未刊稿的学术意义》,《哲学门》2004年第2期)我们从主题看,该文应该是回应他1914年发表在《清华周刊》杂志上的《理学谠言》的主张:"理学者,中国之良药也,中国之针砭也,中国四千年之真文化真精神也。"本文作者曾有专文讨论汤用彤这篇长文及其他少数关于儒家思想文章。(参见《理学的另类解读》,《中山大学学报》2013年第1期)

① 汤用彤遗稿中有一短提纲《理字原起》(《汤用彤全集》第2卷),稍涉及宋明理学"理"字意涵与中国佛学僧人理解的关联。

② 参见《汤用彤全集》第4卷有关魏晋玄学中英文讲稿。

③ 参见《燕园论学集——汤用彤先生九十诞辰纪念》,北京大学出版社1984年版。该文重刊于汤一介、赵建永编:《汤用彤学记》,生活·读书·新知三联书店2011年版。

④ 如钱穆在老子、庄子思想解读中,陈荣捷在朱子思想研究中,楼宇烈在《王弼集校释》中等,都提到过王弼对宋明理学有影响。尤其是钱穆,他认为朱熹的"理"与王弼对"理"的看法有关。

但也如其他涉及王弼思想的汉学家一样,稍弱于讨论王弼玄学与儒家伦理的关系,更没有将王弼玄学与儒家思想的关联加以讨论并落实至宋明儒学的问题上来。①

就真正正面从与宋明理学的关系上来拓展及论述对王弼玄学的理解而言,耿宁确为特别之学者。② 耿宁重提魏晋玄学与儒学的关系,并从理解理学特质的角度上,展开自己对王弼玄学的独特解读。③

耿宁的独特,首先在于他对儒学,特别是宋明理学特性理解之独特。耿宁所论基本围绕人性——特别是人的心性如何"发用"、如何活动的问题——来对儒学(尤其是宋明理学、心学)做出新阐释。除论文中对孟子心性之学的反复强调以及对朱子学作心性角度解读外,我们还可以由其《心的现象》所收录的几篇讨论儒学——尤其是讨论阳明心学——的论文④,看出耿宁对儒学、宋明理学(心学)阐释的独特性。

其次,当耿宁将儒家对人性、人心问题的讨论与对儒家政治及伦

---

① 参见瓦格纳:《王弼〈老子注〉研究》,杨立华译,江苏人民出版社2008年版。西方汉学家在讨论王弼思想时,普遍注意到王弼玄学对政治思想的影响,并且一般是从哲学角度(本体论及认识论)来讨论。这些讨论常常混杂在对《老子》文献注释史及思想研究的论著中,而王弼玄学极少被专门立论。瓦格纳是例外,他曾出版三本研究王弼的著作:《〈道德经〉的中国式解读——王弼注释对〈老子〉的评价》(*A Chinese Reading of the Daodejing: Wang Bi's Commentary on the Laozi with Critical Text and Translation*, Albany: Suny Press, 2003);《中国的语言、本体论及政治哲学——王弼对"阴"的学术探讨》(*Language, Ontology, and Political Philosophy in China: Wang Bi's Scholarly Exploration of the Dark*, Albany: Suny Press, 2003);《注释的技艺——王弼〈老子〉注》(*The Craft of a Chinese Commentator: Wang Bi on the Laozi*, Albany: Suny Press, 2000)。这三本英文著作的汉语合译本为:《王弼〈老子注〉研究》(*On Wang Bi's Commentary of Lao Zi*)。

② 大陆学者朱汉民的研究著作《玄学与理学的学术思想理路研究》(中国社会科学出版社,2012年),被认为是"着重从经典诠释学及其义理重构的角度,展示玄学与理学身心义理之学的思想内涵和内在理路"。(参见李景林:《玄学与理学研究的一个新视界——读朱汉民教授新著〈玄学与理学的学术思想理路研究〉》,《船山学刊》2013年第4期)

③ 在耿宁的这篇论文里,玄学与宋明儒学如何关联的问题,一开始并不是一个直接明了的论题,直到论文最后,王弼玄学与宋明理学关联的问题才被鲜明地提出来。

④ 耿宁《心的现象》收录的与儒学研究有关的论文包括:《从"自知"的概念来了解王阳明的良知说》《论王阳明"良知"概念的演变及其双义性》《后期儒学的伦理学基础》《王阳明及其弟子关于"良知"与"见闻之知"的关系的讨论》《孟子、亚当·斯密与胡塞尔论同情与良知》《中国哲学向胡塞尔现象学之三问》《我对阳明心学及其后学的理解困难:两个例子》,等等。

理的理论关联起来时，他认为：其中政治与道德实践的具体、实在效用，与人性、心性的本体问题如何解决有着极为重要的关系；而打通"用"之"实"与"体"之"玄"的宋明儒学之努力，与魏晋玄学以及王弼的探讨有关。

那么，耿宁在他唯一一篇讨论玄学的论文中，是如何通过对王弼思想的解读，来呈现玄学对儒学，尤其是对宋明理学的"妙用"的呢？或者说，他是如何开始其独特的从玄学解理学的学理探讨的呢？

本文企图直接梳理耿宁文本中讨论王弼思想的不同角度，来理解他的王弼玄学研究之特殊性。

## 一、去玄的解读

将王弼玄学理解为元政治学和元伦理学，这是耿宁着重要说明的论点。①

为此，耿宁首先将王弼玄学中的一个重要概念"体"，做了去玄的解释：

> 就"体—用"这对概念而言，我并不相信人们在王弼那里已经可以发现它的实体 [Substanz]（根本真实）—功用（效用、表现）的含义。在王弼那里，"体"并没有根本真实（本体）的含义，而是有身体、个体的含义。但是王弼的思想，比如他的本—末这对概念，可能也参与规定了体—用那对概念的意义。那对概念原本是来自于佛教文本。②

---

① 耿宁：《心的现象》，倪梁康等译，第236页。
② 耿宁：《心的现象》，倪梁康等译，第236页，注释5。

或者说,从去玄的角度看,耿宁首先将与王弼思想有非常重要关系的"体"字与"用"联在一起理解。然后,他再从其对身体的强调来进入个体的解释。由此可见,耿宁的解读重"实",而不是纯粹说"玄",或者说,为说"实"而解"玄"。

这种不将"玄"与"虚"紧连,而往具体的个体及其功用上解的做法,可以说为玄学探讨的问题能作为阐发政治、伦理功用的基本理论,提供了一个非常巧妙的本体论基础。这也是耿宁将王弼玄学理解为元政治学和元伦理学的主要旨趣。而往"实"处走的玄学解读又是如何可能呢?耿宁往下的讨论非常奇特。

耿宁从王弼循老子道家思想对儒家政治、伦理原本褊狭之"实"的体现批判说起,指出道德与否不在"实"之"名",而在"本"(原)之道、无和静——也就是说,弃绝"名""德",强调返"本"循"道"。

(一)"德",相对的是"道"

耿宁认为,王弼"首先并不是自然的观察者,而是首先对政治和伦理感兴趣(他也并没有退隐山林,而是居于庙堂之上),对于他来说,天地乃从政治—伦理事物出发而被投射出去的政治—伦理事物本身的榜样。在他那里,重要的首先是政治的和伦理的德性或'力量'(德)的原因。借助于一种语词游戏,他把德性(德)解释为获得、得到,而道则是那在德性中所获得者"①。

在文中,耿宁明显反对学界向来多对王弼玄学纯然地往抽象思辨的逻辑理论上解释的做法,他尤其尖锐地批评了冯友兰的解读。② 耿

---

① 耿宁:《心的现象》,倪梁康等译,第244页。
② 耿宁:《心的现象》,倪梁康等译,第243页。"冯友兰在其最新的、仍未完成的《中国哲学史新编》(1982年及以后)中,用普遍与特殊之间的逻辑关系(普遍包含所有的特殊之物、被规定之物,但其自身完全不是[特殊之物、被规定之物])来解释王弼关于'本'、道、无等这一方面与存在着的自然事物和文化成就那另一方面之间关系的观点,并批评王弼非法地从一种逻辑关系过渡到一种实在的、宇宙论的因果关系。这种解释的片面性是如此明显,它根本没有考虑下述

宁的批评，某种意义上针对了学界对王弼研究的一个主要倾向，即在强调王弼玄学的哲学意义时，往往过于关注其与汉儒纠缠具体事象做法（讲求术数）不一样的，探求抽象义理的玄远妙思。耿宁坚持认为，王弼的哲学言说方式，是为其儒家的政治、伦理关怀服务的；或者说，王弼思想的玄远，是为解决政治和伦理效用过于纠缠于具象而不能体现大效用的问题而设。

因而，对于作为道家与新道家共同标志的"无"，耿宁认为王弼是放在与儒家政治、伦理关键词"名""形""分"相对的位置而论的。

### （二）"无"，相对于"名""形""分"

王弼对自然与文化成就之基础是"无形无名"并因此是"无"这一点的坚持，与"刑名"[Leistung und Titel]这一方法直接或间接有关。虽然在王弼那里，"无形"应当用"没有形式"[ohne Form]而不是"没有成就"[ohne Leistung]来翻译，……道必须是无形的，因为否则它就不会拥有"能为品物之宗主"的"能"。①

王弼所说的"形"不仅指不同的"自然的形式"（与"凉"相对的"温"，与"宫"相对的"商"），而且可能首先是指不同的实践性的行事形式、社会成就模式，其中包含仁等儒家德性。在王弼那里，形（"形式"）这个词与分这个词密切相关，与分有、区分以及某种不同的社会职能（今天的写法：份）所意指的东西密切相关："有形则有分"。

对于王弼来说，"名""形""分"三者紧密相联："形必有（是）所分""名必有（必然关涉）所分"。

在强调王弼用"无"化解"名""形""分"时，耿宁概括地指出，

---

（接上页）情况，即王弼几乎不是从理论-逻辑问题出发，而毋宁是从政治-伦理问题、实践问题出发进行思考的。他的'本'[Wurzel]首先不是一种逻辑基础，而是一种实践的原因。"

① 此句若按德文原文翻译则为："……否则它就不会拥有化为所有不同的、对象性的形式的能力。"——原文译者注

道家思想赋予儒家政治及伦理新的基础（这种基础即为"本"，即为不同运动与活动背后恒在的"静"），从而改变了儒家原本被褊狭了的"实"意：

> 王弼强调自然与文化的原因乃是无形无名者，他的这一强调也可以被理解为是对**名教**的批判，对他那个时代的形式主义的、浸透了法家精神的儒家的批判：政治与伦理的基础不可能简单地是一些固定不变的行事模式；一些单纯作为基础的政治与伦理导致了一些颠倒的关系（"伪"）。……王弼赋予静以一种奠基性的角色，这可能也与这里的上下文有关："本"是各种不同的运动与活动（动）的基础，因此它自己不是动而是静。①

在对道家式的元政治学与元伦理学奠基完成后②，耿宁重新从"崇本"的角度，界定王弼所理解的实践基本规则及形式：

> 王弼的基本思想：人们不可以把"形与名"作为最高规范来遵循，而必须返回到它们的"原因"，返回到道，并运用此道，由此形与名才能变得"全"与"真"。③

这种基本思想，耿宁用王弼自己的两句话来表现："崇本以息末"，"崇本以举末"。他将这两句话分别诠释成两种相辅相成的形式："在王弼看来，第一种形式的意义及其批判性的对立表达就意味着：人们不应当试图去直接治理和压制任何不好的弊端（末），如错误、纵欲、抢掠等，而是要返回本源（本），这样这些弊端就会**自动**终止。""第二种

---

① 耿宁：《心的现象》，倪梁康等译，第245—246页。
② 耿宁认为，这是一种特别的形而上学。（参见耿宁：《心的现象》，倪梁康等译，第235页）
③ 耿宁：《心的现象》，倪梁康等译，第248页。

形式——包括其批判性的对立表达——的意义是：人们不应当试图去直接实现任何期待的结果（'末'、'子'），如儒家的德性，也就是说，不应当试图通过它们自身（通过它们的'名'）产生它们，而应当守护其本，这样它们就会**自动**从中出现。"①

毫无疑问，这是一种指实但不拘泥于实（或说化实）的新政治、新伦理思想。至此，去"玄"后的王弼玄学，仿佛已重具"玄"意。实际上，耿宁也看到，无论是"无""一"，还是"崇本"，都是儒家政治、伦理思想意义的抽象表达，如果就此停留，这依然是原本被研究者定位的"玄"学。

耿宁认为，王弼并没有就此作罢。当耿宁接下来指出王弼用"见素朴""寡私欲""无为""自然"等老庄特有概念来对儒家具体的行事形式和生活形式作解读时，他对王弼玄学解读的独特之处再次显现出来。

## 二、连通老庄与孟子的"玄""实"功夫论

在这篇文章的五、六两节中，耿宁着重强调了王弼对沟通儒道的贡献。在他看来，王弼的贡献不仅在于通过《老子》赋予儒家政治与伦理思想新的意义，而且同时在于通过《庄子》赋予儒家生活形式与修身功夫新的意味。更重要的是，正是通过《庄子》，原本被片面玄化（抽象化）理解的《老子》道家思想对儒家思想起到了补充作用，起到了与以孟子为中心的儒家理论连通的桥梁意义。

值得一提的是，研究魏晋玄学的学者中，极少有人关注《庄子》与王弼的关联。在中国学者中，曾有陈少峰发表过两篇相关的讨论文

---

① 耿宁：《心的现象》，倪梁康等译，第248—250页。

章——《王弼的本体论及其对于〈庄子〉义的发挥》①和《王弼用〈庄〉解〈易〉论略》②。虽然陈文从王弼、《庄子》文本的互相对照解读中也看到王弼在"动""静"、言意之辩、自然观、圣人观等理论上对庄子思想的吸纳,但对王弼借用庄子之思而使老子之抽象意能在行事方式及生活方式上有具体表现的明确探讨,却是耿宁独特解释的结果。

下面,我们来看看耿宁的分别解读。

(一)(见)素朴与无(寡)欲

首先,耿宁强调:"素朴在王弼的政治学与伦理学中起着核心作用。"③但他也看到,无论是在《老子》中,还是"在老子的追随者中,素朴更多地意味着'遗失'了意欲、要求(欲)意义上的片面偏好,而非仅仅意味着从单纯特殊者状态中摆脱出来"。因而,"素朴与无欲(很少的欲求,没用欲求)密切相关"。④

但王弼并未停留于此种理解。耿宁在他对王弼关于素朴及无欲思想的长篇解释中,回答了王弼何以能将道家与儒家思想圆融、互通,从而阐发其极富光彩的圣人观的缘由。⑤"对于王弼来说,这种无欲意味着什么?或者说,他如何刻画'欲'?他用两样东西来刻画它们:首先,如果欲走向外部,它们就意味着一种由外物导致的诱惑,并由此损害内在的'神'。在这个意义上,它们被刻画为物欲、外物的欲。其次,王弼还通过自私自利、通过欲的利己本性来刻画欲。王弼就此

---

① 陈少峰:《王弼的本体论及其对于〈庄子〉义的发挥》,载《原学》第3辑,中国广播电视出版社1995年版。
② 陈少峰:《王弼用〈庄〉解〈易〉论略》,载《道家文化研究》第12辑,生活·读书·新知三联书店1998年版。
③ 耿宁:《心的现象》,倪梁康等译,第251页。
④ 耿宁:《心的现象》,倪梁康等译,第252页。
⑤ 我认为,耿宁虽并不如陈少峰在直接强调王弼用庄释儒时对其圣人观的阐发有重要作用,但耿宁对王弼所用概念涵义及渊源的仔细分析,却更能解释王弼的"圣人有情,然情应万物而无累,即应物而无累于物者也"的圣人观。

谈到私欲、'利己的、自私的欲求'。"①"按照王弼，欲与素朴性相对立，因此欲是人为的需要和野心，它们的要求多于自然的满足。"②

（二）静与性命、明（自知）

当"应物而无累"变成具体的行事方式和生活方式时，"静"与"性命""明"（自知）便有了涵养与修身功夫的意味。耿宁在将这些概念关联起来，用于说明王弼玄学的特色时，确实有了"去玄"而依然是"玄学"的解释特色。耿宁这样进行自己的解读：

> 在王弼那里，无欲状态与静相联，我们前面（第二节）已经把静认作是"本"这个维度的特征。
> 
> "静"首先具有一种心理学的含义，它意味着从欲望与欲求的驱动中摆脱出来。
> 
> 王弼把静与"性命"［Natur-Geschick］、自然的无生命［natürlich Lebenslos］联系起来，就像他在前面的引文中曾把无欲状态与自然的满足、与合乎自然的位置联系在一起一样。
> 
> "性命"是常。
> 
> 王弼紧随着《道德经》把对这种常的知称为"明"。
> 
> 王弼也紧随着该章把明理解作自知［Selbsterkenntnis］，并把它置于儒家德性"智"之上。
> 
> 这种自知是"于内"得到的。
> 
> 这种明同时是涵盖一切的，不像关于"形名"的知识那样是片面的、有分的。③

---

① 耿宁：《心的现象》，倪梁康等译，第252页。
② 耿宁：《心的现象》，倪梁康等译，第253页。
③ 参见耿宁：《心的现象》，倪梁康等译，第253—254页。

非常值得注意的是，在解释王弼"性命"概念含义时，耿宁将这一有可能与儒家心性学说相关的重要概念之词源与庄子思想关联起来。① 耿宁指出，王弼对这个特殊概念的用法是承继庄子思想而来的，他确有与庄子一致的反对将儒家政治、伦理狭隘条规化的做法；一种带有普遍价值意义的政治与伦理思想，自身应带有自我认清和破除狭隘性的资源（智慧）。

### （三）无为与自然

从"静"、"明"（自知）来体现修身功夫，本就有重趋玄或重走向玄的可能。如果不是从"虚"的意义上来单一地解释玄，玄之行事的实在性又在何处呢？耿宁依然是玄、实交替着来理解王弼对儒家政治、伦理所赋的新意。

耿宁分别梳理了"为""无为"与"因自然"（不是纯粹的"自然"）的含义。

首先是"为"与"无为"。"严格地说，'为'之于王弼乃是一种按照特殊的方法和技术——按照**术**或**数**——进行的行为。对这些有关为的方法和技术的知乃是智。""王弼'无为'的观念就像他的'实践根本法则'一般一样，是针对'术'与'数'的，后两者在他那个时代构成了**名教**——形式主义化的、打上了法家印记的儒学的一个部分。""根据王弼，这种'为'是某种疏离于自然、疏离于自身如此或自发性的事物。"或说，"是一种从本原、从根本那里分离开的行动，它'舍本以治末'或'用其子而弃其母'"。②

但是，"在王弼看来，自然与本原联系在一起"。因而，"**无为**对于王弼来说只是'因自然'"。而在将"自然"与"因自然"关联起来

---

① 参见耿宁：《心的现象》，倪梁康等译，第253—254页。
② 耿宁：《心的现象》，倪梁康等译，第255页。

并同时区别开来时,耿宁看到了王弼将儒家与道家思想既做沟通努力又做明确区别的清醒。"王弼把'自然'规定为'不学而能者',因此与孟子对原初的、天赋之能(良能)的规定(《孟子·尽心上》)完全一样。"但当王弼"不仅用**因自然**来刻画理想的行动方式,而且还用**无身**或**无私**和失志来刻画"时,并"把无为与因、顺自然连接起来"时,其实就既体现了王弼强调儒家的心性说在孟子思想里已经指明的自然之理,又体现了王弼理解中的道家是侧重强调唯有通过透彻的理智主动性才可真正做到顺应自然地行事、生活。耿宁说,毋庸置疑,强调与儒家心性自然有区别的道家超智的"因自然","看起来是王弼的成就"。①

在这里的讨论中,耿宁特别探讨了王弼思想的道家资源问题:

> 在《道德经》中,"无为"与"自然"之间也存在着一种间接的关联……在王弼那里颇为常见的"因自然"等表达在《道德经》中却从未出现。然而这一表达在《庄子》中,尤其是在"内篇"(一至七篇)中却很重要……
>
> 在《庄子》的某些段落中,这种"因自然"的思想处于中心位置,但是这一思想在那里并没有与"无为"(它也常常出现)这个表达连接在一起。毫无疑问,对于我们今天认为是庄子的许多思想,王弼是深信不疑且深受启发的。② 王弼具有历史意义的诸多成就之一,就是把"无为"这一传承下来的表达与庄子合乎自然的生活和行动的观念("因自然")连接起来,并由此把这一表达从一种原本是消极的、对于统治者来说是确定的口号改造为对积

---

① 耿宁:《心的现象》,倪梁康等译,第255—256页。
② 耿宁在文中自注:"因此当王弼在《道德经》第四十二章的注中涉及一的可命名性这一疑难问题时,他引用了《庄子·齐物论第二》(参见前文),而他《周易略例》中的《明象》章则是根据《庄子·天道第十三》(见郭庆藩编:《庄子集释》,第488页)。"

极的行动和行事之普遍有效的方式的刻画。借着这种积极的内涵,这一表达可能也注定在宣扬要在社会上采取积极行动的儒家那里获得一个意义深远的未来。①

## 三、一种通往心学的玄理?

耿宁在讨论王弼思想文章的最后一节,概括性地阐述了自己的洞见:

> 引导王弼思想的原初明察可能是:那对于政治与伦理来说并不确定的"形名",不能像他那个时代的形式主义的儒家即**名教**所教导的那样,是固定的行事范本和最高原则的概念,毋宁说,伦理与政治需要一种原初基础。这样一种明察或许尤其是从他那个时代的下述经验得到的,即:这样一些"形名"遭到了滥用,并且可以服务于某种纯粹的"伪",正如甚至直到今日那些最卑鄙的政治统治者仍惯于用最美好的道德名目来装扮自己一样。进而,在他那里这一明察也与下述思想密切相关:"形名"总是部分的(**分**),单独它自己总是导致片面性(**偏**),不能使任何事物和社会保持"全"。
>
> 最终,下面这种经验也可能对这一明察有所贡献:毫不掩饰地着意追求道德观念的实现,将导致紧张、失败和伪善。所以王弼在追随老子和庄子的过程中试图回溯到伦理与政治之某种更深的、比"形名"更深地存在着的"本":回溯到道、无、一、静等,物之本性即扎根于它们之中。伦理-政治行动必须"因顺"那源自这种本原的自发性,也只需"回应"这种自发性。

---

① 耿宁:《心的现象》,倪梁康等译,第256—257页。

然而他毕竟没有完全拒绝儒家的"形名",而只是就其脱离本原、就其独立化和绝对化而言才拒绝它们。在他那里有几处强调了"形名"的积极价值。

　　王弼的这一立场很可能对中国的哲学活动产生了很大影响,尤其是对宋明时期的所谓新儒家。这一点可由下述情况表明:他试图通过一种形而上学的本原,通过一种"至理"①,通过"性"等等,来为儒家的价值和规范奠基。

　　他关于伦理—政治行动(这种行动是与本原相关的、合乎自然的行事的行动)的观念,正指示着孟子的这一方向:即通过人性来为政治与伦理奠基。②


　　王弼玄学是魏晋玄学研究中不能不提的重要一环。在笔者看来,耿宁先生的洞见,是非常值得关注的。这不仅是对王弼思想的出色解读(当然也是有个性的解读),而且可以从问题上拓展我们对道家思想新的理解角度。我个人期待通过进一步学习能更深理解的是:借助着这样一种特别的玄学解读,耿宁先生可能对儒家思想,尤其是对心学提出些什么问题呢?

　　至少,如果玄学对早期儒家思想的道家式解读确实影响了宋明儒学(宋明新儒家)的话,玄学带给儒学发展的,甚至带给儒士行事、生活方式的,不可能只是正面的。但如果有负面的困惑的话,那到底是什么?或许耿宁先生的阳明心学研究巨著③能进一步解答我所疑惑的问题。

---

　　① 耿宁文中自注:"这一对于朱熹(1130—1200年)来说根本性的概念出现在王弼的《老子指略》中,见《王弼集校释》,第197页,第4—5行。王弼也知道那个对于朱熹来说同样是根本性的表达:'所以然之理',见《王弼集校释》,第216页,第6行。"
　　② 参见耿宁:《心的现象》,倪梁康等译,第259—260页。
　　③ 耿宁《人生第一等事——王阳明及其后学论"致良知"》德文版已于2010年出版,中文版已由倪梁康译出,并由商务印书馆于2014年出版。

# 自我有广延吗？
## ——兼论耿宁的"寂静意识"疑难

方向红

（中山大学哲学系、中山大学现象学文献与研究中心）

自我有广延吗？这个问题的答案似乎没有任何悬念。自笛卡尔把广延归于物体之后，自我或心灵没有广延已经成为哲学的常识和共识。胡塞尔对此也是极为认同的。他在《观念 II》中不仅表达了自己对笛卡尔的理解："笛卡尔不无理由地把**广延**称为**质料事物的本质属性**。这种事物因此也直截了当地被称为物体性事物。与之对立的是灵魂的存在或精神的存在，这种存在在其精神性本身中没有任何广延，或者不如说，将广延合乎本质地排除在外。"[①] 不仅如此，他还将这种理解提升至一种严格的原则性规定："原则上说，在这一面（即心灵——译者注）没有任何东西在真正意义上、在我们所描述的广延的特定意义上**是延展的**。"[②]

---

[①] E. Husserl, *Ideen zu einer reinen Phänomenologie und phänomenologischen Philosophie*, Zweites Buch, Husserliana, Band 4, hrsg. von Marley Biemel, Haag: Martinus Nijhoff, 1952, S. 28f. 黑体为原作者所加。

[②] E. Husserl, *Ideen zu einer reinen Phänomenologie und phänomenologischen Philosophie*, zweites Buch, S. 33. 黑体为原作者所加。

由此看来，这个问题已经了结。然而，胡塞尔晚年在"C 手稿"中却出人意料地把自我对其特性的固化和持守以及其自身的延展与物理对象的广延做了直接的类比：

> 作为内在的灵魂的个体形式，我们发现一种与客观绵延类似的东西，即在绵延中类似于过程的东西……在意识体验的持续的流动中，自我"持守"（verharrt）为在它之中所进行的体验的同一者并作为这种持守者获得了相对持存的特征，这些特征不是体验，而是在体验中"显现出来"的东西。作为具有这些特殊意义上的自我特征的自我，当它有时可靠地自我保持时，这个自我在其诸特征中持守自身，保持不变，或者，在其变化中持守自身。因此，在这种为它所特有的变化方式中，它也是持守者。这在形式上有点类似于物理性物体在其物理变化和不变中与时空广延（Extension）相关的持守性，不过，实际上，就其意义和类型而言是完全不同的……在这里，它（指心灵中的空间性——译者注）并不是某种第二类的、在复制性的映像意义上的空间性，它也不是同一个形式结构的个体形式。只是作为一个遥远的类比我们才在心灵之物中……拥有其每一次的延展（Ausbreitung）——空间性的广延正是在其中得以展现——，而且我们拥有的不是唯一的而是多种多样的延展……①

很明显，胡塞尔并不是说，自我自身是或自我之中存在着某种三维的伸展之物，但这并不妨碍我们对他的话做出这样的理解：如果我们把物理对象的广延性视为物理对象的不可入性意义上的坚固性以及

---

① E. Husserl, *Späte Texte über Zeitkonstitution (1929-1934): Die C-Manuskripte*, Husserliana, *Materialien*, Band 8, hrsg. von Dieter Lohmar, Dordrecht: Springer, 2006, S. 387.

坚持自身特质的持守性，视为该对象在空间上的延展，那么，我们也可以说，自我具有广延性。

　　胡塞尔为什么要做出如此重大的转变？他的这一结论是如何得出来的呢？下面让我们首先来梳理一下胡塞尔做出这种转变的学理依据①，接着对胡塞尔的结论做出进一步的引申，即把自我的广延解释为原对象，最后尝试用这种引申出来的观点解释耿宁关于"寂静意识"的难题。

## 一

　　如所周知，胡塞尔只是到了《逻辑研究》第二版时才明确承认了作为"必然的关系中心"②的纯粹自我的存在，并在《观念》时期把这个自我看作是极点。这个极点是如此的纯粹，以至于我们必须把它与由它发出的行为严格地区分开来。自我总在肯定、否定、怀疑，在感知、回忆、期待，在吸引、排斥，在"做事""受苦"③，等等——这些都是自我发出的各种行为。这些行为，用胡塞尔的比喻来说，就像"射线"④一样，在进行的同时又回溯地汇聚于自我极。但我们不能因此而认为，自我就是自己所发出的那些行为。自我与自身的行为是完全不同的，哪怕是把自我所有现实的和可能的行为都叠加起来，我们也不能说，这就是自我。这种严格性不仅是出于对部分与整体的现象学关系的考量——整体在性质上完全不同于部分之和，更是时间性与非

---

① 需要说明的是，本文在第一节中所做的这种梳理是极为简略的，更详尽的说明参见拙文：《自我的本己性质及其发展阶段——一个来自胡塞尔时间现象学手稿的视角》，《南京师大学报》（社会科学版）2013年第4期，第25—33页。
② 胡塞尔：《逻辑研究》第二卷第一部分，倪梁康译，上海译文出版社2006年版，第421页，注释1。
③ E. Husserl, *Späte Texte über Zeitkonstitution (1929-1934)*: Die C-Manuskripte, S. 188.
④ E. Husserl, *Späte Texte über Zeitkonstitution (1929-1934)*: Die C-Manuskripte, S. 188.

时间性的区分。胡塞尔说，沿着这些行为向源头返回，我们充其量只能说，"我们发现了那个极，一个同一者，它自身是非时间的"①。具体而言，所有的行为连同其构造的对象都从未来流向现在和过去并最终沉入远方，与其他行为和对象融为一体，进入意识的虚无层面，但纯粹自我却始终驻留在现在，正如胡塞尔所言："我们不要忘记：我的行为执行以及我的执行着的自我都已过去，可我并没有成为过去，我现在依然存在。"②

看来，自我是一个"空洞的"点、一个纯粹的极、一个非时间之物。这样的自我没有任何事物能够进入其中，当然也谈不上任何广延性了。然而，胡塞尔晚年对行为的"效用"（Geltung）及其沉淀方式的发现为自我的研究打开了崭新的维度。

在《笛卡尔式的沉思和巴黎演讲》中，胡塞尔详细地介绍了他的这个重要发现："这个中心化的自我并非空乏的同一极（正如任何对象都不会是空乏的极一样），相反，根据先验发生的规律，这个自我会随着每个从它发出的具有新的对象意义的行为而获得一个**新的持恒的特性**，例如，如果我在一个判断行为中第一次对一个存在（Sein）和如在（So-sein）做出决断，那么，这个转眼即逝的行为会消逝，但从现在起，我就是而且始终是那个如此地做出了决断的我，我是那个有了相关信念的自我。"③ 自我所做出的判断或决断行为已经成为过去，但自我因此而拥有的关于存在和如在的信念却沉淀到作为极点的自我之中，并在将来的可能的反复强化中成为"习性"（Habitualität）。

---

① E. Husserl, *Die Bernauer Manuskripte über das Zeitbewusstsein (1917-1918)*, hrsg. von Rudolf Bernet und Dieter Lohmar, Dordrecht/Boston/London: Kluwer Academic Publishers, 2001, S. 278.

② E. Husserl, *Späte Texte über Zeitkonstitution*, S. 201.

③ 译文转引自倪梁康：《"自我"发生的三个阶段：对胡塞尔1920年前后所撰三篇文字的重新解读》，《哲学研究》2009年第11期；又见 E. Husserl, *Cartesianische Meditationen und Pariser Vorträge*, Husserliana, Band 1, hrsg. von S. Strasser, Dordrecht/ Boston/ London: Kluwer Academic Publishers, 1991, S. 100-101. 黑体为原作者所加。

这是一个极为重要的发现：作为行为之效用的信念可以进入自我极并由此逐渐形成自我的习性！

一个认识行为发出又消失；一个认识对象出现又沉入记忆；一个实践行为做出来了，转眼成为过去；一个现实对象现在构造出来了，一段时间之后毁灭了，成了过去。对象不复存在了，可它以某种方式仍留在行为中，例如，我们可以通过记忆再现它，或者通过实践再造它。行为消逝了，它也以某种方式留在其效用里，例如，留在关于存在、勇气、公平和正义、善和美等信念之中，并最终凝结为习性、人格、气质、禀赋和倾向。正如对象完全不同于构造它的行为，效用也与留下它的行为有天壤之别。一次关于存在者的判断不同于存在信念，在战场上冒着枪林弹雨的冲锋不等于拥有了勇敢的品格，对美的事物的欣赏不会立即带来审美趣味的转变——前者属于行为，后者归于效用；前者随时间流逝而不知所终，后者进入自我之中并在不断的累积中改变自我。

我们不禁要问，为什么唯独行为的效用会进入自我之中呢？胡塞尔并没有做出正面的回答，不过我们可以根据胡塞尔的意识哲学来尝试性地解释这一现象。我们把行为看作连接自我和对象的桥梁，在这里，胡塞尔的"射线"是个很好的比喻。行为，在以其肯定、否定、主动、被动、爱或恨等方式构造、遭遇对象的同时，也把这种构造或遭遇的后果传递给自我。不过，并不是所有的后果都是可传递的，事件或经历只能以对象的方式在相关的行为中存在，只有那些脱去了对象性特征而以纯粹主体性的方式存在的后果才能作为行为效用传递给自我，对自我产生影响并在自我中沉淀下来。举例来说，判断中的存在者，以及关于存在者的判断，是无法传递给自我的——因为前者是与自我相对立的对象，而后者正是自我发出的行为，能够传递回来的唯有关于这个存在者的存在信念；再譬如说，在战场上冒着枪林弹雨冲锋陷阵这个事实以及关于这个事实的经验是无法传递的，但作为品格的勇气是可以进入自我的。行为的效用的传递之所以可以无障碍地进行，主要原因在于它与自我完全一致的主体性质。

胡塞尔的理论不仅可以解释行为的效用向自我传递的缘由，甚至通过内时间意识现象学可以清晰地描述效用在自我之中的运行模态，揭示其向非清醒状态沉淀和累积的过程——胡塞尔本人正是这样做的。当行为把自身的效用传递给自我时，自我对它的把握是最清晰的，可是，如同原印象在滞留中不断地失实一样，自我对行为的效用的把握也会越来越模糊，最终消散进虚无。对效用来说，虚无是一种极限状态，在这种状态中，行为的效用"不再起作用但仍被意识到，仍在把握之中"[1]。虽然效用变成了一种无效用，但正如胡塞尔所说的那样，这并不意味着，效用在自我中已经被完完全全抹去，它对自我的影响可以用零来指示。自我仍以某种方式拥有这种效用。胡塞尔通过一个假设告诉我们，在我们清醒的行为之下的是一个被遮蔽的王国，是一片沉淀下来的虽然不再清醒但仍处于意识之中的领地，它是清醒行为的基础并贯穿其中——"设若这种保持、这种作为意向变样而或多或少远去的或被遮蔽的存在得到澄清，那么，我们在其中便会有一种沉淀，这种沉淀穿过整个清醒状态，当然（也）穿过整个清醒状态的综合系统"[2]。

既然行为的效用完全是自我性的，那么，根据自我相对于对象、身体和世界所具有的绝然性特征，我们可以做出这样一个合理的推论：像自我一样，这些效用在自我与身体和世界分离之后依然存在，只不过换了一种存在方式。胡塞尔对此有过明确的论述："只有当身体有机地存活着，一个人才存在；可是，我并不是我的身体，每一个人都是这样。我在身体中起作用。如果身体瓦解，我就不可能起作用

---

[1] E. Husserl, *Späte Texte über Zeitkonstitution (1929-1934)*: Die C-Manuskripte, S. 313.

[2] E. Husserl, *Späte Texte über Zeitkonstitution (1929-1934)*: Die C-Manuskripte, S. 376. 括号内的文字为引者所加。

了，对任何从这种可理解的起作用出发把我看作共在者的人来说，我都不存在了。没有了身体，我就不可能对世界上的事物产生作用，也不可能进行告知、言说或书写等等；可是，**我越过了身体的界限……**也许……我的人的习性、我的信念、效用，其中也包括对我有效的世界本身……都被锁闭在我之内，无法被激活，以便进一步进入世界的活动中。"① 显然，在身体的界限之外，在世界的活动之先，不仅自我存在，而且属我的效用也存在，只不过其存在方式是潜在的、锁闭性的，或者说，是尚未激活的沉淀物。

这种沉淀物就是自我的习性、人格、禀赋或倾向，它们组成灵魂的延展着的"本体"（Substanz）②。它们本身既不是行为，也不是体验，而是**将来**可以通过行为或体验"显现出来"的东西。③ 在未来的自身显现过程中，它们在一定阶段上总是保持着自身的同一性，展现着某种类似于在物理对象的不可入性意义上的坚固性以及坚持自身特质的持守性。正是在这种意义上我们可以说，这就是心灵的"广延"——我们似乎看到，这些与行为相关但本身不是行为的东西在自我中沉淀"堆积"起来，形成了有"广度""深度"和"厚度"并延展着的存在。

## 二

在确定了自我的广延性之后，我们想在此基础上提出一个新的问题：这种广延究竟是什么？据笔者的有限阅读，胡塞尔既没有正面地

---

① E. Husserl, *Späte Texte über Zeitkonstitution (1929-1934): Die C-Manuskripte*, S. 442-443.
② 胡塞尔曾明确地指出："灵魂的'本体'（Substanz）的本质形式是人格。"（E. Husserl, *Zur Phänomenologie der Intersubjektivität*, dritter Teil, Husserliana, Band 15, hrsg. von I. Kern, Haag: Martinus Nijhoff, 1973, S. 342）
③ 正是由于它的将来维度，有学者与胡塞尔一起把习性归结为"潜能性"或"可能性"的一种。参见 Werner Bergmann & Gisbert Hoffmann, „Habitualität als Potentialität: Zur Konkretisierung des Ich bei Husserl", in *Husserl Studies*, 1984 (1), S. 298。

提出这一问题，也没有做出即使是间接的回答。下面我打算依据胡塞尔的思路，提出一个可能的解决方案。

我们知道，胡塞尔晚年分别从自我和质素出发，通过"现象学的考古学"方法，回溯地建立起"原自我"和"原非我"这两个概念并得出一个重要的结论，即原自我既主动地触发原非我，又被动地受到原非我的触发，但它们并非两个截然不同且相互分离的存在者，而是一物之两面，它们只有在抽象的反思中才能被区分开来。①

这样建立起来的自我的原初模式有一个明显的缺陷，它无法解释原自我在同原非我触发和被触发的过程中所构造的作为自我的主观成就的意向对象为什么能够切中体验并获得客观性。我们知道，这两个"我"尽管不是两个实体，但毕竟分属触发或被触发行为的两侧，如果它们之间没有一个统一的基础，它们所构造的对象要么偏向主观，要么偏向客观，表现在哲学上就是唯心主义或唯物主义。

其实，这种模式还有一个缺陷。用意向性结构来描述原自我和原非我的触发性关系，我们会发现，作为原素的原非我进入到体验流之中，而身为极点的原自我则带着自己的兴趣开始其构造活动，但自我的广延性却没有发挥任何特殊的作用。在意向性结构中，自我的广延似乎没有任何位置。

原自我的广延部分在"原活当下"的构造过程中有没有起到作用呢？如果有，那么这是一种什么样的作用呢？让我们利用意向性结构先行做出一个猜测。我们知道，一般而言，意向性结构分为三个部分，包含实项材料和意识行为与自身的意向活动、具有确然性的超越的意向对象以及具有绝然性的超越的自我。在"原活当下"还未被构造出来之前，原自我扮演了构造后的超越性自我的角色，原非我处于实项

---

① 关于这一问题的详细论述，可参见拙文：《宛如"呼吸、睡眠中的呼吸"——胡塞尔对 Hyle 之谜的时间现象学阐释》，《江苏行政学院学报》2010 年第 3 期，第 30—35 页。

材料的地位，这时意向对象还未出现，能不能就此做出大胆的设定，自我的广延这时恰恰以意向对象的身份出现？我们能不能由此推断，自我的广延就是原对象？让我们重温一下前文所引的胡塞尔关于自我的广延性的论述：

> 在意识体验的持续的流动中，自我"持守"为在它之中所进行的体验的同一者并作为这种持守者获得了相对持存的特征，这些特征不是体验，而是在体验中"显现出来"的东西。

从意向结构来看，在体验中呈现出来的东西只有两种：自我和对象。自我作为原自我始终维持着它的"持守"活动，在这种活动中，广延作为"持守的特性"通过体验而自身显现。因此，我们可以肯定，广延正是意向结构中的原对象。

有人可能会反驳说：自我的广延作为沉淀物本身就是自我的组成部分，把这个组成部分当作自我的第一个对象，这难道不是一种自身循环？这确实是一种自身内的循环，一种费希特意义上的"自我设定自身"的循环，可是，若没有这种循环，会出现两个非常严重的后果，即，原自我和原非我的统一性以及意识的一个核心特征——自身意识——都是无法建立起来的。下面让我们来具体考察一下。

原自我首先分裂为作为极点的自我和作为"对象"的自我①，前者意识到后者并把后者当作属己的对象收入眼帘。这时，触发性的原素流入进来，充实了后者，在三者的共同作用下，首先是形式对象，接着是含有实事内容的对象被构造出来。于是，原自我清醒过来，成为自我，它朝向的是它刚刚构造出来的对象，而此前的原对象退到对象

---

① 当然，正如胡塞尔已经强调过的那样，自我的广延性并不是通常意义上的对象，就是说，它既不具有时间和空间上的定位，也不是观念意义上的存在，它仅仅具有延展性和持守的自身一致性。

的背后，成为一同被意识到的背景。这种作为背景的非对象性的被意识到，正是胡塞尔所谓的自身意识。

这是原自我的自身循环的一个积极的结果。我们再来看看它是如何导致原自我和原非我的统一性的。如果像胡塞尔所认为的那样，原自我和原非我并不是两物，而是一物之两面，那么，这"一物"是什么？看来它非作为广延的原对象莫属，只有它同时与其"两面"发生关系。我们看到：一方面，它发自自我，是自我的各种行为和"射线"以效用形式发生的沉淀；另一方面，它直接关联到事物或对象，事物或对象自身的杂多性、历史性、阻抗程度等也作为一个重要因素影响着自我的决定和取舍并因此参与到效用的形成之中，而且，在随后出现的新的构造活动中，这种作为效用已经沉淀下来的广延也决定和取舍着原素参与触发和充实的可能性和程度。正是由于它一身兼两任，才使得原自我和原非我不至于蕴含二元论之忧。

## 三

带着这样的理论结论，让我们来考察一桩关于"寂静意识"的公案。这是耿宁在《中国哲学向胡塞尔现象学之三问》一文中讨论阳明学派的道德意识时所提出来并试图在胡塞尔现象学的框架内加以解决的难题。

根据耿宁的理解[①]，王阳明的弟子们曾在道德意识的意向性本质上进行过一场大论战。以钱德洪为代表的一派认为，意识（知）必定有其对象，"人情事物"正是这样的对象，脱离了对这些对象的"感应"，意识（知）本身便不存在了。这一派在道德实践上主张，我们只有在

---

① 参见耿宁：《心的现象——耿宁心性现象学研究文集》（以下简称《心的现象》），倪梁康等译，商务印书馆2012年版，第466—467页。

行为中通过意志弘扬善的意向、拒绝恶的意向才能达到自发行善的结果，这是一条漫长的道路，需要艰苦的努力。以聂豹和罗洪先为代表的另一派则反对这种通过意志努力践行道德意识的路径，他们认为这种做法是人为的而不是一种自然而然的行为。他们提出了一条新的思路，不再对每一个"人情事物"进行褒贬，然后做出去恶扬善的道德抉择，而是走到意向的"发用"之前，走到一切道德事件成为对象之前，直接面向心灵或精神的寂静本体。他们相信，当人"沉浸"在对寂静本体的冥想之中后，便既不需要区分道德上的善恶，也不需要特别的意志上的努力，他的所作所为、他的意向"发用"会自发地且清晰地符合善的要求。

耿宁利用胡塞尔的意向性理论对这种"寂静意识"做了深入的分析，其思路大致如下[①]：寂静意识是不是胡塞尔所谓的"空洞的视域意向性"呢？初看起来似乎是的。寂静的、冥思的意识是对主体潜能的意识，这一意识当然是空乏无物的。在这个意义上，我们可以说，这种意识就是胡塞尔的"空洞的视域意向性"。可是问题在于，这一意识仍然必须与冥思者当时的"直接当下"相关联。如果失去了这种关联，冥思者可能会进入睡眠或做梦之中，在这种状态下他是没有能力通过悬置其梦境而变得清醒起来的。因此，与现实当下的关联对于寂静意识来说是极为重要的，可这样一来，它就不是胡塞尔意义上的视域意识了，因为视域意识总是依附于某个对象，作为某个对象的背景意识而存在，我们当然不可能把寂静意识看作是"直接当下"的背景意识。

有没有可能将寂静意识理解为胡塞尔在反思儿童意识发生时所提出的"原开端的视域"或"原视域"呢？这种视域是意向敞开之前的潜在状态，是意向对象得以构成的基础，寂静意识朝向的是这样一种状态吗？根据王阳明的一位弟子欧阳德的理解，寂静意识无须五官和

---

① 参见耿宁：《心的现象》，倪梁康等译，第469—471页。

理智的作用，它"虚融澹泊"地专注于一个尚未分化的"东西"。显然，胡塞尔的"原视域"中虽然没有对象，但对象已经隐含在意向之中并即将从中构造而出，且将为儿童所感知；而欧阳德的寂静意识"是一种并不朝向某个从万物中分化出来的对象的精神状态"①，就是说，这种意识不以对象的出现为目的，即使对象是一种潜在的可能性。因此，这两种意识状态是完全不同的。经过细腻的比较和分析之后，耿宁最后得出结论："意向性的概念难以应用到这一'清晰的意识'上。"②

耿宁的结论是否定性的。可是，如果道德意识仍然是意识的一种形式，那么意向性就必然是它的结构。现在我们不妨从作为自我之广延的原对象的视角出发来探讨意向性概念在寂静意识上的应用的可能性。

我们设定，寂静意识是朝向原对象的意识。当然，原对象不是现实的对象，而是属我的、具有同一性和持守性的、类似于广延的东西，换言之，它就是沉淀下来的信念、人格、禀赋和倾向。因此，寂静意识对原对象的注视不是对自身之外的某物的注视，而是自我对自身的注视。这样的设定是否可行？这种自我注视如何操作？它在日常的对象意识的进行中有无源头？耿宁曾经中肯地指出："如果能够追溯这种寂静意识的出现到其日常意向的对象意识中的起源，可能可以继续一种现象学的分析。因为冥思的意识并不是从天上掉下来的，而是艰难努力和渐进过程的结果。"③

我们知道，胡塞尔的现象学悬置方法并不是凭空而来的，其源头在我们的自然态度中。寂静意识也是如此。在日常意向中，我们不仅可以轻易地从对对象的意识转向对与其相关的行为的意识，例如，从

---

① 耿宁：《心的现象》，倪梁康等译，第471页。
② 耿宁：《心的现象》，倪梁康等译，第471页。
③ 耿宁：《心的现象》，倪梁康等译，第471页。

感知的对象转向对对象的感知分析，从所爱的人转向对这种爱的肯定或怀疑，从一个美的事物转向对该事物的审美描述，等等；我们还可以把目光从每次的行为转向该次行为的效用，例如，从感知分析转向对存在的惊奇，从对爱的肯定或怀疑转向对爱的喜悦或绝望，从审美描述转向审美愉悦，等等。

现在，让我们更进一步——当然这需要一点"艰难努力"，摆脱自然态度，把我们自己置身于超越论的还原之中，将目光聚焦在沉淀下来的作为总体的行为效用上，这时会发生什么呢？

我们首先会发现，曾经如此熟悉的对象感消失了。在我们的目光转向每一次的行为及其效用时，行为和效用成了对象，尽管这是与该行为或效用所关涉的对象完全不同的对象，但我毕竟可以在一种"我思故我在"的直接性中把握到它：我感知，我知道我在感知和惊奇；我爱，我知道我在爱，我在喜悦和绝望；我审美，我知道我在审美和愉悦，如此等等。但当我们的目光转向原对象时，由于经过了本质还原和超越论的还原，个别的对象以及与它相应的行为及其所引发的效用都被悬置了，我们处于一种奇特的两难境地。若说此时没有对象，我偏偏可以有"清晰的"意识，信念、人格等的确是真实地存在于我之中的东西；若说有对象，我却无法如面对感性对象那样间接地或如面对自我的各种行为及其每一次的效用那样直接地把握它。

接着我们会发现，这是一种悄无声息的意识，一种不存在任何对话或交流的可能性的意识。如果说对象性意识是一种"喧嚣的"、生机勃勃的意识，那么，在剔除了对象和行为之后，我对处于潜在和锁闭之中的"本体"的意识就是一种寂静的意识，一种"虚融澹泊"的意识。

最后，我们会发现，这种寂静的意识会伴随着强烈的"情绪"——心灵体验。我们知道，原对象本来是等待原素的充实的，可当我们对原素做了悬置并把原对象带入眼帘之后，期待充实的原对象反而充实了另一个"对象"，一个新的"对象"，或者说，一个新的"对象"通过原对象而被自身给予了。这个新的"对象"就是耿宁所甄别的王阳明晚期提出的"良知"①。就像在海德格尔那里,虚无是挂在存在上的帐幔一样,原对象似乎也是"良知"的外衣。在这种"良知"的映照下,在自我中所沉淀下来的信念、人格、禀赋和倾向,其是非善恶暴露无遗,静观的自我会情不自禁地像欧阳德那样产生"喜乐"感;当然也有可能会出现其他情绪,如海德格尔的"畏"、帕斯卡尔的"无聊"、陈子昂的"怆然"等等。

通过上面的讨论,我们可以看出,胡塞尔原来意义上的意向性结构,确如耿宁所言,难以应用到对"寂静意识"的分析之上。不过,在引入原对象概念之后,这种意识所包含的非对象性特征、静谧的体验以及伴随的情绪都得到了说明,这种说明反过来也会促进我们对胡塞尔的意向性结构乃至现象学本身的理解——恰如耿宁所指出的那样:"在现象学面前有一个广阔而至此为止极少得到探索的研究领域,它也许会以一种全新的可能和光明,向我们揭示出人类的意识、人类的精神。"②

---

① 按耿宁的理解,王阳明晚期的"良知"概念"从根本上说不是意念,也不是意念的一种特殊的形式,而是在每个意念中的内在的意识,包括对善与恶的意念的意识,是自己对自己的追求和行为的道德上的善和恶的直接的'知'或'良心'"(耿宁:《心的现象》,倪梁康等译,第182页)。

② 耿宁:《心的现象》,倪梁康等译,第471—472页。

# 来自域外的中国哲学

## ——耿宁《心的现象》的方法论启示

陈少明

（中山大学哲学系）

本文是关于《心的现象——耿宁心性现象学研究文集》（以下简称《心的现象》）的读书报告，思考的焦点集中在它的方法论上。该书作者耿宁教授既是现象学名家，也堪称卓越的汉学家。文集所包括的对中西哲学的分别讨论及相互比较的不同篇章，足证他的这种双重身份。其中，西方哲学集中于现象学哲学，而对中国哲学则专注于儒家心学，当然也包括汉籍中的佛教唯识学。编者倪梁康教授用"心性现象学研究"作副题界定该书主题，堪称圆融。① 而以方法而非观点作为评论的重点，这种选择包含着本文作者对哲学的一种理解。一种哲学是否有价值，不一定在于一般认识意义上的对与错，而在于对论题意义揭示的深与浅。哲学上，同样的立场或目标，因方法的不同，或方法应用的娴熟程度不一样，必然呈现理论品质的差别。虽然不必把哲学归结为方法论，但在哲学的变革与发展中，方法论往往是中心问题。而耿

---

① 耿宁：《心的现象——耿宁心性现象学研究文集》，倪梁康等译，商务印书馆2012年版。以下提及该书论文时，不另注出。而引及该书文字时，则直接标示《心的现象》，页码，并注明具体译者。

宁的《心的现象》，最吸引我的地方，就在于他做中国哲学的方法。

## 一、类型

《心的现象》与中国思想或学术有关的篇幅，虽然集中在心学及唯识宗上，但研究类型却称得上多种多样。按学科意义分类，大约包括思想史、学术史、比较哲学与哲学分析四个方面或类型。先介绍其不同类型的作品，目的不是为了呈现耿宁中国思想研究成果的丰富性，而是为展示他的方法论特色做一铺垫。本节先举要分析前三种类型的作品，而把最后的类型留在后面专门探讨。

**思想史**方面主要例证是《利玛窦与佛教的关系》一文。该文主旨是研究利玛窦来华传教时采取"补儒去佛"立场的思想实质。作者从明代佛教在政治文化上的影响力，以及当时佛教界对天主教采取和解的态度的史实出发，质疑关于利玛窦"补儒去佛"的主张是一种基于现实政治实力考量的传教策略的说法。论文详细引述各种文献，从佛、耶两界人士会饮面争的细节到诉诸笔墨官司的论战观点，说明利玛窦对佛教以至宋明理学的敌对立场，完全是基于他对天主绝对性信仰的耶稣会立场。作者力图揭示："利玛窦所代表的是某一种完全特定的欧洲传统，这种传统在理论领域按照人制造物品的模式（并且更多的是从技术制造的角度，如钟表匠制造机械、自动的物品那样）去理解事物与其原因的关系，在伦理—实践领域则以主人和仆人的社会关系为样板。这一传统在利玛窦的那个欧洲或许曾居统治地位。"① 但他反对由此把利玛窦及其同道与佛教的关系理解为**整个**基督教与佛教乃至"中国思想"的关系，并在原则上否认相互理解的可能性，如谢和耐的《中国和基督教》所持的观点。作者还假设："如果那时从欧洲

---

① 《心的现象》，第 123 页，张庆熊译。

来到中国的传教士，是来自新柏拉图神秘主义传统的，如来自圣维克多（Saint Victor）学院的僧侣，或来自埃克哈特、陶勒（Tauler）及库萨的尼古拉（Nicolaus Cusanus）圈内的人士，他们所代表的基督教及其与佛教的关系也许会呈现出另一种与此很不相同的样子，尽管这也不是没有争议的。"① 该文虽然涉及不同观念之间的关系问题，但其重点不在于观念或理论的深度，而是通过观察特定历史情势下人物的思想动向，分析观念之间的遭遇及其后果，因此是一种典型的思想史论述。这篇论文虽然在这本哲学色彩浓厚的文集中显得有点例外，但透过它的倾向，传达出耿宁在当代世界对致力于沟通西方哲学、中国心学与佛教唯识学的事业所怀有的深刻的历史感。

**学术史方面**类似于中国学术中时下流行的魏晋玄学或宋明理学研究，以梳理人物与学派、概念与体系、传承与流变等关系为主要任务。例如，谈玄学的《王弼对儒家政治和伦理的道家式奠基》，论佛学的《试论玄奘唯识学的意识与结构》，以及讲心学的《论王阳明"良知"概念的演变及其双义性》《王阳明及其弟子关于"良知"与"见闻之知"的关系的讨论》等论文，均可归入这一范畴。这类论文的问题意识基本上来自研究对象传统内部，同时，其分析的线索紧贴着传统观念演变的脉络。如上述这两篇关于"良知"的论文，论题均从阳明本人的表述，以及阳明与弟子之间的论辩引出。同时，作者阐述过程中使用的基本词汇，也多系经典术语。在《论王阳明"良知"概念的演变及其双义性》一文中，作者据阳明自述而提出的问题是："有关的哲学史家迄今尚未做出足够的解释，在什么意义上王阳明在 1519 年至 1521 年之前使用了'良知'和'致良知'这两个术语，以及为何他能说，他只是在后来（约 1520 年前后）才为他的观点找到了确切的术语

---

① 《心的现象》，第 124 页，张庆熊译。

'良知',尽管他显然在此之前早就熟知并使用它。"① 论文通过分析最终表明,良知概念包括原有的"向善的秉性"与新增的"直接的道德意识",即内在于意念中能识善恶的双重意义。而《在王阳明及其弟子关于"良知"与"见闻之知"的关系的讨论》一文,则通过把"见闻之知"划分为"事实性知识"与"通知问学而来的道德知识"两个层次,表明阳明对两种关系的看法有所区别,对后者较为重视。并随后导向对"良知"具有"自知"与"独知"的意识特征的理解。这类作品,连同前面提及的思想史论述,在解读经典、理解文本上,非常能体现作者作为汉学家精湛的专业素养。但同样值得注意的是,这类作品并没有体现作者同时也是西方哲学家这种身份"应有的"言述风格,即是说没有明确带入西方哲学的话题,或者有意把自身的西方哲学背景意识淡化掉,虽然其论题实际是具有普遍意义的哲学问题。换句话说,在这类研究中,耿宁同中国学者的学术竞争,不是依靠专业哲学家的优势,而是靠对中国经典文化的学养。他的具体论断或许是有争议的,然论述肯定是规范且高水准的。

**比较哲学方面**即在不同文化传统之间的哲学比较工作。它可在双边或多边进行,如中西哲学比较或中西印哲学比较。这种比较的目的,既可以是不同哲学观念的互相理解,也可以是不同精神文化的互相评介。文集中的《从现象学的角度看唯识三世(现在、过去、未来)》和《从"自知"的概念来了解王阳明的良知说》是这方面的代表作。以后者为例,作者认为,要有效阐释阳明"良知"概念的含义,需要一个条件,那就是:"如果我所运用的这种范畴能使王阳明关于良知的论述形成一个有意义和有系统的理论,这种阐述才可能是适合的。"②他从现象学与唯识学出发,把"自知"界定为"每一个心理活动都具

---

① 《心的现象》,第168页,孙和平译。
② 《心的现象》,第126页,耿宁中文稿。

有的成分,是所有意识作用的共同特征,即每个意识作用都同时知道自己。"① 在此基础上,列举古代印度哲学中关于这个问题的三种不同看法,通过对比表明,"良知"包含有"自知"的含义。论文接着分析,表明良知不仅是一般的自知,还是意志的自知,而且是能对意志加以价值判断的自知。由此而解释,为什么良知这个无善无恶的心之体,会成为道德判断的基础,而道德践履的过程也就是致良知的行为。这种论述非常清晰地把作者所理解的良知的含义传达给读者。耿宁的比较哲学,跟那种格义式的比较很不一样。格义式的比较有一个基本套式,就是中国的 X 相当(或类似)于西方的 Y。这种思路有意无意把中国哲学作为西方哲学普遍性的一种例证。耿宁的读者首先是西方人,把中国哲学介绍给他们时不可避免地需要西方哲学作为理解的概念工具。但他的工具不限于西学,东方的唯识学也是他的坐标之一。同时,他也努力揭示中国哲学中不同于西方哲学的特质所在。因此,这种比较,不是单向的解释,即不是一边是对象,另一边是方法的那种思考格局,而是冯友兰说过的中西之间的互相阐明。它不仅需要研究者对比较的双边具有深厚的知识素养,同时还依赖于其推动古典哲学现代发展的动机。

这种比较哲学与学术史研究相比,知识功能不同。学术史在传统的脉络中提出与理解问题,但是它的思想功能只有在传统的语境中才能得以较好表现,同现代知识文化的沟通方面则有较大的限制。而比较哲学的意义,则在于把传统观念的意义通过哲学论述的方式,更好的释放出来。它不只是面对西方,同时也是面对当代思想文化。然而,要完整达成这一任务,不只是既成哲学(观念或理论)的相互阐释,而是面对人类共同经验的哲学分析,这正是耿宁更重要的知识使命。

---

① 《心的现象》,第 127 页,耿宁中文稿。

## 二、分析

《心的现象》中有两篇论文,可以看作耿宁对经典中国哲学观念进行哲学分析,并提取出同西方哲学对话的论题的典范。其中一篇是《孟子、亚当·斯密与胡塞尔论同情和良知》,另一篇则是《中国哲学向胡塞尔哲学三问》。《孟子、亚当·斯密与胡塞尔论同情和良知》从整个题目看,自然也可归入比较哲学的范畴。但它与一般比较哲学的不同,不仅在于它突破格义式的比较框架,寻求对双边或多边观点的相互阐释,达到对各自问题的清晰理解,就如作者在《从"自知"的概念来了解王阳明的良知说》等论文中所做的那样,更重要的还在于对问题的性质与价值进行一种哲学意义的分析,包括对经典论点的检讨与重新论证。其方法不是停留在观点与观点或理论与理论之间的对比,而且要通过经验的反思来验证。

《孟子、亚当·斯密与胡塞尔论同情和良知》是从孟子的视角讨论问题的。"乍见孺子将入于井"及"以羊易牛"是孟子用以说明人皆有恻隐之心的例子,也是吸引耿宁反思道德情感性质的题材。他说:"令人惊叹的是,两千年后在一个全然不同的文化之中,孟子上述所引同情心的例子也为我们当下所理喻,它们依然言之有理。看来孟子道出的乃是某种普遍人性的东西。"[①] 作者的问题是,这样一种同情如何在现象学上得到厘清?具体点说,以恻隐(或同情心)为代表,包括感激、尊重、诚实等道德情绪的萌芽,在什么意义上具有道德的性质,是作者力图揭示的内容。答案包括:"第一,这些感情的意向性特征即是不仅指向某人自己的处境,……而且也对**他人**或**生灵**的处境拥有一意向性。""第二,这些意向地指向他人处境的感情,渴望着为那个处境之中的**他人**或生灵而**行动**,而且只有在这些行动之中才能得到实现。"[②]

---

① 《心的现象》,第419页,陈立胜译。
② 《心的现象》,第420页,陈立胜译。

在西方经验论传统中，休谟、亚当·斯密皆把同情心解释为对他人处境的体验。耿宁认为这种理论无法解释孟子恻隐之心的性质。为了深化这一讨论，作者对一个自身见闻做了详细的分析：一个母亲（作者的姐姐）看到自己的孩子在做危险的游戏（滑雪）时的复杂情绪。一方面，孩子的行为让目睹其情形的母亲感觉到危险；另一方面，孩子本身不但没有意识到危险，而且还体验着这种刺激性运动的快乐。于是，母亲便陷入在惊骇中看着儿子开心运动的境地。这事实表明，母亲对孩子处境的担心与关切，并非是体验到孩子的心情的结果。紧接着，作者又列举一个想象的和一个亲身体会的例子，以加强其论证的力量。想象的例子是，当我们见到有人要跳井或跳楼自杀的时候，会产生害怕及制止这种悲剧的愿望，但我们并未能体会及赞同对象内心的厌世感。亲历的例子是，作者在其刚去世的父亲尸体被置于低温的房子中时，为他的寒冷担心，忍不住想去帮他盖好被子。其实，这种担心并未进入父亲的"感觉"世界。这几个例子表明，同情别人，并不是因为我们经验到被同情者的内心活动，更不是我们也感受到威胁。以"乍见孺子将入于井"为例："我们这样担惊受怕，不是因为这个处境被体验为对我们是危险的，而是因为它是对**另外一个人**而言是危险的，我们是为他者担惊受怕，我们倾向于做某事不是为了自己，而是针对**那对另外一个人**而言的危险处境。"[①] 由此，耿宁将其分析运用至对胡塞尔关于同情的现象学观点的澄清与评价上，认为"当胡塞尔在其同感现象学中谈到对他者立场的当下化理解时，他并未把这种理解本身赋予任何道德特征。跟他者保持良善的伦理关系的正当动力，依然是孟子**同情参与**他者处境意义上的'德性之萌芽'，尽管这些为他人行动的直接情绪与倾向本身并不足以成为德性；它们尚需对

---

① 《心的现象》，第423页，陈立胜译。

他者体验的**同感理解**来成全才能成为德性"①。

接下来,作者把问题转向对亚当·斯密基于"同情"的道德评价理论上来。在耿宁看来,斯密《道德情操论》中的同情理论包括三个层次:进入他人的情感世界,同他人的情感动机做比较而获得(赞同或否定的)态度,以及对这种态度的公正评价。斯密把道德判断的对象首先指向他人而非自身。这一理论的动机是为了反驳并取代道德源于道德感的假设,但它在说理上并没有达成自己的目标。对此,耿宁的立场是:"道德的自我—赞同与责备在原则上要比对他人道德的赞同与责备拥有优先性。"他主张用"良知"取代道德感,作为道德判断的根本依据,因为良知的作用首先是对自身意念与行为的道德意识。其最终的解决方案,灵感来自王阳明:"意与良知当分别明白。凡应物起念处,皆谓之意。意则有是有非,能知得意之是与非者,则谓之良知。依得良知,即无有不是矣。""凡意念之发,吾心之良知无有不自知者。其善欤,惟吾心之良知自知之;其不善欤,亦惟吾心之良知自知之;是皆无所与于他人者也。"②

把这篇论文划归比较哲学的范畴也没有错,甚至可以说,就是一篇以现象学的视角比较中西哲学中的道德情感与道德意识的论文。但是,必须注意,耿宁并非以某种现象学理论或观点来裁决被比较的对象,相反,胡塞尔的说法在这里同样是被批评检讨的观点而已。所谓现象学视角,就是"面对事情本身",面对我们的基本道德经验。不论孟子的"乍见孺子将入于井",还是耿宁提供的想象的或亲历的例子,其可理解性均系贯穿古今与中外的。对这些经验的深入分析,才是对孟子、王阳明,或胡塞尔、亚当·斯密等不同观点评价、取舍的基础。因此,它不只是比较哲学,还是哲学分析,是对中国经典哲学的推动研究。在此基

---

① 《心的现象》,第429页,陈立胜译。
② 参见《心的现象》,第443页,中译者陈立胜对耿宁所引阳明语录的注释。阳明原文分别见《王阳明全集》,上海古籍出版社1992年版,第217、917页。

础上发展的中国哲学,才有更好同西方哲学"对话"机会。

《中国哲学向胡塞尔三问》是耿宁从中国哲学出发,同现象学"对话"的举措。他的"**第一个**问题关系到为其他的人和动物的某种同感(Mitgefühl)(同情 sympathy 或感受 feeling),它对于这些十六世纪的中国哲学家来说非常重要。**第二个**问题关系到道德良知与一个人对自己的意向行为或意向体验的直接意识之间的关系。**第三个**问题关系到冥思的、寂静的意识的意向性"①。其中,第一个问题的论述基本来自《孟子、亚当·斯密与胡塞尔论同情和良知》中的第一部分,可以略过。而第三个问题则涉及宋明理学静坐的工夫论,对于缺乏这种实践者,难以谈论相关的经验,不便讨论。因此,分析第二个问题的论述,可以加深我们对其"对话"方法的理解。

问题的原始形态,是一个人是否有能力知道自己心中潜藏着的不良倾向。阳明的回答是良知具有这种能力。他从意向与良知的区分入手:"意与良知当分别明白。凡应物起念处,皆谓之意。意则有是有非,能知得意之是与非者,则谓之良知。依得良知,即无有不是矣。"良知的这种能力也称"独知":"所谓人所不知而己独知者,此正是吾心良知处。"如果把良知理解为"道德意识"的话,与之相对照,"胡塞尔并未赋予对这种意向行为的原意识以任何道德内涵;它是一种意识(Bewusstsein, consciousness),但不是道德意识(Gewissen, moral conscience)。在意识与道德意识之间的区别是什么呢?"②耿宁认为,如果生活意向是整体性的追求,那么对它的意识就不可能是道德中立的,而是包含有对是非好坏的评价或追求的道德含义。对此,他在做学术报告时现身说法:"在这篇演讲中,向你们报告中国哲学中的一些问题,并且通过求助于胡塞尔的现象学而使得这些问题更容易理解

---

① 《心的现象》,第 447 页,李峻译。
② 《心的现象》,第 463 页,李峻译。

一些。如果我的这种个别意向行为的具体关联被考虑进来的话，道德意识在此就不再是多余的了。因为在做这个演说之时，我在我的道德意识中知道，我是否在我的陈述中诚实而真切地面对你们，我是在说某种我有所洞见的东西，还是在提出一个空洞的、无凭无据的说法。对这种道德意识的追随，甚至可能就是最重要的哲学'方法'。"①对此，他进一步引申："道德意识作为对于自身意向的伦理性质的直接意识，它能够被理解为一种对自己在一个具体的实践处境中的意图和行动与自己对他者的基本倾向和感受——后者构成了孟子'良知'（ursprünglichen Wissens）的概念——之间的一致或不一致的直接意识么？如果是的话，道德意识或良知就是人在其感受、追求和意愿中是否与其自身相一致的意识。"②

这种"对话"，显示耿宁对中国哲学理解的深度，以及它力图从中挖掘滋养现象学发展的资源的宏愿。但其前提是作者通过哲学分析的方式，建立起对这些中国哲学"问题"的明晰且有思想力量的理解。其实，我们不妨把它看作：一个现象学家从中国哲学中找到自己的"谈伴"后，慢慢为中国哲学所熏陶而在自己身上产生思想的张力。在这一张力的驱动下，自己同自己对话，便成为有活力的哲学行为。这就是做哲学，而非普通的哲学史或者比较哲学研究。

## 三、启示

本来，理解耿宁中国哲学成就的更重要的成果，应该是他的《人生第一等事——王阳明及其后学论"致良知"》③。不过，作为文集，

---

① 《心的现象》，第464—465页，李峻译。
② 《心的现象》，第465页，李峻译。
③ 耿宁：《人生第一等事——王阳明及其后学论"致良知"》（以下简称《人生第一等事》），倪梁康译，商务印书馆2014年版。笔者写作此文时，此书尚未出版。

《心的现象》虽然看起来有些松散，但其中中国哲学部分所聚焦的良知论题，成果同样也体现在《人生第一等事》中，同时，文集又保留作者不同时期对问题探讨的学术轨迹，自有它的优点。而对这篇读书报告而言，恰好因为这种松散，才有机会将耿宁的不同篇章进行对比分析。把其作品归为思想史、学术史、比较哲学与哲学分析，目的也不是要展示其学识广博，而是以他的作品为例，方便说明相关学科或学术传统中某些不同的方法论特征及知识功能，从而更好阐明他的最重要的学术贡献的方法论性质。因为它对今天的中国哲学研究有重要的启示。在《人生第一等事》的自序中，耿宁说：

> 就对这个宽泛的心灵传统的一种更好的理解来看，本来是在欧洲哲学中活动的我，不仅自三十年来就试图对这种中国的心哲学（精神哲学）有所把握，而且也竭力使现象学的思维接近中国的哲学朋友们。这里的关键并不在于个别的、始终也是偶然的语词和概念，而是更多在于对本己意识（体验）的反思这种特殊的提问方式，在于一种对本己经验的坚定反思兴趣，以及在于一种对这些经验之结构的审慎描述。但最终的目标并不在于，将中国的［本真］心的学习［心学］转变为现象学的理论，而是在于，使现象学的明见服务于对［本真］心的学习。因为，中国的心学是随同它的心灵修习及它的伦理实践而一同起落的。我相信，哲学中的所有理论研究，只要它们不应失去其本原的动机并且不应变得无足轻重，就最终都必须服务于伦理实践，或者，——如当代现象学的创始人埃德蒙德·胡塞尔所写到的那样——认识理性是实践理性的功能。这样一种对中国的心（意识）传统的现象学澄清也会给在西方传统中进行哲学活动的我们带来巨大收益。因为，一方面它可以为我们开启在另一种文化中的邻人的重要精神经验，今天他们越来越频繁、越来越紧凑地与我们相遇，另一方

面它会在与他们的哲学思想家的对话中使我们回忆起我们自己的、源自苏格拉底的哲学活动的原初问题：我们作为人如何能够过一种伦理上好的生活。这也可以成为对所有那些在今日西方学院哲学中就此问题变得完全无能为力的状况的一种矫正。①

绎述这段自述的意思可知，作者不是以汉学家自居而是以哲学家的身份从事中国心学的探讨的，所以其学术追求不是思想史、不是学术史或者哲学史，而是对经典思想的哲学分析。这种哲学分析是基于现象学立场的特定方法，即"关键并不在于个别的、始终也是偶然的语词和概念，而是更多在于对本己意识（体验）的反思这种特殊的提问方式，在于一种对本己经验的坚定反思兴趣，以及在于一种对这些经验之结构的审慎描述"。就如我们在上一节对两篇论文的分析所展示的，实质是在"做哲学"，而非绎读哲学文献，更不是现代格义。没有掌握运用好这种方法的话，谈现象学与中国哲学的关系，也会蜕变为新的格义之学。而作者的哲学目标则是双重的：一方面是更清晰地展示古典心学的思想意义，另一方面则是为西方提供可资借鉴的中国文化的精神经验。

就中国哲学而言，有两个问题值得加以强调。其一，传统观念为什么需要哲学的表达方式？其二，现象学对中国哲学研究的启发性表现在哪里？

关于第一点，质疑主张哲学表达方式的人会提出，以学术史的方式，在传统的脉络中讨论古典的观念及其传承，可以保持对传统的完整理解，是保守传统更有意义的研究工作，西化或现代化的方式则是多余的。然而，经典思想原本并非以学术为目标，而是以促进人生与社会的向善为宗旨。学术史的方式，更贴近传统的追求，但他可能把这种学问固定在少数专业学者能够交流的圈子中。不仅无法在传统意

---

① 引文来自倪梁康教授翻译的耿宁《人生第一等事》中文稿。

义上影响公众，也难以更有力地影响其他现代知识领域，首先是哲学领域。依耿宁的观点，用哲学的方式进行分析，不仅"会让我们这些异乡人，但也让他们的那些越来越多带着科学要求来思考的同时代人，更好地理解那个传统的经验。即使是今天受过教育的中国人也很难找到通向那些学说的进路，而且为了理解，不仅需要一种特殊的语言和精神史的训练，而且也需要心灵的筹备与练习。但只有一种通过对作为这些学说之基础的经验的严谨现象学描述来进行的澄清，才能将我们今日之人带到这个精神传统的近旁，并使它对我们重新具有活力"①。

关于第二点，则与现象学以意识的分析见长，而心学或者说关于精神的学问居中国哲学的主流地位，从而可以在两者之间找到更多契合的地方有关。大量的中国哲学史甚至比较哲学性质的作品，之所以缺乏哲学的魅力，基本原因在于，大部分是在各种哲学概念之间兜圈子，没有表现出对人生经验的洞察力。因此，通过意识经验的反思来理解生活与世界，正是值得学习的重要方法。耿宁在《孟子、亚当·斯密与胡塞尔论同情和良知》，给人印象最深刻的地方，就是在探讨这些观念问题时，把孟子孺子入井、以羊易牛的直观例子，同其他相关的例子（母亲对孩子运动风险的复杂心情，人们对自杀者的恻隐与不理解并存，还有对去世的亲人的身体的不自觉想象等等）一起对比分析，从而反驳同情是同情者对被同情者内在精神的体会的解释，揭示出它是对他人危难处境的关怀的道德性质。方法的关键，就在于对经验的洞察力及相应的结构描述与分析。

扩展相关的分析，我们同样可以进入做哲学的过程。例如，悬置同情的内容是指向被同情者的内心世界还是指向其现实处境不论，对孺子入井的例子，我们还可以进行另外的追问：（1）如果事实上有人对孺子入井的情景无动于衷，那么这一反例构成对孟子论断有效性的

---

① 引文来自倪梁康教授翻译的耿宁《人生第一等事》中文稿。

挑战吗？分析下去，便涉及对逻辑的必然性、经验的普遍性及价值的规范性的辨析问题。（2）我们能够找到一个比这个例子更能表明善的普遍性的证据吗？答案不论为何，追问下去，便会提出善的意向的普遍性是否是有条件性的问题。用同样的分析，我们还可以探讨耿宁没有解决的问题。例如他说："孟子并未为我们在不尊敬或不正当地对待他人时所具有的羞耻感提供任何例证。"但是，如果我们把孺子入井与以羊易牛作对比，就会发现解答问题的线索。虽然两者都是不忍或恻隐之心的展示，但两种情节的结构不一样。关键是危机的根源不同，孺子入井的危机不是不忍者造成的，而牛的牺牲恰好与不忍者齐宣王有连带关系。齐宣王因不忍而改错，便意味着其悔悟中包含着停止错误行为的决定，根源就是有羞耻意识。因此，不忍可由求仁导向守义，仁义在儒学中是一内在的观念结构。①

耿宁的哲学素养，值得我们重视的不是拥有丰富的概念与理论，而是从经验出发的分析方法。而经验的内容，也不一定限于意识经验。其他的哲学方法，同样是处理经验的备用工具。关键是面对问题时，选好合适的工具。同时，在使用中提高操作能力。耿宁有他自己的问题意识，《心的现象》中对西方哲学的各种专题讨论，是我们理解他对中国哲学主题的选择的重要参考。有志于推动经典哲学研究的中国学者，自然应有自己的问题意识，这是不言而喻的。

---

① 参见拙作：《仁义之间》，《哲学研究》2012年11月。

# 三分说能够取代四分说吗？
## ——耿宁唯识学研究的献疑

赵精兵
（南京大学哲学系）
王恒
（南京大学哲学系）

对于瑞士现象学家、汉学家耿宁（Iso Kern），现象学界和中国哲学界的人绝对不会陌生。他对胡塞尔现象学文献的整理和研究成就斐然，对于胡塞尔与康德和新康德主义之关系的考察也可以说是开创性的。更难能可贵的是他对于中国哲学，尤其是阳明学情有独钟，这体现在其"生命之作"《人生第一等事——王阳明及其后学论"致良知"》中。而其《心的现象——耿宁心性现象学研究文集》内容涉及胡塞尔现象学、唯识学和阳明学等方面，给我们提供了一个具体而微地了解其学术成就的途径。[①] 本文将集中讨论耿宁对胡塞尔意识哲学和

---

① Iso Kern, *Husserl und Kant. Eine Untersuchung über Husserls Verhältnis zu Kant und zum Neukantianismus*, Martinus Nijhoff. Den Haag. 1964; *Das Wichtigste im Leben-Wang Yangming (1472-1529 ) und seine Nachfolger über die „Verwirklichung des ursprünglichen Wissens"*, Basel: Schwabe Verlag, 2010. 耿宁：《心的现象——耿宁心性现象学研究文集》（以下简称《心的现象》），倪梁康等译，商务印书馆 2012 版。

玄奘唯识学的比较研究,这有两个原因:首先,他在理解良知时参照了自证分①,即原意识概念;其次,国内学界似乎对他的唯识学研究成果不甚重视。本文的讨论分成两个部分,第一部分简要地概括了耿宁唯识学与现象学比较研究的结论;第二部分尝试指出其结论中可能存在的问题,从而需要对其结论做出必要的限定。

## 一、耿宁唯识学研究的两个重要结论

胡塞尔现象学和玄奘唯识学无疑都是对意识或心识的卓越研究。耿宁对这两种理论的比较不仅有助于我们理解胡塞尔现象学,也为我们理解唯识学提供了有益的参考。② 耿宁认为:唯识学三分说与现象学的意识理论相通,是对意识一般结构的描述,而唯识学关于过去(和未来)之对象的看法是有问题的。

### (一)三分说与意识的一般结构

耿宁指出,印度瑜伽行派的意识理论主要是陈那(Dignāga, 480—540)首先提出的三分说,即意识必然包括三个部分:见分、相分和自证分③。玄奘(600—664)则继承了护法(Dharmapāla, 530—561)提出的四分说,即在三分说的基础上加上证自证分。

先来看三分说。它的前身是二分说,即见分④和相分的理论。但是见相二分的确切含义直到陈那通过对反思性知识的考察提出三分说

---

① 耿宁:《心的现象》,倪梁康等译,第126—133页。
② 耿宁主要在《心的现象》的四篇论文中讨论了玄奘唯识学,《试论玄奘唯识学的意识结构》《从现象学的角度看唯识三世》《玄奘〈成唯识论〉中的客体、客体现象和客体化行为》《特殊的过去之现实》。这些论文虽然时间跨度从1988年到2000年,但其主题却彼此相关。
③ 耿宁:《心的现象》,倪梁康等译,第134—135页。
④ 见分被玄奘理解为"行相"(ākāra)。耿宁敏锐地认为不能把行相理解为一种意识行为,而是必须把它理解为意识中"使客体现象显现出来"的功能。(参见耿宁:《心的现象》,倪梁康等译,第137—138页)

后，才被表达清楚。一个认识为何必须同时具有见分和相分呢？在耿宁看来，陈那的意思是："如果一个认知只有一种形式，即其客体的形式（客体现象）或其自身的形式（客体化行为），那么对前一认知的反思性认知将与前一认知泾渭不同，或者它将不包括前一认知的客体。换句话说，如果每一认知只有一种形式（比如A），那么对先前认知的反思性认知亦将具有同样的认知形式（A），但这将无法与前一认知区分开来；或者反思性认知具有不同的另一种形式（比如B），那么它将不包括前一认知的客体。仅当一个认知（C1）具有双重结构，A1（行为）→O1（客体对象），才能够具有对认知（C1）的反思性认知（C2）。"① 此外，陈那还给出了第二个论证："当我们回忆一个认知，譬如回忆一个感觉时，我们同时在回忆这一感觉的客体以及感觉到这一事实。因此，认知包括认知的客体（客体现象）和认知行为（客体化行为）。"② 这里，认识客体即"相分"，认识行为即"见分"。

那么，认知行为与认知客体如何相关呢？陈那指出："境相与识定相随故，虽俱时起，亦作识缘。因明者说，若此与彼有无相随，虽俱时生而亦得有因果相故。"③ 也就是说，陈那认为客体现象与客体化行为之间的关系是因果关系。④ 此外，陈那还提到另一种理解："或前识相为后识缘，引本识中生似自果功能。"⑤ 护法、玄奘即采取这一进路，详见下文。

关于自证分，陈那认为"对自身的认知是作为（拥有）这两种现象者或是作为自身认知（自身意识，svasamvitti）"⑥。因为"如果自身

---

① 耿宁：《心的现象》，倪梁康等译，第141页。
② 耿宁：《心的现象》，倪梁康等译，第141页。这里耿宁参照了服部正明的理解。
③ 陈那：《观所缘缘论》，转引自耿宁：《心的现象》，倪梁康等译，第265页。
④ 参见耿宁：《心的现象》，倪梁康等译，第264—265页。
⑤ 耿宁：《心的现象》，倪梁康等译，第265页。
⑥ 耿宁：《心的现象》，倪梁康等译，第143页。此处译文很难理解。陈那原文为"其自证分从二相生，谓自相与境相"。（陈那：《集量论略解》，法尊编译，中国社会科学出版社1982年版，第7页）

意识是导向第一次客体化行为的第二个客体化行为，那么就会陷入无穷后退"①。用现象学的话说，自身意识是一种伴随客体化行为和客体现象的当下意识，它本身是非客体化行为。而在《集量论》中，陈那称客体现象为所量（prameya），称客体化行为为能取（grahaka）或能量（pramana），称自身意识为量果（pramanaphala）。②

再来看玄奘主张的四分说。玄奘对每个意识必须包括客体现象的论证是：如果一个既定的意识不包括一个客体现象作为其部分，那么该意识将成为对虚无的意识或对全体的意识。同理，如果意识不具有客体化意向性特征，那么它就不能作为客体的意识。而且，意识的这两个部分都依赖于一个实体（所依自体），即自身证明的部分（自证分）。玄奘有时还将客体化行为和客体现象看作功能差异而自体一致的意识（自体分）的一部分。对此，耿宁总结道，自身意识是客体化行为和客体现象相互连接的共同意识。③

玄奘以回忆为例指出：我们并非仅仅记忆一种客体现象，例如城南山上的烟火，而且亦记忆我们曾看见烟火的事实。我们不可能回忆起我们以前从未经历的客体现象，亦不能回忆我们对此现象的经验以及我们对它的感受（客体化行为），除非我们曾有这种感受的意识。"如果一种意识状态当时没有意向地把握它自身（自缘），那么意识后来怎么能回忆不再存在的意识状态？"④因此，玄奘强调自身意识并非第二次的客体化行为，在同一次客体化行为里就有对该行为的当下意识（现量，

---

① 耿宁：《心的现象》，倪梁康等译，144 页。
② 参见耿宁：《心的现象》，倪梁康等译，第 146—147 页。陈那原文为"境相为所量，自相为能量，自证为量果"。（陈那：《集量论略解》，法尊编译，第 7 页）
③ 参见耿宁：《心的现象》，倪梁康等译，第 143 页。
④ 参见耿宁：《心的现象》，倪梁康等译，第 144—145 页。原文为"'如不曾更境必不能忆故'谓：若曾未得之境必不能忆。心昔现在曾不自缘，既过去已，如何能忆此已灭心？"（窥基：《成唯识论述记》，T43, p. 317 c28-29，T 指《大正藏》，其后数字为册序数，后面跟页码，每页分 abc 三栏，字母后面的数字为行数，下仿此）

pratyaksha)。用现象学的术语说，自证分不是反思性意识，而是前反思的自身意识。这里，耿宁还提到玄奘用自缘和返缘说明自证分①，但他似乎没有理清其中的关系，下文我们将会论证这是十分关键的一点。

关于证自证分，玄奘认为它是对自身意识更准确地分析的结果。关于建立这种双重自身意识的理由，玄奘提出了两点：（1）如果不存在第四分，怎么证明第三分？（2）如果第四分不存在，自证分将没有结果，而所有认知手段必须有结果。那么，如果第三分必须由第四分证明，是否必须有第五分甚至更多分呢？玄奘认为不必要了，因为第三分证实第四分。②如果意识的第三分证实第四分，那么这种直接反思的结果是什么？玄奘说："结果即是第四分意向性地所把握的第四分。这就是结果：结果是第四分意向性地把握第三分。"③

如果第三和第四分相互证实并且互为结果，为何不简单说自身意识证明自身，自身意识本身具有其认知结果？耿宁认为，自身意识和自身意识的意识并非是纯粹的双重物：自身意识是客体化行为和第四分（自身意识的意识）的意识，而第四分仅仅是对第三分的意识。第三分往前意向性地把握第二分，向后意向性地把握第四分。因此，第四分只代表自身意识的意识，而第三分主要指对客体化行为的自身意识。④

这样，耿宁利用胡塞尔现象学术语，对陈那和玄奘唯识学提供的意识结构即三分说和四分说加以说明，他认为自身意识的意识（证自证分）只是对自身意识（自证分）的意识，倾向于将第四分归入第三

---

① 参见耿宁：《心的现象》，倪梁康等译，第145页。耿宁提到"返缘"的引文如下："小乘事体是见分，不立自证分，无返缘故。"（窥基：《成唯识论述记》，T43, p. 318 c21）"返缘自证复是现量。"（窥基：《成唯识论述记》，T43, p. 319 c03）"今意欲显由缘外不得返缘立第四分。"（窥基：《成唯识论述记》，T43, p. 319 c29）

② 耿宁：《心的现象》，倪梁康等译，第150—153页。

③ 原文为"即以所缘第四为果。第四缘第三为果"。（窥基：《成唯识论述记》，T32, 320 a9-10）这里耿宁理解有偏差，原意为"结果是意向性地被把握的第四分，此第四分缘于第三分"。

④ 参见耿宁：《心的现象》，倪梁康等译，第153—154页。

分，继而指出两种意识学说的一致性，即所有意识都包括自身意识、客体化行为和客体现象的基本结构。

## （二）三分说与唯识三世

按照唯识宗的八识理论，回忆过去和预见未来是第六识的功能。更确切地说，回忆和预见属于第六识中的独散意识。如果把三分说用到回忆和预见这样的独散意识，那么，回忆作为一种意识活动，属于见分；所回忆的过去的事情，即回忆的对象属于相分；我们回忆的时候知道或意识到自己在回忆，属于自证分。在唯识学看来，见分、相分和自证分三者是同时的。如果我现在回忆，那么它的见分是现在的，相分是现在的，自证分也是现在的。原因在于：第一，三分是现在的心识的组成部分，因而都应该是现在的；第二，过去和未来不存在，没有真实性。但是唯识学又认为，每种意识（包括回忆和预想）的相分是存在的，是意识的亲所缘缘，但是回忆和预想没有疏所缘缘。如果回忆和预先的对象都是现在的东西，回忆又怎么会是回忆过去，预见又怎么会是预见未来呢？

唯识学认为，回忆过去的对象和预想未来的对象是意识的见分通过其分别作用所变现的。① 耿宁引用了熊十力对此的解释："自心见分变现似过（去和）未（来）等法之影象相。""心上妄作过（去）未（来）行解。"② 也就是说，在熊十力看来："以前的意识是现在的意识的缘故，现在的意识是以后的意识的缘故，这样现在的意识、过去的意识和未来的意识之间有因果关系。现在的意识在构成其相分的时候，'观'以前的意识已经消灭了，这就叫'过去'；'观'以后的意识当（要）生出来，这就叫'未来'。这样它就对现在的相分分别做出了过去或未来的解

---

① 参见耿宁：《心的现象》，倪梁康等译，第155—157页。
② 熊十力：《佛家名相通释》，转引自耿宁：《心的现象》，倪梁康等译，第159页。

释。"① 耿宁认为这一解释显然不对，因为暗中使用了所要论证的东西。

耿宁还发现，窥基《成唯识论掌中述要》中有这样一段论述："有二合者……如第六识缘过（去）未（来）五蕴，得是独影（之境），熏成种子生本质故。"② 按照这个引文，回忆和预想的对象不仅是独影境，还是"带质之境"。熊十力认为这几句混淆了三境的差别，但是耿宁认为这个说法是有道理的。因为回忆和预想如果是对的，它们的对象就跟实际有关，这与想象乃至妄想龟毛兔角有所不同。窥基接着还说"熏成种子生本质故"，耿宁将其理解为：回忆和预想是依仗它们的熏成种子，即业而变现出来的。过去的生活是种子的因，未来的生活是种子的果。因此依仗种子而变现出来的回忆和预想的意识有带质之境。耿宁虽然承认这个说法很有道理，但是不认为它能说明当我们回忆和预想的时候，我们如何意识到过去和未来。③

因此，耿宁认为唯识宗对回忆和预想的说明有问题。他集中讨论回忆问题："回忆是否有现在的对象？"他认为我们的确回忆到过去的事物。如果我们把这样的对象归入我们现在所感知到的世界里去，就一定会出现矛盾。因为回忆跟感觉不一样，它不是简单的意识，而是被意识到的意识。换言之，它意识到另外一个意识，比如我现在回忆到昨天的看之意识、听之意识等等。耿宁指出，玄奘是知道这一点的，因为他在说明自证分时，说我们不但回忆到过去的境，也回忆到过去的心法和心所有法。这证明玄奘并不认为回忆是一种妄想。④

耿宁指出，回忆的对象是过去的对象，这种意识必然包括过去的意识。可是为什么唯识宗和我们都很难理解这种情况呢？耿宁猜测说，这大概是因为我们认为过去的东西相当于无。虽然物质世界里的东西

---

① 熊十力：《佛家名相通释》，转引自耿宁：《心的现象》，倪梁康等译，第159—160页。
② 耿宁：《心的现象》，倪梁康等译，第161页。
③ 参见耿宁：《心的现象》，倪梁康等译，第159—162页。
④ 参见耿宁：《心的现象》，倪梁康等译，第162—163页。

都是现在存在的,但意识不一样,所回忆到的过去对意识来说是存在的,当然不是现在的存在而是过去的存在。所以,我所回忆到的过去的生活,能影响我们现在的生活。当然,过去对意识来说不是绝对的存在,没有现在的意识就不知道存在什么过去。过去对于回忆来说既不是无,也不是妄想,而是一种有条件的东西,或依他起性。回忆中出现的像是过去的对象在现在意识中的不同显现方式,回忆中唯一的对象是所回忆的过去的对象。①

既然过去不是绝对的无,那它到底有怎样的现实性呢?耿宁认为,如果有人像唯识宗那样认为过去不具有现实性,唯有当下是现实的,那么他是根据空间物质的实存来确定现实性的方向的;而如果有人认为过去具有一种本己的,哪怕只是潜在的现实性,它应当处在当下的、现时的现实性之外,那么他又是受空间物质事物的观念引导,只是他以某种方式把过去表象为潜在的、隐蔽的。耿宁认为,正确的理解是:首先,"一个被回忆的本己过去不是当下的东西,但它作为本己的过去是连同它的在场的、或多或少含混模糊的想象材料而存在于每个当下的、现时的回忆活动当中。但这种存在方式不同于一个空间物质在另一个当中或一个神经过程在大脑中的存在方式,而是一种只有精神的现实性才可能有的相互蕴含的存在方式。过去是我们意识的一个纯粹精神的现实性"。其次,"我们的被回忆的过去也不具有任何从可感知的当下中摆脱出来的现实性。因为如果我们在回忆中丧失了被感知的或可感知的当下意识,如果与可感知的当下的联系被切断,那么被回忆的过去的时间距离就会在某种程度上崩溃,过去意识就会消失,取而代之的是一堆杂乱的当下的想象材料"②。总之,耿宁认为回忆和预想的对象不是现在的,它们具有特殊的现实性。

---

① 参见耿宁:《心的现象》,倪梁康等译,第163—165页。
② 耿宁:《心的现象》,倪梁康等译,第355页。亦可参见该书第165页。

## 二、耿宁结论中可能存在的问题

如上所述，我们可以发现耿宁的研究是相当精彩的。他讨论了相互关联的一组问题：既包括唯识宗对意识的三分说，更涉及回忆及其现实性问题。但是，本文认为耿宁的研究在两个方面是有局限的：第一，他对玄奘唯识学中证自证分的说明不够充分，仅仅将其理解为对自身意识的意识，而没有将它理解为绝对意识①；从而导致第二，他对唯识三世说的理解出现偏差，因为他从四分说中去掉了构建时间的部分，而只是用认识论（量论）的三分说来说明唯识三世（过去和未来）问题。三分说能够取代四分说吗？我们认为不能。

### （一）关于四分说的性质

耿宁认为玄奘的四分说是一种静态结构，即没有发现陈那三分说和玄奘四分说的本质差异②，后来甚至以三分说来代替玄奘唯识学的观点。③

陈那三分说，首先就认识论（量论）语境提出问题。他在《因明正理门论》中已提及无分别的自证现量，在《集量论》中有更详细的说明。④ 其次，他通过反思所缘缘（即认识对象）论证三分说。所认识的对象为所量，能认识的心识是能量，认识的结果是量果。这三者合

---

① 耿宁可能注意到了胡塞尔的"无意识的"绝对意识或原意识，但并没有注意到它与证自证分的联系。（参见耿宁：《心的现象》，倪梁康等译，第219—220页）胡塞尔的相关论述，参见胡塞尔：《内时间意识现象学》，倪梁康译，商务印书馆2009年版，第435页。
② 赵东明已经认识到了陈那三分说和玄奘四分说的差异，他称三分说为认识论进路，四分说为形上学进路。这一点值得商榷，因为不管是三分说还是四分说都是缘起法，即发生学，不应理解为形而上学。具体参见赵东明：《陈那"自证"理论探析——兼论〈成唯识论〉及窥基〈成唯识论述记〉的观点》，http://www.yinshun.org.tw/93thesis/93-01.htm。
③ 耿宁：《心的现象》，倪梁康等译，第156页。
④ "又贪等诸自证分……皆是现量。"（陈那：《因明正理门论》，T32, p. 3 b21）也就是说，陈那认为，贪嗔痴等非客体化行为也是自身被给予的。在《集量论·现量品》做出了充分论证，参见《集量论略解》，第5页。

为一体。① 最后，成立三分说的根据在于记忆（念）的可能性。② 它与胡塞尔早期现象学中对意识横向结构非常类似。胡塞尔认为"每个行为都是关于某物的意识，但每个行为都自身被意识到"③。因此，我们可以说三分说是意识的静态结构。

但是，玄奘作为虔诚的宗教徒，他探讨认识是以解脱为最终目的。他对见分、相分和自证分的说明已经不同于陈那：首先，他认为见分、相分奠基于自证分。在解释"由假说我、法，有种种相转，彼依识所变，此能变唯三，谓异熟、思量，及了别境识"时他说："变，谓识体转似二分，相、见俱依自证起故。依斯二分，施设我、法，彼二离此，无所依故。"④ "故言相见二分所依自体名事，即自证分。……若无自证分，相见二分无所依事，即成别体，心外有境。"⑤ 可见，玄奘是以识变的思想解释相、见二分。而自证分属于非客体化行为，即他认为客体化行为奠基于非客体化行为。其次，在解释见分和相分之间的关系时运用了本识。"或前识相为后识缘，引本识中生似自果功能。"⑥ 即前一个识的相分，作为后一个识的缘，引起阿赖耶识（这里本识即阿赖耶识）产生类似果的功能。最后，他认为自证分必然产生一个结果，即证自证分。玄奘主要用"返缘"来说明证自证分，返缘是指对自证分的回指，它带有构造时间相位的特征，相当于胡塞尔说的滞留。唯识学认为这种滞留或习气，也就是业。根据种子说⑦，自证分产生的果，即业又保存在种子中。同时，修行也是通过改变这个果来改变业力的，对于佛教徒来说，修行没有结果是不可容忍的。以回忆为例，比如我

---

① 《成唯识论》卷二，T31, p. 10 b 15-16。陈那：《集量论略解》，法尊编译，第 7 页。
② 《成唯识论》卷五，T31, p. 28 b 18-22。陈那：《集量论略解》，法尊编译，第 7—8 页。
③ 胡塞尔：《内时间意识现象学》，倪梁康译，第 168 页。
④ 《成唯识论》卷一，T31, p. 1 a 20-22, p. 1 b 1-2。
⑤ 窥基：《成唯识论述记》，T43, p. 318 c 16-17, p. 319 a 29-b 1。
⑥ 陈那：《观所缘缘论》，T31, p. 888 c 26-27。
⑦ 关于唯识学的种子学说，参见《成唯识论》卷二，T31, p. 9 b 8-c 1。

回忆家里着火了，这当然以我之前看见并且知道着火为前提，也以我记得我看见并且知道着火为前提。这个看见相当于见分，知道相当于自证分，记得相当于证自证分。

可以看出，玄奘联系阿赖耶识缘起①来改造三分说，从而从根本上改变了三分说的性质。因此，不能把四分说看作静态的结构，而应视为发生学结构。那么应该如何理解证自证分呢？我们认为，证自证分相当于最终意识。在时间意识中，最终意识始终在站岗："我们在'瞬间'中，在'现在'中站岗。它（指具体的意识活动或一阶时间——引者注）虽然马上流走了，但我们把在它之中作为当下和过去等领域、作为单个事物的时间片段的模态领域而统一地本原地被给予之物固定下来。"但是"它（即最终意识，或二阶时间——引者注）本身并不是时间性的，既不是客观时间性的，也不是作为一阶先验时间的事件是时间性的"。②也可以用唯识学的自缘和返缘说明这个问题，返缘相当于站岗的绝对意识，自缘相当于流动的时间性意识。

唯识学确立证自证分还有其他理由：首先，由于自证分属于伴随性的自身意识，从量的角度来理解属于现量，其结果是绝对的被给予性，因此不再需要任何证明。③所以，证自证分没有无穷后退的过失，也不是人为设定。其次，在唯识宗看来，人的任何行为都有善、恶或无记的属性，其结果都会作为种子保存下来，不断发生影响，甚至死后也不例外，即所谓的业（karma）。最后，意识的四分说与唯识宗

---

① 佛教各宗都承认缘起，唯识学着力说明"分别自性缘起"，倪梁康称之为阿赖耶识缘起，参见倪梁康：《赖耶缘起与意识发生——唯识学与现象学在纵—横意向性研究方面的比较与互补》，《世界哲学》2009 年第 4 期。

② E. Husserl, *Die Bernauer Manuskripte über das Zeitbewusstsein (1917/18)* (《贝尔瑙时间意识手稿》), S. 101, S. 184. 转引自方向红：《静止的流动、间断的同一——基于胡塞尔时间手稿对意识之谜的辨析》，《江苏行政学院学报》2011 年第 6 期，第 12、15 页，译文有改动。

③ 诸体自缘皆证自相，果亦唯现。……返缘自证复是现量。窥基：《成唯识论述记》，T43, p. 319 b29, p. 319 c03。这里的自缘是指自证分的证自相；返缘是指对自证分的回指。耿宁可能把前者与自证分对见分的自缘混淆了。

"转识成智"的宗教体验也有直接关系。证自证分转化为大圆镜智,自证分转化为平等性智,见分转化为妙观察智,相分转化为成所作智。①

耿宁其实已经意识到陈那与玄奘在说明见分、相分和自证分时的不同思路②,但是他并没有发现二人的根本差异,在玄奘以返缘和量果来说明第四分时没有深究,而以对自身意识的意识理解证自证分。归根结底,他是以静态结构来理解四分说,这就混淆了四分说与三分说的性质。倪梁康对四分说的认识延续了耿宁的结论,也认为四分说是静态结构③,证自证分是因为唯识宗没有区分客体化行为与非客体化行为,从而将非客体化行为单独区分出来作为第四分;尤其是他还认为证自证分是人为地逻辑设定④,这几点值得商榷。因为四分说应该是发生学结构,它与三能变学说本质上是一致的。如果把证自证分排除在外,那就等于把四分说当三分说看待。但耿宁关于三分说的观点则无疑是成立的,也就是说,只要把讨论的思想家换作是陈那就不会有问题。

## (二)关于唯识三世问题

耿宁用三分说对唯识三世的质疑是成立的,但因为玄奘唯识学运用的是四分说,所以不能说整个唯识学关于三世的看法都有问题。

在唯识学的理论中,时间本身既是间断的同时又是连续的。其中有一种意向性贯穿着它们,他们也称之为异熟习气。由于此习气,过

---

① 关于转识成智,一般认为是将第八识转为大圆镜智,第七识转为妙观察智,第六意识转为平等性智,前五识转为成所作智。(参见《佛地经论》卷三,T26, p.301 c4-304 b8)这样说初看起来颇为随意,其理由恰恰在于四分说。证自证分转化为大圆镜智是因为它是一切功德的汇集;自证分转化为平等性智是因为它是自身意识,是第七识我痴、我见、我爱和我慢四惑的断除;见分转为妙观察智,因为它是无分别的了别,即观察;而相分转为成所作智它是意向对象的任运成就。
② 参见耿宁:《心的现象》,倪梁康等译,第146—150页。
③ 参见倪梁康:《客体化行为与非客体化行为的奠基关系问题》,《哲学研究》2008年第11期,第82—83页。
④ 参见倪梁康:《唯识学中"自证分"的基本意蕴》,《学术研究》2008年第1期,第18—19页。

去、现在、未来构成一个因果链条。我们发现这种习气非常类似于胡塞尔内时间意识中纵的意向性的功能。过去和现在的对象是以种子和现行加以区分的,或者说体现在现行阿赖耶识上。阿赖耶识,它能够异熟一切果,具体来说,它能够凭借第七识掌握一个身体,凭借第六识和前五识认识对象。① 前六识构成了意识的现时结构,其本身并不涉及过去和未来。但是由于第八识亦即证自证分的介入,它们就获得了历时性的存在。

唯识学对时间的诠释是一种发生学诠释。在四分说中,证自证分返缘自证分,自证分自缘见分。② 也就是说,自证分在意识到见分的同时(即自身意识,自缘③),又生起一道目光关照自身(返缘),而这个目光最有可能是把自证分纳入时间形式的最终意识。这两种缘或意向性的方向是不重合的,并且都是非客体化行为。返缘可以构成一个超时间的自我意识,唯识学认为它可以保存业力和修行的成果。这种自缘和返缘的双重结构非常类似于胡塞尔的双重意向性。

胡塞尔从横的意向性和纵的意向性来理解意识的一般结构。所谓横的意向性是指意识行为与意向对象之间的关系。纵的意向性是指构建内时间形式的意向性。④ 在发生现象学中,胡塞尔设想了构造时间意识本身的最终意识,"它将是一个必然'无意识的'意识(unbewußtes Bewußtsein);即是说,作为最终的意向性,它可以(如果注意活动始终已经预设了在先被给予的意向性)是未被注意到的东西,亦即从未

---

① 第八识中有两种执受:种子和有根身。第七末那识,意即思量,常伴随我痴、我见、我爱和我慢四惑,唯识学称之为俱生我执,即一生下来就伴随的我执。它又是第六意识所依之根,具有"恒"和"审"的特征,类似于胡塞尔现象学中的自我意识。它通过止观的修证,发生转变之则变成没有执着的自身意识。

② 今意欲显"由见缘外不得返缘",立第四分。参见窥基:《成唯识论述记》,T43, p. 319 c 29。

③ 大乘心得自缘,别立自体分。窥基:《成唯识论述记》,T43, p. 318 c 19。

④ 胡塞尔:《内时间意识现象学》,倪梁康译,第 353 页。

在这个特殊意义上被意识到"①。这种构造自身的最终意识作为单子，即使在没有身体之后，也能意向地存在，因为悬搁掉身体或人自我的统觉是完全可能的。这已经非常接近唯识宗所说的阿赖耶识了。②

综上所述，只要认识到玄奘的四分说本质上不同于三分说，是一种发生学的结构，就能够相当大程度上准确理解玄奘唯识学精神内涵，而唯识学三世说也可以在发生学上借"自缘－返缘"结构得到完满说明。

---

① 胡塞尔：《内时间意识现象学》，倪梁康译，第434—435页。在胡塞尔那里有两个意识流，一个是变动不居的体验流，一个是静止但却又连续的最终意识，它就像哨兵一样观察着体验流，参见方向红：《静止的流动，间断的同一——基于胡塞尔时间手稿对意识之谜的辨析》，《江苏行政学院学报》2011年第6期，第11—17页。

② 参见倪梁康：《最终意识与阿赖耶识——对现象学与唯识学所理解的深层心识结构的比较研究》，载《汉语佛学评论》（第2辑），上海古籍出版社2011年版，第56—81页。

# 在现象学意义上如何理解"良知"?
## ——对耿宁之王阳明良知三义说的方法论反思

陈立胜

(中山大学哲学系)

"良知"是"呈现"抑或是"假定",这是现代新儒家津津乐道的一段思想公案。一方称"良知是个假定",一方则发出振聋发聩之质问:"这怎么可以说是假定?""良知是真真实实的,而且是个呈现,这须要直下自觉,直下肯定。"①

这段公案折射出现代学术与传统思想的张力。在古之学者那里本是自得、为己的观念如何在现代学术、现代哲学之中得到阐释?是将"良知"视为一"假定",加以分析、证明与检验,最终成为一公共知识、一知解系统?抑或将"良知"视为一"直觉",而当下加以再呈现、再体认,最终成为一生命转化之道、一为己之学?

本文认为,在传统思想之中,"良知"一直作为"呈现"而被"指示""指点""唤起",这是传统书院之中、儒学修身共同体之中谈论"良知"的原初性质,而在当今学科建制之中、在学术共同体之中,对

---

① 牟宗三:《五十自述》,《牟宗三先生全集》第32册,台北联经出版公司2003年版,第78页。

"良知"的阐述如何既能兼顾这种原初性质,又能成就一知解系统,则实关乎现代学术语境下如何重新阐述古典思想之问题,大而言之,亦实关乎"中国哲学史"这一学科成立之问题。本文拟(1)揭示在王阳明时代"良知"言说的原初性质,在此基础上,(2)考察耿宁"良知"三义说的现象学进路,揭示其立足于阳明"良知"之实事所进行的中西互释性研究之特色及其贡献,(3)就耿宁的某些观点提出商榷意见,进而(4)就现时代如何理解"良知"给出我自己的一点看法。

一

如所周知,自龙场悟道之后,阳明一生讲学实皆不出良知范围,他本人很自觉,谓其从"百死千难"中得来,殊为珍重。"近有乡大夫请某讲学者云:'除却良知,还有甚么说得?'某答云:'除却良知,还有甚么说得!'"① 良知说成了王阳明思想的代名词,"**良知**"二字(此为"本体")与"**致良知**"三字(此为"工夫")便成了阳明心学一系的"**口传**"与"**正法眼藏**"。②"**口传**"与"**正法眼藏**"这类扎眼的术语已强烈地暗示着不立文字、教外别传的意味。阳明对从经典中挂取葛藤、拾人涕唾之滞于言词现象深恶痛绝。只有"心明"、"自得"

---

① 《寄邹谦之三》,《王阳明全集》,上海古籍出版社1992年版,第204页。下引此书不复注明版次,其他注释仿此。阳明这个说法显然是模仿陆象山:"吾之学问,与诸处异者,只是在我全无杜撰,虽千言万语,只是觉得他底,在我不曾添一些。近有议吾者云:'除了先立乎其大者一句,全无伎俩。'吾闻之,曰:'诚然。'"(《陆象山全集》卷三十四,中国书店1992年版,第255页)

② "良知"两字:"绵绵圣学已千年,良知两字是口传。"(《别诸生》,《王阳明全集》,第791页)"乾坤由我在,安用他求为? 千圣皆过影,良知乃吾师。"(《长生》,《王阳明全集》,第796页)"我拈出良知两字,是是非非自有天则,乃千圣秘藏。"(《书先师过钓台遗墨》,《王畿集》,凤凰出版社2007年版,第470页)"我此良知二字,实千古圣圣相传一滴骨血也。"(《年谱二》,《王阳明全集》,第1279页)"致良知"三字:"只致良知,虽千经万典,异端曲学,如执权衡,天下轻重莫逃焉。"(《五经臆说十三条》,《王阳明全集》,第976页)"近来信得致良知三字,真圣门正法眼藏。"(《年谱二》,《王阳明全集》,第1278页)"吾平生讲学,只是致良知三字。"(《寄正宪男手墨二卷》,《王阳明全集》,第990页)

（此谓"致良知"之"致"，此谓"心上用功"），方能"呈现"乃至"朗现"心之本体（良知），只有"自明"，良知的意义方可兑现。舍此，终是闲议论，黏牙嚼舌，不知隔几层公案也：

> 一友问功夫不切。先生曰："学问功夫，我已曾一句道尽。如何今日转说转远，都不著根！"对曰："致良知，盖闻教矣。然亦须讲明。"先生曰："既知致良知，又何可讲明？良知本是明白。实落用功便是。不肯用功，只在语言上转说转糊涂。"曰："正求讲明致之之功。"先生曰："此亦须你自家求。我亦无别法可道。昔有禅师，人来问法，只把麈尾提起。一日，其徒将其麈尾藏过，试他如何设法。禅师寻麈尾不见。又只空手提起。我这个良知，就是设法的麈尾。舍了这个有何可提得？"少间，又一友请问功夫切要。先生旁顾曰："我麈尾安在？"一时在坐者皆跃然。①

这里学问功夫"一句道尽"之一句，即是"致良知"，弟子在修行过程遇到各种不同的"瓶颈"而无法克服之际，阳明总是开出"**一句道尽**"的药法："**只要在良知上用功。**"②

对于弟子纠缠于名相，着于知解一路的问题，阳明往往避而不答，或者一再强调"**自思得之**"，认真而又执着的弟子往往不满老师避而不

---

① 陈荣捷：《王阳明传习录详注集评》，台湾学生书局2006年版，280:335（280指条目，335指页码，下简称《传习录》，且随文标注）。

② 仅举两条为例："九川问：'自省念虑或涉邪妄，或预料理天下事。思到极处，井井有味。便缱绻难屏，觉得早则易，觉迟则难。用力克治，愈觉扞格。惟476迁念他事，则随两忘。如此廓清，亦似无害。'先生曰：'何须如此？只要在良知上著功夫。'"（《传习录》216:296）又："问：'近来用功，亦颇觉妄念不生。但腔子里黑窣窣的。不知如何打得光明？'先生曰：'初下手用功，如何腔子里便得光明？譬如奔流浊水，才贮在缸里。初然虽定，也只是昏浊的。须俟澄定既久，自然渣滓尽去，复得清来。汝只要在良知上用功。良知存久，黑窣窣自能光明矣。今便要责效，却是助长，不成功夫。'"（《传习录》238:310）

答的态度,会"再三请",阳明迫不得已方予以回答。① 甚或个别固执的弟子"倚老卖老",强迫老师回答,如董克刚向阳明请教圣人分量问题——"师不言","请之不已",阳明仍不言。董遂以年老为由,强迫老师回答:"坚若蚤得闻教,必求自见。今老而幸游夫子之门,有疑不决。怀疑而死,终是一憾"。(《传习录》拾遗37:409—410)佛家有"言通"与"宗通"之别,阳明之讲良知显然是以"宗通"为旨趣,陈明水曾以心明但解书不通为问,阳明答曰"只要解心。心明白,书自然融会。若心上不通,只要书上文义通,却自生意见。"(《传习录》217:297)

对于未曾用功而悬想良知气象的弟子,阳明总是反复叮咛:在良知上用功,便"自然见","哑子吃苦瓜,与你说不得。你要知此苦,还须你自吃"。而对于实用其功、心上有得的弟子,阳明则会主动以己之体验引导与印证:(徐)樾方自白鹿洞打坐,有禅定意。先生目而得之。令举似。曰:"不是。"已而稍变前语。又曰:"不是。"已而更端。先生曰:"近之矣。此体岂有方所? 譬之此烛,光无不在。不可以烛上为光。"因指舟中曰:"此亦是光,此亦是光。"直指出舟外水面曰:"此亦是光。"(《传习录》拾遗50:419)

嘉靖六年(1527),门人邹东廓谪居广德,欲将自己所录老师文字刊刻,阳明明确制止说:"不可。吾党学问,幸得头脑,须鞭辟近里,务求实得,一切繁文靡好,传之恐眩人耳目,不录可也。"② 是年,阳明起征广西思恩、田州,路经南昌,邹东廓、欧阳南野、刘狮泉等门

---

① 守衡问:"大学工夫只是诚意。诚意工夫只是格物修齐治平,只诚意尽矣。又有正心之功。有所忿懥好乐,则不得其正。何也?"先生曰:"此要自思得之。知此则知未发之中矣"。守衡再三请。曰:"为学工夫有浅深。初时若不着实用意去好善恶恶,如何能为善去恶? 这着实用意,便是诚意。然不知心之本体原无一物,一向着意去好善恶恶,便又多了这分意思,便不是廓然大公。《书》所谓'无有作好作恶',方是本体。所以说有所忿懥好乐,则不得其正。正心只是诚意工夫里面。体当自家心体,常要鉴空衡平,这便是未发之中"。(《传习录》119:140—141)

② 钱德洪:《刻文录叙说》,《王阳明全集》,第1573页。

人计约二三百人，候于南浦请益，阳明的态度一如既往："……我此意畜之已久，不欲轻言，以待诸君自悟。"①

显然，阳明良知说并不是一套论证系统，而是一种"启发""指点"与"显示"系统。通常人们会把"说"的意思理解为"让看"，这牵涉说话者、所说之事情、听者三个事项，说某物起码意味着这个"某物"已经被照亮，从无差别的背景凸显出来，进入注意的中心，而让听者看见、明白。谈论某物即是揭示某物、显露某物、敞开某物。但阳明之论良知并不是将良知之物摆到一"明处"，毕竟良知不是可以摆来摆去的某物，不是有一定"方所"之现成空间物。这个所论的某物（良知）恰恰就在听者心中，要把它摆到明处只能靠听者本人，故只能通过拨动听者心弦，让听者产生振动与共鸣，而自行体验到良知之力量。这个自行体验到良知之力量的方式即是"悟""信""觉""醒"，说到底是"自悟""自信""自觉""自醒"。阳明所启发、指点与显示者不过是通向这一"自悟""自信""自觉""自醒"之路而已。我曾把理学家与弟子之间的对话比拟为精神分析师与病人的对话，对话本身就是一"治疗的过程"②。在《传习录》中，常见阳明与弟子对话过程之中，弟子当下有醒、有悟之记载。"醒"与"悟"即是在对话进程之中获得的"疗效"。门人孟源有自是好名之病，阳明屡责之。一日，警责方已。一友自陈日来工夫请正。源从旁曰："此方是寻着源旧时家当。"先生曰："尔病又发。"源色变。议拟欲有所辨。先生曰："尔病又发。"因喻之曰："此是汝一生大病根。譬如方丈地内，种此一大树。雨露之滋，土脉之力，只滋养得这个大根。四傍纵要种些嘉谷，上面被此树叶遮覆，下面被此树根盘结，如何生长得成？须用伐去此树，纤根勿留，方可种植嘉种。不然，任汝耕耘培壅，只是滋养得此根。"（《传习录》18：58—59）这与其说是

---

① 《刑部陕西司员外郎特诏进阶朝列大夫致仕绪山钱君行状》，《王畿集》，第586页。
② 陈立胜：《理学家与语录体》，《社会科学》2015年第1期。

一对话过程，还不如说是一当机诊病、施药与治疗过程。王龙溪称："先生教法，如秦越人视疾，洞见五脏，真神医也。"神医自是洞悉病情，因病而药。阳明讲学山中，有二人欲向阳明请益，一人资性警敏，但阳明漫然视之，屡问而多不答；一人做事过常，见恶于乡党，有悔意而请益，阳明与之语终日。作为二人引见人的王龙溪颇为疑惑，阳明曰："某也资虽警捷，世情机心不肯放舍，使不闻学，犹有败露悔改之时，若又使之有闻，见解愈多，趋避愈巧，覆藏愈密，一切圆融智虑，适足增其包藏而益其机变，为恶将不可复悛矣。某也作事能不顾人非毁，原是有力量之人，特其狂心偶炽，一时销歇不下，所患不能悔耳。今既知悔而来，得其转头，移此力量为善，何事不办？予所以与其进也。"① 此处"不教"亦是"一教"，"不医"亦是"一医"。

要言之，阳明整套良知话语实是一话语行为系统（a system of speech acts），具有强烈的现场感与当下性。它旨在"唤醒"与"转化"，因个体气质、修行阶段千差万别，阳明之良知话语亦随之不同，"各随分限所及"，所谓因病而药。有时，良知之话语行为已经越出狭隘的言语范畴，而直接诉诸动作。薛中离初见王阳明，阳明举扇以示曰："见扇否？"中离曰："见。"阳明将扇揣入怀中又问："还见否？"中离不应。阳明先生遂不说。中离本人仿此指点门人倪润，指蜡烛示润曰："见烛否？"曰："见"。以扇灭烛光曰："还见否？"，润曰："似无所见。"中离遂曰："且只讲至此。"② 这种动作式机锋，如击石火，

---

① 《书休宁会约》，《王畿集》，第37页。
② 《云门录》，《薛侃集》，上海古籍出版社2014年版，第12页。阳明非常喜欢借助手头物演示"见"与"不见"而指点弟子，季彭山曾记载阳明以筷子演示见与不见教学案例："予尝载酒从阳明先师游于鉴湖之滨，时黄石龙亦与焉。因论戒慎不睹、恐惧不闻之义，先师举手中箸示予曰：'见否？'对曰：'见。'既而以箸隐之桌下，又问曰：'见否？'对曰：'不见。'先师微哂。"（《明儒学案》，中华书局1985年版，第277页）阳明还跟玉芝法聚以钥匙演示过同一公案："僧玉芝尝参王阳明。大众中，明出袖中锁匙问曰：'见么？'曰：'见。'还纳袖中，复问：'见么？'曰：'见。'明曰：'恐汝未彻。'"（钱谦益撰：《玉芝和尚聚公》，《列朝诗集小传·闰集》，中华书局1959年版，第689页）

似闪电光,非亲处其境,难以领略其中风光。阳明后学之中泰州一系颇能表现这一宗风。韩贞曾遭到一乡间野老的质问:"先生日讲良心,不知良心是何物?"韩贞曰:"吾欲向汝晰言,恐终难晓,汝试解汝衣可乎?"于是野老先脱袄被,再脱裳至裤,不觉自惭,曰:"予愧不能脱矣。"韩贞遂点拨说:"即此就是良心。"[①]脱衣解裤,不能说是哲学论证,但在此场域中,这是最好的指点良知的方式。阳明说:"学问也要点化,但不如自家解化者自一了百当。不然,亦点化许多不得。"(《传习录》298:348)无疑这是自家解化的一个绝佳例证。

我已经刻画出阳明呈现良知的方式,这种方式大致可以归结为:情境化、启发式、召唤式、当下性与指点性。当然,阳明对良知概念亦有所描述,因场域不同而亦有一定限度的分解,如曰良知即是知孝知悌之知,良知是知是知非之知,良知是"独知",良知是"好恶"之心,良知是"真诚恻怛",良知是"未发之中",良知是"无知无不知",良知的本色是"虚无",良知是"天理",良知是"造化的精灵",良知是"天道"——这些描述皆不过是要唤起听者或读者相应的生命体验,而始终与工夫论联系在一起。

二

在现代如何重新理解、阐释这套良知话语?大致而言,有发生之解释(genetic explanation)与意义之理解(understanding)两种路数。前者着重考察阳明良知话语得以形成的时代背景、这套话语使用者之团体性质、这套话语在当时社会之中起到何种作用,把阳明思想置入明代的政治文化与经济基础之中加以阐述。后者则把这套良知话语视

---

[①] 许子桂等撰:《乐吾韩先生遗事》,《韩贞集》附录一,载黄宣民点校:《颜钧集》,中国社会科学出版社1996年版,第194页。

为作者个体生命体验之表达，理解这套话语即意味着在自家的心理体验之中重新兑现其"意义"。宗教现象学家伊利亚德（M.Eliade）在描述宗教现象学（他本人称为"宗教史研究"）与宗教的发生学解释之区别时，曾以《包法利夫人》研究为例说："《包法利夫人》在其自己的指涉框架中有其独特的存在，它属于文学创造，属于心灵的创造。只有在19世纪西方布尔乔亚社会中才能够写出《包法利夫人》，这时通奸成为一个独特的问题——这完全是另一码事，它属于文学社会学，而不属于小说审美学。"① 这个例子颇能见出两种研究路数之区别。

耿宁的研究自属于意义理解之路数，他明确表示自己"最感兴趣的"并非那些哲学家的"外部生活状况"，亦不是他们概念的"历史来源"，而是他们学说的"心理学或现象学意义"，这些学说是以"人心伦理追求中的精神体验和精神力量"为其核心的。这并不意味着耿宁完全无视"外部生活状况"，恰恰相反，他无论对文献搜集抑或实地考察都下了一番功夫，尽量去了解这些状况，但是他的了解不是为了要把阳明的思想归结到（reduced to）这些外部状况上面，而是为透入到阳明的生命世界之中做准备。他深知阳明良知话语的原初生存论性质，认为它不是一套理论系统，而是指示弟子通向成圣目的地的路标。② 其背后"必然具有其历史的个体精神-伦理尝试与相应体验的见证"，只有具有相应的精神实践与生命体验，才能真正理解阳明良知话语的真实意义。他声称为了理解阳明良知说，不仅需要一种特殊的语言和

---

① M. Eliade, *Myths, Dreams and Mysteries*, New York: Harper & Brothers, 1960, p. 14.
② 在《人生第一等事——王阳明及其后学论"致良知"》中，耿宁写到，对于王阳明来说，"哲学思想并不在于构建作为自身目的的一种系统理论并将这个思想构成物作为学说传授给弟子，而是在于使其自己的生活变为一种'神圣的'生活并作为讲授者与教育者也帮助他的弟子们踏上通往这个目标的道路。对他来说，对他的弟子们的考试并不在于询问他们某种知识，而是在于查验他们是否于其生活与行动中在那个实践目标的方向上有所进步。"按:《人生第一等事——王阳明及其后学论"致良知"》一书已由倪梁康教授译出，笔者文中所引均出自中译稿，由于笔者写作此文时该书尚未正式出版，故未标注页码。

精神史的训练，而且也需要心灵的筹备与练习。我想，这既是理解阳明思想的一种要求，同时也是耿宁本人为了理解阳明而辛勤努力的自状。尽管他很谦虚地表示作为"外乡人"，他自己并不具备这些体验，但他为具备这些体验所做出的努力，足以让阳明的"同乡人"汗颜。他花费了大量心血为自己制作"一幅图像"，这幅图像是关于阳明及其弟子"生活实况"（Sitzim Leben）的图像。他曾沿着阳明与弟子的交游路线图踽踽独行，我在读到他在《人生第一等事——王阳明及其后学论"致良知"》之中对王阳明墓穴的细致入微的描述时，心头为之一震。我把它看作是西方心学大师与东方心学大师一次穿越时空的遭遇事件。他那紧贴阳明及其后学文献，爬梳剔抉，究其枝叶，以达本根，对相关观念抽丝剥茧，阐幽发微，澄清其语义、衍绎其义理之工作风格，让我想起本雅明在《单行道》中那个关于中国誊抄文本比喻的说法：自由翱翔的纯粹读者如同那些坐在飞机上鸟瞰乡间道路的人，这些人只看到道路如何在地面景象中延伸，而根本无法感受在丛林中、在绵延起伏的地形之中，道路本身所拥有的掌控力，而贴紧文本的抄写者、思想者才能体验到它时而曲径通幽的力量，时而穿越林中空地的奇妙。①

时下研究宗教体验的学者，往往遭遇到一个令人尴尬不已的"门内"与"门外"的两难问题：你不是信徒，你无相应的宗教体验如何研究之？你的研究只能是知识社会学的研究，而始终无法理解宗教体验本身的意义。而一旦你尝试去拥有这种体验，甚至你就拥有这种体验，你又会遭到那些"客观性"拜物教者的质疑：你已是宗教徒，如何能对自己的信仰有客观之理解？你的研究只能是护教式的研究，而难免"良知傲慢"之嫌疑。这一看似方法论的两难问题（要么成为信徒才能理解，但却做不到客观研究，要么就只能进行发生之解释，进

---

① 本雅明：《单行道》，王涌译，译林出版社2012年版，第12页。

行"化约"式之研究,但却无法做到真正之理解),实在经不住推敲。它一方面忽视了信念、理解与知识具有程度性之区别[①],尽管旨在意义理解之研究者不能同信徒一样在"生存论"上体验到"实在"本身,但却可以以一种"再现的方式"(a form of representation)接近它,不必成为恺撒本人才能理解恺撒,说的就是这一实事。他不必在委身的意义上"选择"某种宗教才能"理解"之,知性的理解与生存的选择是两回事。另一方面,它忽视了一个更为根本的实事,即人类精神生活分享着很多相似、相通的因素乃至同一本质结构。并没有"非音乐的人"这么一回事,这样的人通常缺乏的只不过是音乐耳朵的训练与成长罢了,"不信便不知"背后折射的是某种狂妄。另一位宗教现象学家瓦赫(Joachim Wach)说过:"否认别人也有宗教的敏感性,并因此断定他们不能理解体验的宗教性与宗教,这是狂妄的表征,是法利赛式的自我称义。"[②] 耿宁的阳明研究可谓是克服此方法论两难的一个佳证。他意识到所处理的这些哲学家的文本与精神实践跟体验有着密切的相关性,唯有自己亲身进行这些伦理实践和体验,才能对它们产生真实的理解。虽然我们不可能再回到阳明时代,亲自经历这些精神实践与体验,但耿宁认为,通过类比或根据在各自经验中的微弱端倪总是可以获得一种领悟。因为这些良知话语所揭示的生命体验并不是偶然的、单纯个体性的,或限于某个文化内部的,而是在原则上对所有人开放的。况且这些生命体验对于欧洲传统来说也不是完全陌生的,阳明心学一系致良知的工夫体验在埃克哈特大师或约翰·陶勒尔的学说中可以找到很多类似的对应因素,当然"它们往往会带着不同

---

① Robert C. Stalnaker, *Inquiry*, Cambridge: MIT Press, 1984, pp. 59-78.

② Joachim Wach, *Introduction to the History of Religions*, edited by Joseph M. Kitagawa and Gregory D. Alles, New York: Macmillan Publishing Company, 1988, p. 115. 关于"门内"与"门外"之争以及如何超越之,笔者曾有专文讨论。(参见陈立胜:《宗教现象的自主性:宗教现象学与化约主义的辩难及其反思》,载金泽、赵广明主编:《宗教与哲学》第1辑,社会科学文献出版社2012年版)

的概念和不同的直观形象出现"。正是这种人类精神生活之间的"共通性",使得耿宁相信能够将阳明的思想跟"我们体验活动的本己意识"联系在一起,并用清晰的概念把它重新表述出来。

确实,经验直观是一切理解的源头,真正理解阳明之良知观念,最终离不开这一观念自身在当下直观之中的意义兑现,没有这个意义兑现环节,一切观念都只是"空头支票"。显然,耿宁的这种方法论意识在根本上跟阳明"自明""自得"的"宗通"旨趣是一致的。"良知是呈现"一说并不意味着良知乃是秘不可宣的"体验",阳明一生反复强调"致良知"之体验对所有人都是有效的,它并不限于某个少数群体,亦不限于某种特定文化,所谓东海西海,心同理同,因而在原则上可为任何人所通达。而现象学是一般意识之学,在原则上,只要是意识之实事,现象学就可以加以反思,就可以让这些实事变得可以理解。耿宁以现象学的方式进入阳明心学的精神世界,反映了他对东、西心学的这一双重信念。

这一双重信念使得耿宁对阳明良知说的研究呈现出现象学与阳明心学的一种互动、互释之风格,这是一种基于阳明所呈现的良知实事本身而进行的中西贯通性的研究。面向阳明所呈现的良知之实事乃是第一位的,现象学只是要尊重这一实事,服务于这一实事。理解阳明这套良知话语固然必须通过将这些话语意义跟当下我们自己的体验联系在一起,并且只能用我们今天自己的语言来重新表述这些体验,但这绝不意味着要让阳明思想削足适履般地塞进现象学的哲学体系之中——不,现象学不是普罗库斯特之床(bed of Procrustes),现象学与其说是某个哲学流派,某个固定的哲学体系,倒不如说是一种尊重实事本身,对每一实事均在本己的意识之中加以反思、描述之方法。这种基于实事的中西贯通性研究于中于西皆大有裨益:于西,耿宁相信通过对作为这些学说之基础的体验进行严谨的现象学描述,可以将现代人带到这个"精神传统的近旁",并使它对我们"重新具有活力",从此,"我们西方哲学家也就不再有理由将这个传统贴上深奥晦涩、不具有普遍人类之重要性的东方智慧的标签,以便为自己免除辨析这个传统的义务",而只要认真辨析这个传统,就总会给在西方传统中进行哲学活动的我们带来"巨大收益";于中,通过这种基于实事而进行的细致入微的现象学辨析工作,阳明心学一些观念会得到澄清,并通过个人经验和科学经验而得到深化。不仅如此,在我看来,通过深入的现象学的反思,阳明学内部的一些问题会得到不期而然的解决。耿宁从自知、内意识、自证分的概念来了解阳明之良知这一理论成果,尤其能反映出这种基于阳明所呈现的良知实事本身而进行的中西贯通性研究的意义。

在对这一成果及其意义做出评介之前,我想初步勾勒耿宁整个良知三义说之由来。早在 1993 年,耿宁就用"自知"概念来阐述王阳明的良知说,在《从"自知"的概念来了解王阳明的良知说》《论王阳明"良知"概念的演变及其双义性》《后期儒学的伦理学基础》三文中,耿宁反复指出:在 1519 年之前,阳明的良知概念与《孟子》良知、良能概念是相似的,良知即是一种向善的秉性、向善的倾向以及与此相应的自发的动力,姑且称之为良知 I;而在 1520 年以后,阳明的良知概念获得了新的含义,这个良知概念的意思不再是一种像恻隐、羞恶、辞让等那样的情感萌动,而是对我的所有意念之善恶的知识,即对意念的道德品格之意识,良知即是意念的"自身意识",姑且称之为良知 II,耿宁认为这个新的良知概念之原型是唯识宗的自证分。不过,在《后期儒学的伦理学基础》一文的结尾,耿宁在指出良知是一种伦理的自身意识后,接着强调说,这个良知也是"某种绝对的东西"——"它自身是没有错误的,它不受制于产生与消亡。它甚至就是天地的起源。"在这里,耿宁其实已经意识到他后来所说的王阳明良知的第三个概念,只是未能点出而已。而在《人生第一等事——王阳明及其后学论"致良知"》中,耿宁明确提出了良知的第三个概念,即良知本体的概念，这个本体始终是清澈的、显明的、圆满的，它不生、不灭，是所有意向作用的起源，也是作为"心（精神）"的作用对象之总和的世界之起源，姑且称之为良知 III。这三个良知概念分属三个不同的范畴，而各自实现的方式，无论从正、负两方面来说均各有侧重，不妨列表如下（表1）：

表 1  三个良知概念

| 三个良知概念 | 良知 I | 良知 II | 良知 III |
| --- | --- | --- | --- |
| 名称 | 本原能力（向善的秉性） | 本原意识（对本己意向中的伦理价值的直接意识） | 本己本质（始终完善的良知本体） |
| 范畴 | 心理—素质概念 | 道德—批判概念 | 宗教—神灵概念 |
| 实现良知的方式（负/正） | 克服利己意图的阻碍 | 克服自欺 | 克服固、着、执、留 |
|  | 培养、扩充本原能力 | 澄明本原知识 | 复良知本体 |

在这三个良知概念中，我个人认为最值得关注的是良知 II。作为本原意识的良知 II，依耿宁的解释乃是对心之所发的"意"的"自知"。这个道德意识不是一种反思意识，它不是对已经或刚刚发生的本己意向活动加以道德的省察——就像曾子所说的"吾日三省吾身"那样。因为，这种"本原知识"是**在一个本己意向出现时直接现存的，而且是与它同时现存的**。观耿宁的良知 II 范畴提出所依据的阳明之文字，诸如"能知得意之是与非者，则谓之良知"①，"盖思之是非邪正，良知无有不自知者"（《传习录》169:241），"尔意念着处，他是便知是，非便知非"（《传习录》206:291），以及《大学问》中的那段著名文本："是非之心，不待虑而知，不待学而能，是故谓之良知。是乃天命之性，吾心之本体，自然灵昭明觉者也。凡意念之发，吾心之良知无有不自知者。其善欤，惟吾心之良知自知之；其不善欤，亦惟吾心

---

① 《答魏师说》，《王阳明全集》，第 217 页。

之良知自知之；是皆无所与于他人者也。"① 不难看出，阳明更多地强调了良知对于心之所发意念自知、独知的一面（所谓"人虽不知，而己所独知者"），而并未直接点出这一自知与意念本身乃"同时现存"这一"内意识"的本质特征——这不是阳明的聚焦所在，毋宁说阳明关注的乃是工夫入手处、用力处之问题，即致良知工夫只能由自己致（他人无与焉），且只能扣紧在"意念之发"上用功。但工夫入手处、用力处，必有一理论上的预设，即"吾心之良知无有不自知者"必是同时现存的自知（其实，良知之恒照恒察从根本上保证其自知必是同时现存的自知）。阳明对此理论之预设并无自觉意识，不仅如此，阳明后学乃至近现代研究阳明的学者均未聚焦于此。耿宁出于其敏锐的现象学意识揭示出了这一面向，而正是这一面向使得耿宁认为，王阳明的作为"自知"的"良知"概念（良知Ⅱ）实际上跟现象学所说的原意识，跟布伦塔诺、胡塞尔、萨特所说的"内知觉""内意识"，跟唯识宗所说的"自证分"是基本一致的。这可以说是耿宁以现象学立场研究阳明学之最重要的理论成果，其意义绝不只是体现在将阳明的良知概念收编入现象学从而证成一门跨文化的现象学那么简单。倘如此，阳明学研究只不过是印证现象学之放之四海而皆准的普适性的又一个案而已。耿宁虽然毫不犹豫地断定"如果我们要理解这种自知的特性，我认为最好还是按照现象学或者唯识学的意识分析去了解和把握其核心"②，但他认识到阳明良知Ⅱ跟现象学的"内意识"与唯识宗的"自证分"有着重要区别：王阳明的良知Ⅱ并不可以简单地等同于"自证分"，因为良知Ⅱ不像"自证分"那样是意向一般的"自身意识"、"内意识"（布伦塔诺、胡塞尔和萨特的内知觉、内意识、前反思意识跟行为、实践活动、道德评价没有必然之关联），而是对意向的善与恶

---

① 《大学问》，《王阳明全集》，第971页。
② 耿宁：《从"自知"的概念来了解王阳明的良知说》，《心的现象——耿宁心性现象学研究文集》（以下简称《心的现象》），倪梁康等译，商务印书馆2012年版，第132页。

的"道德自身意识"。问题来了——这是两种不同的内意识吗？或者说这是两种不同的意识现象吗？还是说阳明的作为自知的良知（本原意识、良知 II）只是现象学内意识的一个特殊类型？或者说，作为自知的良知必须奠基于现象学意义上一般意向的内意识才是可能的吗？如站在王阳明的立场，假设他接受良知是一种内意识的解释，他或许会坚持说，唯有这种作为自知的良知之内意识才是本真的内意识，不带有道德意味的内意识乃是一种"变式"，一种堕落的变式。因为就人之生存而论，作为自知的良知一旦得到澄明，良知就会成为生命的主宰，成为一切意识生活的源头，个人就会获得新生，而单纯的内意识、一般意向的内意识并没有这种救赎的功能。如此，则势必对胡塞尔的内意识学说做出重大修正，在《从"自知"的概念来了解王阳明的良知说》一文中，耿宁已经提出应该修正自知的概念，"以便把它适合地运用到王阳明的良知说上"，但这种修正还只是局部的概念适用范围之调整，因为胡塞尔现象学的内意识往往只限于意识领域，而并不像阳明那样是从行为（实践意志的自觉），从道德评价、价值判断（严格意义上说，这也不是理论意义上的道德评价、价值判断，而是修行工夫上的判断与评价，是行动之始意义上的判断与评价）方面理解这种自知的特性，故须将狭隘意识范围的内意识概念加以修正、调整以便将阳明的良知 II 亦纳入现象学意义上的内意识范畴。而在后来的《中国哲学向胡塞尔现象学之三问》一文中，耿宁开始对胡塞尔内意识的地位进行反思："我们能把意向行为划分成两组，一组无关道德，一组有关道德，然后把'原意识'指派给第一组，道德意识指派给第二组么？这种区分如何能被证实呢？"[①] 阳明的"良知"让耿宁做出了否定的回答，他甚至设想胡塞尔意义上的内意识（对一切意向行为的道德中立的直接意识）只是阳明良知 II（道德意识）的"一个点状的、非独立的

---

① 耿宁：《中国哲学向胡塞尔现象学之三问》，《心的现象》，倪梁康等译，第 463 页。

成分或抽象的角度"。这不能不说是对胡塞尔内意识学说的重大修正。①耿宁说通过对中国心学传统进行现象学反思,总会给在西方传统中进行哲学活动的"我们"带来"巨大收益",这或许就是其中的一项吧。

不仅如此,我认为,良知 II 范畴的提出同时也为我们理解阳明心学一系的思想发展提供了一个重要视角。在阳明心学一系的发展谱系中,反对以"知是知非"论良知之本体是一股很强的思潮,罗念庵之收摄保聚、聂双江"格物无工夫"已含苗头,王一庵更是明确说"今人只以知是知非为良知,此犹未悟良知自是人心寂然不动、不虑而知之灵体"②,而刘蕺山良知非究竟义论则可以说是这股思潮的高峰:"……即所云良知,亦非究竟义也。知善知恶与知爱知敬相似,而实不同。**知爱知敬,知在爱敬之中**;知善知恶,知在善恶之外。知在爱敬中,更无不爱不敬者以参之,是以谓之良知。知在善恶外,第取分别见,谓之良知所发则可,而已落第二义矣。且所谓知善知恶,盖从有善有恶而言者也。因有善有恶,而后知善知恶,是知为意奴也。良在何处?"③ 表面看来,刘蕺山对"知爱知敬"之"知"与"知善知恶"之"知"的区别,正好印证了耿宁的良知 I 与良知 II 之别:"知爱知敬"之"知"乃能爱能敬、会爱会敬的行动能力,此"知"是善的原发动力,属于耿宁的良知 I,而"知善知恶"之"知",是对善与恶之判断,此**类似于**耿宁的良知 II。但无论是王一庵抑或是刘蕺山,其问题意识均不在良知概念之分类,而是在辨别"良知"之本体究竟为何,质言之,何谓第一义之良知以及由此而来的何谓第一义工夫乃是

---

① 耿宁尽量从胡塞尔本人的庞杂的现象学思想库之中汲取资源,进行修正工作,他援引胡塞尔自我乃是贯穿于整个意识过程之中的持续追求的统一之极点这一看法,断定意识生活既然在其整体性中是一种"追求",那么对它的意识就不可能是道德中立的,而是对好追求或是坏追求的道德意识。

② 王栋撰:《一庵王先生遗集》,《四库全书存目丛书·子部》第 10 册,齐鲁书社 1995 年版,第 52 页。

③ 《良知说》,《刘宗周全集》第 2 册,浙江古籍出版社 2007 年版,第 317—318 页。

他们的问题意识之所在。依蕺山,"知爱知敬"之"知"方是原发的、第一序的道德行动之能力,故是"第一义"的,而"知善知恶"之"知"是对原发的"善"与"恶"之念的第二序之觉察、判断,故是"第二义"的,第二义即是不究竟义。在蕺山看来,阳明之"知"与"意"乃是两种不同的心理现象,故其间必有先后之关系,必有一时间差。"意"为原发,在先发生,"知"为次发,跟随着"意"之发动而起,如此,"知"便成了"意"的随从、尾巴,落入"后着","良知"之"良"便无从保证。这可以说是对阳明知是知非、知善知恶良知说所做出的最为严厉的批评。耿宁对良知 II 所做的现象学分析有助于我们准确地把握阳明知是知非、知善知恶之意义,而对王一庵、刘蕺山的批评提出反批评:知是知非、知善知恶是对本己意向中的伦理价值的直接意识,这种现象学意义上的内意识决定了知是知非、知善知恶之"知"并不是"第二义"的"知",因作为对本己意向中的伦理价值的直接意识的良知 II 在本质上就是**在一个本己意向出现时直接现存的,而且是必然与它同时现存的"知"**。此直接现存的内意识确保知善知恶之"知"并不在善恶之"**外**",亦不在善恶之"**后**",蕺山"知为意奴"的一类指责便无的放矢了。①

三

从编年的角度出发,耿宁将良知三义视为先后出现的良知的三个

---

① 以阳明知善知恶之良知为"第二义",是刘蕺山批评阳明良知说的关键所在,耿宁从现象学内意识角度阐述阳明良知 II 范畴,有助于澄清蕺山对阳明学之"误解",学界对蕺山批评阳明良知说已有系统与深入之检讨,尤见杨祖汉:《从刘蕺山对王阳明的批评看蕺山学的特色》,载钟彩钧主编:《刘蕺山学术思想论集》,台北"中央"研究院文哲研究所 1998 年版,第 35—66 页;黄敏浩:《刘宗周及其慎独哲学》第三章第二节"宗周对阳明学说的批评",台湾学生书局 2001 年版,第 111—152 页。由耿宁所区分的作为内意识的良知 II 入手,检讨蕺山对阳明良知说之批评,仍有可说之处,笔者将拟另文讨论。

概念是否成立？耿宁已经意识到，第一个标识为王阳明早期的良知概念（向善的秉性，良知Ⅰ），虽然在王阳明那里要先于其他两个概念出现，但这个早期概念并未因两个较后的概念出现而消失，在王阳明晚年的陈述中，三个概念实际上是并存的。耿宁亦指出王阳明本人或未明确地表述他的"良知"诸概念的差异性，这是因为在阳明那里，他不仅对理论分析并不甚致意，而且他更会以某种方式将这些不同的概念视为"同一个实事的各个视角"。既是同一实事，则良知的这三个概念，表述的并不是三种不同的意识现象，而是对"同一良知现象"之不同面向之描述，如此，如何理解这三个不同面向之关系，亦是值得进一步追问之问题。我认为耿宁良知三义的编年学考察有值得商榷之处，而三个良知概念关系之处理亦有补苴罅漏乃至重新调整之必要。

耿宁从编年的角度出发，将作为向善秉性的良知Ⅰ标识为王阳明早期的良知概念，因为它在王阳明那里要先于其他两个概念出现——其中作为始终完善的良知本体的良知Ⅲ更属于阳明晚年提出之概念。在我看来，良知Ⅲ在《传习录》上卷已有端倪可察，以耿宁本人曾作为良知Ⅰ引过的一个条目为例：① "惟乾问：'知如何是心之本体？'先生曰：'知是理之灵处。就其主宰处说便谓之心。就其禀赋处说便谓之性。孩提之童，无不知爱其亲，无不知敬其兄。只是这个灵能不为私欲遮隔，充拓得尽，便完完是他本体。便与天地合德。自圣人以下，不能无蔽。故须格物以致其知。'"或许基于此处"充拓得尽"一语，耿宁认为，阳明在这里紧随孟子所理解的这种"本原知识"乃是一种本原的伦理能力，是"善的自发的动力"，即良知良能，它表现在向善的自发情感和倾向中，故属于作为向善秉性的良知Ⅰ范畴。然而，"完完是他本体"一说已表明良知之本体乃是完整无缺的、完善的，它何尝又不是作为"始终完善的良知本体"的良知Ⅲ范畴？实际上，耿

---

① 耿宁：《论王阳明"良知"概念的演变及其双义性》，《心的现象》，倪梁康等译，第172页。

宁在《我对阳明心学及其后学的理解困难》一文中再次引用这个条目时①，就意识到此处的本体即是"完善的或完全状态中的东西"。我要指出的是，早在龙场悟道期间，阳明即已经拥有了耿宁所说的良知Ⅲ的观念，如所周知，阳明龙场大悟后即撰有《五经臆说》，该书虽被阳明付之一炬，但尚有十余条残存于世，其中对《晋》卦"明出于地上，晋，君子以自昭明德"之"臆说"尤值得重视："日之体本无不明也，故谓之大明。有时而不明者，入于地，则不明矣。心之德本无不明也，故谓之明德。有时而不明者，蔽于私也。去其私，无不明矣。日之出地，日自出也，天无与焉。君子之明明德，自明之也，人无所与焉。自昭也者，自去其私欲之蔽而已。"②这里"日之体本无不明""心之德本无不明"与后来阳明所说的"心之本体"如出一辙，这可以视为阳明"始终完善的良知本体"良知Ⅲ之雏形。如放在理学思想谱系中看，这一观念并不是阳明本人所首创，在程明道那里已有类似的说法：**"圣贤论天德，盖谓自家元是天然完全自足之物**，若无所污坏，即当直而行之；若小有污坏，即敬以治之，使复如旧。所以能使如旧者，**盖谓自家本质元是完足之物。"**③而"爱亲""敬兄"的说法在陆象山那里的

---

① 耿宁：《我对阳明心学及其后学的理解困难》，《心的现象》，倪梁康等译，第475页。该条目在此文中被标为《传习录》下，当系编者失察所致（该页所引《传习录》四条均出自上卷，但注释一律误标为下卷），另该条中文引文显系出自上海古籍出版社之《王阳明全集》而非陈荣捷之《王阳明传习录详注集评》，因《王阳明全集》相关标点并不妥当（"孩提之童无不知爱其亲，无不知敬其兄，只是这个灵能不为私欲遮隔，充拓得尽，便完；完是他本体，便与天地合德"），准确的标点当为："孩提之童无不知爱其亲，无不知敬其兄，只是这个灵，能不为私欲遮隔，充拓得尽，便完完是他本体，便与天地合德。""灵能"是否可作为专用术语（陈荣捷本亦视之为专用术语），值得推敲，毕竟在阳明文字中罕见，故为稳妥起见，不妨以"灵"字断句（我的学生赖区平向我指出了这一点）。"完完"，意为完整无缺，出自韩愈"月形如白盘，完完上天东"一诗，阳明曾将良知比作明月，"吾心自有光明月，千古团圆永无缺"，将"完完"断开，不妥。

② 《五经臆说十三条》，《王阳明全集》，第980页。《五经臆说》本为阳明龙场悟道后，证诸五经莫不吻合，故随所记忆而所撰著述，该书当有助于我们进一步了解龙场悟道之实质内涵，然阳明曾自陈此书"付秦火久矣"，钱德洪执师丧期间，偶于废稿之中捡出十三条，其中对《晋》卦之"臆说"颇可见出阳明龙场悟道之内容。

③ 《河南程氏遗书》卷一，《二程集》，中华书局2004年版，第1页。

表述是:"女耳自聪,目自明,**事父自能孝,事兄自能弟,本无欠阙,不必他求,在自立而已**"①,显然这个本无欠缺的能孝能弟的本心与阳明完完之本体毫无二致。

就三个良知概念之间关系,《人生第一等事——王阳明及其后学论致良知》辟有专章论之。该书第四章"对王阳明三个良知概念之区分的一个历史证明。这三个概念之间的关系"分两节阐述三个良知概念之区分与联系。在我看来,良知 I 与良知 III 的区分有过于"分析"之嫌,耿宁本人在早期的阳明论文之中并未明确做出此种分别,阳明眼前天即是昭昭之天、一节之知即全体之知一类说法,表明无须在良知 I 与良知 III 之间加以区隔。而在耿宁专题处理良知 I 与良知 III 之关系时,亦意识到王阳明往往将有限的"本原知识"(良知 I)与"本原知识"的始终完善的无限"本己本质"(良知 III)加以等同的现象。在"通过王阳明亲炙弟子黄弘纲来证实我们所做的三个'良知'概念的区分"一节中,耿宁援引阳明弟子黄洛村的一段话来证成自己良知三个概念之区分:"自先师提揭良知,莫不知有良知之说,亦莫不以意念之善者为良知。以意念之善为良知,终非天然自有之良。知为有意之知,觉为有意之觉,胎骨未净,卒成凡体。"耿宁认为此处"以意念之善为良知"以及"知为有意之知"乃是良知 I,"天然自有之良"是良知 III,而"觉为有意之觉"(在已有意向中的意识)则是良知 II。这一解读确实有"过度诠释"之嫌疑,②,因为黄洛村的问题意识并不在于区分乃师三个良知概念,而在于正本清源,澄清良知之本义。值得指出的是,"以意念之善为良知"以及"知为有意之知"并不与耿宁的良知 I 完全对应,它跟"觉为有意之觉"是同一组概念。在黄洛村看来,这组概念是在念头上、发用上("知是知非")理解"良知",是

---

① 陆九渊:《陆象山全集》,中国书店 1992 年版,第 254 页。
② 耿宁自己也承认黄弘纲所做的带有"本原知识"三个不同概念的陈述"实际上并不明确",而且也许这个陈述受到了他自己的"过度诠释"。

"以意念之善为良知",而有隔于诚一无伪之良知本体。黄洛村的批评本身是否谛当,此处不论①,但无疑是开了前述王一庵、刘蕺山批评王阳明以知是知非论良知之先河。该章第二节"本原知识的三个概念之间的关系"本是对三个良知概念关系之讨论,但这一节的讨论非常简略。耿宁在讨论了良知 I 与良知 III 之后(耿宁分析了在何种意义上良知 I 与良知 III 是可以等同的),重点阐述了良知 III 与良知 II 之关系,他认为跟良知 I 与良知 III 的关系不同,很难把良知 III 与良知 II 等同起来,因为完善的"本原知识之本己本质"自身不可能包含任何恶的意向。但他随即又指出,即使在这里,王阳明似乎也看到了某种同一性:"意向的伦理价值的知道者,亦即主体,具有这种直接的意识,即直接意识到这就是'本原知识之本己本质'",这是一种"将良心的主体等同于在始终完善的'本原知识之本己本质'中的实体的做法"。坦率地说,我这里几乎跟不上耿宁的思路。良知 III 跟良知 II 之同一性在根本上应从两者之同源性上去考虑,耿宁说完善的"本原知识之本己本质"自身不可能包含任何恶的意向,这无疑是正确的,但这个完善的"本原知识之本己本质"本身并不是盲目的冲动,它自身同时亦具有本己的内意识("天理之明觉")。就其是恒照恒察的"明觉"而论,这仍然是一种"知是知非"之"知"(此处之"是非"只是一虚位的"是非","知"才是实字);而就这时无任何恶的意向而论,这又可说是"无是无非"之"知",就良知本体而论,"知是知非"原是"无是无非"。该节对良知 I 与良知 II 关系的处理则较为仓促,颇给人语焉不详之憾。但在《论王阳明"良知"概念的演变及其双义性》一文之结

---

① 知是知非、知善知恶是良知,此为阳明本人所说,自无问题,但须善会。是非、善恶乃"意之动"范畴,属于经验、意念层面,而"知"其为是非、善恶之"良知"则是先天的、超越经验的范畴。此即意味着"知"意念为善、为恶之"知"与意念之善恶不容混同,"知是知非",纯然独体,胎骨纯净,"有意之知"、"有意之觉"不知从何说起。牟宗三对黄弘纲的批评颇不以为然,斥其"未真切于师门之教",为"头脑混乱全误解耳"(参见氏著:《从陆象山到刘蕺山》,《牟宗三先生全集》第 8 册,台北联经出版公司 2003 年版,第 325—326 页)

尾，耿宁已特别指出良知 I 与良知 II 有着"内在的联系"："作为心的基本特征的向善的秉性（早期良知概念）按王阳明的看法应是下述看法的前提，即人在意念中或明或暗地具有对意念的善或恶的自知（良心）。这样，在王阳明那里早期的良知概念可以被看成是后期的良知概念的本体论前提。"[①] 耿宁在将良知 II 跟胡塞尔的内意识加以区别时，已经强调过良知 II 的道德内涵。它不仅仅只是一种作为道德判断、道德评价的内意识，同时也是一种道德行动的能力（知者行之始，说个知就有个行字在），这就意味着在阳明那里"本己意向的伦理价值意识"跟孟子意义上的"善的萌动"之间并无截然之区隔。良知 I 为良知 II 之"本体论前提"一类说法，极易坐实黄洛村、王一庵、刘蕺山对王阳明以知是知非论良知之批评。实际上，在我看来，良知 I 与良知 III 是同一组概念，皆可以涵括在"仁"这一范畴下，而良知 II 则可以涵括在"智"的范畴下。阳明之良知概念实是一"仁且智"或"仁智互摄交融"之概念（良知之为明德，实兼"明"与"德"于一身），两者是一体之两面，不宜再区别何者为本体论之前提。质言之，"知是知非"之"知"跟"知爱知敬"之"知"并不是截然有隔的两个范畴，对本己意向的善与恶之内意识必应当下即有一好善、恶恶之萌动，一如见好色时，即有个好好色在，不是见了好色之后，再立意去好好色；闻恶臭时，即有个恶恶臭在，不是闻了恶臭之后，再立意去恶恶臭。在良知的原初现象之中，并不存在纯然的价值意识，因为任何价值意识都已经是与好善恶恶的价值追求联系在一起了，阳明曾对董萝石说，"好字原是好字，恶字原是恶字"[②]。在这种意义上，是非之心实亦是是是、非非之心（是者，是之；非者，非之）。或许，现象学不会接受这种浑融一如的措辞，而认为本己意向的伦理意识（内意识）跟好

---

① 耿宁：《心的现象》，倪梁康等译，第 186 页。
② 董沄：《从吾道人语录》，《徐爱钱德洪董沄集》，凤凰出版社 2007 年版，第 279 页。

恶的意志乃是两种不同的意识现象，"意志"是施行或不施行一个"意向"的决定，而"意向"则是直接产生的，换言之，孟子的善的萌动是自发的、不由自主的，而意志则是自我做主的、自我决定的。纵然我们接受这种现象学的区分，问题依然存在，在阳明所描述的良知之实事之中，会不会存在一种既是自发的、自不容已的，同时又是自我决定的现象呢？

## 四

从心理学或现象学意义上"理解"王阳明良知说，耿宁的著述绝对是一"典范"。然而任何真正意义上的理解最终必落实为一"自我理解"。克里斯滕森（W. Brede Kristensen）在其代表作《宗教的意义》一书中指出，历史学家与现象学家要始终牢记"我们要理解的是他们的宗教，而不是我们自己的宗教"，他"必须能够忘掉自己，能够将自身交付给他者（surrender themselves to others）。唯此，他们才会发现他者也会将自身交付给自己。倘若他们随身带着自己的观念，他者就会向他们关闭自身"。而当我们由于自己向所研究的实事敞开，而理解了这一实事的"意义"，"这种研究就并不是在我们的人格之外进行的。情形恰恰相反：研究会影响我们的人格。……我们的研究是一种理论活动，而与我们的实践生活无关，这是不真实的。在我们的科学工作期间，毫无疑问我们也在成长；当宗教是我们工作的主题时，我们也在宗教上得到成长"。[①]对阳明旨在唤醒、转化的一套话语的"理解"，即便只能以一种"再现的方式"重新经历这一话语背后的生命体验，亦必会或多或少唤醒与转化我们自己。哲学本来不就是一种生活的艺

---

[①] W. Brede Kristensen, *The Meaning of Religion: Lectures in the Phenomenology of Religion*, translated by John B. Carman, Martinus Nijhoff, 1960, pp. 6, 10.

术（art of life）、一种生活方式（way of life）吗？[①] 然而，随着"客观知识"兴趣的日益高涨以及相应的学科建制化活动，原本是"人生第一等事"的哲学越来越远离实际的人生，遑论什么"第一等事"！

耿宁对阳明心学研究之终极目标并不在于将中国之心学转换为一种知识形态的现象学理论，而是在于使现象学的明见服务于本心之学习。这在根本上是一种"心灵修习"与"伦理实践"的学习，在向"另一种文化中的邻人的重要精神经验"——耿宁说这个邻人越来越频繁、越来越紧凑地与他们欧洲人相遇——学习的过程之中，它必会唤起欧洲哲学家们的遥远的记忆，那源自苏格拉底的哲学活动的原初问题：我们作为人如何能够过一种伦理上好的生活。"这也可以成为对所有那些在今日西方学院哲学中就此问题变得完全无能为力的状况的一种矫正"，耿宁如是说。实际上，阅读耿宁的著作，或许亦可以成为对所有那些在今日中国学院哲学中就此问题变得同样完全无能为力的状况的一种矫正，但愿如此。

---

[①] 对西方古典哲学这一精神气质之描述，可参以下著述：福柯（Foucault）：《主体诠释学》，佘碧平译，上海人民出版社2005年版；P. Hadot, *Philosophy as a Way of Life: Spiritual Exercises from Socrates to Foucault*, Wiley-Blackwell, 1995, *What is Ancient Philosophy?* The Belknap Press, 2002; M. C. Nussbaum, *The Therapy of Desire: Theory and Practice in Hellenistic Ethics*, Princeton University Press, 1994.

# 恻隐之心、同感与同感意向性
## ——以耿宁为出发点

罗志达

（中山大学珠海校区哲学系）

## 引论

从历史的角度看，同感问题不但是早期现象学的重要课题，也是现今社会认知（social cognition）研究中的核心问题。就前者而言，同感以及宽泛意义上的他人问题一直是现象学家关注的焦点。他们都论及同感问题的一个或多个维度，例如他人的存在论问题（Heidegger, 1927; Husserl, 1929），他人的认识论问题（Stein, 1917; Scheler, 1923; Husserl, 1929），他人的超越论构造问题（Husserl, 1929），以及他人的伦理或社会性问题（Stein, 1917; Gurwitsch, 1931; Schutz, 1932）。[①]其

---

[①] 实际上，舍勒在其《论同感的本质》一书区分了同感问题的六个不同层面：1. 同感的本体论问题，也即一个主体的实存是否独立于另一主体的实存；2. 认识论问题，也即一个人如何证成自己关于他人存在这一信念；3. 构造性问题，也即关于从自我到他人的构造次序（或者相反）；4. 经验心理学问题，也即如何科学地研究他人的心理状态；5. 形而上学问题，也即其他主体是否包含两个平行的笛卡尔式实体——心灵实体和物理实体；以及 6. 价值问题，也即关于爱、义务、责任、对他人之感激等社会性行为。（参见 M. Scheler, *The Nature of sympathy*, P. Heath trans., New Brunswick & London: Transaction Publishers, 2008, pp. 216-233；另参见 A. Schutz, "Scheler's Theory of Intersubjectivity and the General Thesis of the Alter Ego", *Philosophy and Phenomenological Research*, 2 [3], 1942, pp. 328-329）

中值得注意的是胡塞尔的位置：虽然他迟至 1929 年才发表有关交互主体性的系统性思想，但上述关于他人问题的研究或多或少都与他发展起来的超越论现象学有关——或发展之，或批判之。

就后者而言，现今社会认知关于同感的研究主要集中于——大致而言——他人的认识论问题：我们作为一个经验的主体如何能够认知另一主体的心智状态，例如他人的情绪、欲望、信念、倾向及判断等等。其中，除了经典的理论理论（Theory-theory）和模仿理论（Simulation-theory），以现象学为基本立场并受胡塞尔、舍勒以及梅洛—庞蒂等人启发的直接感知理论（Direct-perception-theory）近年也成为有力的竞争方案。虽然这些理论方案之间存在诸多的分歧，而且各个理论方案内部也并非就所有问题都达成了共识，但我们可以就其基本理论分歧概括为如下三点[①]：一是观察性论题，他人的心智状态到底是可见还是不可见的，也即他人的心智是隐藏在身体/躯体之外的不可观察之物，还是源初地表达于身体性行为之中；二是推导性论题，他人认知是基于素朴心理学（folk psychology）进行的推导（inference）过程，还是基于直接的感知（perception）；三是表达性论题，他人的身体行为（如面部表情）是一种表达性行为，还是一种待解释的纯粹肢体动作。从现象学的立场看，如若我们严格而忠实地对他人行为进行素描，并就其被给予性样式进行分析，我们可以说，他人身体是一种表达的统一体；在日常的交往过程中，他人的情绪、意愿乃至倾向直接地表达于其身体性行为之中，而且它们可以被直接地感知到——我们无须理论推理就能认知到他人的心智状态。

然而，即便我们接受上述现象学立场，关键的任务还在于忠实地揭示同感的"如何"：在日常的同感行为之中，他人的身体性行为是

---

① 相关论述可参见 S. Gallagher, *How the Body Shapes the Mind*, New York: Oxford University Press, 2005，第九章；S. Gallagher, D. Zahavi, *The Phenomenological Mind*, Abindon: Routledge, 2008/2012，第九章。

如何被给予的，以及同感行为到底是如何进行的。进一步来说，我们需要在现象学反思中分析他人身体是如何被构造为"他人的身体"，他人的身体性行为如何对其心智表达具有构造性作用，并在此基础上系统地分析同感行为的基本意向要素与意向结构。在此方面，耿宁的论文（2008，2012）无疑非常富有启发意义。本文无意牵涉耿宁关于同感论述的诸多面向，例如同感的反思与前反思结构、同感中自身意识与他异意识的关系，而是尝试进一步探讨他关于同感意向特征的论述（第一节）。本文指出，虽然想象在某些同感经验中扮演着重要角色，但想象本身并不是同感行为的决定性要素。同感是一种特殊的"他人感知"（Fremdwahrnehmung），后者是感知与当下化行为之间的意向融合（Verschmelzung）（第二节），而且就其意向结构而言更接近于图像意识而非纯粹想象（第三节）。在此基础上，本文尝试揭示同感的双重意向性，恰恰是这种意向的双重性使我们得以理解他人视角及其（拟态）意义（第四节）。

## 一、耿宁论同感的诸要素

在耿宁论同感的论文中，耿宁认为同感行为需要满足两个条件：他人的指向性（directed-to-Other）与行动的趋向性（action-for-Other）。我们结合具体的例子来进行说明：

> 每个人都有不忍心看到他人受苦的心。这就是为什么当一个人突然看到一个小孩快掉进井里时一定会感到惊吓和趋向于同情。这不是因为他和孩子的父母交朋友，也不是因为他想要赢得乡朋的赞誉，甚至不是因为他厌恶听到孩子的哭声。从这个例子看，如果缺乏同情心，就不是人。[①]

---

① 如无说明，引文皆来自耿宁。

这个源自孟子的经典例子涉及诸多方面：譬如为何"不忍人之心"是道德心理的基础（"人皆有不忍人之心"），它又如何激发或成就同情心（"怵惕恻隐之心"），以及同感与其他高阶或反思性心理活动的关系（"非所以内交于孺子父母"，"非所以要誉于乡党朋友"，"非恶其声而然"）。对于本文的讨论而言，关键是清理"乍见孺子将入于井"这个感知事件，也即分析我们如何感知到这个小孩作为另一个"他人主体"，在这个感知中所经验的自身情感（"怵惕恻隐"）如何区别于他人的主体体验——小孩之为他人主体的主体体验。

首先，相对显然的是"他人指向性"，"这些同感感受与倾向在意向上指向那些对其他人或其他生灵而言的处境"，也即是说，同感具有指向他人的意向性；而且这种"他人指向性"构成了同感行为的必要条件。耿宁强调同感行为是一种处境性（situational）的社会行为，并且有时也认为同感的意向性指向这一"处境"而非他人主体。具体来看，虽然具体的同感行为都发生于特定的处境之中，并且这些处境有助于我们更好地理解被同感的对象，但很难说被同感的对象是这个"处境"——因为我们所同感的对象毕竟是这个小孩而非小孩所在的处境。耿宁似乎也确认这一点：在看到小孩"俯身乘着雪橇高速从陡坡呼啸而下"时，虽然雪橇从陡坡上高速滑动有助于我认识到小孩行为的危险性，但我的同感行为在意向上确实是指向这个"小孩"而非这个"处境"。例如他说，在看到这一幕时，"我们都吓坏了，以至于我和我姐姐都想要抓住他，不让**他**去这么冒险"。我们可以说，同感意向性的"他人指向性"构成了同感行为的首要特征：同感是对他人、另一个意识主体的同感，而非指向同感者自身的行为。

其次，耿宁认为真正的同感还包含一种"行动的趋向性"。例如"看到小孩就要坠入井中而感受到的同感就包含了去把他抓住的倾向"。耿宁认为这种行动的趋向性构成了同感行为的充分条件，因为虽然我们有时确实感知到了其他人的心理状态，但这种感知并不必然导致进一步的"对应行动"——在耿宁看来，这是一种"虚假或凋谢了的"同感。在小孩入井或其他例子中，有时我们确实感知到了另一意识主体的悲苦，但这种感知并未导致援助的行动，这时感知行为并不能算作真正的同感——有时甚至更糟，例如这种感知可能会变为"幸灾乐祸"。

根据耿宁的论述，如果缺了前者，也即缺乏"他人指向性"，这时行为必然不是真正的同感。例如在看到另一个人高兴时也随着高兴得手舞足蹈，看到另一个人愤怒时不由自觉地后退，等等，这些行为是"自身的表达性动作"，而不是"为了他者"的行为。因此，它们不是真正的同感行为。另一方面，如果缺了后者，也即缺了"行动的趋向性"，这时行为即便是指向他人的，但它不一定构成同感行为，因为这种行为可能是为了欺骗他人（虚假的同感），也可能最终变成了漠不关心或事不关己（凋谢了的同感）。就此而言，一个活生生的同感行为必然包含着同感意向性与同感行动的共同作用，由此才导致同感行为的最终实现。

然而，上述两个条件似乎并没有穷尽同感行为的所有侧面，譬如我们看到小孩乘着雪橇俯身而下所受到的"惊吓"并不等同于小孩此时实际的"快乐"。换句话说，同感者所感受到的情感与被同感者自身感受到的情感并不一定对称或同构。我们可称之为同感的第三个要素："同感的非对称性（asymmetry）"。但需要看到的是，情感上的非对称性并不意味着同感者的感受与被同感者的感受必然是不相同的，譬如我看到朋友因为获奖而高兴喜悦，我也会受到感染（affected）而与他一同高兴喜悦。因此，就同感行为而言，同感感受（feeling）是否相同可能并不是关键，重要在于这个"感受"的经验方式，或者说同感感受在不同意识主体中的体验方式：对于被同感者而言，很显然，他是以"第一人称视角"的方式源初地体验这一高兴或痛苦，而对于同感者而言则是以"第三人称视角"的方式体验这一高兴或痛苦。例如，在看到小孩飞身而下时，我确确实实被惊吓到了，但具体来看，我可能与此同时也直接看到了小孩欢乐的神情；然而，这种"直接地看到小孩欢乐的神情"并不是"我"以第一人称的方式切身地感受到该欢乐，小孩则是以第一人称的方式切身感受到了该欢乐。

进一步的问题则是，尽管我们可以在想象中设想并理解另一主体此时此刻的心理状态（小孩的"快乐"），但这些心理状态并不是"我的"心理状态，它们是严格意义上的"另一主体"的心理状态。也即是说，同感行为还包含第四个要素：自我与他人的区分，或者"自我的心理状态"和"他人的心理状态"。通过反思，我们可以发现这个区分在当其时的同感行为中已然发生作用，而同感行为之为关于"他人"的行为，恰恰是因为这个区分。耿宁认为，我们在考察同感行为时必须坚持以下事实："我们之所以受到惊吓，并不是因为这个处境被我们体验为**对我们自己**是危险的，而是因为它被我们体验为**对另一个人**（for an Other）而言是危险的。"（黑体有改变）

上述四个同感行为的要素[①]不但为我们理解同感行为提供了很好的指引，也为我们评估某个关于同感行为的解释提供了参照标准。依此框架，我们进一步检讨耿宁关于同感行为之实行方式（Wie/how）的解释。

## 二、他人视角：想象抑或感知

耿宁认为理解同感行为的关键在于如何去解释具体同感行为中的"他人视角"，也即在反思意识中，"人们想象性地将自己放

---

[①] 在最近的社会认知研究中，部分学者也在相似的意义上讨论了同感行为的相关要素或条件，具体可参见 P. Jacob, "The Direct-Perception Model of Empathy: A Critique", *Review of Philosophy and Psychology,* 2 (3), 2011; F. d. Vignemont, P. Jacob, "What Is It like to Feel Another's Pain?" *Philosophy of Science,* 79 (2), 2012。来自现象学阵营的批评则可参见 D. Zahavi, S. Overgaard, "Empathy Without Isomorphism: A Phenomenological Account", *Empathy: From Bench to Bedside,* 2012。

到另一个生者的感知、感受与意愿的视角上，并想象性地当下化（Vergegenwärtigung）就这个视角而言的'这个世界看上去如何'"。换言之，通过这种想象性的当下化，我们不但可以在同感中感受到他人的感受，而且可以理解他人为何具有此种感受，也即"表象另一个生者、另一个主体就意味着从他的视角出发去表象这个主体"。对他者视角的表象，就意味着当下化他人**从他的视角**对其处境的感知、意愿乃至判断。耿宁在其2008年的论文中提出了这个设想，并在2012年的论文中就此设想进一步展开了论述。对于这种"想象性的当下化"或"设身处地"地理解他人的视角，耿宁认为胡塞尔主要提出了两种思路：一是将之与回忆行为（Wiedererinnerung）相类比，二是将之理解为一种"想象行为"。就前者而言，一如很多学者已经指出，这种类比策略其实是不成功的。[①] 我们在这里主要比照上述四个要素来检讨第二种策略。

那么，这种"想象性的当下化"是如何实现同感行为的呢？上述引文指出，想象性的当下化包含了两个方面：首先，被当下化的是他人对他所在处境的视角以及他从这个视角出发所感知、感受或者意愿到的意识内容，也即"世界就他的视角而言的'如何'"；其次，当下化行为是一种想象性（imaginatively）的"设身处地"，也即在想象中把自己放到他人的视角从而**从他人的视角**经验他人的主体体验。那么我们应该如何理解这个"设身处地"的想象呢？在《笛卡

---

① 对这一类比策略的反驳主要见于以下三位经典作家：K. Held, „Das Problem der Intersubjektivität und die Idee einer phänomenologischen Transzendentalphilosophie", in K. Held und U. Claesges, eds., *Perspektiven transzendental phänomenologischer Forschung: Für Ludwig Langdgrebe zum 70. Geburtstag von seinem Kölner Schulern*, Den Haag: Martinus Nijhoff, 1972；Theunissen, M., *The Other: Studies in the Social Ontology of Husserl, Heidegger, Sartre, and Buber*, C. Macann trans., Cambride, Massachusetts and London: The MIT Press, 1986；以及 R. Kozlowski, *Die Aporien der Intersubjektivität: eine Auseinandersetzung mit Edmund Husserls Intersubjektivitätstheorie*, vol. 69, 1991, Würzburg: Königshausen & Neumann。

尔式沉思》的"第五沉思"中，胡塞尔认为这是一种"类比性统觉"（analogierende Apperzeption）并将之刻画为"一如当我在'那里'时"（Wie wenn ich dort wäre）。胡塞尔的论证如下：

我们对外部世界的感知总是从某个特定的视角进行的，并且只能看到外部物体的某个侧面，例如此时此刻我只能直观地看到电脑的正面，但却不能**同时**还直观地看到电脑的背面。这种感知的"第一人称视角"特征是由于我们通过并依赖于身体（Leib）进行感知。或者说，我们的身体就是"感知着的身体"①，是"我们对世界的视角"。胡塞尔认为，身体之区别于躯体（Körper）主要在于两个方面：

（1）身体是所有感知的导向中心：外部物体的空间导向，例如"在左边或在右边"、"在上边或在下边"、"在前边或在后边"，最终都回溯到身体的原点，也即身体的"绝对这里"（absolut Hier）、身体的"索引性原点"。② 只要感知者是具身性的主体，那么他就是感知导向的"这里"；与之相对，被感知者则是"那里"（Dort）（Hua 4/158）。

（2）身体是一个动觉系统（Kinästhese）或具有移动性（Beweglichkeit）：身体作为导向上的绝对原点并不意味着身体静止或固定于某点；相反，由于身体自身具有动觉系统或活动性，它总是可以将空间上的"那里"转变为身体性的"这里"，也即"我可以通过我的具身性居有任何空间位置"（Hua 1/146）。

这两个条件构成了他人身体—躯体（Leibkörper）构造的前提。在我感知到他人时，我总是在"这里"，而他总是被感知为"在那里"（im Dort）。但是他人的外观或外在显像（körperliche Erscheingung）使我回想起我所具有的相似性外在显像，"一如当我在'那里'时"，那

---

① 参见 D. Zahavi, *Self-Awareness and Alterity: A Phenomenological Investigation*, Evanston, Illinois: Northwestern University Press, 1999, chapter 6。

② 本文所引用胡塞尔著作均源自《胡塞尔全集》（Husserliana）。为求简洁，本文将按照《胡塞尔全集》的通用引用格式，在简称 Hua 后分别标明卷数和页数，例如此处简缩为 Hua 4/56。

样（Hua 1/147）。① 换句话说，在他人感知中，虽然我依然还是在"这里"，但这种感知具有一种特殊的意向成就，也即"将自我从这里周转到'那里'"，并由此而居有他人的"那里"，由此我得以最终达成"设身处地"这一结果。胡塞尔总结说，"为了使'在那里'的他人躯体与'在这里'的自我躯体达成一种结对的（相似性）联结，并且由于他人躯体是以感知的方式被给予的——并以此成为统现或对当下共在自我（mitdaseienden ego）之经验的核心，（那么）依照上述联结的整个意义给予过程，这个自我就必然被统觉为'在那里'模式中的当下共存自我（一如当我在那里之时一样）"（Hua 1/148）。

黑尔德（Klaus Held）在其著名的《交互主体性问题与现象学的超越论哲学观念》（1972）一文中指出，这里的"一如"（wie）实际上是一种"虚构表象"（fiktive Vorstellung）或"虚拟"（Konjunktiv）意识，"通过它，我将我的具身性虚拟地设定到（他人所处的）'那里'；但相对于当下的'那里'，我的'这里'在实际中依然保留着"②。用耿宁的话说，这是以想象的方式将自身投入到他人的视角之中。③ 然而，黑尔德进一步指出，这种虚构意识或想象性的当下化——就他人统觉

---

① 关于如何解释胡塞尔同感理论中自我身体与他人躯体之间的相似性（Ähnlichkeit）论题，一直都存在非常大的争论。这涉及自我身体如何达成与他人躯体的相似性，以及这种相似性到底是外在躯体显现的相似性亦或是身体性之不同显现方式的相似性。本文不能详细展开相关的论述，可参见 A. Schutz, "The Problem of Transcendental Intersubjectivity in Husserl", I. Schutz ed., *Collected Papers III*, vol. 22, Springer Netherlands, 1970; M. Theunissen, *The Other: Studies in the Social Ontology of Husserl, Heidegger, Sartre, and Buber*, C. Macann trans.; R. Kozlowski, *Die Aporien der Intersubjektivität: eine Auseinandersetzung mit Edmund Husserls Intersubjektivitätstheorie*, vol. 69, 1991; 以及本人的论文 Z. Luo, "Motivating empathy: The Problem of Bodily Similarity in Husserl's Theory of Empathy", *Husserl Studies*, 2017, pp. 46-61.

② K. Held, „Das Problem der Intersubjektivität und die Idee einer phänomenologischen Transzendentalphilosophie", in K. Held and U. Claesges eds., *Perspektiven transzendental phänomenologischer Forschung: Für Ludwig Langdrebe zum 70. Geburtstag von seinem Kölner Schulern*, S. 35.

③ 在中文中，我们也会说"你应该设身处地地替他想想"（you should think about it as if you were him）。很显然，这里的"想想"是一种高阶的反思性意识，或者说对某个已经发生或有可能发生事件的"想象性变更"。但这种"设想"并不是面对面的交往——后者才是日常人际交往的首要形态。

而言，存在着一个关键的困难：虽然我们能够通过想象将自身投入到他人的视角并由此理解他人的动机、意图，但恰恰由于它是想象或虚构的，最终被当下化的视角只能是一种"想象"或"虚构"的他人视角，而非现实中真实的他人视角。换言之，这种想象性的当下化虽然是指向他人的，并可能基于此而导致进一步的为他人的行动，但这里被当下化的视角并不是真正属于他人的视角，而是**自我视角的**一种想象变更。托尼森（Michael Theunissen）认为，这是"将'自己'投入到了他人之中"，是一种"内在的变更"（immanent modification）。其结果是，"我在他人那里所同感地经验到的东西就是彻彻底底我自己的心灵，也即我自己的'自我'"①。因此，这种想象性的当下化并不能满足上述第三和第四个条件：这种解释用"自我视角"代替了"他人视角"，并因此消除了自身与他人之间的区分。

在《观念》第二卷中，胡塞尔认为存在另一种解释模式，也即同感行为不是一种想象行为，而是一种特殊的他人感知——一种感性感知与当下化行为相融合（Verschmelzung）的行为："在一种特定方式中我也经验到他人的（主体）体验：只要同感是一种与对（他人）身体的源初经验统一地（in eins）发生的当下化方式，但这种同感依然构成（begründet）了具身性共在者（Mitdasein）的特征。同感的特性在于，它指向一种源初的身体—精神意识，但恰恰是作为这种身体—精神意识，我自身不能源初地实行它"（Hua 4/198）。换句话说，同感行为必然是植根于对他人身体的感性感知，但同感行为与此同时还具有当下化的意向成就（Leistung），正是后者使得自我能直观到他人的主体体验，例如他人在其身体性行为中表达出来的，在其特定处境之中的情绪、欲望、信念、倾向乃至于判断。但这种直观并不等同于"我

---

① M. Theunissen, *The Other: Studies in the Social Ontology of Husserl, Heidegger, Sartre, and Buber*, C. Macann trans., p.145.

自己对它们的源初实行或体验"，因为一旦它们能够被我源初地体验到，它们"就仅仅是自我本质存在的一个成分，而且他人自身与自我自身最终也成了同一个（einerlei）"（Hua 1/139）。按照耿宁的说法，他人在其处境及行为中呈现或表达出来的主观体验"根本就不是感性地可感知到的"，因为后者的被给予方式并不同于外在物理对象在感知中的被给予方式——我们可以绕过一棵树看到它的另一面，但我们却不能以同样的方式直观到他人的主体体验。①

如此，他人感知则是一种特殊的"感知性当下化"（perzeptive Vergegenwärtigung），其中自我源初地感知到他人的身体及其在身体中表达出来的他人主体体验，但这种感知性当下化并不是以"自我"代入"他人"并最终将他人还原为自我的一部分，而是使得他人主体体验得以被同感者直观到的意向方式。在《笛卡尔式沉思》"第五沉思"中，胡塞尔认为这种解释是对他人之**事实**（de facto）经验中的"意向成分的解明"（Hua 1/138），因此是"与所有客观性经验一同构造地出现的观念，并且这种观念具有其有效性样式与科学的积极组成（Ausgestaltung）"（Hua 1/138）。显然，这种他人经验"不可能是任意一种当下化行为"（Hua 1/139）②；它必须是"与当下拥有（Gegenwärtigung）、与真正的自身给予交织在一起（Verflechtung）的当下化行为，并且只有通由后者的支持（gefordert）才能具有他人统现的特征"（Hua 1/139）。

---

① E. Stein, *Zum Problem der Einfühlung*, Freiburg/Basel/Wien: Herder, 2008, S.14-15.
② 胡塞尔主要区分了六种当下化方式：1. 对过去的回忆，2. 对未来的期望，3. 对当下不能直观到的当下共在之物的共一当下化（Mitvergegenwärtigung），例如我现在对隔壁房间之布局的想象；4. 纯粹想象；5. 图像意识；以及 6. 对他人主体的同感（参见 Hua 11/§ 17；J. Brough, "Translator's Introduction to Phantasy", *Image Consciousness, and Memory (1898-1925)*, Dordrecht: Springer, 2005）。这六类当下化方式中，有些是基于想象的直观方式，如期望、共当下化以及纯粹想象；有些是基于感性感知的行为变更，如回忆——它虽然类似于想象，但本质上却不是想象行为；还有些是奠基于感性感知并与之融合一体的直观行为，如图像意识和他人感知（同感）。而且不同的当下化方式可以通过叠加而形成新的意识方式，例如在想象中回忆起青春时期的事情，或者在回忆时掺杂了对青春时期的想象。（参见 R. Bernet, I. Kern, and E. Marbach, *An Introduction to Husserlian Phenomenology*, L. Embree, trans., Evanston, Illinois: Northwestern University Press, 1989, 第五章）

### 三、他人感知与图像意识

如果他人感知不是一种"想象性的"当下化,那我们又应该如何理解这种独特的他人感知以及其中的当下化行为?在这种感知中,我们当下化了他人对其周遭或处境的表象,由此得以在一种类似"设身处地"的情景中感知他人在其特定处境之中的情绪、欲望、信念、倾向乃至于判断。为此,我们需要说明他人感知如何直观到这些心智状态,感知又如何与当下化行为融合于具体的同感行为之中——在这种融合中,我们没有损失任何同感行为的"直观性",也即我们确实直观地看到他人的喜、怒、哀、乐。

胡塞尔在一些手稿中认为,就其被给予方式以及意识结构而言,同感行为类似于图像意识(Bildbewußtsein)——另一种"感知性的当下化"。一方面,同感行为与图像意识都是感性感知与当下化行为的特殊意向融合。另一方面,两者都具有类似的直观被给予方式,也即他人的身体行为与图像具有类似的表达结构——被表达者直观地显现于表达性载体(Anhalt)之中。耿宁似乎也意识到了这一点;他注意到:在报纸中读到或在广播中听到某个灾难性消息时,我们所感受到的力度、活泼性乃至直观性都没有在电视中看到同一段消息时来得强烈,因为"电视上动人的画面(images)并不仅仅是感性感知,而是通由画面并基于想象的当下化"。

下面我们借助胡塞尔的图像理论[①]来具体地分析同感行为与图像意识的相似性,并以此说明:(1)同感行为为何相似于想象但却不是

---

[①] 需要注意的是,胡塞尔对图像意识的分析主要是基于对"描绘性图像"(Abbildung)——特别是画像的分析;其次,这些分析并非自始至终都是一致的——他大致在1920年之后将图像理论拓展到关于舞台表演、动画(电影)、文学以至于抽象画的研究,并由此修正了部分观点。但上述事实并不影响本文的分析,也即胡塞尔关于图像意识"最一贯或许还是最令人信服的分析"。(J. Brough, "Translator's Introduction to *Phantasy*", *Image Consciousness, and Memory [1898-1925]*)

真正的想象行为，（2）同感行为在何种意义上具有类似于图像意识的复杂意向性。为了便于说明，我们以凡·高的《自画像》为例来进行说明。

胡塞尔认为，在统一的图像意识中，我们实际上同时指向三个不同的意向对象：图像物（Bildding）、图像对象（Bildobjekt）和图像主题（Bildsujet）。具体来说，图像物是指画像的物理材料和基底，例如画布、颜料、笔画等等。在实际的观看行为中，虽然图像物并不是首要的意识课题，但它却以一种前反思的方式与周围环境共同构成了图像意识的视域，例如这幅画挂在墙上，旁边有照明的灯光等等。在这个意义上说，图像物一方面将图像系泊（anchor）在物理或实在的世界之中，另一方面又通过画框以及画笔的构型方式"激发"或"唤醒"了在其中显现的图像（Hua 23/30, 135）。图像对象正是指这种"通过其特定的着色与构型而在如此这般的样式中显现出来的图像"（Hua 23/19），譬如这个右耳上缠着绷带、叼着烟斗的人。用胡塞尔的话说，我"在图像物中看到了（sehen ins）图像对象"（Hua 23/26）。也即是说，我并不是看到一些不规则的线条以及不同颜料的堆积，甚至也不是一堆杂乱的印象；相反，我看到的是"完全不同的东西"——一个具有不同于凡·高真实尺寸的"形象"（Gestalt）（Hua 23/44）。显然，这个形象并不等同于凡·高本人——那个被这幅画像所描绘的来自荷兰的著名画家，但这两者之间却存在一种内在的联系，也即图像对象通过一种相似性指向（refer）或指示（indicate）被描绘的对象，并使后者通过图像对象直观地显现出来（Hua 23/30）。胡塞尔将后者称为图像主题（sujet/motif）。就当前的图像意识而言，图像主题是非在场的并且也是不可见的，因为被描绘的对象原则上并不须是"活生生地"（leibhaftig）存在于当前的感知域中，而且因为它的存在样态（曾经是否实际存在或现在存在于别处）之于当前的图像意识也是无关紧要的。

其中最为关键是这三种意向对象之间的关系：指向图像对象的意

识行为如何与指向图像主题的意识行为**一同运作**并**构成统一**的图像意识？或者说，在图像意识之中，感性感知如何与当下化行为融合为一体？它们是通过某种外在纽带（Bindung）并列在一起的吗？例如，被描绘对象是通过一个行为独立地构造出来，而图像对象则是通过第二个不同的行为构造出来，然后通过对相似性的"比较"将两个对象绑定在一起？胡塞尔否定了这种设想，因为我们如此实行的并不是图像意识，而是关于两个对象之间的关系意识：我们先看到凡·高本人，然后在另一个意识行为中看到相类似于凡·高本人的事物（可能是雕像或蜡像），然后通过比较发现前者跟后者在外形上相似。因此，图像意识应该是统一地（in eins）包含着两种不同意识样式——感性地感知到图像对象，并由此而当下化并不能被感性感知到的图像主题，而且这两种意识样式必然是交织在一起（ineinander geflochten）并一同起作用。但我们又如何解释它们在意识样式方面的差异呢？胡塞尔认为两者是通过一种双重"意向冲突"（Hua 23/51）。一方面，图像意识首先是指向图像对象，但这并不意味着图像物完全不被意识到；相反，后者是同前者被一同意识到——但却是以边缘的方式。有时我对画像的线条、色彩乃至布局感兴趣，这时图像物从边缘意识中凸显出来并自身成为真正的意识课题，而图像对象的显现则退居到意识边缘。另一方面，图像对象与图像主题是通过相似性而关联起来的，但是这种相似性无论如何都不可能是完全的，也即在两者的相似性中存在着或大或小的不一致性，后者构成了图像对象显现与图像主题显现之间的意向冲突。对于图像意识而言，这种双重意向冲突保证了图像意识既能直观到画像，又不至于将图像还原为纯粹的感受性对象或精神性对象（Hua 23/41）。换言之，它确保了图像的实在性与精神性，并因此构成了图像意识的基础。

通过上述分析，我们发现图像意识具有复杂的意向结构：一方面，它包含感性感知行为，例如对图像物的外在感知；另一方面，它同时又包含了当下化行为，例如它当下化了非感性、非在场的图像主题。这两个意向要素通过双重的意向冲突而"融合"在统一的图像意识之中。我们由此能够以感知性的当下化行为直观到在绘画中源初地显现出来的"象"（das Bildliches）或"虚象"（Fiktiv）——后者既非单纯的感性物理对象，也非单纯的精神性对象，而是先于感性、知性抽象之前的源初统一性。在《观念》第二卷（§56）中，胡塞尔认为，我们可以借助上述图像分析而获得"身体与精神的复杂统一性（komprehensive Einheit）"，也即身体与精神/主体性之间的表达性关系：

（1）身体与精神既不是两个相割离但通过某种"因果关系"而并列在一起的独立存在者（Seiende）；相反，身体与精神是一种类似于图像的"表达性统一体"（die Einheit von Ausdruck）。具体来说，如果没有身体这一感性对象，我们的同感行为就失去了根基或支撑（Anhalt）——"我们也就原则上不可能经验到他人的心灵生活"（Hua 9/108）。另一方面，他人的心灵或主体体验完完全全表达于他的身体行为之中，这原则上也不可能的，因为如果是这样的话——"他人的本质存在若是直接地可通达的，那么其本质存在就成为自我之本质存在的单纯要素"（Hua 1/139）。他人的身体与精神是先于抽象的源初统一体：身体表达着精神并且精神，表达于身体之中，两者相互构成又不可相互还原。

（2）对他人之主体体验的当下化，必然是与对他人身体的感性感知交织在一起的。一如图像意识中的"感知性当下化"，此处的当下化不可能是一种"想象性的当下化"，因为单纯的想象行为既没有感性物理对象的支撑，也不具有直观内容的稳定性、活泼性以及强度。综合而言，单纯的想象行为是一种非设定性意识，而（他人）感知是一种设定性意识；前者是后者的高阶意向变更，并以后者为前提。

（3）因此，他人感知类似于图像意识中的"感知性当下化"——在《笛卡尔式沉思》"第五沉思"中，胡塞尔称之为"当下拥有"与

"当下化"两种行为样式的"功能性统合"(Funktionsgemeinschaft)(Hua 1/150)。恰恰是由于这种复杂的意向结构使得同感行为具有了"最为复杂的意向性"(Hua 1/140),后者使我们既能直观到他人在其身体行为中表达出来的主体体验,又不至于将他人的主体体验还原为"自我体验"——在胡塞尔看来,这种"可通达的不可通达性"便构成了他人作为另一个"共存他者"(Mitdasein)的特征(Hua 1/144)。

我们现在可以检讨为何这种他人感知虽然相近于想象,但就本质而言却不是想象行为。回到耿宁的例子:在看到小孩乘着雪橇高速滑下时,我们是"直接地感知到他的快乐"还是"通过想象才能设身处地地认知他的快乐"?耿宁认为,我们需要区分第一性的同感与第二性的同感:首先,我们看到他的危险动作而被惊吓住了;其次,我们通过想象而设身处地地理解他此时此刻的快乐。问题在于,我们是否必须通过一个后续的反思性想象来理解或认知小孩此时此刻的快乐?如果真是这样的话,我们是否只能理解一个"后续的快乐"而非小孩**当其时**的快乐?通过分析图像以及身体的表达结构,我们可以说,虽然我们可以就某人的行为做反思性的想象,但这种划分并不切中同感行为的意向特征,也即我们并不需要一个后续的反思性想象就能**在同感行为中源初而直接地"看到"他人所表达出来的主体体验**:小孩此时的快乐。就此而言,他人感知并不需要因而也不是想象性的当下化行为。一如绘画中源初显现的"象",在小孩身体行为中表达出来的"快乐"既非单纯的感性物理物也非单纯的精神性体验,而是**兼合了**(*straddle*)**感知物理物之可见性与精神主体性之不可见性的**"居间存在者"(inbetween)[①]。在这个意义上说,他人感知与图像意识一样,在某种程度上近类于想象——但这无论如何也不能推导出他人感知与图

---

[①] 参见 N. De Warren, *Husserl and the Promise of Time: Subjectivity in Transcendental Phenomenology*, Cambridge: Cambridge University Press, 2009, p. 148。

像意识本质上就是单纯的想象行为。

## 四、同感的双重意向性与拟一视角获取

但是，我们又该如何理解这个如此重要的"感知性当下化"呢？如果我们并不是在想象之中将自身放置到他人的视角之中，我们又如何达成类似于"设身处地"的意向成就？在关于"交互主体性"的第2卷第30号研究手稿中，胡塞尔初步回答了这一问题。我们结合胡塞尔本人的手稿和上述分析，尝试指出：他人感知具有第二重更为复杂的意向性，这种意向性使得我们可以在一种"拟态"（Quasi）中获得他人视角，并且得到关于他人表达行为的"拟态意义"。

通过分析图像的显现方式，胡塞尔认为图像意识本质上是关于"他异存在"（Anderssein）的意识（Hua 23/51），它通过图像的特殊构成方式而达成对"不在场者"或"不显现者"的意识。换句话说，这是"一种独特的意识，它在显现者中当下化了非显现者，由此，显现者通过其特定的直观特征而存在——仿佛它就是他异之物"（Hua 23/31）①。依据上述分析，我们可以得出，图像意识在指向直观显现之"图像"的同时还指向一个"有别于图像"的存在者——图像主题。胡塞尔将这种奠基于感性感知之中的"第二指向性"称为"更为复杂的并且极为新颖的意向性类别"（Hua 5/55），或者是"类别上不同的第二意向性"（Hua 10/52）。虽然胡塞尔本人并没有明确提出同感行为的第二意向性，但根据上述分析以及他本人的手稿我们可以确定，它恰恰构成了同感的意向性特征。

那这种第二意向性又如何与他人视角关联起来，或者说，同感

---

① 参见胡塞尔原文："jenes eigentümliche Bewußtsein der Vergegenwärtigung eines Nichtscheinenden im Erscheinenden, wonach das Erscheinende sich vermöge gewisser seiner intuitiven Eigenheiten so gibt, als wäre es das andere."

的第二意向性如何指向（当下化）他人视角？胡塞尔通过一个类似于"孺子入井"的例子来说明这一点："设想我现在看到一个人正绕过一个水洼——他的'眼睛'在某种意义上正'指向'这个水洼"（类似地：我突然看到一个小孩爬向水井——他的意识活动正'指向'这口水井）（Hua 14/499）。在这个例子中，我们可以看到同感的第二意向性已然潜在地起作用：我们不仅感知到他人活动的身体，更为重要的是，我们与此同时还"感知"到他在"看"这个水洼，也即他关于这个水洼的"视角"。胡塞尔认为，在我们对他人的外在感知中，一种当下化意识也一同被激发（geweckt）："一种'仿佛我也亲身在那里一样'的表象也被一同激发，以至于我变化着的躯体被理解为'在那里'不断运动着的相似躯体的身体，并（以此）从'那里'指向周遭的显现"（Hua 14/498—499）。也即是说，对他人之身体的感知行为当下化了他人的视角，以至于我"仿佛"也指向了他人所指向的对象——水洼或水井（Hua 14/499）。需要注意的是，这种当下化并不是一种"真正的想象行为"，也即不是"我通过想象将自己放到他人的视角"；相反，胡塞尔认为这是一种在"拟定（als-ob）态度"中的**"拟生活"**（quasi-Leben），在其中我们仿佛经历了他人的主体生活并在其中通过拟—反思（quasi-Reflexion）课题化了他人的主体生活（Hua 15/427）。更确切地说，我们在"拟态"中获得了他人的视角，但这并不需要我们实际上将自己置于他人的视角，我们实际上并不站在他人的视角进行感知、意愿或判断。

为了更好地理解这个"拟态"，我们需要在他人感知中细分出两个层面：（1）我确实感性地感知到"在那里"的他人身体以及它所具有的特定行为样态；以及与前者一同（in eins）实行并与前者融合为一体的当下化行为，也即当下化了他人对其周遭的视角；（2）这个一同实行的当下化提供了一种"拟态意义"（quasi-Bedeutung），后者揭示了一个"意义视域"，也即是说，"这个当下化表象为（他人的）躯体相似性提供了内在意义（Innenbededeutung），但仅能是这样的意义：我'从那里出发'的被变更了的身体存在与自我意识生活，被变更了对周遭事件的感知，如此等等"（Hua 14/499）。

通过第一层的意向结构，我们获得了关于他人就其处境的视角：这种他人感知（1）确实是指向他人的；（2）在"拟态"中获得了"他人的"视角；（3）但并没有因此而消解他人的他异性，也即"我"在我的感知中获取了他人视角，但没有将自我视角代入其中。这也解释了为何我们能源初地、直接地感知到小孩滑雪时的快乐，但依然被他的行为惊吓到。通过第二层的"拟态意义"，我们在前反思、前对象化的意识生活中就获得了他人表达性行为的"意义"，也即以前反思的方式"理解"了他人的主体体验。在20世纪30年代的研究手稿中，胡塞尔将这种前反思中的"拟态意义"区别于明确的述谓性（predikativ）意义，也即那些在反思性思维中经过细致分析、检讨意义上的述谓性意义。依据胡塞尔在《经验与判断》中所做的区分，我们也可以说，这种"拟态意义"是一种前述谓性的意义，是未经澄清、解析但却在日常生活中扮演着最重要角色的意义理解。基于此，像孟子所说的那样，在看到"孺子入井"之时，我们并不需要通过反思就能立刻觉知到他的危险，并且基于这种前述谓性理解立即采取相应的行动。此时，我们甚至还不清楚这一行动的（述谓性）意义：例如借此讨好于小孩父母或者获得社会声誉。

## 五、结语

耿宁在其论文中广泛地探讨了同感的诸多面向，为我们理解同感或恻隐之心作为一种"良知"，同感作为一种特殊的意识行为，自身意识与他异意识之间的关系提供了丰富的洞见和示例。本文从耿宁对同感行为的说明开始，讨论了同感与记忆、想象等行为之间的类比，并借助于胡塞尔的研究手稿,扩展了耿宁对同感之意向特征的论述。

然则,本文未能涉及耿宁论文中更为重要的方面——同感作为一种本质上"为他"的意向性也包含着"为他"的行动。这也是儒家讨论同感(恻隐之心)时更为侧重的一面。看到孺子入井——这并不是一个简单的感知事件,更为重要的是,感知内在地激发了一种自发的为他之趋向,也即"包含了去把他抓住不让他掉下去"的行动。恰恰是后一种为他的行动才使得同感得到真正的满足和完成。耿宁跨文化的比较哲学讨论让我们得以更加接近实事,增益我们对特定哲学问题的理解。就此而言,我们可以对这些单个的议题做进一步的讨论和分析,从儒学、现象学乃至于认知科学中的相关洞见中,对具体的问题做综合的比较研究。

## 参考文献

Bernet, R., Kern, I., and Marbach, E., *An Introduction to Husserlian Phenomenology*, L. Embree, trans., Evanston, Illinois: Northwestern University Press, 1989.

Brough, J., "Translator's Introduction to *Phantasy*", *Image Consciousness, and Memory (1898 - 1925)*, Dordrecht: Springer, 2005.

De Warren, N., *Husserl and the Promise of Time: Subjectivity in Transcendental Phenomenology*, Cambridge: Cambridge University Press, 2009.

Gallagher, S., *How the Body Shapes the Mind*, New York: Oxford University Press, 2005.

Gallagher, S., Zahavi, D., *The Phenomenological Mind*. Abindon: Routledge, 2008/2012.

Held, K., „Das Problem der Intersubjektivität und die Idee einer phänomenologischen Transzendentalphilosophie", in K. Held und

U. Claesges eds., *Perspektiven transzendental phänomenologischer Forschung: Für Ludwig Langdgrebe zum 70. Geburstag von seinem Kölner Schulern*, Den Haag: Martinus Nijhoff, 1972.

Husserliana 1, *Cartesianische Meditationen und Pariser Vorträge*, Stephan Strasser, ed., Den Haag: Martinus Nijhoff, 1950.

Husserliana 4, *Ideen zu einer reinen Phänomenologie und phänomenologischen Philosophie. Zweites Buch. Phänomenologische Untersuchungen zur Konstitution*, Marly Biemel ed., Den Haag: Martinus Nijhoff, 1952.

Husserliana 5, *Ideen zu einer reinen Phänomenologie und phänomenologischen Philosophie. Drittes Buch: Die Phänomenologie und die Fundamente der Wissenschaften*, Marly Biemel ed., Den Haag: Martinus Nijhoff, 1952.

Husserliana 9, *Phänomenologische Psychologie. Vorlesungen Sommersemester 1925*, Walter Biemel ed., Den Haag: Martinus Nijhoff, 1962.

Husserliana 10, *Zur Phänomenologie des inneren Zeitbewusstseins (1893-1917)*, Rudolf Boehm ed., Den Haag: Martinus Nijhoff, 1966.

Husserliana 11, *Analysen zur passiven Synthesis. Aus Vorlesungs- und Forschungs-manuskripten (1918-1926)*, Margot Fleischer ed., Den Haag: Martinus Nijhoff, 1966.

Husserliana 13, *Zur Phänomenologie der Intersubjektivität. Texte aus dem Nachlass. Erster Teil: 1905-1920*, Iso Kern ed., Den Haag: Martinus Nijhoff, 1973.

Husserliana 14, *Zur Phänomenologie der Intersubjektivität. Texte aus dem Nachlass. Zweiter Teil: 1921-1928*, Iso Kern ed., Den Haag: Martinus Nijhoff, 1973.

Husserliana 15, *Zur Phänomenologie der Intersubjektivität. Texte aus dem Nachlass. Dritter Teil: 1929-1935*, Iso Kern ed., Den Haag: Martinus Nijhoff, 1973.

Husserliana 23, *Phantasie, Bildbewußtsein, Erinnerung. Zur Phänomenologie der Anschaulichen Vergegenwärtigungen. Texte aus dem Nachlass (1898-1912)*, Eduard Marbach ed., The Hague/Boston/London: Martinus Nijhoff Publishers, 1980.

Jacob, P., "The Direct-Perception Model of Empathy: A Critique", *Review of Philosophy and Psychology*, 2 (3), 2011, pp. 519-540.

Kern, I., "Three Questions from Chinese Philosophy addressed to Husserl's Phenomenology", *Tijdschrift voor filosofie*, 70 (4), 2008, pp. 705-732.

Kern, I., "Mengzi (Mencius), Adam Smith and Edmund Husserl on Sympathy and Conscience", in *Intersubjectivity and Objectivity in Adam Smith and Edmund Husserl: A Collection of Essays, 8*, 2012, p. 139.

Kozlowski, R., *Die Aporien der Intersubjektivität: eine Auseinandersetzung mit Edmund Husserls Intersubjektivitätstheorie*, vol. 69, 1991, Würzburg: Königshausen & Neumann.

Luo, Z., "Motivating empathy: The Problem of Bodily Similarity in Husserl's Theory of Empathy", *Husserl Studies*, 2017, pp. 46-61.

Scheler, M., *The Nature of sympathy*, P. Heath trans., New Brunswick & London: Transaction Publishers, 2008.

Schutz, A., "Scheler's Theory of Intersubjectivity and the General Thesis of the Alter Ego", *Philosophy and Phenomenological Research*, 2 (3), 1942, pp. 323-347.

Schutz, A., "The Problem of Transcendental Intersubjectivity in Husserl", I. Schutz ed., *Collected Papers III*, vol. 22, 1970, Springer Netherlands, pp. 51-84.

Stein, E., *Zum Problem der Einfühlung*, vol. 5, Freiburg/Basel/Wien: Herder.

Theunissen, M., *The Other: Studies in the Social Ontology of Husserl, Heidegger, Sartre, and Buber*, C. Macann trans., Cambride, Massachusetts and London: The MIT Press, 1986.

Vignemont, F. d., Jacob, P., "What Is It like to Feel Another's Pain? *Philosophy of Science*", 79 (2), 2012, pp. 295-316.

Zahavi, D., *Self-Awareness and Alterity: A Phenomenological Investigation*, Evanston, Illinois: Northwestern University Press, 1999.

Zahavi, D., Overgaard, S., "Empathy Without Isomorphism: A Phenomenological Account", *Empathy: From Bench to Bedside*, 2012, pp. 3-20.

# 贵州会议(2014)论文

# 良知学研究的新视域
## ——读耿宁教授《人生第一等事》

董 平

（浙江大学哲学系）

作为当代著名的现象学家，瑞士伯尔尼大学的耿宁（Iso Kern）教授早已蜚声学界，而他最近出版的著作《人生第一等事——王阳明及其后学论"致良知"》（以下简称《人生第一等事》）[①]，则将使他跻身于中国哲学研究的一个重要领域并占据重要地位。耿宁教授的这部新著，由国内著名的现象学家、中山大学倪梁康教授译为中文，由商务印书馆出版，全书1190页，分上、下两卷，堪称王阳明哲学研究领域的一部巨著。

这部著作的第一部分，除了一些对西方读者必要的关于明朝的政治背景与知识界的情况介绍以外，核心内容有两个方面：一是讲述了王阳明的生平；二是讨论了王阳明的"良知"学说。第二部分的内容，正如该书的副标题所标明的那样，主要是讨论王阳明后学关于致良知的学说以及由此而产生的各种意见分歧。

相对于中国的学者而言，耿宁教授的这部著作是令人耳目一新的。我不仅折服于耿宁教授对德语、英语学术界关于王阳明哲学研究之资

---

① 下文引用时，仅在文中注明书名和页码。

料的娴熟,更折服于他对汉语学术界研究情况的娴熟,以及他对汉语的理解与运用恰到好处的把握。他的研究,把王阳明哲学引进了一个世界哲学的视域,特别是现象学的视域,让中国的学术界看到了一个在现象学视域观照之下的王阳明哲学所呈现出来的不同气象。毫无疑问,不同视点的观照必然会呈现出不同的视域境界,这种不同的视域境界是研究者的原有知识视野运用于新的观照对象而产生的结果,在耿宁教授的这项研究中,也即是现象学的知识视野运用于王阳明哲学的观照而产生的结果。因此在某种意义上,耿宁教授的这项研究,实际上使我们看到了双重结果:一方面是王阳明的哲学被"拖进了"现象学,并因获得了现象学诠释的新维度而实现出了某种新的理论效果、呈现出了新的理论境界;另一方面,尤其是对以汉语为母语并一直在汉语语境中思考王阳明哲学的人来说,耿宁教授的研究或多或少会让人产生某种"疏离感"。如果前者使王阳明哲学及其研究获得了"世界化",那么后者就在某种意义上,在或多或少的程度上,产生了对于本土语境的疏离。事情的本来状况也许是:像汉语,尤其是古代汉语这样一种在概念的内涵及其运用、句法结构及其意义表达等方面都与欧洲语言存在着较大差别的语言之中,一些概念及其运用结果的"世界化",原是要以其本土语境的"疏离化"为代价的。正因为如此,我在整体上充分肯定耿宁教授这部著作的独创性及其所取得的巨大成功的同时,我仍将对一些问题进行讨论,但这些讨论并不构成对这部巨著本身的任何意义上的否定。

一

哲学的思考与研究是以概念的建构和使用为基本手段的,因此概念的创新及其使用方法的变动,在很大程度上便预示着哲学理论面貌的更新。耿宁教授由于要用德语来研究王阳明哲学,所以首先就涉及王阳明哲学中原来的汉语概念在德语中的表达问题。在耿宁教授的这部著作中，我觉得最重要的概念变动有两个：一是"良知"概念被翻译为"本原知识"；二是对应"良知本体"而有"本原知识的本己本质"。

我先谈关于"本原知识"概念。关于"良知"一词的译法，耿宁教授在著作中列举了很多（《人生第一等事》，第103—104页），最终按他自己的理解而创造性地把它译为"本原知识"。这至少表明，这一译法是经过耿宁教授的深思熟虑的。的确，他在关于这一概念翻译的说明中清楚地指出："我觉得用这个翻译可以最好地穿透王阳明的所有语境，即使在这些语境中根据我们下面所要区分的几个概念，'良知'随上下文的不同而可以被诠释为'本原能力'（第一个概念）、'本原意识'（第二个概念）或'心（精神）的本己本质'（第三个概念）。当我们获得了对王阳明'良知'的三个不同概念的理解之后，我们的'本原知识'的翻译便获得一个深化的论证。"（《人生第一等事》，第104—105页）我毫无关于德语的知识，但仅就这一汉语词汇本身来说，我认为把"良知"译为"本原知识"是贴切的，是能够传达出这一词在汉语本身所包含的恰当的哲学内涵的。"良知"一词在汉语文本中的最早出现，大家都知道，是在《孟子》之中。它原是孟子用来说明人性本善的一个概念。按孟子的观点，人的本性之善，是天所赋予的（"是天之所与我者"），不是由外部世界所强加的（"非由外铄我也"），本来就存在的（"我固有之也"），正是在这样一些意义上，孟子把人性中这种固有的、本来完具的道德性称为"良知"，而把固有道德性的表达或实践能力称为"良能"，因此"良知良能"是"不虑而知""不学而能"的，也即是"本然的"、原本如此的。大家也都知道，后来的张载基于同样的"本然的"意义而使用"德性之知"的概念，并把"德性之知"与"见闻之知"在来源上进行了不同义域的清晰区分："见闻之知，乃物交而知，非德性所知。德性所知，不萌于见闻。"正是在"不萌于见闻",也即是本然具有的意义上,耿宁教授使用"本原的"这一概念,窃以为是恰到好处的,因为"本原的",不论在汉语中还是在英语中(如果该词可以对应 original 的话),都具有"最初的""原始的""本来的"之类的意思。因此用"本原知识"来对译"良知",我觉得是恰好的一个译法,只不过我们还需要特别小心,切不可把这里的"知识"理解为认知意义上的,也即是因为"见闻"而有的关于外部事物的知识。

如果以"本原知识"对译"良知"是恰当的,那么耿宁教授用"本原知识的本己本质"来对译王阳明所说的"良知本体"概念是否就那么的恰当,我觉得或多或少似乎存在着进一步商略的余地。在耿宁教授的研究之中,"本原知识的本己本质"是一个全新的概念,通观其意,是关于王阳明"良知本体"概念的对译。仅从构词而言,"本原知识"即是"良知","本己本质"则是"本体"。"本己的"对应了"本",而"本质"则对应了"体"。从耿宁教授的行文中我们可以了解,所谓"本己的",大约就是"真实的"意思,那么"本原知识的本己本质",大抵即是"本原知识的真实本质"或"良知的真实本质"之意。这里主要涉及"本体"一词如何翻译的问题。王阳明多用"本体"一词,如说"良知本体""良知之本体""心之本体""知行本体"等,这些"本体"的实际意思尽管可能在不同语境中会有所游移,但我个人以为基本上并不包含现代哲学意义上的"本质"这样的意思。例如"良知本体",其实际所指也即是"良知自体"或"良知本身",是指"良知"在与对象相关涉而呈现它自己之前的一种属于它本身之自体存在的真实状态。又如"知行本体",王阳明也称之为"知行的本来体段",所谓"本来体段",也即是"本来的、原本的真实状态"。照此看来,我们至少有一点是非常清楚明白的,也就是"良知本体"与"良知"究竟是不是一回事,王阳明之所以使用"良知"与"良知本体"两个不同概念,根本用意是要在某种意义上把"良知自体的存在"

与"良知呈现的存在"这两者相互区分，因为这两者虽然都是"良知"的存在状态，但并不是处在同一境域的。不论如何，我们事实上不能认为"良知"之外还有一个"良知本体"，而是"良知"即是"本体"，"本体"即是"良知"，否则"致良知"之说就不是王阳明的究竟极说了。如果"良知"与"良知本体"在"本原的"意义上是不一的，那么就可能导致王阳明学说在理论上的一个重大隙裂：即便"致"了"良知"，却未必能"致"得其"本体"。如果这样，那就显然与王阳明的观点不相契合了。

出于以上这一点考虑，我对"本原知识的本己本质"这一译法便稍有担心。在现代汉语的一般语境之中，我们恐怕无法把"良知"与"良知的（真实的）本质"这两者在概念上等同起来，它们显然是存在着概念内涵层次的清晰区分。而这样一来，就可能令人产生出这样一种错觉："良知"只是"本原知识的本己本质"的一种呈现形态或方式，而不是"本原知识"本身。当然，我的这一想法也许是过于挑剔的。事实的另一面是，正是由于耿宁教授的这一新颖的译法，并通过他精深的理论分析以及现象学方法的娴熟运用，让我们感受到了王阳明"良知说"在西方哲学解释背景之下的别样境界。

## 二

耿宁教授这部著作的"第一部分"，有相当的篇幅是专门讨论王阳明的"良知"学说的，而最令人振奋的一项研究成果，是耿宁教授在王阳明的诸多关于"良知"的论述之中，鉴别出了"三种不同的良知概念"。据我所知，这是学术界第一次对王阳明的"良知"概念做这样的细致区分，因此无论在何种意义上，耿宁教授的这一最新研究成果都是值得学术界充分重视的。

按照耿宁教授的梳理，王阳明那里实际上存在着三种关于"良知"的概念。第一个"良知"概念,是人的"向善的秉性"或"本原能力";第二个"良知"概念,是"对本己意向中的伦理价值的直接意识"或作为"良心"的"本原意识";第三个"良知"概念,是"始终完善的良知本体"或始终完善的"本原知识的本己本质"。耿宁教授自己把这三个"良知"概念讲得很清楚:"为清晰起见,我们在他那里区分了三个不同的'良知'概念,并将它们理解为'心理素质的'概念、'道德—批判的'概念和'宗教—神性的'概念。"(《人生第一等事》,第555页)那么也即是说,第一个"良知"概念是关于"心理素质的",第二个"良知"概念是关乎"道德"以及道德之"批判"的,第三个"良知"概念则是与"宗教—神性"相联系的。本著的译者倪梁康教授在《译后记》中也特别关注了这三个"良知"概念,并做了相当清楚的概括:

其一,"良知"作为孟子意义上的"良知良能",它是一种自然的秉赋,一种天生的情感或倾向(意向)。这个意义上的"良知"是王阳明在1520年明确提出"致良知"概念之前所谈论和倡导的"良知"概念。耿宁将它定义为"向善的秉性",亦即天生的向善之能力。

其二,"良知"作为通常所说的"良心",即一种能够分别善恶意向的道德意识,借用唯识学的四分说,可以将它定义为一种道德"自证分"。即是说,这个意义上的"良知"不再是指一种情感或倾向(意向),而是一种直接的、或多或少清晰有别的对自己意向的伦理价值意识。这是王阳明在1520年"始揭致良知之教"之后明确提出的"良知"概念。……

在1520年"始揭致良知之教"之后明确提出的"良知"概念。……

其三,"良知"作为在其"本己本质之中的""本原知识",

它是始终完善的，是带有"宗教意义"的良知本体，即"至善"。王阳明也曾从各个角度来描述这个意义上的"良知本体"，如"天理"、"天道"、"佛性"、"本觉"、"仁"、"真诚恻怛"、"动静统一"或"动中有静"等等。耿宁认为这种"始终完善的良知本体"不是一个现存的现象，而是某种超越出现存现象、但却作为其基础而被相信的东西。在此意义上，我们不仅可以将这第三个"本原知识"（良知）的概念标识为超越的（超经验的）、理想—经验的和实在—普遍的（不只是名称上或概念上普遍的）概念，而且也可以将它标识为信仰概念。

这三个"良知"概念的鉴别及其阐释，实际上即构成耿宁教授这一巨著的核心要点。在著作的"第二部分"中关于王阳明后学之"致良知"观点之分歧的论述，大抵上也以这三个不同的"良知"概念在不同学者那里之理解的偏差或分歧来展开的。

这三个不同的"良知"概念的梳理，含有一种时间上的顺序，是"从编年的角度出发"的（《人生第一等事》，第186页），因此在某种意义上也代表了王阳明早期、中期以及后期关于"良知"的不同观念。毫无疑问，耿宁教授的这一梳理对我们在现代哲学意义上理解王阳明的"良知"概念应有很大帮助。就王阳明的学说本身来说，"良知"或"致良知"的问题，无疑是一个最为基本也是最为重要的基础性问题。按照耿宁教授的梳理，那么我们就似乎从王阳明那里看到了这样一种显著倾向：他最初接过孟子的"良知"概念，经由他自己在观念上与佛教义理的整合，最终改造了或更新了"良知"的内涵，而终究导向某种"宗教—神性"观念的建立。把这一理解贯彻于王阳明思想的整体阐释，便内在地建构起了王阳明自身思想形成与发展的逻辑程序。这的确给我们一种耳目一新的感觉。我本人极钦佩耿宁教授对于王阳明哲学文本本身解读的严肃与深入，更钦佩其分析的鞭辟入里及其论证的周详细密。精深的文本分析与缜密的哲学思考的相互结合,让我们看到了王阳明哲学在西方哲学思维,尤其是现象学分析之下所呈现出来的新颖境界。

三种不同的"良知"概念的鉴别,在某种意义上说,我觉得是有较为可信的依据的,因为由耿宁教授所阐释的三种不同意义上的"良知",在王阳明的哲学文本中是确乎存在的。这三种不同意义上的"良知"概念的显化,对理解王阳明后学在这一问题上的不同意见分歧,也的确是大有裨益的。不过我想在这里先行指出:"始终完善的良知本体"或作为"本己本质之中的本原知识"之为"宗教—神性"概念,并不意味着王阳明的哲学最终成了宗教哲学,更不是建立起了一种宗教,尽管我一直认为,宋代以来的全部哲学(理学)运动,实质上是以佛教为根本解构对象的,因此其义理体系的建立,既诉诸先秦儒家原始经典,经过理论的阐释而重构其思想逻辑,又在经验生活的意义上展开其全部价值。经验的、现实的、世俗的日常生活本身应当包含其"原初的"神圣性意义,大概是从周敦颐以来直至王阳明都是充分坚持的共同方向。在这一意义上,我并不完全反对"宗教—神性"概念的一般使用,但同时应当说明这种"宗教—神性"本身的意义限阈。

分析的鉴别有助于我们"部分地""逐步地""阶段性地"切近于王阳明"良知"概念的理解与领悟,这是显而易见的;但分析的方法同时也可能产生更多的歧异而终究难归全一,这同样是显而易见的。在耿宁教授的分析之中,如第一项作为"向善秉性"的"良知"概念,显然是指王阳明早期继承自孟子的"良知"概念。那么这里实际上就涉及孟子的"良知"概念,或者孟子所揭示的"性"究竟是"本善"还是仅为一种"向善的秉性"或"能力"的问题,因为在孟子那里"良知""良能"之说是用来说明人性的。耿宁教授或许坚持孟子之"性善"是说人有"向善的秉性"以及表达这种秉性的先天能力。我个人则坚持传统的孟子"性本善"说,而不是说孟子之"性善"乃指人具有"向善的秉性"或能力。当然,关于这一问题如果要在这里展开讨论似乎是不合时宜的。

　　这里我想谈一点我自己关于王阳明"良知"概念的理解。为达到成为"圣人"的目的,王阳明在思想上、学术上、生活经验上等各方面所经过的艰难曲折,是为大家所熟知的。直到经历宸濠之变,他才真正在思想上实现了实质性转变,提出"良知"之说,为其思想确立了核心主旨。尽管关于"良知"之说究竟是哪一年提出的,王阳明及其弟子们的记载各有异词①,但大抵在正德十五年(1520),则应当没

---

①　阳明于何时始倡良知之教,似有异说。钱德洪在《年谱》中的明确记载是说正德十六年"先生是年始揭致良知之教"。黄绾谓阳明在正德九年官南京时"始专以良知之旨训学者"(《阳明先生行状》,《王阳明全集》,上海古籍出版社1992年版,第1410页),但钱德洪曾多次提到阳明提倡"良知之教"是在征藩以后,如说:"辛巳以后,经宁藩之变,则独信良知,单头直入,虽百家异术,无不具足"(钱德洪:《论年谱书》,《王阳明全集》,第1378页),"江右以来,始单提'致良知'三字,直指本体,令学者言下有悟"(《刻文录叙说》,《王阳明全集》,第1574页)。邹守益曰:"逆濠构难,公趋吉,号召以集群策,平大憝,为圣天子扫除槐梗,以基嘉靖之休。至倡明绝学,揭良知于中天,一洗支离影响之病"(《怀德祠记》,《东廓邹先生遗稿》(十三卷)卷四,光绪三十年江西刻本)。王宗沐亦曰:"而其晚岁,始专揭'致良知'为圣学大端,良有功于圣门。"(《刻阳明先生年谱序》,《王阳明全集》,第1364页)故阳明倡良知之教的时间,宜以钱德洪所说为是,但似亦不必执定于正德十六年。事实上,"良知"概念源于孟子,阳明早在与徐爱的讲学中,就已经用过"良知"一词,如说:"知是心之本体,心自然会知。见父自然知孝,见兄自然知弟,见孺子入井自然知恻隐,此便是良知不假外求。"(《传习录》上,《王阳明全集》,第6页);《传习录》下载陈九川于庚辰(十五年)往虔州问学,阳明便说"尔那一点良知,是尔自家底准则"(《王阳明全集》,第92页)。盖阳明在征藩以后,尤其是当正德十五年在赣州讲学期间,始特为揭示良知之说,将它作为教门宗旨,故在正德十六年之后,则专讲"致良知",或大抵不错。《传习录》下:"(陈九川)虔州将归,有诗别先生云:'良知何事系多闻,妙合当时只种根。好恶从之为圣学,将迎无处是乾元。'先生曰:'若未来讲此学,不知好恶从之从个甚么。'"(《王阳明全集》,第95页)正可见赣州讲学是以阐明"良知"为核心内容的。"良知"之说作为王阳明哲学的核心内容,也是其思想的根本要旨,而在后来其弟子们的回忆中,则干脆把"龙场悟道"等同于"悟良知之旨"。例如钱德洪曾说:"先师始学,求之宋儒,不得入;因学养生,而沉酣于二氏,恍若得所入焉;至龙场,再经忧患,而始豁然大悟'良知'之旨。自是出与学者言,皆发诚意、格物之教。"(《答论年谱书》,《王阳明全集》,第1378页)王畿说:"我阳明先师崛起于绝学之后,生而颖异神灵,自幼即有志于圣人之学。盖尝泛滥于辞章,驰骋于才能,渐渍于老释,已乃折衷于群儒之言,参互演绎,求之有年,而未得其要。及居夷三载,动忍增益,始超然有悟于良知之旨。"(《刻阳明先生年谱序》,《王阳明全集》,第1360页)尽管有钱、王的这些说法,但我们并不能真的以为王阳明在龙场即已经"有悟于良知之旨"了,但他们的说法,却提示了王阳明"良知"思想的内在统一性与连贯性,王阳明自己也曾讲到过:"良知"之说,自龙场之后即不出此意,但当时讲那两字不出。

有问题,所以耿宁教授以1520年为王阳明前后"良知"之概念的分界,就这一概念的"历史性"来说是可信的。

但是事情的另一方面是,正因为"良知"学说的提出实际上是王阳明个人哲学思想体系建设完成的基本标志,是足以将他的思想与其他思想家区别开来的一个"标志性"概念,所以我们应当在一种什么样的意义上来对"良知"概念进行理解就成为王阳明哲学思想解读的一个基本问题。就我个人的观点来说,我觉得应当把"良知"作为王阳明哲学所使用的一个特殊概念,并且在作为其思想充分成熟之表达的意义上来加以整体性的理解。如果暂且以正德十五年(1520)为王阳明标举其成熟思想而使用"良知"概念的起点,那么我们就应当以此后王阳明关于"良知"概念的系统表达来作为"良知"概念的基本内涵,而前此关于"良知"概念的使用,或者是不自觉的,还不是关于他自己完整哲学思想的表述,或者仅仅是"继承性"用法而已。

在王阳明那里,"良知"是一个"统体"的整合性概念,是作为人人都本初原始地就具有的、整全的、具足的"本体"。说它本初原始,是就存在的意义上肯定其"本在",既是本在,那么它的存在就是恒常的、不受经验状况影响的;说它整全具足,则不仅是说"良知"自体的本然存在是真实的、完整的、充分的,其存在是不具有现象物的依他起性的,而且是指"良知"本在之"体"本身是普遍地涵摄了人的一切现实经验活动之"用"的可能性。简单地说,也即是它是一个体用完备的整全存在。正因为如此,所以如果就"用"的功能来说,则"良知"实为"不可穷尽";而若就其用之大体而言,我本人以为则大抵可以从四个方面入手:

(1)"良知"为生命之本,是生命存在本身。

(2)"良知"为知性或理性之本,是经验的知识活动、表象连缀、概念运用、理性判断、分析推理综合等之所以可能的本原性根据。

(3)"良知"为德性之本,是一切道德意义上之善恶的分判、抉择、应承、实践之所以可能的本原性根据;凡被判断为"善的"即是合乎其本身真实状态的,也即善的表达与实践实质上是"良知"的自我肯定或自是,同时即是其本身之实在性的显扬,否则即是所谓"遮蔽"。因此"良知"即是价值本原。

(4)"良知"为情感之本,是一切经验交往之中个体之所以能当机而体现出各种不同情感状态的本原性根据,其自是状态则是"中"。

以上四个方面,是我本人理解"良知"在其"用"的展开意义上的四个维度,虽然在这里我们无暇展开其详细论证,但若统观王阳明的"良知"之说,则"良知本体"之用的显发有此四个层面,实可谓清楚明白。因此在我看来,若就分析而论,则"良知"概念不仅有"向善"以及作为"道德—批判"的意义,同时还有作为"生命"本原、"知性"本原、"情感"本原、"价值"本原的意义。人的全部经验生存状态,包括人的全部德性、理性、情感生活之是否为正义,实质上都是由"良知"本身来确保的。但我要特别指出的是,虽然我这里使用了这样一些现代的概念,也毫无疑问是一种知识意义上的分析,但绝不是说王阳明那里存在着四个不同的"良知"概念。一切知识意义上的分析,只不过是理解与领会的阶梯罢了,若依王阳明自己的说法,"良知"便只是"这些子"而已。

既然如此,那么我这里就想非常坦率地提出,耿宁教授关于三个不同的"良知"概念的鉴别与梳理,尽管其内涵是可以从王阳明那里找到依据的,但仅就知识意义上的概念分析而言,一方面似乎仍未能尽行涵盖王阳明"良知"概念的内涵层次,另一方面则似未就其概念之整全统一做出必要阐明。关于这一点,耿宁教授已经敏锐地察觉到:"从编年的角度出发,我们将这三个概念中的第一个标识为王阳明早期的'良知'概念,因为它在王阳明那里要先于其他两个概念出现。但这个'早期'概念并未在两个较后的概念出现后便消失,而是也在王阳明晚年出现,以至于在这个时期的陈述中有可能出现所有这三个概念。"(《人生第一等事》,第186页)这实际上也就是说,"良知"概念在王阳明那里原只是一"统体"概念,因此由耿宁教授所鉴别出来的三个概念实际上在王阳明那里原是不曾如此清晰区分的。

不过事情的另一面是,王阳明可以用只是"这些子",甚至"连这些子亦无放处"来谈论"良知",而作为今日的研究者,却无法只说"这些子"便算了事,知识意义上的区分辨析是今日学术必不可免的做法,因此也诚如耿宁教授所说:"如果我们能够将我们对他的'本原知识'的三个概念的划分提交给王阳明,他或许会此评说,我们过于迷失在理论的分析中,并与此同时忽略了实践生活。但如果我们作为欧洲的概念梳理者仍然想要坚持这种区分,那么但愿他还是会赞同我们。而后他可能会说同样的话,就像他在谈及1524年给陆澄回信之内容时所说:'原静(陆澄)的问题都只是围绕在理论解释上;我不得已只好逐节地给他分析疏理。'"(《人生第一等事》,第192页)三种"良知"概念的分判及其相互之间关系的建立,在耿宁教授那里是重要的,某种意义上是统领其全部著作的"内在理路",而第一部分第四章末尾的这段话,则无疑是充满智慧的。

最后我想再强调说明一点,尽管我在上面指出了耿宁教授这项研究中的一些不尽完美之处,但开放的研究与开放的批评毫无疑问是推进学术进步的有效方式,更何况我的上述批评丝毫无伤于耿宁教授在王阳明哲学研究领域中所取得的整体成就。坦率地说,正如伽达默尔所阐明的那样,不同学术视域的融合乃是实现学术创新与思想创新的有效方式,而耿宁教授的研究,已经在这一视域融合的意义上走出了令人瞩目的一步,由此我们甚至可以期待着"现象学的阳明学"的诞生,而毫无疑问的是,耿宁教授的这部研精覃思之作,便为"现象学的阳明学"开辟蚕丛,而必然成为这一学术领域的奠基性作品。

# 耿宁对阳明后学的诠释与评价

林月惠

(台北"中央"研究院中国文哲研究所)

## 一、耿宁《人生第一等事——王阳明及其后学论"致良知"》之内容与研究进路

继瑞士现象学家耿宁(Iso Kern,1937— )出版《心的现象——耿宁心性现象学研究文集》(2012年中文版)后,他的另一部扛鼎之作《人生第一等事——王阳明及其后学论"致良知"》(2010年德文版)的中文译本,在学术界的翘首期盼下,也终于出版了(2014年)。前者搜集耿宁有关欧陆哲学(以现象学为主)、佛教哲学(以唯识学为主)、中国哲学(以儒家心学为主)的单篇论文;后者则聚焦于阳明心学(王阳明及其后学论"致良知")的系统研究。历来中外学界对于王阳明(名守仁,1472—1528)思想研究的成果汗牛充栋,成果斐然;而阳明后学的研究,也从20世纪90年代开始,逐渐受到学界的青睐,研究取径多元[①]。但从现象学的意识分析来进行阳明与阳明后学"致良

---

[①] 相关研究成果,参见彭国翔:《当代中国的阳明学研究:1930—2003》,《哲学门》2004年第5卷第1册,第200—220页;钱明:《阳明后学研究的回顾与展望》,《中国思想史研究通讯》2005年第5期,第37—40页;钱明:《明代儒学研究的回顾与展望——以阳明学与阳明后学为中心》,《王阳明及其学派论考》,人民出版社2009年版,第545—604页。

知"的系统性研究，耿宁则是第一人。故耿宁此一专著乃打开阳明与阳明后学的另一研究视野，发前人所未发，具有典范的意义。他不仅为现象学与中国哲学的研究开启相互发明与内在连结的可能性，也将阳明与阳明后学所揭示的儒学精神传统，借由严谨之现象学意识分析之提问与观看，带到当代中西方哲学的论域里，使它得到更好地理解，并重新具有活力①。

耿宁《人生第一等事——王阳明及其后学论"致良知"》一书，分为上、下两册，共1190页。其内容，可分为三部分：第一部分是"王阳明的'致良知'学说与他的三个不同'良知'概念"（第87—381页）；第二部分是"王阳明后学之间关于'致良知'的讨论"（第387—1081页）；第三部分是附论，探讨"刘宗周与黄宗羲对王阳明'四句教'的诠释。刘宗周（1578—1645）针对王阳明'致良知说'所提出的'诚意说'是否体现了一种哲学的进步？"（第1082—1130页）。虽然耿宁此书以探究阳明与阳明后学的"致良知"为主，但不论从明代王学的内在义理发展，或是从意识分析的内在逻辑来看，势必逼显出王阳明思想→阳明后学思想→刘蕺山（名宗周）思想三者的层层推进。故此书的内容，尽管以阳明与阳明后学的"致良知"为主，但从明代心学更大的脉络与问题意识来看，笔者认为耿宁此书可说是

---

① 耿宁于《人生第一等事——王阳明及其后学论"致良知"》的"前言"中表达了此书对中国哲学家与西方哲学家的意义："我有理由首先对那些通过严谨的现象学意识分析而在提问方式和观看方式上训练有素的中国哲学家们抱有希望：希望他们会遵循那些出自他们传统的思想家们的指示，会让我们这些异乡人，但也让他们的那些越来越多带着科学要求来思考的同时代人，更好地理解那个传统的经验。即使是今天受过教育的中国人也很难找到通向那些学说的进路，而且为了理解，不仅需要一种特殊的语言和精神史的训练，而且也需要心灵的筹备与练习。但只有一种通过对作为这些学说之基础的经验的严谨现象学描述来进行的澄清，才能将我们今日之人带到这个精神传统的近旁，并使它对我们重新具有活力。通过这种澄清，我们西方哲学家也就不再有理由将这个传统贴上深奥晦涩、不具有普遍人类之重要性的东方智能的标签，以便为自己免除辨析这个传统的义务。"（耿宁：《人生第一等事——王阳明及其后学论"致良知"》（以下简称《人生第一等事》）上册，倪梁康译，商务印书馆2014年版，第14页）

"从王阳明到刘蕺山"①（从王阳明的"致知"到刘蕺山的"诚意"）。

另从此书的论述方式来看，耿宁融汉学研究与哲学研究为一炉，有其独特处，也展现他深厚的汉学学殖与哲学睿识。在现象学"回到实事本身"的要求下，耿宁对于阳明与阳明后学之学说所具体依存的"生活实况"（含政治、社会、文化、地理）有整体而绵密的分析与掌握，以便他能进行严谨的现象学描述。为此，他在论述阳明的三个良知概念，与阳明后学的"致良知"工夫体验时，都采取编年式的脉络化分析，使读者能看出概念或学说的变化发展。然而这样的论述方式，乃相应于现象学描述之要求而必须准备的工作，并不意味着耿宁只停留于汉学研究而已。诚如他在《人生第一等事》前言所表明的：

> 就对这个宽泛的心灵传统的一种更好的理解来看，本来是在欧洲哲学中活动的我，不仅自三十年来就试图对这种中国的心哲学（精神哲学）有所把握，而且也竭力使现象学的思维接近中国的哲学朋友们。这里的关键并不在于个别的、始终也是偶然的语词和概念，而是更多在于对本己意识（体验）的反思这种特殊的提问方式，在于一种对本己经验的坚定反思兴趣，以及在于一种对这些经验之结构的审慎描述。②

在此夫子自道中，显示耿宁三十多年来对中国精神哲学的关注，一直基于现象学的思维来把握。诚如陈少明指出的，耿宁所从事的并非绎读哲学文献，而是哲学分析，尤其这种哲学分析是基于现象学的特定方式，即在于对本己经验的反思与提问，以及对此经验结构之描

---

① 犹如牟宗三的《从陆象山到刘蕺山》（台湾学生书局，1984 年），不同的是牟宗三虽研究阳明后学，但却将阳明后学视为阳明学与蕺山学之间的"过渡"与"罅隙"。参见该书之序，第 2 页。

② 耿宁：《人生第一等事》上册，倪梁康译，第 14—15 页。

述。就此意义而言，耿宁所从事的是"做哲学"（doing philosophy）[①]，充分展现了其哲学家的本色。因此，耿宁《人生第一等事》虽兼顾汉学研究与哲学分析，但后者才是其重点所在。然而以试图将儒家精神传统予以哲学分析的现代学者而言，大多着重于哲学概念或体系的重构与发明，却少有学者能像耿宁那样对传统儒者的生活世界做出如此绵密的现象学描述。其中耿宁对此悠久儒家精神传统（尤其是阳明与阳明后学）的脉络化理解，即使汉学家与中国哲学研究者都难以望其项背。耿宁能融通古今、中西，着实不易。

耿宁《人生第一等事》内容丰富，对此书的评论，自可以有多种角度。例如，此书原为德文，又翻译为中文。内文中，古代汉语与现代汉语并陈，以此可见耿宁的诠释如何往返于古今、中西之间，如此撰述，难度甚高，并不多见，有其特色。又如，若从宋明理学研究者的角度来看，耿宁所诠释的阳明三个良知概念，以及阳明后学的"致良知"争议，乃至王阳明与刘蕺山的哲学类型，都可以有进一步的讨论[②]。又若从现象学的观点反思，良知的自知、为他感、良知与知觉（习得知识）、寂静意识等哲学分析[③]，耿宁颇多关注，亦可引发中国哲学与现象学相互发明的思考。然而，笔者限于学力，无法对耿宁此大作进行现象学的哲学论评，只能从自家所熟悉的阳明后学"致良知"研究出发，就耿宁对阳明后学的诠释与评价，提出一得之愚，以就教

---

[①] 参见陈少明：《耿宁〈心的现象〉对中国哲学方法论的启示》，宣读于第九届《哲学分析》论坛——耿宁心性现象学学术讨论会，2013年12月5日。

[②] 在笔者看来，阳明、阳明后学、刘蕺山有关"意"之转变与分析，就可做类型学的意义结构分析，也可以与现象学的意识分析相对照。

[③] 耿宁于探究阳明后学之后，为更好地理解这些观念与精神经验，便以现象学的方式（意识分析的方式），探问八个论题：一、为他感；二、良知与直接的道德意识；三、作为"良知"的良心和作为社会道德教育之内在化的良心；四、"良知"与"信息知识"；五、作为意志努力的伦理行为与作为听凭"神"机作用的伦理行为；六、人心中的恶；七、心灵实践；八、冥思沉定与意向意识。（参见《人生第一等事》下册，第1063—1081页）笔者认为，透过此八个论题的探究，更能使阳明与阳明后学"致良知"的精神传统，面对当代的存在处境与生活经验，予以活化与不断的哲学探问。

于学者方家,并深化阳明后学的研究。

## 二、耿宁对阳明后学的诠释与评价

耿宁的《人生第一等事》,就篇幅与内容而言,阳明后学约占全书的三分之二。近来学界对于阳明后学的研究,取径多元,或从社会文化史的角度,以讲会为焦点,勾勒出阳明后学的历史图像,或从哲学义理分析的角度,对于阳明后学进行个案研究。此两大研究取径,是汉语学界对于阳明后学研究的主要趋向,二者虽有重点的不同,但二者均需互济,相资参考。整体而言,耿宁对于阳明后学的研究,也兼顾此两大研究取径。他对阳明后学"致良知"的探究,明显地以阳明后学讲会的编年式安排为背景[①],凸显阳明后学对于"致良知"的不同见解、体验,及其相互影响与变化。而这段历史的时间延续,于王畿1583年去世为止[②]。因此,在众多阳明后学人物中,耿宁的研究,主要以第一代阳明弟子与后学为主,涵盖浙中王门的钱德洪(号绪山,

---

[①] 有关阳明后学的讲会描述,他吸收吴震的《明代知识界讲学活动系年:1522—1602》(学林出版社,2003年),及其他相关研究成果。他对于参与讲会的人物、地点、时间等,均详加考证,甚至加上自己的实地考察所得。如耿宁就指出"复古书院"的所在地就江西省安福县的安福中学(耿宁:《人生第一等事》上册,倪梁康译,第483页,注释1)。又耿宁在论及刘邦采首创惜阴会时,特别关注为惜阴会提供支持的另一位刘氏家族成员刘晓(号梅源,1481—1563)。而有关刘晓的生平资料,乃取自于现存安福博物馆的《墓志铭》(耿宁:《人生第一等事》上册,倪梁康译,第485页,注释4;耿宁:《人生第一等事》上册,倪梁康译,第986页,注释2)。耿宁又说:"安福博物馆被安置在当地的大孔庙里,博物馆里存有一个刘晓的《墓志铭》,其中强调了他对王阳明学派所起的重要作用。铭文的撰写者是刘氏家族的一个成员,即前面提到的刘阳。当我于2004年10月6日参观这个博物馆时,那里的研究人员管永义使我注意到这个《墓志铭》,并且为我誊写了一个备份。他还给我提供了关于安福县的王阳明学派的其他信息。"(耿宁:《人生第一等事》上册,倪梁康译,第486页,注释2)类似例子,全书所见甚多,实可见耿宁实地考察所下之工夫。像耿宁般下工夫,且以实地考察勾勒阳明后学生活实况的学者张卫红的研究成果,值得推荐。参见张卫红:《罗念庵的生命历程与思想世界》,生活·读书·新知三联书店2009年版;《邹东廓年谱》,北京大学出版社2013年版。

[②] 耿宁:《人生第一等事》上册,倪梁康译,第385—386页。

1497—1574)、王畿(号龙溪,1498—1583);江右王门的欧阳德(号南野,1496—1554)、邹守益(号东廓,1491—1562)、聂豹(号双江,1487—1563)、罗洪先(号念庵,1504—1564)、刘邦采(号师泉,约1491—1576);泰州学派的王艮(号心斋,1483—1541)、罗汝芳(号近溪,1515—1588)。耿宁不仅对上述阳明后学的生平、学术活动、学说特色都有详细的论述,且充分意识到这些阳明弟子之间有关"致良知"的讨论,不能被看作是孤立的,而必须在阳明学派的历史联系中被理解[1]。此外,阳明后学的重要论辩,如良知与知觉、致知议略、现在良知、先天之学/后天之学等,耿宁也都有深入的讨论。

细读耿宁对阳明后学"致良知"的讨论后,笔者认为,耿宁此书第一部分所提出的阳明三个良知概念,一直贯穿在他第二部分对阳明后学有关"致良知"的讨论中。换言之,耿宁对阳明后学的诠释,以阳明的三个良知概念作为讨论的起点。另就耿宁所集中讨论的八位阳明后学学者(钱德洪、王畿、欧阳德、邹守益、聂豹、罗洪先、刘邦采、王艮)来说,王畿是灵魂人物,几乎通贯耿宁此书第二部分每一章有关"致良知"的讨论[2];而聂豹归寂说的提出,也引发欧阳德的温和批评与邹守益的严厉批判;至于一般认为与聂豹学术立场相近的罗洪先,耿宁则将重点挪至罗洪先与王畿有关"致良知"的讨论及二人的相互影响上,这也是耿宁着墨最多之处[3]。不同于以往的研究者,耿宁强调罗洪先与聂豹之异,力图指出罗洪先与王畿之同。值得注意的

---

[1] 耿宁:《人生第一等事》上册,倪梁康译,第385页。

[2] 耿宁:《人生第一等事》上册,倪梁康译,第二部分第一章(钱德洪与王畿之间的讨论:"致良知"究竟是通过依照良心的行为,还是通过对"良知本体"的明见?)、第二章(王畿通过"觉良知本体"来"致良知")、第三章(聂豹一方面与欧阳德、邹守益,另一方面与王畿进行的讨论:"良知本体"必须在先于所有动的静中实现吗?)、第四章(罗洪先与王畿之间的讨论:当下"良知"是具足的,还是需要"收摄保聚"的工夫?)、第五章(王畿所列举的在他看来王阳明学派内部不正确的"致良知"观点)。

[3] 耿宁在第四章罗洪先与王畿的讨论上,以十节的篇幅来详加讨论,明显多于其他各章。

是，耿宁对阳明后学的评价，特别推崇罗洪先。因此，本文有关耿宁对阳明后学的诠释与评价，笔者将着重在王畿、聂豹与罗洪先三人的讨论上。

根据耿宁对阳明后学编年式的描述，指出阳明三个良知概念之区分，可以在阳明亲炙弟子黄弘纲（号洛村，1492—1561）的谈论中，得到一个历史的证明。① 而在阳明逝世后，约在1536年，阳明另一弟子季本（号彭山，1485—1568）针对同门诸友以"自然为宗"来诠释"致良知"工夫，作《龙惕书》来表达不同看法，引发早期学派内部的争论，当时只有聂豹深信之②。但在1550年以后，聂豹的归寂说一出，罗洪先也表赞同，引发学派内激烈的争论，影响颇大。自此之后，钱德洪对王畿之说有所保留，二人也亟欲在学派内凝聚"统同合异"的意识，避免学派的分裂。另一方面，罗洪先也在1553年至1554年对聂豹的归寂说提出批评，逐渐向王畿靠近。在王畿与罗洪先的持续论学参究中（1554—1562），王畿的致良知之说也有所修正，对于环绕"致良知"的先天之学/后天之学、顿/渐、难/易等张力，都得以统合。

以下笔者再细分几点说明耿宁对阳明后学的诠释与评价：

（一）阳明的三个良知概念之区分及其历史证明

耿宁于《人生第一等事》第一部分讨论王阳明的"致良知"学说与三个不同的良知概念。他根据阳明思想发展的不同，区分出三个良知概念：第一个良知概念是阳明1520年揭示"致良知"之前所使用的良知概念，是作为孟子意义下的"良知良能"，它意味着"向善的秉性"（本原能力），它在自发的意向（情感、倾向、意图）中表露出来，且此自发的感受或倾向，只是"德性的开端（萌芽）"；第二个良知概

---

① 参见耿宁：《人生第一等事》上册，倪梁康译，第345—348页。
② 参见耿宁：《人生第一等事》上册，倪梁康译，第521—540页。

念是阳明 1520 年以后所提出的，是指对本己意向中的伦理价值的直接意识（本原意识、良心），但此能够区分善恶意向的道德意识，一般而言，或多或少被蒙蔽；第三个良知概念是阳明晚年归越后（1521—1527）所提出的良知概念，阳明称为"良知本体"，耿宁翻译为"本原知识的本己（真正）本质"或"本原知识的本己实在"，亦即指"始终完善的良知本体"，它始终是清澈、完善的，且是所有意向作用的起源，也是作为"心（精神）"的作用对象之总和的世界起源。耿宁也指出，前两个良知概念就某种意义上说都是经验概念，因为它们标示着某种在我们经验中出现的东西，且在普遍人类经验中是不完善的。而第三个良知概念，耿宁认为它不是以其完善方式在我们通常人类经验中被给予，它跨越人类经验，是一超越（超经验）概念。换言之，第三个良知概念，不是一个现存的现象而是某种超越出现存现象，但却作为其基础而被相信的东西，可被视为信仰概念。① 耿宁扼要地说明阳明的三个良知概念："我们可以将王阳明的第一个'本原知识'概念称作他的心理—素质概念，将第二个概念称作他的道德—批判（区分）概念，以及第三个概念称作他的宗教—神性概念，即在确切词义上的'对完善的（神性的）实在的热情'。"②

相对于阳明的三个良知概念，耿宁认为也有不同的"致良知"（实现良知）工夫。对应于第一个良知概念，"致良知"必须抵制私欲，将天生向善而自发的情感或倾向"扩充"与"充实"，而后才能达到其自身的完善。相对于第二个良知概念，"致良知"就在于对此受蒙蔽之良知（良心）的澄明，亦即必须在一种与意识相符的"真诚意愿"（诚意）或借助"审慎与畏惧"（戒慎恐惧）的行为而得到澄明。相对于第三个始终完善的良知本体，"致良知"就在于回返、复归（复）良知本

---

① 参见耿宁：《人生第一等事》上册，倪梁康译，第 271—272 页。
② 参见耿宁：《人生第一等事》上册，倪梁康译，第 273 页。

体——复良知本体。①

笔者参考陈立胜之图示②，将耿宁对阳明的三个良知概念与"致良知"工夫表示如下（表1）：

表1 阳明的三个良知概念

| 三个良知概念 | 良知 I | 良知 II | 良知 III |
| --- | --- | --- | --- |
| 名称与意涵 | 本原能力（向善的秉性） | 本原意识、良心（对本己意向中的伦理价值的直接意识） | 本原知识的本己本质（始终完善的良知本体） |
| 类似名称（名异实同） | 良知良能 | 是非之心、独知、道心、本心 | 天理、天道、仁（真诚恻怛） |
| 存在状态 | 不完善（德性的萌芽，与利己意图相混，可变化） | 不完善（部分清晰，但或多或少受蒙蔽，可变化） | 始终完善（全然清晰、透彻、完善，不变化） |
| 范畴 | "心理—素质"概念（经验概念） | "道德—批判"概念（经验概念） | "宗教—神性"概念（超经验概念） |
| 致良知工夫（消极性/积极性） | 克服利己意图（私欲）的障碍 | 克服自欺 | 克服固、着、执、留 |
| | 培养、扩充本原能力 | 澄明本原意识（诚意、戒慎恐惧→为善去恶）：有意的意志努力 | 复知本体、信任地任凭良知本体发用（顿悟、渐悟）：出于良知本体的自发、自然 |

注：耿宁特别批注"宗教—神性"概念，此"即'religiös-enthusiastisch'。'en-thusiastisch'一词源自希腊文'en-theos'，意味着'被神所感动'、'充满了神'。"（参见耿宁：《人生第一等事》上册，倪梁康译，第273页注1）

耿宁对上述三个良知概念的分析，他认为不只在阳明思想的发展中找到根据，且在阳明亲炙弟子黄弘纲的谈论中，得到了历史的证明。耿宁引《明儒学案》黄弘纲之语：

---

① 参见耿宁：《人生第一等事》上册，倪梁康译，第271—273页。
② 参见陈立胜：《在现象学意义上如何理解"良知"？——对耿宁之王阳明良知三义说的方法论反思》，《哲学分析》2014年第4期，第31页。

> 自先师提揭良知，莫不知有良知之说，亦莫不以意念之善者为良知。以**意念之善为良知**，终非**天然自有之良**。知为有意之知，**觉为有意之觉**，胎骨未净，卒成凡体。①

而黄宗羲（梨洲，1610—1695）乃根据黄弘纲之语评论说：

> 于是而知阳明有善有恶之意，知善知恶之知，皆非定本。意既有善有恶，则知不得不逐于善恶，只在念起念灭上工夫，一世合不上本体矣。②

根据耿宁对这段文字的翻译，"意念之善"为第一个良知概念；"觉为有意之觉"（在已有意向中的意识、觉知）为第二个良知概念；"天然自有之良"（良知本体）为第三个良知概念。③ 耿宁认为阳明自己并未明确区分三个良知概念，但从其弟子对良知概念感到含混而试图澄清来看，可以证实阳明良知概念确有此三个区分，因为黄弘纲已经做出这类区分了。当然，根据耿宁的思路，由于阳明有三个良知概念，故致良知的着重点也不同，当然就引发了阳明后学相互论辩乃至分化。

---

① 《明儒学案》，中华书局1985年版，第449页。
② 此段引自《明儒学案》，第449页，置于黄弘纲小传内，点校者视之为黄弘纲之语，但耿宁认为是黄宗羲的评论（参见耿宁：《人生第一等事》上册，倪梁康译，第346页）。笔者同意耿宁的看法。
③ 耿宁在翻译黄弘纲之引文时，区分为第一个良知概念与第三个良知概念。（参见耿宁：《人生第一等事》上册，倪梁康译，第346页）但在解释黄弘纲之文时，又说："明显的是，黄弘纲在前引文字中区分了自然的善的意向意义上的以及意向的伦理价值意识意义上的'良知（本原知识）'。"（耿宁：《人生第一等事》上册，倪梁康译，第347页）此又意味着黄弘纲之引文区分第一个良知概念（自然的善）与第二个良知概念（知善知恶）。耿宁又将黄宗羲之评语视为黄弘纲的见解，故耿宁解释说："不太明显的首先是，他所理解的'本体'是什么；我们曾将它解释为'本己本质'（'本体'）概念。"（耿宁：《人生第一等事》上册，倪梁康译，第347页）由此可见，耿宁对黄弘纲之谈论，解释并不一致。

## (二）阳明后学的两种致良知工夫进路

事实上，在耿宁对阳明后学的"致良知"的讨论中，是以是否以第二个良知概念（良心，良知 II）作为实践根据，来表现彼此之间的张力，致良知工夫亦然。如钱德洪与王畿的紧张性，就在于前者从"知善知恶"（良知 II）来理解良知，并强调借由后天"诚意"来逐步"致良知"；后者则将"见在良知"视为"良知本体"（良知 III），而强调致良知工夫当以"一念自反"为起点，以"觉良知本体"来"致良知"，强调先天之学。①

同样地，在耿宁的诠释下，欧阳德也着重第二个良知概念（良心）。耿宁认为欧阳德所主张的致良知，"就在于这样一种行为，在这种行为中，人们'审慎地'对待其'良知'（被理解为'良心'），并且不会因为违背它而'欺骗自己'，而是在与自己的一致性中带着它来行动，并且因此而可以'对自己满意（与自己一致）'。这似乎是欧阳德……直至去世都始终持守着的'致良知'观点……将这种'独知'中的'审慎'当作他学说的核心。"② 换言之，欧阳德强调良知为"独知"，以"慎独"（戒自欺以求自慊）③ 为致良知工夫。

另一方面，耿宁也认为邹守益与欧阳德的"致良知"观点有亲缘性，着重"独知"，也强调"慎独"（戒慎恐惧）为致良知工夫。所不同的是，欧阳德之慎独，根据《大学·诚意章》（"所谓诚其意者，毋自欺也。如恶恶臭，如好好色，此之谓自慊，故君子必慎其独也"），邹守益的慎独，则是从《中庸》首章的"戒慎不睹，恐惧不闻"（是故君子戒慎乎所不睹，恐惧乎其所不闻。莫见乎隐，莫显乎微，故君

---

① 参见耿宁：《人生第一等事》上册，倪梁康译，第二部分第一章（钱德洪与王畿之间的讨论："致良知"究竟是通过依照良心的行为，还是通过对"良知本体"的明见？）。
② 参见耿宁：《人生第一等事》下册，倪梁康译，第777页。
③ 王畿于《欧阳南野文选序》云："先师尝谓'独知无有不良'，南野子每与同志论学，多详于独知之说。好好色、恶恶臭乃其应感之真机，戒自欺以求自慊，即所以为慎独也。集中无非斯义，所谓卓然之信、超然之悟，盖庶几焉。"（《王畿集》，凤凰出版社2007年版，第348页）

子慎其独也）着手的①。耿宁指出："'致良知'在邹守益看来首先就在于，通过'审慎恐惧'来突破这种遮蔽和障碍，并借此而使'良知'成为清晰的意识。"②

承上所述，耿宁认为相应于第二个良知概念（良知 II）的致良知工夫，在阳明后学中最为通常与流行，耿宁诠释说：

> 王阳明去世后，他的学派中"通常的"和最流行的"致良知"方式是从"道德意识"或"良心"出发的方式："致良知"就是我们在对我们的善恶意向的道德意识中通过"真诚的意愿［诚意］"而在行为中实现善的意向并驳回恶的意向。因此，我们根据我们的"良心"来行动并且不会以一个违背我们"更好知识"的行为来欺骗我们自己。根据良心所做的行为会对良心本身起到澄明和强化的反作用。这种"知识"并不已经是始终明澈的，而常常是或多或少晦暗蒙蔽的，但它可以逐渐变得清晰，只要我们在行为中连续地朝向那些我们在良心中每次都会"知道"，即使只是晦暗地"知道"的东西。它的清晰性的增长同时会增强它面对恶倾向时的贯彻力。通过对我们自己意向的"戒慎"和对一种道德"自欺"的"恐惧"，亦即通过对我们良心的连续审思（Besinnung），我们的道德意识也会获得一种逐步的澄明或深化。通过合乎良心的行为，我们获得"对自己的满意［自慊］"，亦即与自己的一致，并且"逐渐地回返到我们的良知本体上"。我们主要是在钱德洪和欧阳德那里重逢王阳明的这个观点，他们两人都是伦理方面的伟大人物和杰出的教师。③

---

① 参见耿宁：《人生第一等事》下册，倪梁康译，第 788 页。
② 耿宁：《人生第一等事》上册，倪梁康译，第 507 页。
③ 耿宁：《人生第一等事》下册，倪梁康译，第 1053—1054 页。

在耿宁看来，钱德洪、欧阳德、邹守益都从道德意识、良心（良知Ⅱ）出发，经由诚意（慎独）的工夫，使道德意识清晰并增强它的力量，且逐渐地回返到始终完善的良知本体上。这种致良知工夫，在耿宁看来，是根据分别善恶意向的道德意识（良知Ⅱ）来进行意志的努力，这是一种有意的（勉强的）伦理实践。①

相对地，耿宁也指出，阳明后学也有人不满意于前述的致良知工夫，如黄弘纲、王畿、聂豹、罗洪先等人，就"想要为伦理实践寻求一种比意志努力依据良心所能够构成的更深力量泉源"，并认为"这样一种趋向对于真正伦理实践的实在可能性而言具有至关重要的意义"。②因此，他们都对依据分别善恶意向的道德意识（良心，良知Ⅱ）来进行意志努力的做法保持距离，并根据自己的实践经验，提出不同的致良知工夫。在耿宁看来，王畿以意向与活动的起源为开端，认为每个人每时每刻都具有始终完善的良知本体（良知Ⅲ），且这个良知本体"始终在实际意识中以完善的状态表现自己"③。亦即王畿强调"见在良知"即是"良知本体"。王畿也用"机"（天机）、"一念良知"来表示"良知本体"。因此，对王畿而言，致良知工夫，就在于对此良知本体的"信任"（信），与对此良知本体的"明见"（悟、觉），并且听凭这个纯粹善的力量来主宰。故耿宁认为，在王畿看来，最佳的"致良知"方式，不在于根据对本己善恶意向的道德区分来进行有意的决断与努力，而是通过向自身的回返，信任地和明见地将自己托付给在自己心中起作用的"天机"的创造力量。据此，王畿晚年将其致良知工夫，归结为两个口诀：一是"一念自反，即得本心"；一是"以良知致良知"。④

同样地，耿宁指出，聂豹也是反对根据道德意识来进行"致良知"

---

① 耿宁：《人生第一等事》下册，倪梁康译，第1055—1056页。
② 耿宁：《人生第一等事》下册，倪梁康译，第1055页。
③ 耿宁：《人生第一等事》下册，倪梁康译，第646页。
④ 耿宁：《人生第一等事》下册，倪梁康译，第1058页。

意志努力的人。聂豹诉诸"回归到尚未感受和欲求、尚未思想和行动的'良知之体'的寂静上",此即是以"归寂"的方式来致良知。依耿宁的理解与诠释,聂豹"不想在其意志努力中探讨善恶意向,而是想深入到'心'的更深层面"。即通过"'静坐'沉思的方法将'良知'的'实体'从所有朝向世界的活动或意向中分离出来,然后沉入到寂静的、尚未活动的'良知'深处,以此来培育和强化其力量或潜力"。经"归寂"之后,良知在面对世界时,"便会作为'主宰者'而能够'自行地'、不加意志努力地发出善的意向和实施善的行为"。耿宁还说明,聂豹"这种仅仅向'良知'之'实体'的沉入活动不是一种无意识状态(不是'昏迷'或沉睡状态)",而是一种非意向的意识,"它并不朝向业已产生的善恶意向及其对象,而是朝向先行于所有具体精神活动的心的'实体'或'本性'"。如是,根据批判性"良心"(良知 II)所做的意志努力可以省略,"因为在心的'实体'之寂静中,所有善恶意向都消失殆尽,而在这个'实体'再生之后,所有感受、思维与行为都发自这个寂静实体的最深处,而且自行地就是善的"。①

与王畿、聂豹二人皆关系密切的罗洪先,其致良知工夫,也不从第二个良知概念入手。他的致良知工夫,既不同于王畿,也不同于聂豹。耿宁指出,罗洪先在自己的伦理努力与经验中,首先对在行为中"实现"良心(良知 II)的做法感到失望,"而后也对王畿于'良知本体'(良知 III)在心的自发萌动中完整显露时及在其通过'顿悟'而得到深化时直接切入的做法感到失望"。此后他虽然关注聂豹的"静坐"(1549—1550),但后来(1552—1553)又"试图克服聂豹对两种时间的分离"。罗洪先的做法在于:"试图在行为的时间里也通过一种精神的'收摄保聚'的连续方法修习来赋予'良知'在意识中的持续当下",以逐渐获得主宰者的地位。对罗洪先来说,从当下微弱和被

---

① 参见耿宁:《人生第一等事》下册,倪梁康译,第 1055—1056 页。

蒙蔽的"良知"出发,"去'寻找其强大而明澈的起源'",才能使对"良知本体"的信任得以可能。也可以说,罗洪先的"收摄保聚"寻求"持续的内在宁静",使"受被欲求外物驱动的状态归于平静",而使"作为'真机'的'良知',在人性的社会活动中持续地发用和主宰"。耿宁也指出,在罗洪先的后期的伦理实践中,作为道德意识的"良知"(良心,良知 II)所起的作用似乎有所减弱。①

在耿宁看来,由于第二个良知概念常常缺乏明晰性与贯彻力,导致人们运用各种精神实践来加强人的道德明见与力量。因此,对王畿、聂豹、罗洪先等人"致良知"的伦理实践,耿宁做了结构说明:

> 所有这些心灵实践的特点都在于,它们是一种从通常的、受外部事物和事务驱动的活动中的收回或中止。其一,这种收回或中止采取这样一种彻底的形式:在非意向指向特定事物和事务的意识状态中寂静地沉入到心的宁静根底("实体"),以此而暂时地全然撇弃所有朝向外部的思维与活动。其二,它有可能在于通过一种对本己意向的谨慎深思来使良心得以深化。其三,它试图通过一种在本心中的直接("突然")回返来与所有事物和所有善的行为的本原、与"天机"结合为一,并且放开所有事物而将自己托付给这个本原或"天机"。其四,这种收回和中止在于一种在活动本身期间的有意的和努力的自身收摄和保持坚定,对本己心的"真机"的信任会因此而逐步得到加强,而且它应当逐渐地赋予这个"真机"以自由发挥作用的可能性。②

显然,耿宁上述结构说明的第一项是指聂豹的"归寂"说,第二

---

① 参见耿宁:《人生第一等事》下册,倪梁康译,第 1060—1061 页。
② 耿宁:《人生第一等事》下册,倪梁康译,第 1062 页。

项与第四项指的是罗洪先的"收摄保聚"说,第三项是指王畿的"信"良知本体与"悟"良知本体。

值得一提的是,耿宁又指出,阳明后学各种"致良知"取向与途径,存在两个最大的紧张区域,同时也存在着对它们的对立进行统一的任务。此即:其一,内心宁静与社会活动的统一;其二,根据分别善恶的良心进行自己的有意努力和行为控制,以对构成良知本体的"天机"与宗教奉献之间的关系[①]。由此可见,耿宁对阳明后学"致良知"的诠释,以是否根据第二个良知概念为基础来判定,其中也隐含第二个良知概念与第三个良知概念的张力。

### (三)王畿、聂豹、罗洪先之同异

依据耿宁上述对阳明后学"致良知"的诠释,就不以分别善恶的道德意识(良知Ⅱ)为基础来进行意志努力而言,王畿、聂豹、罗洪先三人有一致性,但三人的"良知"概念与"致良知"工夫却不尽相同。耿宁对三者之异同,有细致的分析。兹整理简述如下:

首先就王畿与聂豹的同异而言,耿宁指出,尽管两人的立场对立,彼此反对,但两人也有其一致处。亦即他们都不想以分别善恶的道德意识(良知Ⅱ)为基础来进行有意的意志努力,而是希望以心(精神)的"本己本质"或"实体"作为伦理修习的基础。王畿、聂豹都将各自的致良知工夫称作"先天之学",即先于已经产生的意向学习,亦即先于情感、思想和心理活动的学习。[②] 不过,王畿的良知概念是指良知本体,致良知工夫是指在当下良知的发用中信任良知、悟良知,返回良知本体,而产生源源不绝的创造力。但耿宁认为,聂豹的"良知"概念,是"心"的"实体"或力量,似与阳明早期作为向善的秉性或

---

① 参见耿宁:《人生第一等事》下册,倪梁康译,第1063页。
② 参见耿宁:《人生第一等事》下册,倪梁康译,第739页。

倾向的良知概念（良知Ⅰ）相符合，聂豹并未接受阳明的第二个良知概念（良心）与第三个良知概念（始终完善的本己本质—良知本体）。因此，聂豹所理解的良知可以说是一种内心的精神力量或"潜隐的能量"（类似良知Ⅰ），本身还未完善，需要通过沉思的技术（静坐）将它在量上提高到最高的程度。在这个意义下，致良知的工夫，就在于存养、充满、扩展不完善的良知而臻至完善，以重新获得完善的心之实体的自发性。然而，要重新获得这种至善（超越善恶对立）的自发性，不能通过想善事和做善事的意志努力，而必须通过不想和不做的意志努力，即通过使心变得完全寂静或宁静的意志努力。相对于王畿相信始终完善的良知本体时时发挥"作用"，聂豹认为应将良知（良知Ⅰ）从"作用"中解脱出来，通过寂静沉思的技术，将善恶的道德意识（良心，良知Ⅱ）排除在外，而"得到养育"、"得到最高程度的充实"（良知Ⅲ）。[①] 在耿宁的诠释下，王畿与聂豹都偏向"先天之学"，不以良心（良知Ⅱ）作为致良知工夫的起点，此是两人之同；但在良知的理解与致良知工夫的伦理实践上，两人迥然不同。

其次从聂豹与罗洪先的同异来说，耿宁指出，虽然罗洪先曾在1549—1550年为聂豹的归寂说辩护，但在1553—1554年以后，就批评聂豹之说，而趋近王畿的见解。耿宁认为，聂豹与罗洪先都不从人的意识中现时存在的良知出发——不论是向善的秉性（良知Ⅰ）或良心（良知Ⅱ）[②]；且在致良知的工夫顺序上，两人都赋予"静"的优先性[③]（尽管罗洪先晚年已经有所修正），此是两人之同。然而，耿宁更强调在良知的理解与致良知的工夫实践上，两人的差异。在耿宁看来，罗洪先并未像聂豹那样，将良知理解为一个单纯潜隐能力的不完善实体，良知也不是某种可以在力量的数量上增大的东西（类似良知Ⅰ）。

---

① 参见耿宁：《人生第一等事》下册，倪梁康译，第 823—825 页。
② 参见耿宁：《人生第一等事》下册，倪梁康译，第 904 页。
③ 参见耿宁：《人生第一等事》下册，倪梁康译，第 931、960 页。

相对地，罗洪先并未否认阳明"良知"自身之为完善性的观念（良知Ⅲ），只是在实际意识中出现的良知是尚未完全泯灭之善的开端。① 而在致良知工夫上，耿宁也指出，罗洪先也不同于聂豹那样，需要通过一种"向寂静的回返"（归寂）来完善我们心的"实体"②，或把"静"的能力之获得，当作对良知之量（力量）的提升或充分扩展③。相对地，罗洪先以"收摄保聚"作为致良知工夫，旨在为始终完善之良知本体能在现时意识中的持续主宰，提供经验的条件与实践的可能性。故在罗洪先"收摄保聚"的实践中，他只将精神的寂静视为尚未泯灭之良知本体能够在道德上清晰而不迷惘的实践条件④。循此思路，精神的寂静或静坐只是必要条件，他最终要超越聂豹偏于静的工夫，与聂豹拉开距离，而强调"收摄保聚"的工夫不分动静，也不赋予静先于动的优先权。⑤ 换言之，在耿宁的诠释下，罗洪先的良知概念不同于聂豹，他的致良知工夫也与聂豹不同，他的"收摄保聚"在于归反完善的良知本体，而非在静中存养不完善的良知而增强其力量。

最后，从耿宁对聂豹与罗洪先差异的强调，衬托出耿宁对罗洪先与王畿之同异的讨论。耿宁指出，罗洪先与王畿相交论学三十年，他对王畿的兴趣远大于聂豹。虽然在常人意识中出现的、"当下的本原知识"（见在良知）的解释方面，直至罗洪先去世前，两人都未曾达到全然的一致。⑥ 然而，耿宁认为，罗洪先与王畿对良知的理解与致良知工夫的实践，两人的距离并不大。因为，罗洪先与王畿都以始终完善的良知本体（良知Ⅲ）来理解良知，所不同的是，罗洪先认为，始终完善的良知本体在常人现存的意识中是不清晰的，不能持续做主宰，只

---

① 参见耿宁：《人生第一等事》下册，倪梁康译，第953页。
② 参见耿宁：《人生第一等事》下册，倪梁康译，第904页。
③ 参见耿宁：《人生第一等事》下册，倪梁康译，第931页。
④ 参见耿宁：《人生第一等事》下册，倪梁康译，第904页。
⑤ 参见耿宁：《人生第一等事》下册，倪梁康译，第962页。
⑥ 参见耿宁：《人生第一等事》下册，倪梁康译，第1022页。

有借由"收摄保聚"工夫，才能赢回良知本体。在这个意义下，罗洪先才能"相信"良知本体。同样地，罗洪先在与王畿往复论学及其彻悟万物一体的实践经验中，也将寂感、动静统一于"几"的概念。罗洪先也把他的"收摄保聚"之功称之为"知几之学"，将它列入自己思想的核心①，与王畿的"几"一样，意味着良知的实体与作用的统一。据此，耿宁指出，自1554年起，罗洪先将"致良知"之"致"，看作一种"知良知"与"信良知"的过程。② 值得注意的是，耿宁还指出，王畿"一念自反，即得本心"的口诀，因1554年与罗洪先长时间讨论而引发的，而且王畿"须时时从一念入微处归根反证，不做些子泄漏"，在结构上也与罗洪先的"收摄保聚"类似。③ 讨论至此，耿宁似乎认为罗洪先与王畿二人，是"同大于异"。

（四）王畿与罗洪先之评价

基于上述对王畿、聂豹、罗洪先思想同异的诠释与分析，耿宁试图批判历来学界对此三人学说归属的评价。耿宁说：

> 如今中国思想史著作的撰写，普遍地将罗洪先与聂豹联系在一起，并且将他们二人组成一个王畿的对立面。这种看法起源于黄宗羲，或者说，起源于刘宗周（字起东，号念台，学者称蕺山先生，1578—1645年），后者在东林学院的传统中拒绝王畿，并且十分赞赏罗洪先对王畿的批评。在今天的汉语文献中情况仍然如此，如今仅有的两部关于罗洪先的专著〔、〕同时也是关于他和聂豹的双重专著，而两部最新的关于王阳明学派发展的概论著作则将他们算作同一个派别。但实际上罗洪先自他与王畿于1532年

---

① 参见耿宁：《人生第一等事》下册，倪梁康译，第966页。
② 参见耿宁：《人生第一等事》下册，倪梁康译，第969页。
③ 参见耿宁：《人生第一等事》下册，倪梁康译，第1032—1033页。

初次会面以来直至去世，总体上都是对王畿及其思想更感兴趣，并且受王畿的吸引要大于受聂豹吸引，尽管他对后者在伦理实践中的严肃性有极深的印象。他越来越清楚地意识到，与聂豹思想相比，王畿的思想更能够代表王阳明。①

显然地，从前述耿宁强调聂豹与罗洪先之异，而强调罗洪先与王畿之同来看，他当然不满意历来学界将罗洪先与聂豹归属于同一学派，而与王畿对立的评价。换言之，耿宁认为罗洪先的思想更近于王畿，宜将罗洪先从与聂豹的联系中松绑出来，而与王畿并列予以评价。在笔者看来，这是耿宁对阳明后学评价的独特见解，借此也可以理解，在对阳明后学的评价中，耿宁为何特别青睐王畿与罗洪先。

尽管耿宁在论述阳明后学时，曾欣赏欧阳德的忠于阳明思想的论学风格，但实际上，耿宁对阳明后学的评价，聚焦于王畿与罗洪先。耿宁评论说：

> 王畿是一位"形而上学家"，因为他在所有人都或多或少地经验到或意识到的"本原知识"中看到了一种超经验的、完善"本己本质性"的贯穿显现，并因此而将其视作当下的，而且他最终在其伦理实践中将自己托付给对此完善本质性的转换力量的信任。而罗洪先则是一位心理学的"经验论者"，他只是从人的意识的动摇不定的现象出发，完全承认作为"光明"体验的"本原知识"之偶尔萌动，但却想通过自己"持续前行的照亮"或"收敛保聚"的意志努力来帮助它逐渐成为一种日趋完善的和日趋持久的光明，随之也成为一种日趋强大的可信赖性。②

---

① 耿宁：《人生第一等事》下册，倪梁康译，第896页。
② 耿宁：《人生第一等事》下册，倪梁康译，第1002—1003页。

又说：

> 在王阳明的后继者中进行的所有关于"致良知"的讨论中，王畿与罗洪先之间的讨论所涉及的问题或许是最为深入彻底的。在王阳明的后继者中，这两个人是面对当时各种精神潮流最开放的、目光最开阔的和在哲学上最敏锐的。王畿对各种来源的概念与引语的辨证把弄已经十分精湛娴熟，尽管有其优势，却时而也会给人以语词轻浮的印象，而在我看来，从未将自己称作王阳明弟子的罗洪先却是在其第一代后继者中对"致良知"做了最彻底的思考、最仔细的实践和在建基于本己经验的话语中最可靠把握的人。①

合此两段评价来看，耿宁认为在阳明后学有关"良知"与"致良知"的讨论中，王畿与罗洪先的目光最为开放、开阔，最具哲学敏锐度，两人的讨论也最为细微，深入而丰富。耿宁以王畿为"形而上学家"，罗洪先为心理学的"经验论者"来评价两人的为学特色，也颇为精准。不过，从具体的伦理实践，以及现象学由下而上着重意识分析与经验（直接体验）的角度来看，耿宁似乎更欣赏罗洪先。

## 三、阳明后学的问题意识、诠释与评价

笔者以较多的篇幅来介绍耿宁对阳明后学的诠释与评价，主要希望能从耿宁细致的论述中，相应地理解、厘清耿宁的思路与观点，以便进行第二序的评论。笔者拟从阳明后学的问题意识切入，重新提出不同于耿宁对阳明后学的诠释与评价。

---

① 耿宁：《人生第一等事》下册，倪梁康译，第1061页。

### (一) 阳明良知概念的历史证明? 抑或阳明后学的问题意识

耿宁《人生第一等事》一书,以三个良知概念与"自知"来诠释阳明"良知"的意识活动,是其独特的论点与发明。然而,笔者与先前的评论者,虽认为耿宁分析出良知的"自知"结构深具卓识,但耿宁以编年史的顺序与现象学的意识分析所得来的三个良知概念,在文本与义理分析上,有待商榷①。笔者认为,阳明随着他对《大学》理解的深入,克服朱子"格物致知"的工夫,促使其"良知"概念逐步深化而确立,但并不意味着阳明前后有不同的三个良知概念②。陈立胜也指出,第三个良知概念(始终完善的良知本体),在《传习录》上卷已有端倪可察,且在阳明龙场悟道期间,已经拥有第三个良知概念的雏形。③李明辉也批评,耿宁将第一个良知概念(向善的秉性)视为"德性的开端",本身不完善,既不符孟子之意,也过分窄化了孟子的"是非之心";且若耿宁将良知概括为"自知",则只能适用于第二个(良心)与第三个良知概念(良知本体),而无法适用于第一个良知概念。④

既然耿宁前述有关阳明三个良知概念的区分难以证成,则耿宁引阳明亲炙弟子黄弘纲之言,来作为阳明三个良知概念的历史证明,诚如陈立胜所言:这一解读确实有"过度诠释"之嫌疑。⑤虽然如此,笔者认为,黄弘纲之言,与其说是阳明三个良知概念的历史说明,不如

---

① 参见林月惠《阳明与阳明后学的"良知"概念——从耿宁〈论王阳明"良知"概念的演变及其双义性〉》、陈立胜《在现象学意义上如何理解"良知"?——对耿宁之王阳明良知三义说的方法论反思》、李明辉《耿宁对王阳明良知说的诠释》。以上三文,见于《哲学分析》2014 年第 4 期,第 4—22、23—39、40—50 页。

② 林月惠:《阳明与阳明后学的"良知"概念——从耿宁〈论王阳明"良知"概念的演变及其双义性〉》,《哲学分析》2014 年第 4 期,第 6—11 页。

③ 陈立胜:《在现象学意义上如何理解"良知"?——对耿宁之王阳明良知三义说的方法论反思》,《哲学分析》2014 年第 4 期,第 34—36 页。

④ 李明辉:《耿宁对王阳明良知说的诠释》,《哲学分析》2014 年第 4 期,第 45—50 页。

⑤ 陈立胜:《在现象学意义上如何理解"良知"?——对耿宁之王阳明良知三义说的方法论反思》,《哲学分析》2014 年第 4 期,第 36 页。

说他真正凸显了阳明后学的问题意识，有其代表性。细绎前述黄弘纲之言，若从黄宗羲对黄弘纲小传的介绍与评论诸语来看，如云："（黄弘纲）先生之学再变，始者持守甚坚，其后以不致纤毫之力，一顺自然为主。""于是而知阳明有善有恶之意，知善知恶之知，皆非定本。""四句教法，先生所不用也。"① 显示出阳明后学中，存在着反对以"知是知非"解释"良知本体"的思潮，亦即分辨"知是知非"究竟是善恶意念的分别，还是良知本体的自知。笔者赞同陈立胜的见解，即黄弘纲之言的问题意识，不在良知概念的分类，而是在辨别"良知"之本体（良知本体）究竟为何。②

类似黄弘纲在致良知时辨别"良知本体"③的经验，也出现在钱德

---

① 《明儒学案》，第449—450页。
② 陈立胜：《在现象学意义上如何理解"良知"？——对耿宁之王阳明良知三义说的方法论反思》，《哲学分析》2014年第4期，第33—34页。
③ 值得注意的是，阳明与阳明后学所言的"良知本体"，与耿宁第三个良知概念——本原知识的本己本质（始终完善的"良知本体"），含义似有不同。作为现象学家，耿宁对阳明与阳明后学诸多文本所出现的"本体"、"心之体"、"知是心之本体"（乐是心之本体）等不同脉络，在理解上极为困扰。耿宁在《我对阳明心学及其后学的理解困难：两个例子》中说："我在'本体'和'体'这两个表达所遇到的困难恰恰就是：这两者有时意味着相对于作用而言的单纯实体，有时意味着一个事物本身的完全本质。"（耿宁：《心的现象——耿宁心性现象学研究文集》，倪梁康等译，第478页）这样的困扰，也继续出现在《人生第一等事》中。耿宁指出，阳明及其后学在"体"与"本体"的用法上，呈现术语的不明确性，称之为"本体"的多重含义。（参见《人生第一等事》上册，第352页）大抵而言，耿宁将阳明或阳明后学所言之"体"（本体）理解为（1）与"用"相对立的"体"（本体），即 substantia（substance）／actus（action）或 funciones（functions）。（2）包含各个作用的"完全本质"（完全或完善状态）、"真本色"（本来面目），此即是不与"用"相对的"体"，即指本质（essence）。（3）单纯实体（substance），不一定与"用"相对。（参见耿宁：《心的现象——耿宁心性现象学研究文集》，倪梁康等译，第474—479页）尤其在耿宁的三个良知概念下，作为道德价值的意识主体是一个个体的人的主体（良知 II），它不可能是一个普遍的完善的现实（本原知识之本己本质，良知 III）。我们若用阳明的诗句来说，即是"无声无臭独知时"的"良知"，作为个人最内在真实的主体，并不能等同于"此是乾坤万有基"（人与万物共有的本体）。亦即耿宁所理解的"良知本体"并不包含存有论的意涵，而只是意味着良知之完善的本己本质。换言之，耿宁所理解的"良知本体"与阳明或阳明后学所理解的"良知本体"，并不全然相同。事实上，仅以《传习录》为例，"心之本体""良知之本体""心之体""心体"的用例甚多，耿宁的困扰、提问与理解的差异，可以促使中国哲学研究者，对关键的"体""用"概念，做更细致的分析，有其意义。如张庆熊《见证本体不可废量智——论熊十力对王阳明及其后学的批评》一文（宣读于"王阳明及其后学论致良知"国际学术讨论会）中，即

洪、邹守益的致良知工夫经验中。如罗洪先描述钱德洪之学数变言：

> 其始也，有见于为善去其恶者，以为致良知也。已而曰："未矣，良知者，无善无恶者也，吾安得而执以为有而为之，而又去之？"后十年，……曰："吾恶夫言之者之淆也。无善而无恶者，见也，非良知也。吾惟即吾所知，以为善者而得之，以为恶者而去之，此吾可能为者也。其不出于此者，非吾之所得闻也。"今年……则曰："向吾之言，犹二也，非一也。盖先生（按：阳明）尝有言矣，曰：'至善者，心之本体，动而后有不善也。'吾不能必其无不善，吾无动焉而已。彼所谓意者动也，非是之谓动也；吾所谓动，动于动焉者也。吾惟无动，则在我者常一；在我者常一，则吾之力易易矣。"①

邹守益以"戒慎恐惧"来致良知，也有三种不同的体会：

> 戒慎恐惧之功，命名虽同，而血脉各异。戒惧于事，识事而不识念；戒惧于念，识念而不识本体。本体戒惧，不睹不闻，常规常矩，常虚常灵，则冲漠无朕，未应非先，万象森然，已应非

---

（接上页）是响应耿宁之问题，他由熊十力对阳明及其后学"四句教"的诠释与理解，指出熊十力发现，"本体"概念在王阳明处有两个含义：一是"体用"意义上的"实体"；一是"自体"（自性、自相）。若用西方哲学的概念说，前者为 substance（本体），后者为（本质）。张庆熊认为，耿宁所说的"本己本质"即是熊十力所说的"自性"。所以熊十力所理解的"良知本体"，实指"良知自体"（自性），因"本体"与"自体"的区分，故"良知本体"并非指"良知即本体"，而是意味着：本体通过大用流行化生为宇宙万物，每个人是宇宙万物的一员，因每个人的良知刻画宇宙本体的自性，故每个人能透过所秉良知认识宇宙本体。在这个意义下，可说"良知即本体"。笔者认为，耿宁、熊十力、张庆熊的分辨，有概念澄清的作用，但并不相应于阳明或阳明后学的论述，因阳明与阳明后学所谓的"良知本体"，兼有伦理与形上的意涵，亦含牟宗三所谓的"道德的形上学"（moral metaphysics），此议题可以再深入探究。

① 《赠钱绪山序》，《罗洪先集》上册，凤凰出版社 2007 年版，第 601—602 页。后黄宗羲亦引罗洪先之言描述钱德洪之学数变，但文字略有差异。（参见《明儒学案》，第 226 页）

后，念虑事为，一以贯之，是为全生全归，仁孝之极。①

钱德洪以"诚意"来体会"致良知"，经历从"意念之动"到"良知之动"的体证；邹守益以"戒惧"来体验"致良知"，也经历由"戒惧于事""戒惧于念"到"戒惧于本体"的确信。他们最后都体认到在"良知本体"用功，才有得力处、用力处。

即使以"归寂"来体认致良知之功的聂豹也说：

所贵乎本体之知，吾之动无不善也。动有不善而后知之，已落二义矣。②

由黄弘纲到以上诸例，已显示出在"良知本体"用功，几乎是阳明后学共同的工夫论要求。我们可以说，由辨明、体证第一义的良知（良知本体，而非意念之善），进而追求第一义的致良知工夫，是阳明后学的问题意识所在③。

笔者一再强调，虽然阳明后学都强调"良知""致良知"，人人皆

---

① 转引自《明儒学案》，第343页。又王畿也曾转述邹守益的致良知经验："不睹不闻者德性之体，所谓良知也。独知无有不良，戒慎恐惧而谨其独，所以致之也。东廓会中常以所得次第示人，云：'自闻教以来，始而戒惧于事为，未免修饰支持，用力劳而收功寡；已而戒惧于念虑，未免灭东生西，得失者半；已而戒惧于心体，始觉有用力处，亦始觉有得力处。'盖事为者，念虑之应迹，心则念虑之本也。本立则念虑自立而事为自当，此端本澄源之功，圣学之则。所谓以身为教者也。"（《漫语赠韩天叙分教安成》，《王畿集》，第468页）

② 转引自《明儒学案》，第374页。

③ 笔者在《本体与工夫》一文指出，追求第一义工夫是阳明后学主要问题意识。（参见拙著：《良知学的转折——聂双江与罗念庵思想之研究》，台湾大学出版中心2005年版，第663—670页）彭国翔也在诸多王门诸子与湛甘泉弟子的工夫实践中，指出追求究竟工夫（即笔者所谓的第一义工夫）是当时普遍的现象。（参见彭国翔：《良知学的展开——王龙溪与中晚明的阳明学》，台湾学生书局2003年版，第374页）陈立胜更为阳明后学追求第一义致良知工夫，提供来自现象学视角的哲学理论分析。（陈立胜：《在现象学意义上如何理解"良知"？——对耿宁之王阳明良知三义说的方法论反思》，《哲学分析》2014年第4期，第32—33页）

能"谈本体、说工夫"①，但从阳明某些第一代亲炙弟子（如钱德洪、邹守益、黄弘纲等）之致良知工夫有数变，以及要求在良知本体上做功夫来看，阳明后学的问题意识已经与阳明不同了。黄宗羲曾评论阳明："自姚江指点出'良知人人现在，一反观而自得'，便人人有个作圣之路。"②若从阳明与朱子交锋对话的角度看，阳明的问题意识乃针对朱子"格物致知"（即物穷理）的"外求"与"支离"而寻求解决之道，故阳明从百死千难中体验出人人同具的"良知"，使人人反观自得而有作圣之路（入路）。但对阳明后学来说，无须回应朱子所带来的问题，而是在肯认人人皆有至善之良知本体的前提下，转向阳明提问：如何"致良知"？

然而，阳明对其弟子探问"如何致良知"的回答，都着重当机指点与启发，旨在唤醒弟子自行体验良知。阳明认为致良知不是一套论证系统，不能囿于语言上的口说，而需反求诸己，以自悟、自觉、自省、自信本有的良知。③如阳明对弟子致良知之提问，他回答的是："此亦须你自家求，我亦无别法可道。"（《传习录》下：280）④

依笔者之见，阳明针对弟子"如何致良知"的回答，最具代表性的文本，在于阳明1524年三易其稿后的《大学古本序》定本，以及1527年于天泉桥向王畿、钱德洪所揭示的"四句教"（《传习录》下：315）。前者总结："乃若致知，则存乎心悟，致知焉，尽矣。"⑤后者以

---

① 王畿于《冲元会纪》云："自先师提出本体、工夫，人人皆能谈本体、说工夫，其实本体、工夫须有辨。自圣人分上说，只此便是本体，便是工夫，便是致。自学者分上说，须用致知的工夫，以复其本体。博学、审问、慎思、明辨、笃行，五者其一，非致也。"（《王畿集》，第3页）

② 《明儒学案》，第179页。

③ 参见陈立胜：《在现象学意义上如何理解"良知"？——对耿宁之王阳明良知三义说的方法论反思》，《哲学分析》2014年第4期，第26—27页。

④ 此王阳明《传习录》系以陈荣捷：《王阳明传习录详注集评》，台湾学生书局1983年版为据，卷数与编号亦从该书，以下皆同。

⑤ 《大学古本序》，《王阳明全集》，上海古籍出版社1992年版，第243页。该书此句标点作："乃若致知，则存乎心，悟致知焉，尽矣。"明显有误。之后又重新出版《王阳明全集》（新编本）（浙江古籍出版社，2011年）《大学古本序》之标点（第259页），仍未改正。

"无善无恶心之体,有善有恶意之动,知善知恶是良知,为善去恶是格物"为"彻上彻下功夫"。显然地,阳明以"知善知恶是良知"来理解良知本体,但为何其弟子仍有所怀疑呢(如王畿以为四句是权法,黄弘纲以为四句非定本)?关键可能在于其弟子无法善解"有善有恶意之动"与"知善知恶是良知"这两句。

根据阳明 1527 年《大学问》所言:"是非之心,不待虑而知,不待学而能,是故谓之良知。是乃天命之性,吾心之本体,自然灵昭明觉者也。凡意念之发,吾心之良知无不自知者。其善欤,惟吾心之良知自知之;其不善欤,亦惟吾心之良知自知之。是皆无所与于他人者也。"① 在阳明看来,"有善有恶意之动"与"知善知恶是良知"是同时俱现的(凡意念之发,吾心之良知无不自知者),而非指在时间上先后出现的两种意识活动。亦即在善的意念与恶的意念出现时,良知同时就能知得意念之善恶(能知得意之是非者,谓之良知),而是的还它是,非的还它非,由此可证良知之自知,以及良知之本体(本己本质)。因此,阳明的四句教,即就意念之发(有善有恶意之动)来体认良知之用(知善知恶是良知),而自悟(自觉)良知为本体。由于阳明关注的是工夫入手处,并未充分讲明在对治意念之善恶时,在理论上与实践上,都必须预设良知之自知(凡意念之发,吾心之良知无不知)。其结果,导致某些亲炙弟子在致良知的工夫中,几经转变与体认,才能分辨"以意念之善为良知"与"知善知恶是良知"(良知之自知)的区别。前者是在意念用工夫,后者是在良知本体用工夫。若不善解阳明之意,就可能如某些阳明后学,乃至刘宗周、黄宗羲,都误解阳明所言"知善知恶是良知"在时间上后于"有善有恶意之动",如此良知之"知善知恶"(知是知非),仅是意念之知,而非良知本体之

---

① 《大学问》,《王阳明全集》,第 971 页。

知，而遭到"知为意奴"①的批评。

上述有关"以意念之善为良知"与"知善知恶是良知"的混淆，陈立胜受耿宁良知之为自知的现象学意识分析的启发，而有更深入的辨明。陈立胜认为，良知作为"对本己意向中的伦理价值的直接意识"（良知Ⅱ），"**在本质上就是在一个本己意向出现时直接现存的，而且是必然与它同时现存的'知'**"，良知之是知非，不同于也不后于意念之善恶。因为，良知之"自知"与现象学之"内意识"、唯识宗之"自证分"，在意识结构上之所以一致，就在于良知之自知与意念本身乃"同时现存"这一"内意识"的本质特征，这也是耿宁以现象学立场研究阳明学之最重要的理论成果②。陈立胜的辨明，为我们理解上述阳明后学反对以"知是知非"（知善知恶）来讨论良知本体之思潮，提供了来自现象学角度的哲学理论分析，深具卓识。

相对于阳明四句教理解上的争议，《大学古本序》所总结的"致知存乎心悟"（乃若致知，则存乎心悟，致知焉，尽矣）则是阳明亲炙弟子的共识。如王畿对阳明之学思历程，如数家珍，提及"先师之学，凡三变而始入于悟，再变而所得始化而纯"。最后对阳明江右以后专提"致良知"，而归结于"致知存乎心悟，致知焉尽矣"。③而王畿自己于《自讼问答》说：

> 良知无善无恶，谓之至善；良知知善知恶，谓之真知。……天人之际，其机甚微，了此便是彻上彻下之道。"乃若致知，则存

---

① 刘宗周批评说："且所谓知善知恶，盖从有善有恶而言者。因有善恶，而后知善知恶，是知为意奴也。良在何处？"（《良知说》，《刘宗周全集》第2册，台北"中央"研究院中国文哲研究所筹备处1997年版，第317—318页）

② 参见陈立胜：《在现象学意义上如何理解"良知"？——对耿宁之王阳明良知三义说的方法论反思》，《哲学分析》2014年第4期，第32—33页。

③ 《滁阳会语》，《王畿集》，第33—34页。

乎心悟，致知焉尽矣。"①

钱德洪语录也记载：

> 问"致知存乎心悟"。曰："灵通妙觉，不离于人伦事物之中，在人实体而得之耳，是之为心悟。世之学者，谓斯道神奇秘密，藏机隐窍，使人渺茫恍惚，无入头处，固非真性之悟。若一闻良知，遂影响承受，不思极深研几，以究透真体，是又得为心悟乎？"②

又欧阳德也回答陈九川（号明水，1494—1562）：

> 先师谓："致知存乎心悟"，故古圣有精一之训。若认意念上知识为良知，正是粗看了，未见其所谓不学不虑、不系于人者。③

又阳明另一亲炙弟子为魏良弼（号水洲，1492—1575）也回答罗洪先：

> 先师谓："良知存乎心悟"，悟由心得，信非讲求得来。用志不分，乃凝于神，神凝知自致耳。④

以上所举阳明亲炙弟子，虽然对致良知工夫的体会不同，但对于阳

---

① 《自讼问答》，《王畿集》，第 433 页。
② 钱明辑：《钱德洪语录诗文辑佚》，《徐爱钱德洪董沄集》，凤凰出版社 2007 年版，第 121—122 页。
③ 《答陈明水》第二书，《欧阳德集》，凤凰出版社 2007 年版，第 109 页。
④ 转引自《明儒学案》，第 466 页。

明所谓"致知存乎心悟"则无异议。亦即"致良知"工夫存乎"心悟"（自悟良知本体），换言之，致良知工夫是以自悟良知本体为根据、为关键、为起点。故王畿强调："君子之学，贵于得悟，悟门不开，无以征学。"① 欧阳德也说："不知良知之本体，则致知之功未有靠实可据者。"②

在笔者看来，阳明后学的问题意识之层层逼显如下：

如何致良知→致知存乎心悟→悟良知本体（第一义工夫）

这样的问题意识，显示出阳明后学致良知的工夫实践中，意念之善（意念之知）与良知之善（良知之知）的混淆。若不悟得良知本体，只在意念上为善去恶，未免善恶混淆，未免"灭东生西"③，错下工夫，导致因本源不清（良知未作主）而带来工夫的繁难与弊端。若用罗汝芳的实践经验来说，是意念上的"制欲"，而非本体上的"体仁"④，沦于黄宗羲所批评的："只在念起念灭上工夫，一世合不上本体矣。"⑤ 更形象地说，这是精神生活上的"头痛医头，脚痛医脚"，非正本清源之道。

为此，阳明后学的王畿、钱德洪、欧阳德、邹守益、陈明水、聂

---

① 《悟说》，《王畿集》，第494页。
② 《答陈明水》，《欧阳德集》，第42页。
③ 在意念上下工夫的弊端，即是只着眼于当下善念与恶念交战的表象，但因中无所主，反而导致意念的憧憧往来，治丝益棼。北宋儒者早已关注此真实的工夫问题，程颢就以"灭东生西"来形容。如程颢于《答横渠张子厚先生书》(《定性书》)就说："《易》曰：'贞吉悔亡。憧憧往来，朋从尔思。'苟规规于外诱之除，将见灭于东而生于西也。非惟日不足，顾其端无穷，不可得而除也。"(《河南程氏文集》卷二，《二程集》，中华书局1981年版，第460页)而《河南程氏遗书》也记载："吕与叔尝言，患思虑多，不能驱除。曰：'此正如破屋中御寇，东面一人来未逐得，西面又一人至矣，左右前后，驱逐不暇。盖其四面空疎，盗固易入，无缘作得主定。又如虚器入水，水自然入。若以一器实之以水，置之水中，水何能入来？盖中有主则实，实则外患不能入，自然无事。'"(《河南程氏文集》卷一，《二程集》，第8页)又阳明后学中，聂豹、罗洪先也对意念之憧憧，屡屡感到困扰，不论"归寂"说或"收摄保聚"说，都希望对此问题，寻求根本的解决之道。
④ 参见《明儒学案》，第760—761页。
⑤ 《明儒学案》，第449页。

豹、罗洪先都意识到上述问题,故转向在先天的良知本体上用功。如是,如何"致良知",转为如何"悟良知本体"。在这个意义下,耿宁所讨论的王畿、钱德洪、欧阳德、邹守益、聂豹、罗洪先等阳明后学,他们的良知概念,都是始终完善的良知本体(良知Ⅲ);他们的致良知工夫,都是先天之学、第一义工夫。诚如欧阳德所言:"意与知有辨。意者,心之意念;良知者,心之明觉。意有妄意,有私意,有意见。……良知不睹不闻,莫见莫显,纯粹无疵。"① 如此一来,从阳明或阳明后学来看,"良知"作为耿宁所谓"对本己意向中的伦理价值的直接意识"(良知Ⅱ),它始终是完善的、全然清晰、透彻的,它虽不离经验,但它不是个经验的概念。因此,耿宁所谓第二个良知概念与第三个良知概念的区分,也失去其效力。尤有甚者,若以第二个良知概念来区分阳明后学的致良知工夫,则忽略钱德洪、欧阳德、邹守益等人也肯认耿宁的第三个良知概念。若以第二个良知概念来引发阳明后学的争议,则耿宁的第二个良知概念就会沦于意念之知,良知就无法"自知"了。

(二)阳明后学致良知的两种取径:"悟本体即工夫"与"由工夫以悟本体"

根据前述阳明后学的问题意识,耿宁所讨论的王畿、钱德洪、欧阳德、邹守益、聂豹、罗洪先等人,他们的致良知工夫,都试图在始终完善清晰的良知本体上用功,都是先天之学,都是第一义工夫;他们的最终目标,都是返回始终完善的良知本体,而自发地、自然地贯通于动静、寂感、内外,达到内心宁静与社会生活的统一。笔者认为,阳明后学各种致良知工夫的差异,就在于他们对如何"悟良知本体"取径不同。

---

① 《明儒学案》,第362页。

耿宁与大多数的阳明后学研究者一样，注意到阳明晚年提出的四句教，包含两种致良知教法。一是"利根之人，一悟本体，即是功夫，人己内外，一齐俱透了"；二是"不免有习心在，本体受蔽，故且教在意念上实落为善去恶。功夫熟后，渣滓去得尽时，本体亦明尽了"。(《传习录》下：315）嗣后，王畿将前者"悟本体"的功夫称为"先天正心之学"，将后者"在意念上实落为善去恶"的功夫称为"后天诚意之学"①，可能令人误解后者功夫没有良知作主宰，而流于前述的意念之善。但对阳明的四句教而言，无论利根或钝根之人，其致良知都以悟良知本体为起点，即使是诚意功夫，也须以良知之明觉（良知之恒照恒察）为主宰才能得力。有关此义，唐君毅（1909—1978）敏锐地指出：

> 致良知之学**应先见得此良知本体**，方可言推致之于诚意之功。若徒泛言为善去恶以诚意，则一切世儒之教，亦教人为善去恶以诚意，此固不必即是致良知之学。②

唐君毅指出阳明致良知工夫的独特处，就在于"先见得此良知本体"（悟良知本体），此为致良知工夫的入手处。因此，唐君毅认为阳明后学因四句教而发展两种工夫型态：一是"悟本体即工夫"，一是"由工夫以悟本体"③。值得注意的是，这两种工夫都指向"悟本体"（悟良知本体、复良知本体），二者不是对立的，也不是如耿宁所诠释的以

---

① 王畿于《三山丽泽录》(1557 年) 指出："正心，先天之学也；诚意，后天之学也。……吾人一切世情嗜欲，皆从意生。心本至善，动于意，始有不善。若能在先天心体上立根，则意所动自无不善，一切世情嗜欲自无所容，致知功夫自然易简省力，所谓后天而奉天时也。若在后天动意上立根，未免有世情嗜欲之杂，才落牵缠，便费斩截，致知工夫转觉繁难，欲复先天心体，便有许多费力处。颜子有不善未尝不知，知之未尝复行，便是先天易简之学。原宪克伐怨欲不行，便是后天繁难之学。不可不辨也。"（《王畿集》，第 10 页）
② 唐君毅：《中国哲学原论——原教篇》，台湾学生书局 1984 年版，第 364 页。
③ 唐君毅：《中国哲学原论——原教篇》，第 364 页。

第二个良知概念（良心）为主与否来区分的，而是阳明后学在第一义工夫的共同追求下的不同工夫取径，且此两种工夫取径必须相资为用，彼此有辩证融合的关系。

实则，唐君毅所指出的阳明后学两种工夫型态，就是王畿所谓的"即本体为功夫"与"用功夫以复本体"，他于1562年访问罗洪先时，提及这两种工夫型态的不同与相取为用：

> 夫圣贤之学，致知虽一，而所入不同。从顿入者，即本体为功夫，天机常运，终日兢业保任，不离性体，虽有欲念，一觉便化，不致为累，所谓性之也。从渐入者，用功夫以复本体，终日扫荡欲根，祛除杂念，以顺其天机，不使为累，所谓反之也。若其必以去欲为主，求复其性，则顿与渐，未尝异也。①

又1565年王畿也针对耿定向（号天台，1524—1597）有关阳明后学致良知工夫问题，总结为：

> 本体有顿悟、有渐悟；工夫有顿修、有渐修。万握丝头，一齐斩断，此顿法也；芽苗增长，驯至秀实，此渐法也。或悟中有修，或修中有悟；或顿中有渐，或渐中有顿，存乎根器之利钝。及其成功一也。……二者名号种种，究而言之，"致良知"三字尽之。②

王畿上述的体证与归纳，实得力于与诸王门友人在致良知工夫上

---

① 《松原晤语》，《王畿集》，第42—43页。
② 《留都会纪》，《王畿集》，第89页。笔者认为耿定向的提问，更能反应阳明后学的工夫争议："吾人讲学，虽所见不同，约而言之，不出两端：论本体者有二，论工夫者有二。有云学须当下认识本体，有云百倍寻求研究始能认识本体。工夫亦然：有当下工夫直达、不犯纤毫力者，有百倍工夫研究始能达者。"

相互印证而来，而使阳明后学（含历来儒家心学）的工夫取径，具有类型学的说明。笔者以阳明后学的问题意识为主轴，参照唐君毅与王畿之分类，表示如下：

第一义工夫
（悟良知本体）
{
悟本体即工夫＝即本体为功夫＝顿入、顿修＝性之
（王畿、罗汝芳：悟中有修、顿中有渐）

由工夫以悟本体＝用功夫以复本体＝渐悟、渐修＝
反之（钱德洪、欧阳德、邹守益、聂豹、罗洪先：
修中有悟、渐中有顿）
}

由上图来看，王畿的"悟本体即工夫"（顿入、顿修），虽然强调当下悟入（顿入、顿修）良知本体，但却不能宣称悟本体后现实生活更无善恶意念之起，故龙溪并不废诚意之学，仍需要"由工夫以复本体"（渐悟、渐修）。此即"念念致良知""以良知致良知"，以当下彻底解决意念之潜伏与憧憧往来。亦即是"悟中有修、顿中有渐"。同样地，钱德洪等人的"由工夫以悟本体"，虽然肯认人皆有良知本体，但却意识到在现实生活中，良知之真实呈现，未免有掺杂，故此工夫型态在于拨除阻碍良知本体呈现的障蔽，而使良知充分呈现。唐君毅指出："由此工夫方能去此障蔽之为恶念所自发者，以实引致此一明莹无滞之心体之呈现与证悟矣。"① 换言之，"由工夫以悟本体"仍是以"悟本体"为关键工夫所在。但却对于障蔽良知呈现的种种因素，逐步加以克治，或透过"无动于动"（钱德洪）、"戒惧于本体"（邹守益）、"归寂"（聂豹）、"收摄保聚"（罗洪先）等具体的工夫次第，使良知本体充分呈现。凡此工夫皆有"对治相""工夫相"，但其工夫的重点并不在意念交杂时的对治，而是拨除障蔽，使良知本体充分呈现。即使"由工夫以悟本体"（渐悟、渐修），悟得良知本体后，仍需要时时持续

---

① 唐君毅：《中国哲学原论——原教篇》，第364页。

保任良知本体之明觉主宰,此又需"悟本体即功夫"(顿悟、顿修)。如是,此一工夫乃呈现"修中有悟、渐中有顿"。

由以上的分析来看,笔者试图修正耿宁对阳明后学的诠释,亦即在追求第一义致良知工夫的体证下,属于"渐悟、渐修"的"由工夫以悟本体"(用功夫以复本体)之工夫取径(工夫型态),是阳明后学"通常的"与"最为流行"的"致良知"工夫。除钱德洪、邹守益、欧阳德外,聂豹、罗洪先也属于此一工夫型态,只是后二者不采取阳明亲炙弟子即"良知之用"(知是知非)以体证"良知之体"(至善之良知本体)的径路。"由工夫以悟本体"这样的致良知工夫取径,不仅贴近现实多数人的经验,在工夫上也比较有次第可循,更呼应阳明"某于此良知之说,从百死千难中得来"[①]的体证,以及阳明所给予的警戒:"本体、功夫,一悟尽透,此颜子、明道所不敢承当,岂可轻易望人?"(《传习录》下:315)。

经由以上的辨明,我们也可以对耿宁对王畿、聂豹、罗洪先的诠释,加以检讨。首先,耿宁指出王畿以"生机"来解释良知本体,通过"觉(悟)良知本体"来"致良知",并以"一念自反,即得本心""以良知致良知"作为口诀,强调"信良知本体"与"悟良知本体"等诠释,都相应地诠释了王畿的致良知工夫。但对于王畿一再强调,且为后人所误解批评的"见在良知",耿宁采取心理学的解释,认为此概念是经验的概念。耿宁认为现时意识中实际而具体的"良知"(良知I、良知II)始终以已经或多或少"被实现了"的方式出现,或者以根本"未实现"的方式出现,被欲念所遮蔽,不可能是始终完善与清晰的。因此,依据耿宁的解读,王畿将"见在良知"(当下的本原知识)视为"良知本体"(始终完善的本原知识之本己本质),并投射到所有时刻的所有人的实际意识中,而认为此当下出现的良知始终在

---

① 《年谱二》,《王阳明全集》,第1279页。

实际意识中以完善的状态表现自己。这样的诠释,与阳明有距离,是王畿片面地从他的视角出发而得到的解释①。然而,信得及"见在良知"作为王畿悟良知本体的核心概念,它始终是完善的、清晰的、可当下自然呈现的,而且其实践动力也是当下具足的。耿宁对王畿"见在良知"的诠释,似受罗洪先的影响,仍有未相应之处。

其次,从前述聂豹也追求先天之学、第一义工夫来看,聂豹对"良知"的理解,也是始终完善、清晰的"良知本体",相当于耿宁所说的第三个良知概念。如同罗洪先一样,聂豹也质疑并反对王畿的"见在良知",并将实际现时意识中实际具体出现的意向活动,视之为"知觉",而非"良知"。聂豹并不是从孟子"不学不虑"来理解良知,而是从《中庸》的"未发之中",以及《易传》之"寂"来理解良知。他认为:"《中庸》之意,似以未发之中为本体。"②又说:"止也、虚也、寂也,未发之表德也。"③据此,聂豹所体证的"良知"即是"未发之中"的性体,寂然不动的虚灵本体,它是超越于经验的概念。必须透过静坐的具体工夫,存养此一良知本体,它才能自然涌现动静统一、即寂即感的本来面貌(本己本质)。不过,耿宁也许受聂豹屡屡言"致知者,充满其虚灵本体之量"④的影响,认为聂豹的良知,不是一种现时的意识,而是"心(精神)之体(实体)",它本身是一个实际的或大或小的精神力量、潜能或强力(Macht)⑤。然而,对聂豹而言,良知是未发之中,它本自"纯粹至善""纯乎天理",良知本体自身,不会有"部分"与"全体"的量上之差异。因此,笔者同意吴震的推测⑥,聂豹"充满虚灵本体之量"可能受朱子解释孟子"尽心"(人有是心,

---

① 耿宁:《人生第一等事》下册,倪梁康译,第 646—648 页。
② 《答欧阳南野太史》第三书,《聂豹集》,第 241 页。
③ 《答唐荆川太史》第二书,《聂豹集》,第 274 页。
④ 《答戴伯常》,《聂豹集》,第 318 页。
⑤ 耿宁:《人生第一等事》下册,倪梁康译,第 804 页。
⑥ 参见吴震:《聂豹、罗洪先评传》,南京大学出版社 2001 年版,第 143—144 页。

莫非全体。然不穷理，则有所蔽而无以尽乎此心之量）的影响，意味着致知工夫要有不断的积累，而非良知本体是一潜能。由此可见，耿宁对聂豹"良知"概念的诠释，仍有待商榷。

至于罗洪先的"收摄保聚"，耿宁的诠释也颇为相应，且能指出罗洪先思想的转变，并指出后期罗洪先思想已经与聂豹不同。但耿宁太着重于罗洪先与王畿的论学，以致强调王畿、罗洪先之同，以及聂豹、罗洪先之异。如耿宁一再强调，罗洪先与王畿论学三十余年（1532—1564），罗洪先热心参与阳明讲会，使得两人论学有所进展。如罗洪先晚年"彻悟仁体"后，也"信"良知本体之呈现，其立场与王畿相近。又指出，王畿提出"一念自反，即得本心"是受罗洪先影响之故。然而，耿宁之论断，可再商榷。因为，尽管罗洪先晚年致良知工夫臻至纯熟，但他对于"见在良知"的理解，始终未能与王畿一致。而王畿从信得及"见在良知"指点"悟（觉）良知本体"，其"一念自反，即得本心"不必晚至与罗洪先论学多年才得以提出①。

再者，耿宁虽指出罗洪先与聂豹之异，但却忽略了两人在反对王畿之"见在良知"上立场与论据的一致性。同时，罗洪先在认识王畿之前，早已认识聂豹，两人亦相交论学三十余年（1530—1563），关系匪浅。罗洪先于《双江公七十序》（1556）中就曾表明："予少先生（双江）十有八岁。自庚寅（1530）相见于苏州，称为莫逆骨肉，其后遂有葭莩之好。至其辨难，亦尝反复数千百言。虽暂有合离，而卒

---

① 《王畿集》中出现"一念自反"有14处，出现"一念自反，即得本心"有9处，分别是《致知议辨》（第134页）、《华阳明伦堂会语》（第162页）、《孟子告子之学》（第190页）、《意识解》（第192页）、《与莫廷韩》（第335页）、《书先师过钓台遗墨》（第470页）、《祭陆与中文》（第581页）、《刑部陕西员外郎特诏进阶朝列大夫致仕绪山钱君行状》（第592页）、《刑科都给事中南玄戚君墓志铭》（第613页）。《致知议辨》写于聂豹揭"归寂"说后，当在1550年；又王畿也追忆"一念自反，即得本心"乃阳明晚年之说，是1527年严滩（严陵）送别时阳明之言（《书先师过钓台遗墨》），钱绪山则在叙述阳明教三变时提及此语。由此可见，王畿"一念自反，即得本心"，并非与罗洪先论学多年后，受其影响才提出来的口诀。

不予弃。"① 更重要的是,在悟良知本体的功夫体验上,聂豹的"归寂"说,得力于"狱中闲久静极,忽见此心真体,光明莹彻,万物皆备"②;罗洪先的"收摄保聚"说,也得力于其入楚山静坐三月余而"彻悟仁体"。由此可见,聂豹与罗洪先"渐悟"的工夫入路与型态,何其相近!然而,耿宁却略而不谈。

(三)从阳明学的独特性来看耿宁对王畿、聂豹、罗洪先的评价

前述耿宁对阳明后学的评价,有两点值得注意之处。其一,因罗洪先异于聂豹而近于王畿,故罗洪先与聂豹归属同一学派的传统见解,可能需要修正。其二,王畿与罗洪先在思考致良知工夫上,最具哲学敏锐度,而且罗洪先的思考最彻底、实践最仔细,最能充分实践阳明的致良知工夫。笔者对于耿宁的这两点评价,都有所保留。

当然,评价王畿、聂豹、罗洪先可以从具体工夫实践的成果来看,然而如此的评价,理论意义不大。根据《明儒学案》的记载,聂豹提出"归寂"说后,引发阳明亲炙弟子的环起攻难,当时只有罗洪先深相契合,为聂豹辩护。③当时阳明亲炙弟子之所以无法赞同聂豹与罗洪先,乃在于聂、罗二人对"良知"与"致良知"的见解,偏离阳明的思路与教法。因此,笔者拟以"信得及见在良知"与"体用一源,即用见体"这两点阳明学的独特性来评价王畿、聂豹、罗洪先三人。

王畿的"见在良知"本于阳明,而阳明所谓"当下具足、更无去来、不须假借"④最贴近王畿"见在良知"之义。虽然"见在"与"现

---

① 《双江公七十序》,《罗洪先集》,第614页。
② 《明儒学案》,第372页。
③ 《明儒学案》,第372—373页。
④ 阳明《答聂文蔚》第二书云:"良知只是一个,随他发见流行,当下具足,更无去来,不须假借。"(《传习录》中:189)于答弟子"至诚前知"之问时说道:"良知无前后,只知得见在的几,便是一了百了。"(《传习录》下:281)又说:"只存得此心常见在,便是学。过去未来事,思之何益,徒放心耳。"(《传习录》上:79)

成"作为专门术语,源自佛教,而"见在"(现在)相对于"过去、未来",意味着"当下",也表示"现今作用"之义,"现成"意指"自然"。此语意与一般日常语言用法不同,有其哲学意涵。故对龙溪而言,"见在良知"与"现成良知"都是指涉良知"当下自然呈现",而且良知的实践动力是"刻刻完满""当下具足"。而当时阳明亲炙弟子,如钱德洪、欧阳德、邹东廓等人①,一言及良知与致良知,也都"信得及见在良知"。只是阳明与钱德洪等人,并未像王畿那样,将"见在良知"视为一专有名词、核心概念,并提出一套有关"见在良知"的论述方式,反复强调良知与致知的义蕴。然而,聂豹与罗洪先,乃至中晚明反对"见在良知"的理学家,多"望文生义"地以一般日常语言用法来理解"见在""现成"之义,不能深入理解龙溪言"见在良知"的哲学意涵。

笔者于1995年完成的博士论文《良知学的转折——聂双江与罗念庵思想之研究》,就以阳明"体用一源"的思维来诠释王畿的"见在良知",指出"见在良知"之"在",意味着良知本体的"存有"义,良知是人人本有、人人同具的本体;而"见在良知"之"见"(现),显示良知本体的"活动"义,它虽然是超越的本体,却能在具体的经验世界里,当下自然呈现(随时可呈现),且其实践动力是完整贯彻而当下具足的。②前者表示意谓"良知"之"体"(本体),后者意谓

---

① 钱德洪论学书《与陈两湖》云:"格物之学,实良知见在工夫。先儒所谓过去未来,徒放心耳。见在工夫,时行时止,时默时语,念念精明,毫厘不放,此即行着习察〔、〕实地格物之功也。"(钱明辑:《钱德洪语录诗文辑佚》,《徐爱钱德洪董沄集》,第154页)欧阳德致书聂豹云:"致知之功,致其常寂之感,非离感以求寂也。致其大公之应,非无所应以为廓然也。盖即喜怒哀乐而求其未发之中,念念必有事焉,而莫非行其所无事。时时见在,刻刻完满,非有未发以前未临事底一段境界,一种功夫。"(《寄聂双江》第三书,《欧阳德集》,第131页)而邹守益致书聂豹时,也引前述欧阳德之言,赞同欧阳德的论点。(参见《再答双江》,《邹守益集》,第542页)

② 见拙著:《良知学的转折——聂双江与罗念庵思想之研究》,第278—282、499—509页。之后,彭国翔《良知学的展开——王龙溪与中晚明的阳明学》、高玮谦《王龙溪哲学系统之建构——以"见在良知"说为中心》(台湾学生书局,2009年)也采用"体用一源"来诠释王畿的"见在良知"。

"良知"之"用"（作用）。再者，王畿为彰显"体用一源"的"见在良知"在实践上当下具足的动力，屡屡强调"一点灵明，照彻上下"①，又表明："予所信者，此心一念之灵明耳。一念灵明，从浑沌立根基。专而直，翕而辟，从此生天生地、生人生万物，是谓大生广生，生生而未尝息也。"②显然地，王畿以"一念灵明"来指涉"见在良知"，意味着其实践动力不仅当下具足，也是生生不息。尤有甚者，王畿屡屡以"一念灵明"来指涉"见在良知"还隐含着阳明"即用见体"③的思维与工夫进路。对王畿而言，既然良知人人本有，随时可呈现，且当下具足；那么良知当下可悟并无困难，也不须另立一套先行的工夫来悟良知（由工夫以悟本体）。故"一念自反，即得本心"，"须时时从一念入微处，归根反证"，就能悟得良知本体，此是"以良知致良知"（即良知之用而见良知之体）。虽然王畿"信得及见在良知"在工夫上诉诸"简易"，但工夫的"简易"并非意味着工夫是"简单"的（德行恒易以知险）。因此，王畿强调"信得及见在良知"，及其"体用一源，即用见体"的思路，不仅彰显阳明学的独特性，也显示出更强烈的道德意识，更精微的哲学思考，更险阻的工夫历程。

然而，聂豹与罗洪先都反对王畿的"见在良知"，始终认为"见在良知"不是他们所体会的"良知本体"。尤其，他们也无法接受"见在良知"当下随时可呈现，实践动力当下具足。他们始终以"量"的差异来理解王畿的"见在良知"，也无法理解阳明与阳明后学"体用一源，即用见体"的思维与工夫进路④。就此而言，笔者认为，罗洪先对

---

① 《南游会纪》，《王畿集》，第152页。
② 《龙南山居会语》，《王畿集》，第167页。
③ 阳明于《答汪石潭内翰》云："夫体用一源也，知体之所以为用，则之用之所以为体者矣。虽然，体微而难知也，用显而易见也。……君子之学，因用以求其体。……动无不和，即静无不中，而所谓寂然不动之体，当自知之矣。"（《王阳明全集》，第146—147页）
④ 参见拙文：《王龙溪"见在良知"释疑》，《诠释与工夫——宋明理学的超越蕲向与内在辩证》（增订版），台北"中央"研究院中国文哲研究所2012年版，第187—223页。

阳明"良知"与"致良知"的思考，其哲学敏锐度并不够，思考也不彻底。后世学者对于罗洪先在阳明后学中予以极高的评价，与其说在思想上，不如说是着眼于他在致良知工夫上的"既竭吾才"，臻至圆满的化境。既然罗洪先在"见在良知"这一王畿的核心概念上，难以与其一致，也无法理解，王畿与罗洪先之同，在理论上就很难成立。

另就聂豹与罗洪先的学派归属问题来说，耿宁强调两人之异，却忽略两人之同。姑且不论他们在反对王畿"见在良知"时，其论证方式、思维模式与立场的一致，就聂豹的"归寂"说与罗洪先的"收摄保聚"说而言，其工夫取径（工夫型态）、理论建构资源与模式都有其相近性。历来学界将两人相系并列而论，自有其理据。析言之，聂豹与罗洪先都无法以阳明的四句教来直接理解良知或致良知，转而以阳明之外的宋明理学之资源来诠释阳明思想。聂豹本人曾自述："某不自度，妄意此学四十余年，一本先师之教而细绎之，《节要》录备之矣。已乃参之《易传》、《学》、《庸》，参之周、程、延平、晦翁、白沙之学，若有获于我心，遂信而不疑。"① 罗洪先也从周敦颐（濂溪，1017—1073）思想的深化，寻得"无欲主静"的工夫入路，并从对程颢（明道，1032—1085）思想的参究而彻悟仁体，借此重新诠释阳明的致良知教。② 聂豹与罗洪先凭借的这些思想源流，促使他们都重视静坐工夫在体悟良知本体上的必要性，他们所体现的致良知工夫取径与型态，类似于道南学派李侗（号延平，1093—1163）的"静中观未发气象"（"令静中看喜怒哀乐未发谓之中，未发时做何气象"③），属于"静复以见体"（立体）的工夫，强调的是"承体起用"（体立而用自

---

① 《答陈明水》，《聂豹集》，第412页。该书此段标点有误。
② 参见拙著：《良知学的转折——聂双江与罗念庵思想之研究》，第5章；张卫红：《罗念庵的生命历程与思想世界》，第6章、第7章。
③ 李延平撰，朱熹编：《延平答问》，京都中文出版社1985年版，庚辰五月八日书下，第64页。

生),而非阳明的"即用见体"。基于以上诸种论据,可见聂豹与罗洪先在理论与工夫实践上的家族类似性,远大于王畿。耿宁实在难以修正历来学界对此两人学派归属的论断。

## 四、结语

黄宗羲于《明儒学案发凡》云:"有明文章事功,皆不及前代,独于理学,前代所不及也。牛毛茧丝,无不辨晰,真能发先儒之所未发。"① 牟宗三曾指点笔者,所谓"牛毛茧丝,无不辨晰,真能发先儒之所未发",实是指阳明后学而言。虽然牟宗三将阳明后学视之为阳明到刘宗周的"过渡",但也指出:"此一过渡亦甚幽深曲折而难明,人多忽之而亦不能解。"② 牟宗三认为,阳明后学不易董理,不仅要对阳明思想义理的独特性有精准的把握,也要精熟宋明理学的义理与诸多哲学论题,否则难以竟全功,学问之艰难,于兹显焉。

目前学界对阳明后学的研究,方兴未艾,取径多方。不过,在哲学义理上,仍未全面深究。在这个意义上,耿宁的《人生第一等事》,以深厚的学力与敏锐的哲学思考,如此全面细密地研究阳明后学,又深入其哲学义理分析,更将阳明后学的诸多论题,从现象学的意识分析使它"主题化"(thematize),成为中西方哲学可以共同探究的哲学议题。耿宁此巨著的典范意义与学术贡献即在。耿宁此书对东方学者的启发,就在于哲学式的思考与分析方式,诚如倪梁康所言:"无论是研究西方哲学的学者,还是研究中国哲学的学者,实际上都难以真正做到用哲学的概念分析和义理梳理的方式来处理中国思想史。"③

依笔者管见,耿宁此书的研究,不仅带来对阳明与阳明后学"致

---

① 《明儒学案》,第17页。
② 牟宗三:《从陆象山到刘蕺山·序》,第3页。
③ 耿宁:《人生第一等事》下册,倪梁康译,第1184页。

良知"的"另类理解",也打开既有研究者的视域,挑战既有的解释方式,更反省既有的思考框架。然而,在笔者提出不同于耿宁对阳明后学的诠释与评价后,也化用耿宁的话①,而有此感慨:"所有这些阳明后学不同的致良知学说,后面都积淀着源远流长的精神性传统,**一个在现象学上或心理学上难以破解的传统**。"

---

① 耿宁在论及聂豹、罗洪先的"收敛"与宋明理学的传统时,提及:"所有这些简短的口诀后面都存在着一个长长的灵性传统,一个在现象学上或心理学上难以破解的传统。"(耿宁:《人生第一等事》下册,倪梁康译,第911页)

# 让"良知"走向"良言"的现象学之路
## ——耿宁《人生第一等事》述评

郑朝晖

（广西大学哲学系）

耿宁新著本为德语读者而作，因此他虽欲以书中讨论的核心议题为名，但恐读者过于生疏，同时也不欲采用一个会引起过多欧洲传统思想联想的名词以引起误解，从而最终选定以"人生第一等事"为主题，并以"王阳明及其后学论'致良知'"为附题，以达到准确和趣味的平衡。耿宁在扉页中将此书题献给"我的那些以现象学方式探究中国传统心学的中国朋友们"，显然，中文读者也是新书的言说对象。不过，更为重要的也许是，无论是德语读者还是中文读者，这本书是如何题献给他们的？以及为何要将王阳明学派题献给他们？

对于第二个问题，或许正如作者所说，是因为"王阳明开启了中国在十九世纪末西方文化大举入侵前的最后一次哲学—心灵运动。王阳明学派在中国是后无来者的。它拥有一大批重要的追随者，并影响了中国在明代（1368—1644年）最后一百二十年里的整个精神文化氛围"[①]。在明朝之后，王阳明的思想也没有从"文化中消失，而是至今还

---

[①] 耿宁：《人生第一等事——王阳明及其后学论"致良知"》（以下简称《人生第一等事》），倪梁康译，商务印书馆2014年版，第6页。

当下地置身于其中，并且能够扎根于东亚的其他国家，尤其是日本"①。在作者看来，如此重要的明代哲学，在西方并没有得到足够严肃的对待，这显然是不合理的，因此王阳明学派因其历史重要性必须得到哲学史的说明。不过，更为重要的还是，王阳明思想具有丰富的当代价值和光明的未来前景，"王阳明及其学派的思想为今日中国提供了源自其哲学传统的最活跃的和最出色的推动力，而且我猜想，如果这个思想在概念上得到澄清，并通过个人经验和科学经验而得到深化，它就可能是最富于未来前景的中国哲学研究"②。

对于第一个问题，作者明确主张，这个题献必须通过现象学进行。但是，通过现象学进行的目标并不在于"将中国的［本真］心的学习［心学］转变为现象学的理论"③，这样做的结果不过是提供了一门"异质现象学"，它将"主观经验的陌生陈述联结在一起"，"提供空乏的概念"④。对于中国哲学尤其是王阳明哲学而言，这是毫无意义的，因为"本己经验乃是对于这些学说的证实或证伪而言的最重要标准"⑤。在作者看来，王阳明及其学派提供的哲学文本，要么是口语对话的记录，要么是具有口语性质的书信，这些机缘文字中表达的思想宗旨过于简略，没有得到系统详尽的分析，他们恨不得"将上百个概念浓缩到一句话中"⑥，因而主要借助于简单易懂和鲜明易记的比喻来进行阐释，这些比喻虽然令人印象深刻，但无法对本己经验进行清晰的分析，也"不会达到对这种体验活动的真正理解"⑦。因此，通过现象学思维对这些精神经验进行严谨的现象学描述，不仅有助于理解王阳明及其后

---

① 耿宁：《人生第一等事》，倪梁康译，第8页。
② 耿宁：《人生第一等事》，倪梁康译，第10页。
③ 耿宁：《人生第一等事》，倪梁康译，第15页。
④ 耿宁：《人生第一等事》，倪梁康译，第13页。
⑤ 耿宁：《人生第一等事》，倪梁康译，第11页。
⑥ 耿宁：《人生第一等事》，倪梁康译，第12页。
⑦ 耿宁：《人生第一等事》，倪梁康译，第12页。

学的本己经验，而且能够将"我们今日之人带到这个精神传统的近旁，并使它对我们重新具有活力。通过这种澄清，我们西方哲学家也就不再有理由将这个传统贴上深奥晦涩、不具有普遍人类之重要性的东方智慧的标签，以便为自己免除辨析这个传统的义务"①。同时，这种现象学澄清能够为"在西方传统中进行哲学活动的我们带来巨大收益。因为，一方面它可以为我们开启在另一种文化中的邻人的重要精神经验，今天他们越来越频繁、越来越紧凑地与我们相遇，另一方面它会在与他们的哲学思想家的对话中使我们回忆起我们自己的、源自苏格拉底的哲学活动的原初问题：我们作为人如何能够过一种伦理上好的生活。这也可以成为对所有那些在今日西方学院哲学中就此问题变得完全无能为力的状况的一种矫正"②。

显然，作者并不期望将心学理论转换成一种现象学理论，也不希望仅仅将现象学看作一种研究心学的新方法，而是希望通过"现象学的明见服务于对［本真］心的学习"③，也就是说，通过现象学描述作为心学理论根源的本己经验，并且尽可能通过现象学发展这种本己经验的当下意义。这样说来，无论对于德语读者还是中文读者，作者希望题献的都是一本关于王阳明及其后学的本己经验的现象学范本，一本通过现象学对心学的本己经验进行清晰言说的范本。相较而言，作者的现象学描述，在本己经验的发生描述、本质描述、交互描述、可能描述四个方面，均有独特之视角，加深了对王阳明及其后学"现代性意蕴"的理解，对探索中西文明融合方向的研究深具启发性。

---

① 耿宁：《人生第一等事》，倪梁康译，第14页。
② 耿宁：《人生第一等事》，倪梁康译，第15页。
③ 耿宁：《人生第一等事》，倪梁康译，第15页。

## 本己经验的发生描述

现代学术研究，较为重视揭示思想家的社会历史背景及其思想的变化发展过程，耿宁亦不例外。如耿宁就指出，王阳明及其弟子亦与同时代的其他学者一样有明确的政治追求，也依据儒家经典建构自己的道德生活，虽然他们将个人的道德追求置于政治追求之上，也不认为道德生活的根基是由儒家经典提供的，而是认定道德生活的根基在于人的本性或者本心，只能通过本己经验达到，儒家经典的重要性只在于提供了这个明见的证实。对于这种常见的思想史描述，耿宁通过现象学进行的发生描述的特别之处在于，这一点在他看来，是王阳明的原初认知，因为王阳明一直反对发表他的谈话纪录，只是在弟子的坚持下，他才同意以纪年顺序来发表，而不是以朱熹似的论题形式，显然，"王阳明是将他的那些陈述理解为对他在学习过程中的诸多经验的表达，因此也理解为本质上是历时的。同意付印其著述的一个动机似乎在于，经验历史会因此而得以记录下来，而他在这个历史的不同时期里所做的并为弟子所确立的文字陈述也不会被组合为一个超时间的思想系统"①。

无论是王阳明及其弟子还是后来的思想史研究者，均注意到了一些特殊事件在王阳明思想形成中的重要作用。耿宁将这些重要事件称作临界境况，不厌其烦地对王阳明生命历程中伴随每一次重大明见而出现的临界境况进行了清晰的现象学刻画。在耿宁看来，无论是否定朱熹"伦理行为在于与宇宙秩序的一致"，还是肯定孟子"伦理行为的根据在于人心"的主张，王阳明都不是根据概念分析得出的，而是经过自己艰苦的心路历程体认的，这个历程可以划分成三个阶段，即1472—1529年、1507—1518年、1519—1529年，分别代表其哲学定

---

① 耿宁：《人生第一等事》，倪梁康译，第170页。

位、哲学道路、哲学信仰的确认。每一阶段中都有一些重要事件促成了王阳明思想的深化。在耿宁的刻画中，王阳明自小认定成圣为人生第一等事与其祖父的影响有关，青年时认定圣人可学则是基于与娄谅的见面，后因格竹失败而怀疑自己的成圣能力，但在长期的忧郁之中仍坚持朱熹的成圣方法，直至最后病倒。为了养生，他转入道教修炼，继之佛教禅定，最终形成了对儒家的明见，"对家庭的牵挂，即对儒家理解为构成社会（世界）之基础的家庭的牵挂，不仅是无法铲除的，而且还是某种善的东西"[①]。王阳明确定放弃朱熹的成圣方法则与湛若水相见有关，从此他坚定转向程颢传统中的人性与人心，从而确立了一个"他可以亲身投入其中、而后终生予以维持的方向"[②]。龙场大悟与他上书触怒明武宗与太监刘瑾，而流放至贵州龙场驿，时时面临生命威胁有深切关联，王阳明良知明见则产生于平定宁王朱宸濠的事件中遭遇诽谤与生命危险之上，它使王阳明进一步确信，正确的行为根源于对自己完善良知的确信。王阳明将个人对话视作一种即时的治疗手段，将对本己的善的生活方式的追求视作根本目的，都与他晚年通过对话的方式传授致良知的学说实践相关。

虽然耿宁运用临界境况概念描述王阳明思想深化的契机有提纲挈领的作用，但并未突破原有的描述框架。不过，耿宁在细致描述王阳明重大明见的显现过程中，却使我们加深了对思想突破的经验性理解，如他对龙场大悟内涵的描述，并未将其简单刻画成一个具有深刻内涵的思想史概念，而是展现为一个长期的思想显现的过程。他描述道，王阳明在龙场不断思索圣人于此情境下会如何自处，直到某日中夜大悟，这场大悟使王阳明获得了对格物致知的新理解，指明了王阳明的哲学道路，而大悟的实际内容，则是在长达一年的反复思索印证之后，

---

[①] 耿宁：《人生第一等事》，倪梁康译，第105页。
[②] 耿宁：《人生第一等事》，倪梁康译，第116页。

并在知行合一的理论基础上,才明晰为:"知识在正确的行动中实现自己"①,只要显明此德性,摆脱利己愿望的遮蔽,就能"在正确的行动中而非在'对事物的研究中''实现本原的知识'"②。对于这个偏于行动的大悟,王阳明似乎又以静坐之法予以补充,希望通过静坐"将自己从那种因受愿望所驱而对外物的追逐中收回并对自己的本在之心进行思考"③。这种描述方式显然偏向于思想显现的经验过程,而非思想突破的本质内涵。

## 本己经验的本质描述

王阳明自认为一生的学问可用良知二字点出来,一般的思想史描述亦认同此点,并且多认为王阳明的良知具有多重含义。耿宁赞同这种看法,但他认为王阳明关于良知的自我表述不是十分清晰,原因在于王阳明的兴趣点不在理论描述而在道德实践上,因而对良知做出现象学意义上的澄清才能真正理解王阳明思想发展的内在脉络,以及关于王阳明思想争论的根源。在耿宁的描述中,王阳明在1520年后方将良知作为全部学问的宗旨,从王阳明的精神实践上看,良知概念可被区分成三个相互关联的概念,1520年前可被诠释为"本原能力",在此之后则可被诠释为"本原意识"或"心(精神)的本己本质"。作者认为这个区分有助于对良知不同陈述的连贯理解,尽管王阳明未在语言上明确区分这三个概念。④但王阳明对良知的三个重要隐喻,似乎可以对应着良知的三个概念,第一个是早期使用的金矿喻,对应着本原

---

① 耿宁:《人生第一等事》,倪梁康译,第126页。
② 耿宁:《人生第一等事》,倪梁康译,第131页。
③ 耿宁:《人生第一等事》,倪梁康译,第135页。
④ 耿宁认为,王阳明的弟子黄弘纲似乎已做出了明确的区分,参见耿宁:《人生第一等事》,倪梁康译,第345—348页。

能力，喻指常人的精神状况中的良能状态如同金矿，或多或少地被一些异己矿物质即自私意向污染了，需要通过纯化的工夫，才能完全扩展为天的秩序原则。第二个是太阳喻，对应着本原意识，喻指道德意识如同太阳，当被乌云遮挡的时候就像恶意向遮蔽了良知，需要去除遮蔽才能恢复良知。第三个是蓝天喻，对应着心的本己本质，喻指在屋子中看到的部分蓝天与整全蓝天，在本质上一致，只要去除人的执着，就能明见本体。

  王阳明的隐喻十分精妙，但在耿宁看来，还需要进一步的现象学说明才能显示出其真正价值。他认为，第一个良知概念主要还是孟子意义上的良能，可将其理解成一种向善的秉性，只是一种善的萌动，需要经过扩展充实才能成就德性。第二个良知概念是一种对本己意向的直接伦理意识，是基于一种与善恶意向现时性同在的本原意识，它"直接地知道这些意向是正确的还是错误的"[①]，它"不是一种特殊的意向，甚至根本就不是意向，而毋宁说是对所有意向的一种内意识，对善的和恶的意向的内意识，它是一种对这些意向的道德善、恶的直接知识。这个道德意识不能被理解为一种对本己意向进行伦理评判的反思"[②]。倘若我们能够将成圣意志、向善倾向、善恶明见、本体明见的力量发挥出来，就能够自己实现自己，从而获得一种"自身一致性的快乐"[③]。第三个良知概念意义上的良知是始终完善、始终清澈的本己本质，它是所有意向作用的起源，是作用对象之总和的世界的起源，它具有两个特征，第一个是仁或者真诚恻坦，第二个是动静合一或动中有静，静指对心的秩序原则的坚定，动指实施善的行为并放弃恶的行为，静非麻木不仁亦非执着某物。麻木不仁是利己主义，对他人困苦无动于衷、毫无感觉，仅仅为自己的命运而悲喜，从而阻止真正的人

---

① 耿宁：《人生第一等事》，倪梁康译，第215—216页。
② 耿宁：《人生第一等事》，倪梁康译，第217页。
③ 耿宁：《人生第一等事》，倪梁康译，第269页。

性生活；执着某物则因为对某物的僵持阻碍本己本质的自发作用，利己与执着之欲"不仅仅是由我们的意志所唤发的，而是系于我们的身体—心灵的构造上。因此有一种生而有之的弊端"①。但王阳明并未"解释弊端的来源，而是确定它的存有并给出铲除它的手段"②。

通过现象学描述，耿宁将王阳明的良知概念做了一个系统化的建构，但重要的并不在此，因为三个概念的内涵前人多已提出，重要的在于，耿宁对三个概念同一性的论述。同一性论述使我们能够在经验变化的层面理解良知概念提出的意义。在耿宁看来，三个良知概念具有某种同一性，或者说是一个实事的不同方面，它们有可能被交叉使用。蓝天之喻中包含的被遮挡的天与整全的天之间的关系，可以用来说明第一个良知概念与第三个良知概念的关系，即良能与本己本质的某种同一性在于，良能若能保持自己的纯粹萌动，或者去除遮蔽，它们就是同一的。第二个良知概念与第三个良知概念的某种同一性则在于，意向的伦理价值的知道者能够直接意识到"本原知识之本己本质"，当本己本质被理解成一种实体时，良心的主体就可等同于本己本质。将良知作为三个概念的共同名称，原因或在于："本原知识的第三个概念，即它的完善的本己本质，促使王阳明用良知这同一个词来命名自然的善的萌动（意向）与对意向的伦理价值的意识。他用了很长时间才将独知称作良知。但如果本原知识之本己本质既产生出善的意向，也知道利己主义而对它们的阻碍与遮蔽以及在人心中对物的执着，那么这种知道也是良知。"③ 显然，三个概念并无本质差异，若论差异只是本己经验的阶段显现之异。

---

① 耿宁：《人生第一等事》，倪梁康译，第332—333页。
② 耿宁：《人生第一等事》，倪梁康译，第334页。
③ 耿宁：《人生第一等事》，倪梁康译，第355页。

## 本己经验的交互描述

王阳明学派与其他学派的一个重大不同即在于,他们推动了基于经验交流的书院生活的发展。一般的思想史描述,可能更看重交流带来的社会交往意义,但在耿宁看来,更有意义的是其中包含的交互性的本己经验。耿宁花费了大量笔墨描述这种交互经验的细节。他认为,王阳明虽然提出了良能意义上的扩充、良知意义上的明见、本己意义上的复返等工夫方法,但"却没有详细地确立一种具体方法"①,弟子们不得不反复在伦理实践的具体方法上向王阳明请益,并在同学间的聚会上相互辨析,从而间接促成了通过交互经验实现伦理目的的方法。

耿宁指出,王阳明的亲炙弟子在具体的伦理实践中,对具体入手处的困惑,推动了王阳明对良知实现过程中是否需要附加认识问题的回应,对附加认识问题的解答面临两个方面的难题,一是"本原知识是否需要通过关于人的行为发生于其中的实际处境的认识或信息来补充",二是"本原知识是否需要通过道德教育和教化、通过对道德正确的行为举止的学习来补充,无论是根据父母、老师和其他社会权威的教育,还是根据自己学习,尤其是对儒家正典的学习,还是根据自己经验"。②耿宁认为,王阳明基于"他的伦理实践,而不是一个单纯想出来的概念,即使它是本原知识概念"③给以回应。对于第一个难题,王阳明主张,本原知识的实现是目标所在,看与听的知识是本原知识自己的作用,它们是一件实践之实事的不同方面。对于第二个难题,王阳明则回应道,人性并非培育而来,但可以"通过好的教育被促进,

---

① 耿宁:《人生第一等事》,倪梁康译,第 247 页。
② 耿宁:《人生第一等事》,倪梁康译,第 359 页。
③ 耿宁:《人生第一等事》,倪梁康译,第 367 页。

或通过坏的社会影响而被败坏"①，老师或教育者的任务在于"将其自己的本原道德知识剖解开来"，其原因或在于一个人实现本原知识的经验"可能对其他人有用"②，只是别人的经验不能代替亲身经验，因此弟子"必须获得自己实现本原知识的经验"③，这种基于自身体验的本己经验优先于他人传授的经验，甚至儒家正典。

王阳明与湛若水之间的交往亦具有交互经验的意义，但不太具有典型性，因此耿宁更多地将目光聚焦在王阳明弟子之间的交互经验之上。弟子们在王阳明去世后举行了大量的聚会活动，共同修习伦理实践，"这些聚会不仅被用来进行知性的传授和知性的讨论，而且主要还被用来进行相互间的伦理激励和相互间的伦理行为批评。王阳明伦理学中最重要和最强劲的要素之一就在于：将那种在本原知识基础上的私人个体的明察与在共同体中对此明察的交互主体之实现结合在一起"④。在耿宁看来，这些共同的伦理思想及伦理实践将他们联合在一起，不仅仅是某种政治倾向的联合，更重要的是他们各自的本己经验通过交互趋向于某种一致性。在王阳明的弟子中，王畿无疑被视为这种交互经验的核心，而他与钱德洪、聂豹、罗洪先之间的互动，显然代表了阳明后学之间的交互经验的整体风貌，耿宁正是通过刻画四者之间的互动来展示交互经验的可贵的，这个刻画始于王畿与钱德洪，终于王畿与罗洪先。交互经验的过程往往是通过争论来进行的，而通常在争论的某个结点上，他们往往又或多或少、或明或暗地展现出本己经验的某种一致性，展现出对对方本己经验的某种自我印证。

王畿与钱德洪的争论集中在对四句教的理解上，他们均将第一句的"无善无恶"理解成至善。不过，王畿认为后三句是在本体遮蔽下

---

① 耿宁：《人生第一等事》，倪梁康译，第371页。
② 耿宁：《人生第一等事》，倪梁康译，第374页。
③ 耿宁：《人生第一等事》，倪梁康译，第375页。
④ 耿宁：《人生第一等事》，倪梁康译，第389页。

的伦理后果,若能明见"无善无恶"的本己本质,则后三句亦可转化成"无善无恶"的本体流行,显然,王畿将伦理实践植根于王阳明具有神性的第三个良知概念之中。钱德洪则认为心体至善无恶,受习染而有恶意向,伦理修习的要点在于去除恶意向,扩充善意向,这是建基在王阳明的第二个良知概念上的理解。在王阳明相互取益的指示下,更多的是在个人的本己经验以及聚会的交互经验中,钱德洪与王畿都对对方的方式有所达及,但钱德洪主要是一种经过多年的努力之后对明见方式的理解与宽容,而王畿则提出了一种抽象的统一方式,即先天之学与后天之学具有必然的共属性,"在具体伦理实践中'对完善本质的明见'也仍然需要'分别善恶的道德意识',亦即需要'良心',因而这两者必定要共同出现,即使它们可以抽象的方式被区分开来。反过来说,在王畿看来,根据'良心'来'驱恶'的做法也需要与本己精神之本质中的完善者相结合。"①

而王畿与聂豹争论的核心则在于,伦理努力应当通过明见还是静坐来进行。聂豹认为良知是心的实体或力量,它不是现成完善的,需要一种寂静的修习方法以养育这个时间上在先,空间上在内的未发之中、明德或者未感之寂,使其充满力量,而后便自能产生"没有意志努力之混杂的善的思想、善的意图、善的行为"②,这种良知观与王阳明的第一个良知概念即向善秉性相符,其对自发性的强调具有道家的特征。王畿则认为,本原知识之本己本质本就是完善的,本己本质与事物没有先后、内外、寂感之别,只要没有"欲望与秉好"的遮蔽,它们就能通过天机结为一体,始终发挥完善的作用,对于本己本质,只要完全信任它、明见它,人的行为就会达致自然,对欲望与意见可以轻易克服,"这种明见以最深邃的和最持久的方式发生在实践社会生活

---

① 耿宁:《人生第一等事》,倪梁康译,第 639 页。
② 耿宁:《人生第一等事》,倪梁康译,第 819 页。

的运转中"①。两者的统一体现在对道德意志努力的批评性距离上,但王畿将自己的道路置于虚寂的佛道与逐物俗儒之间,而将聂豹归于虚寂一途。

　　王畿与罗洪先争论之核心在于"当下良知是具足的,还是需要收摄保聚的工夫"②的问题。罗洪先特别重视伦理实现,主张当下的伦理努力,他根据自己的本己经验,当然也受到聂豹与王畿的本己经验的影响,主张在本性面前保持审慎恐惧,在静止中回返至善。回返意味着"对利己欲望和思想的排除、净化或解脱"③,但他同时认为本性是完善的,伦理努力在于通过"收摄保聚"为暂时的、不清晰的善的现时萌动的实现创造经验条件,即"实现情感产生前的适中"④,从而克服无能,成为主宰,这种主宰在动静的变换中始终保持不间断,不臣服于事物,也不要求脱离世界万物,从而实现天机,信任良知,最终在对事物纠正的行动中实现万物一体。罗洪先与聂豹之间的区别在于他相信本原知识的完善性,以及动静统一;与王畿的差别主要在于他不相信现时良知的当下具足,而认为只有通过不间断的伦理努力才能澄明并信任它。只是在与王畿的长期辩论中,他们的本己经验又趋向于有所交互,"罗洪先能够以其认真仔细的方式在其与王畿的论辩中将后者的寂感统一与动静统一的思想及其对本原知识的信仰接受到他的收摄保聚的伦理努力中,并因此而使此努力得以深化。王畿反过来也能够从罗洪先那里学习到什么吗?初看起来,这并不是显而易见的,但我猜测,大约于1554年开始,王畿对其'对本原知识的本己本质之明见'的观念进行了心理学的细化和深化,这个工作便是通过1554年夏与罗洪先的长时间讨论才引发的。王畿将这个细化和深化的基本思

---

① 耿宁:《人生第一等事》,倪梁康译,第825页。
② 耿宁:《人生第一等事》,倪梁康译,第855页。
③ 耿宁:《人生第一等事》,倪梁康译,第945页。
④ 耿宁:《人生第一等事》,倪梁康译,第932页。

想凝聚在'一念自反即得本体'的口诀中。它构成王畿的致良知学说的核心要点。正如我们前面在第二章中所阐述的那样,王畿第一次使用这个口诀可能是在1554年,也就是在与罗洪先进行那些谈话的同一年。但问题并不仅仅在于这个口诀,而是在于王畿自那些年来所阐述的作为此口诀基础的根本思想。……它看起来就像是一个对罗洪先所指明的我们的本原知识之不持续的回应,而且就像是一个对其收摄保聚的应和。"①

耿宁通过对王、钱、聂、罗四子的交互主体性现象学的细致描述,使我们意识到,本己经验并非完全是一个个体经验事实,它同时也是一个场域事件,这无疑具有振聋发聩的作用,加深了我们对交互性本己经验重要性的体认。

## 本己经验的可能描述

正如耿宁在本著开头所言,重要的是让王阳明的思想在当代重新活起来,因此对于王阳明学派对本己经验的体认,有必要以现象学的方式"接着"②探询八个论题,即:"一、为他感;二、良知与直接的

---

① 耿宁:《人生第一等事》,倪梁康译,第1032页。
② 中国哲学的接着话题起于冯友兰,"照我们的看法,宋明以后底道学,有理学心学二派。我们现在所讲之系统,大体上是承接宋明道学中之理学一派。我们说大体上,因为在许多点,我们亦有与宋明以来底理学,大不相同之处。我们说承接,因为我们是接着宋明以来底理学讲底,而不是照着宋明以来底理学讲底。"(《新理学》,生活·读书·新知三联书店2007年版,"绪言",第1页)张立文认为中国哲学经过上百年的历炼,中国哲人再不能照着讲或接着讲,"中国哲学的未来走向必须像王阳明那样自己讲。这虽然很难,要从百死千难的体悟中得出来,但百年中国哲学经炼狱般的煎熬和中国学人深受其难的体悟,具备了自己讲的内外因缘。自己讲自己的哲学,走自己的中国哲学之路,建构中国自己的哲学理论体系,才能在世界多元哲学中有自己的价值与地位,照搬照抄西方哲学只能是西方哲学的附庸和小伙计。但自己讲决不是不要吸收西方哲学的精华和以西方哲学为参照系。在全球化、网络化的今天,任何思想、哲学、文化都不能闭门造车,闭门苦思冥想的时代已经过去了,只有开放大门、敞开思维才能创新知识,创造新的中国哲学理论体系。"(《中国哲学从"照着讲"、"接着讲"到"自己讲"》,《中国人民大学学报》2000年第2期)然而,中国哲学终究是一种做的哲学,郑涌说:"看一个哲学家的真实人生,需要从他那讲

道德意识;三、作为良知的良心和作为社会道德教育之内在化的良心;四、良知与信息知识;五、作为意志努力的伦理行为与作为听凭神机作用的伦理行为;六、人心中的恶;七、心灵实践;八、冥思沉定与意向意识。"① 这八个方面的接着讲似乎可以区分为对心学的现象学深化与对现代经院哲学无能为力的补充两个方面。

耿宁对心学的现象学深化体现在二、三、四、五、六议题上。在第二个议题中,道德意识被理解为一个人对自己与自己一致或不一致的直接意识,直接意识也可以被理解成中性的,意识与良心的统一或可从每次引导我们主观体验与行为的追求与根本为他感的一致或不一致来理解。在第三个议题中,耿宁通过现象学追问道,通过教育习得的良心可否通过反思辨析出?以及我们能否在他人眼光中保持独知?在第四个议题中,耿宁批判道,信息知识虽不包含任何善的动机,但"王阳明及其学派低估了对实际状况的知识对于正确伦理行为所起的作用","必须仔细地了解许多事情,而后才能在复杂的社会状况中或在与自然环境的技术交往中做出伦理上善的决定和行为"。② 在第五个议题中,耿宁辩护道,聂豹与王畿之所以拒绝促进善的意向和战胜恶的意向的意志努力或降低其重要性,其原因或在于,意志强迫的善行中包含有强烈的恶的欲念,而自发的善行中则没有强烈的恶欲念,因此不起恶念才是更加根本的修行。在第六个议题中,耿宁指出,王阳明学派主张私欲与物欲是对为他感及由此感受所引导的为他人的思考与行为的有力对抗,它使我们一味地追求某些东西,从而丧失同情

---

(接上页) 台上,书本中的存在转向他的实际生活中的存在;也就是说,要从他的语言文字中的存在转向事实上的存在。"(《读法和活法:〈坛经〉的哲学与解读》,中国社会科学出版社 2009 年版,"前言",第 2 页) 无论是郑涌对存在经验的看,还是耿宁对本己经验的说,都意识到了中国哲学以做事为哲学之核心理念,因此,毋宁可以说,"接着做""做自己"是更为重要的目标。

① 耿宁:《人生第一等事》,倪梁康译,第 1063—1064 页。
② 耿宁:《人生第一等事》,倪梁康译,第 1073 页。

感，但王阳明对欲本身的分析较少，"需要从现象学上加以理解"[①]，如幸灾乐祸、施虐狂和妒忌，他们并非是对良知良能的阻碍，而似乎是"因为他人而言的坏处境而产生的痛苦触动或对他人而言好处境而产生的喜悦的反转（倒错、负面反像）"[②]，他们似乎是恶的为他感。这几个议题主要是在现象学的视野中要求对心学的本己经验进行更加清晰的澄清。

对现代经院哲学无能为力的补充则体现在一、七、八议题上。为他感在耿宁看来，是"关系到那个对一个他人或一个其他生物而言的处境"，"要求一种为他人的行为，并且恰恰在其中才得到其充实"[③]，它不同于"同情""价值感受""先验统觉"甚至移情现象学。因此，"真正促使我们从伦理上善待其他体验生物的力量的确是那种孟子意义上的德性萌芽，尽管它们本身还不足以成为德性，而是尚需认知的、想象的理解才能成为德性"[④]。在第七个议题中，耿宁倡议应当以"更为仔细的方式去理解各种特殊的心灵实践"[⑤]，因为无论是王畿的一念自反还是罗洪先的收摄保聚的心灵工夫，都经验到了我们常人不太关心的精神问题，如合一或保聚的时间持续性问题，这些问题只有在自己的实践中才能得到解答或者理解，而"现象学在此领域所做的研究甚少，这种研究有可能为现象学展示新的、在伦理和宗教上至关重要的人类精神之可能性"[⑥]。在第八个议题中，耿宁指出，"聂豹向良知寂体回返的做法带出了一个现象学上的特殊问题"[⑦]，即无对象意识的可能性问题。这不是一种关于形式及其背景、对象及其晕圈的意识，而是一种

---

① 耿宁：《人生第一等事》，倪梁康译，第1075页。
② 耿宁：《人生第一等事》，倪梁康译，第1076页。
③ 耿宁：《人生第一等事》，倪梁康译，第1066—1067页。
④ 耿宁：《人生第一等事》，倪梁康译，第1070页。
⑤ 耿宁：《人生第一等事》，倪梁康译，第1076页。
⑥ 耿宁：《人生第一等事》，倪梁康译，第1077页。
⑦ 耿宁：《人生第一等事》，倪梁康译，第1077页。

单纯的一,它"不关注一种杂多变化的对象性,而是在精神上坚定地朝向那个宁静的一。我们在这里所遇到的是一种非同寻常的意识,大概它不会使意向性概念成为多余,但会赋予它以一个新的含义"[①]。这几个议题不仅停留在澄清的要求上,而是更进一步地希望通过现象学与心学的双向交流,建构一个新的精神哲学。

针对耿宁通过现象学澄明王阳明哲学的企图,楼宇烈曾经提出过一个有限的质疑:在西方哲学的种种思潮进入中国后,一些中国思想家希望将中国哲学的某些思想改造成系统的哲学理论,如熊十力借重柏格森的生命哲学、牟宗三借重康德理性理论、贺麟借重黑格尔哲学来诠释儒家思想,这种改造或许与中国哲学具有的与处境相关的、治疗性的特性不太相应。在某种意义上,耿宁似乎认同楼宇烈的质疑,因为他认为,中国的灵性传统,是"一个在现象学上或心理学上难以破解的传统"[②],但他似乎更加坚信,用现象学意识分析能够更好地理解王阳明的致良知学说,尽管这种分析必须建基在对以下四点的理解上:第一,虽然关于王阳明学说的个体性、处境性、人格性上的东西无法捕捉,但其思想确系相互关联,而且也只有通过他的文本才能理解其学说,别无他法;第二,在关注其思想内容的关联性时,必须认识到这些陈述都是产生于其本己经验的历程之中,不可忽略其思想的历史性,其弟子也如是;第三,要将王阳明思想的本己经验与我们自己的本己经验联系起来,并且采用尽可能清楚的现象学概念表达它们,因为"现象学的看的方式与提问方式可以与王阳明关于'心(精神)'的学说,即一门关于伦理意识的学说相沟通,并且可以向它学习"[③];第四,王阳明学说的完整意义无法通过单纯的理论说明达到,只能存在于其原初的伦理实践中,也只能在这样一种实践中才能为我

---

[①] 耿宁:《人生第一等事》,倪梁康译,第1081页。
[②] 耿宁:《人生第一等事》,倪梁康译,第911页。
[③] 耿宁:《人生第一等事》,倪梁康译,第174页。

们重新获得。

正如耿宁所说，尽管可以通过现象学清晰地描述心学的本己经验，甚至可以指出这种本己经验的完善路径，但因为亲身经验的缺乏，还不可能真正地推动这种本己经验的现代发展，或许这是他看好"那些通过严谨的现象学意识分析而在提问方式和观看方式上训练有素的中国哲学家们"，因为可以寄希望于他们的亲身经验。也许我们能在中国传统中发现某些可能导致信任耿宁的事实，即中国文化传统建基在文化融合的基础上。众所周知，商周文化交融形成以阴阳五行为核心的华夏文化，儒法文化交融形成儒表法里的王道政治，儒释道文化交融形成儒表禅里的理学伦理，我们完全有理由相信，西方文化与中国文化的交融，完全有可能出现儒表西里的和合智慧。耿宁的现象学之路不同于中国近代以来出现的两条道路，一条是如楼宇烈教授指出的通过生命哲学、康德哲学进行的观念西化之路，一条是通过马克思主义进行的社会革命化之路。耿宁的现象学之路或许可以理解为，运用现象学方法，直面中国人的本己经验，用现象学语言对此经验进行清晰的语言描述，从而形成本己经验之良言。① 如果可以这样理解的话，那么就可以将耿宁的言说执着视为，它也许是现代意义上的"达摩的呼

---

① 耿宁期望的良言是一种现象学意义上的清晰言说，笔者所说的良言则具有更深的含意。牟宗三曾将儒学分成三期，即孔孟心学、宋明理学、熊牟新学，李泽厚则针对性地提出四期说，即孔孟荀、汉儒、宋明理学、现在或未来，并认为儒学分期事关重大，"是一个如何理解中国文化特别是儒家传统，从而涉及下一步如何发展这个传统的根本问题"。(《说儒学四期》，上海译文出版社 2012 年版，第 6 页)此说法当与传统分先秦儒学、汉学、宋学及现代儒学的说法近似。笔者亦同意分为四期，但主张，从儒学融合他学发展其理论根基的角度出发，在儒学原创期确立人本主义的基本面貌后，有三次重要的重建：第一次重建即汉儒吸收道家的天道哲学，以良心作为良行的根基，传统的儒表法里的说法没有考虑到法家的哲学根基在于道家，尤其是汉代的道法家；第二次重建即宋儒吸收释家的精神哲学，以良知作为良念的根基；第三次重建即是近现代儒者吸收西方的语言哲学，以良言作为良理的根基，这个历程正在进行中，需要每一个亲历者的共同努力，方有可能建成。第一次重建可称为身体世界的儒化，第二次重建可称为意识世界的儒化，第三次重建则可称为语言世界的儒化。笔者倾向于认为，语言世界的儒化是儒学复兴的目标和标准。此主张之详细内容，笔者别拟"论良言"专论之。

唤"！尽管在耿宁主张良知的意义统一在第三个神性的良知概念上的时候，显明了欧洲人的宗教偏好。或许，耿宁期待的中国哲学家们更愿意在第二个道德意识的良知概念上统一良知的意义，因为，这是用现象学"接着做""做自己"的良知。

# 熊十力对王阳明"四句教"的解读和批评

张庆熊

(复旦大学哲学学院)

耿宁先生在《人生第一等事——王阳明及其后学论"致良知"》中,以王阳明(1472—1529)的"致良知"为主题,深入剖析了王阳明"心学"的核心思想,并围绕其后学在"致良知"问题上的争论,梳理了他们对"心体""意念""良知"和"工夫"之间关系的看法。我觉得耿宁先生的分析十分精到。特别是他结合现象学有关意识的学说,用现象学方法揭示出王阳明心学中的关键问题,使其中的许多不甚了了的概念变得清晰起来,能使我们更加清楚地看到王阳明的"致良知"学说的哲学理论意义和人生实践意义。

耿宁先生在他的这本书中讨论的"阳明后学"指的是王阳明的子弟及后继者间的学术共同体,如钱德洪(1497—1574)、王畿(1498—1583)、聂豹(1487—1563)、罗洪先(1504—1563)、刘宗周(1578—1645)、黄宗羲(1610—1695)等,他考察的范围基本上到晚明为止。在此之后,王阳明的致良知学说犹有传人。中国现代新儒家宣称自己继承了孔、孟至王阳明心学的传统,其代表人物熊十力对王阳明及其后学有诸多评论。耿宁先生在该书的一个注中提到了熊十力（1885—1968）对王阳明的致良知学说的评论①。我的这篇文章将以熊十力对王阳明"四句教"的解读为线索②，探讨熊十力在"致良知"及"格物"问题上对王阳明及其后学的批评。因此，这在一定意义上，可视为对耿宁先生的这个注的扩充和引申。

熊十力对王阳明的"致良知"学说基本持肯定态度，尤其赞同王阳明有关通过"致良知"体悟本体的学说，但他对阳明后学持严厉批评态度，特别是批评他们空谈本体，"沦空滞寂，隳废大用"③。熊十力认为，这种情况的发生，王阳明本人也要承担一定的责任："阳明后学多喜享用现成良知而忽视格物，适以自误，此亦阳明讲格物未善所至也。"④ 熊十力这里讲的"未善"，仔细辨析起来，包含精深的哲学义理和重大实践意义。熊十力把这种细微的"未善"譬之为喜马拉雅山一点雨的落差："阳明非不知本末、体用，乃至一身与民物皆不相离，然而其全副精神，毕竟偏注在立本，乃至偏注在修身。这里稍偏之处，

---

① 耿宁先生在谈到王畿有关"良知"与"见闻之知"的关系的看法时指出："在直至当代的中国哲学中'本原知识'与经验知识（'见闻'）的关系始终是一个问题。"并且，他对这一句话加了一个注，指出："熊十力（1885—1968年）原则上依据王阳明，他在对《大学》第一章'致知（实现知识）'的诠释中遵循王阳明；但他也想在朱熹的意义上将这一章的'格物'理解为'研究事物'。在熊十力看来'本原知识的实现'必须与经验研究同时［兼］进行。没有经验知识'本原知识的实现'会悬在空中，但'本原知识'必须构成经验研究的基础，因此，熊十力可以将经验研究称作'良知之发用'。"（耿宁：《人生第一等事——王阳明及其后学论"致良知"》，倪梁康译，商务印书馆2014年版，第253页）耿宁先生是依据唐君毅在《中国哲学原论·导论篇》中所引述的熊十力《读经示要》中有关《大学》的论述做出一个评注的。熊十力的这一论述很重要，表达了他对王阳明和朱熹有关"格物致知"解读问题上的基本看法，并导致牟宗三与他在这一问题上的质询和答疑。（参见熊十力：《答牟宗三》，《十力语要》，上海书店出版社2007年版）除了《读经示要》外，熊十力还在《新唯识论》《体用论》《十力语要》等很多著作中评论过王阳明及其后学有关"致良知"的学说。我觉得有必要对熊十力的这些评论做出梳理，使我们更加完整地看到熊十力对王阳明及其后学的态度，以及王明阳的"致良知"学说是如何与熊十力的"新唯识论"和"体用论"结合起来的。

② 熊十力本人没有写过以"四句教"为专论的著作，他对"四句教"中各句所涉论点的评论散见于《新唯识论》《读经示要》《十力语要》等著作中。我尽可能把它们找出来，以"四句教"的顺序把其论述贯穿起来。

③ 熊十力：《新唯识论》，中华书局1985年版，第677页。

④ 熊十力：《十力语要》，第279页。

便生出极大的差异。有人说,喜马拉雅山一点雨,稍偏东一点,落在太平洋,稍偏西一点,可以落在印度洋去了。《易》所谓'差之毫厘,谬之千里',亦是此意。"①

## 一、"四句教"的话头

仔细阅读熊十力对王阳明及其后学的评论,可以发现他自己建立"新唯识论"和"体用论"的问题意识在很大程度上来源于王阳明心学所遗留的问题,来源于反思阳明后学间的争辩。耿宁先生在《人生第一等事——王阳明及其后学论"致良知"》的后半部分中,围绕王阳明子弟对"四句教"解读上的争论,论述其暴露出来的问题。这确实是一条理解阳明心学的重要线索。而且,我认为梳理熊十力对"四句教"论点的评判,对揭示熊十力建构其《新唯识论》和《体用论》的心路历程也富有启发意义。

王阳明晚年结合他对《大学》的解读,把他自己的思想以诗句形式概括为如下四句话:"无善无恶心之体,有善有恶意之动,知善知恶是良知,为善去恶是格物。"这四句话的涵盖面很广,便于记忆,确实有助于教导他的学生,所以在王学门下被称为"四句教"。然而,这四句话毕竟太简练,容易引起理解上的差异。即便在紧随王阳明的弟子钱德洪和王畿间也发生了重大分歧。他们为此请王阳明答疑,从而留下了"天泉证道"的记录。② 有关这场争论及后续问题,成为黄宗羲的

---

① 熊十力:《十力语要》,第 177 页。
② "四句教"的资料来源大致有三:《传习录》《阳明年谱》《天泉证道纪》。前两处主要出自钱德洪之手,王畿后来对《阳明年谱》做过编辑修订工作。《天泉证道纪》乃是王畿门人根据王畿所撰的《留都问答》(《龙溪会语》本)及《钱绪山行状》等资料汇编而成。从这三个版本看,对"四句教"的记录是一致的,但有关王阳明对钱德洪和王畿观点的评论则有所侧重。《传习录》中的记录多少偏重钱德洪的观点,而《天泉证道纪》则偏向于王畿的观点。

《明儒学案》的重要话题，并对近世中国哲学影响深远。①

王畿质疑"四句教"不是王阳明的"究竟话头"："若说心体是无善无恶，意亦是无善无恶的意，知亦是无善无恶的知，物是无善无恶的物矣。若说意有善恶，毕竟心体还有善恶在。"② 钱德洪则认为："心体是天命之性，原是无善无恶的。但人有习心，意念上见有善恶在。格致诚正修，此正是复那性体功夫。若原无善恶，功夫亦不消说矣。"③ 钱德洪的这一观点若要成立的话，必须说明作为"天命之性"的"心体"与"意念上见有善恶在"的"习心"之间的关系，说明"无善无恶"的"心体"与"知善知恶"的"良知"的关系。王阳明在解说为什么"心体"是"无善无恶"时，用了"未发"的概念："人心本体原是明莹无滞的，原是个未发之中。"④ 这样，"有善有恶"的"意之动"似乎就要被视为"心体"之所发。然而，这里犹然留下王畿的疑问："无善无恶"的"心之体"为什么导致"有善有恶"的"意之动"呢？从王阳明解答王畿质疑的上下文看，他像钱德洪一样把"有善有恶"的"意之动"看作"习心"的发用，而不是本体的发用："其次不免有习心在，本体受蔽。"⑤ 然而，有关"本体"与"习心"的关系，王阳明语焉不详。

熊十力对王阳明"致良知"学说的发展主要集中在说明"心体""意念""良知"和"工夫"之间的关系上。熊十力解决"王学"中的难题的基本思路是，首先肯定"心体"就是"本体"，然后通过

---

① 有关钱德洪和王畿的争论及其哲学意义，耿宁先生在《人生第一等事——王阳明及其后学论"致良知"》的第二部分的第一章"钱德洪与王畿之间的讨论'致良知'究竟是通过依照良心的行为，还是通过对'良知本体'的明见？"中有详细的论述。（参见耿宁：《人生第一等事——王阳明及其后学论"致良知"》，倪梁康译，第399—462页）
② 邓阳译注：《译注传习录》，花城出版社1998年版，第490页。
③ 邓阳译注：《译注传习录》，第490页。
④ 邓阳译注：《译注传习录》，第490页。
⑤ 邓阳译注：《译注传习录》，第490页。

"体用"关系说明本体与万物的关系以及本心与习心的关系,最后通过"反观本心"和"修养功夫"返归本源,同时不弃"日用"的意义和"量智"的功能。熊十力把"知"分为与"本心"贯通的"良知"("性智")和"辨物析理"的"知"("量智"),把"功夫"分为伦理道德上的修养功夫(王阳明所言的"正意"的"格物"功夫)和作为客观方法的辨物析理的格物功夫(朱熹所言的"即物穷理"的格物功夫)。这样,"本体""本心"和"良知"相贯通,修身养性和通过"良知"体悟本心就有了本体论的依据;并且,由于把世界和万事万物视为本体的"大用流行",就杜绝了阳明后学倒向佛教的"沦空滞寂"的弊病,从而倡导一种积极面对世界的人生态度。

下面我将围绕王阳明的"四句教"逐一讨论熊十力对这些问题的辨析。

## 二、对"心之体"的辨析

让我们先来看王阳明"四句教"的第一句"无善无恶心之体"。按照熊十力的解读,这句话的主旨是表明"心之体"的"虚寂""清净"。本体就其是绝对的本源而言,是"无迹"的;它"能出生万善(或发现万善),而实不留万善之迹"。在这个意义上,可以说无善,但这种虚寂之无善实为绝对的善。用佛教的术语来表达,它是"无漏善",用《大学》中的术语来表达,它是"至善"。不过,熊十力认为,我们通常所说的"善",是指与"恶"相对的"善"。这样的"善"与"恶"一样是后起的。但就本体而言,谈不上这样的善或不善。而今使用"无善无恶"来刻画"心之体",容易引起误解,容易把后起的东西当作原本的东西。因此,熊十力对这一句话持审慎态度,指出尽管它的要义无误,但不求善解危害不浅。他甚至怀疑,这话究竟是不是王阳明的原话。①

在熊十力看来,本体除了它的"虚寂""清净"的一面,还有"刚健""日新"的一面。这是因为"体用不二";体与用不可分离,本体势必体现在大用上。本体就是"大用流行"。本体在大用流行中化生万物。从大用流行的角度看本体,本体是"刚健""日新"的。本体的"虚寂""清净",指本体的"无形""无象""无染污""无作意"。因为本体有了这样的"虚寂"和"清净",才能"刚健"和"日新"。佛教只看到本体的"虚寂"的一面,所以"沦空滞寂"。儒家同时看到本体的这两个方面,所以持一种既克制私欲又自强不息的人生观。②

熊十力还通过对《中庸》中"天""命""性"这三个概念的诠释,使其表达本体的"虚寂""刚健"和"至善至美"的三大特征。《中庸》一开头说:"天命之谓性"。按照熊十力的解释,《中庸》中"天""命""性"三个名称,指的是同一个东西,是从不同关系出发刻画本体,犹如某人对其父母则名子,对兄则名弟。就本体是"无声无臭无所待"的大全而言,用"天"来指称,即《中庸》最后一句所说的"'上天之载,无声无臭',至矣",或孔子在《论语》中所说的"天何言哉"。这里所表达的是本体的"虚寂"。就本体是"流行不已"的"万化之大原"而言,则用"命"来指称,即《诗经》中所说的"维天之命,于穆不已",或《易经》所说的"天行健"。这里表达

---

① 熊十力:"《天泉证道记》,当时已有疑案;'无善无恶心之体'云云,梨洲《学案》辨正不一次。吾意与恶对待之善,即与恶同属后起,非本原所原来有此。本体只是虚寂,只是清净,佛家说为无漏善,《大学》谓之至善,元无所谓不善。而今云无恶亦无善者,此与恶对待之善,是以其发现言,即以迹言。本体是无漏善,是至善,是不与恶对者,此能出生万善(或发现万善),而实不留万善之迹(吃紧)。于此言之故亦无善。此语是否阳明所说,要自无病,但不善解则为病不浅。"(熊十力:《十力语要》,第260—261页)

② 熊十力:"佛氏空万有之相,以归寂灭之体。吾儒则知万有都无自体,而只是刚健本体之流行也。故儒者之人生观要在自强不息,实现天德(天德即谓本体)。如是乃即人而天矣。吾儒以《大易》为宗。易道刚健。刚健非不虚寂也。无形,无象,无染污,无作意,曰虚。寂义亦然。虚寂故刚健;不虚寂则有滞碍,何刚健之有? 但以刚健为主而不耽溺于虚寂,故能创进日新,而无颓废与虚伪之失。"(熊十力:《十力语要》,第299页)

的是本体的"刚健"。就本体化生万物而不据为私有而言,指称本体的"性",表达本体的"至善至美"。熊十力认为,对"天命之谓性"的解释,朱熹的注不妥当,他主张采纳王阳明的意思。①

现在的问题是,熊十力以什么方式把宇宙万物之本体与"心之体"("本心")贯通起来。熊十力的办法还是"体用论":"体"完全体现在"用"上,本体就是大用流行,就是"能变"和"恒转"。本体通过"辟"和"翕"这两种基本的势用化生宇宙万物。"辟"表述一种展开、创新的势用;"翕"表示一种摄聚、成形的势用。本体一辟一翕,恒转不已,生生不息,凝成众物而不物化。本体无非是这种新新不已的势用,包括人在内的众生万物都是这种势用化生的结果,并处于这种势用的永恒流变的过程之中。人的本心就是这样一种来自宇宙万物之本体的势用,它决定了人之本心有认识宇宙万物之本体的能力。并且,人的本心认识本体是"自识",是自己返观自己。这样,人的本心(心之体)就与宇宙万物的本体贯通起来。

有关熊十力的本体的学说,还有如下两点值得辨析:

其一,本体不是指创造宇宙万物的一个时间上原初的开端者,也不是指一种构成宇宙万物的最基本的要素。熊十力反对造物主的观点。造物主的观点把世界一分为二:一边是绝对的创造者,另一边是相对的所造物;在创造者与所造物之间有绝对的差距;在所造物中没有任何本体可言。熊十力则主张,人与万物同体,人与万物不是本体的所

---

① 熊十力:"'天命之谓性',一语始见于《中庸》,朱注未妥,宜依阳明意思解之为是。天、命、性此三名者,其所指目则一,如某甲对父母则子子,对兄则弟,乃至随其关系而有种种名。然子与弟及种种名,皆以目某甲也。明乎此则不可以名之不一而遂生支离之解。天、命与性,虽有三名,切忌解入支离。万化之大原,万物之本体(此中万物一词,赅人而言),非有二也。其无声无臭无所待而然,则谓之天;以其流行不已,则谓之命;以其为吾人所以生之理,则谓之性。故三名所指目者,实无异体,只是随义而殊其名耳,犹某甲本无别体,而随关系异故有多名耳。人生不是如空华,天命之谓性,此个真实源头,如何道他不是至善至美?"(熊十力:《十力语要》,第261—262页)

造，而是本体的化生，所以都体现本体。熊十力也反对把本体视为原子之类的基本元素的观点。他认为，这种本体的要素观是把本体当作固定的东西，而本体其实是一种永恒流变的势用；本体不是作为要素而是作为势用贯穿在宇宙万物之间。

其二，本体不是指现象背后的实体，更不是指幻象背后的实体。这种"背后"说把本体与万物分为两截，认为万物是现象界的东西，甚至是幻象界的东西。熊十力则认为万物是实在的。佛教主张，世上万物都是无常、虚幻的东西，唯有虚寂的真空才是本体。佛教唯识论主张，万物是心智的意念活动和五种感识的作用所产生的幻象，唯有超脱了意欲的涅槃才是本体。熊十力虽然主张在克服了私欲的寂净心境中人才能体悟本体，但并不等于说万事万物都是虚幻的或仅仅是现象而已。

本体不超脱于万事万物的，而为吾人与万物所同具。有关这一点，熊十力赞同王阳明而反对王船山（1619—1692）："王船山不了解孔子意思，其《读四书大全说》，直以天道为超脱吾人而外在者，迷谬殊甚。墨翟之言天，盖视为外界独存，以此矫异于儒，而适成其惑。船山反阳明，而卒陷于墨。"①

有关本体与万物的关系，熊十力喜欢用大海水与浮沤的譬喻来诠释。但熊十力强调，把浮沤当作本体固然错误，但认为在浮沤背后有大海水的本体，也同样是错误的。说人与万物同源，不是说"外于万物而别建立一个公共的大源"，认为人和物都从这个别建的大源中分赋而出生，"如大海中幻起许许多多的浮沤一般"。这种把人与万物当作外借大海水（本体）而暂时幻现者的说法陷入邪见，将导致否定我的生命"元来自具自足"的主张。大海水（本体）非超越无量众沤而独立存在，体用不得分离。确切的说法应为，"于无量沤而洞见举体是大

---

① 熊十力：《新唯识论》，第569页。

海水，了无内外彼此可以分划"。只有这样，才能"破妄执，返会到本来一体上去，即是安住于实体"。①

## 三、对"意之动"的辨析

现在我们来看"四句教"的第二句"有善有恶意之动"。对于这句话，阳明后学争论颇多，即使熊十力在"意是不是心之所发"的问题上也有先后不同的理解。其争论主要集中在如下三个方面：

（一）"意"在这里究竟指什么？

（二）意是不是心之所发？

（三）如果意是心之所发，作为"无善无恶"或"至善"的心之体如何产生有善有恶的意念？

首先，"心"和"意"这两个词，在中文中的含义都不确定。"心"可以指心脏，即作为心的器官的心（heart），也可以指作为心智的心（mind），还可以指"心灵"（psyche）或"精神"（spirit）。同样，"意"这个概念也多义。"意"可以指"意识"（consciousness）；"意"可以指意图、意愿、意志，它们可归于"意向"（intention）这个概念；"意"可以指思想观念（ideas）。值得注意的是，在中国古代"意"还可以指"精神"（spirit），如在"意气"的概念中。此外，"意"这个概念既可作为名词又可作为动词解。如果把"意"作为名词表达实体性的精神，就不存在"意"是"心之所发"的问题，因为"意"被理解为早已存在的，而不是由心的发动而有的。如果把"意"理解为"意向活动"，那么称"意"为"心之所发"就不成问题。由此，我们平常所说的"善良的意愿"或"邪恶的意图"，就自然而然地被理解为具有某种意愿或意图的心之所发的意的活动（"有善有恶意之动"）。

---

① 参见熊十力：《十力语要》，第318页。

王栋（王一庵）（1503—1581）、刘宗周（刘蕺山）[①]在"四句教"问题上对王阳明的质疑很大程度来源于他们对"意"这个概念的理解与王阳明有区别。熊十力本人在前期和后期对王阳明的"四句教"中"意"以及《大学》中的"诚意"的"意"理解也不相同，从而有他对王阳明在这个问题上从批评到赞同的转变。

熊十力在《新唯识论》（文言文本）（1932年初版）"明心上"一章中对王阳明有关意是心之所发的观点持严厉批评态度："此云意者，即《大学》诚意之意。阳明以心之所发释意，此大误也。已发之意，求诚何及！或又以志言之，亦非也。这个有定向的意，即是实体，正是志之根据处。"[②]

然而，熊十力在其所写的《新唯识论》（语体文本）（1947年初版）中又纠正了自己先前的说法："文言本以《大学》诚意之意释此意字，实误。明儒王栋、刘蕺山解诚意，并反阳明，亦好异之过。"[③]

熊十力为什么要做出如此纠正呢？在《读经示要》（1945年初版）和《十力语要》（1947年初版）中，熊十力有相当详细的论述，我们能看出一个所以然。

在《读经示要》中，熊十力谈到《大学》中"诚意"这个概念时写道："诚意。朱注：'意者，心之所发也。诚，实也。实其心之所发，欲其必自慊而无自欺也。'阳明释诚意曰：'心之本体，本无不正。自其意念发动，而后有不正。故欲正其心者，必就其意念之所发而正之。凡其发一念而善也，好之真，如好好色。发一念而恶也，恶之真，如恶恶臭。则意无不诚，而心可正矣。'（见《大学问》。）愚〔熊十力自

---

[①] 耿宁先生在《人生第一等事——王阳明及其后学论"致良知"》中对刘宗周在"四句教"问题上的观点有详细论述。见该书中译本附论"刘宗周与黄宗羲对王阳明'四句教'的诠释。刘宗周针对王阳明'致良知说'所提出的'诚意说'是否体现了一种哲学的进步？"。

[②] 熊十力：《新唯识论》，第114页。

[③] 熊十力：《新唯识论》，第594页。

称]谓阳明以心之发动名意是也。"①

随后,熊十力还指出王一庵、刘蕺山等阳明后学在这个问题上的误解:"阳明后学,如王一庵、刘蕺山皆不以意为心之所发。一庵之言曰:'自身之主宰而言,谓之心。自心之主宰而言,谓之意。心则虚灵而善应,意有定向而中涵。自心虚灵之中,确然有主者,名之曰意耳。'蕺山曰:'人心径寸耳,而空中四达,有太虚之象。虚故生灵,灵生觉,觉有主,是曰意。'又云:'意者,心之主宰。'(蕺山谈意之语极多,然大旨不外此所引。)愚谓一庵、蕺山皆误也。意者,心之所发,此语甚当。一庵曰:'心则虚灵而善应,意有定向而中涵。自心虚灵之中,确然有主者,名之曰意。'审如其说,则经何故曰'欲诚其意者,先致其知'乎?主宰之义,正于良知上见,若无良知,则冥然已耳。何所谓主宰?主宰分明是良知。则以意为主宰者,其误不待辨而明。"②

从王一庵和刘蕺山对"心"和"意"这两个概念的界定看,他们都是把"心"当作"心灵"("心则虚灵","虚故生灵,灵生觉")来理解,而把"意"当作一种主宰心的有意志力的主体("自心虚灵之中,确然有主者,名之曰意耳","觉有主,是曰意")来理解。并且,他们都有把"心"和"意"实体化的倾向,即把心灵当作一种产生觉(意识)的虚灵实体,把意当作一种主导觉(意识活动)的精神实体。有关这一点,在《明儒学案》的"蕺山学案"中说得更加明确。刘蕺山主张:"意者,心之所以为心也。……意之于心,只是虚体中一点精神。……故即谓心为用、意为体亦得。"③ 由于王一庵和刘蕺山所理解的"心"和"意"与王阳明不同,就不免产生在"四句教"问题上的不同看法,从而反对王阳明有关"有善有恶意之动"的论点。

---

① 熊十力:《读经示要》,岳麓书社2013年版,第76页。
② 熊十力:《读经示要》,第78页。
③ 《明儒学案》,中华书局1985年版,第1552页。

熊十力在《新唯识论》(文言文本)中也把"心"和"意"当作在性质上同等的精神实体来理解，并认为《大学》诚意之"意"即为他在这里说的与心在性质上同等的"意"。那时，他没有区分名词性的表达精神实体的"意"和动词性的表达意向活动的"意"。他认为："心"和"意"无非是从不同角度对本体加以刻画的不同的名称。"言心者，以其为吾与万有共同的实体；……言意者，就此心之在乎个人者而言也。"但这里说的"意"，尽管在乎个人，可以在每个人内心中返观体认，但究其来源，则来自吾与万有共同的实体，是一种生生不息、不肯物化的生命和精神性的力量。所以他批判王阳明"以心之所发释意，此大误也"。那时，他赞同刘蕺山把"意"作为精神性"实体"的诠释。他写道："刘蕺山所谓'独体'，只是这个有定向的意。"①

熊十力后来区分了名词性的"意"和动词性的"意"。他在写《读经示要》时重新阅读了《大学》，注意到《大学》讲的"意"作为意向活动来理解更符合上下文的原义。所以他纠正了自己先前在《新唯识论》(文言文本)中的说法，肯定王阳明有关"意是心之所发"的观点"甚得当"。

然而，熊十力认为，既然主张"意"是"心之体"所发，而心之体又是"无善无恶"或"至善"的，那么这个意为什么是"有善有恶"的呢？在熊十力看来，心之体所发的"意"与"有善有恶"的习心的"意"应该是有区别的：来自于本心（吾与万有共同的实体）的"意"无不善，而恶的"意"与其说"意"不如说"私欲"。因此，熊十力批评王阳明在"意是心之体所发"与"有善有恶的意"之间存在不协调之处，需要把这里的过渡说清楚。

熊十力写道："愚谓阳明以心之发动名意是也。其曰'心之本体，本无不正。自其意念发动，而后有不正'云云，则于义未协。心本无

---

① 熊十力：《新唯识论》，第113—114页。

不正，则其发动而为意者，自亦无不正。若云意有不正，则必此意非心之所发也。意既是心之发动，如何有不正。阳明于此，甚欠分晓。愚谓意者，心之所发，心无不正，意亦无不正。然而意发时，毕竟有不正者。则此不正，非是意，乃与意俱起之私欲也。私欲亦名人心，意乍动时，私欲亦随起，曰俱起。常途云理欲交战，亦有以也。"①

"意乍动时，私欲亦随起"成了熊十力协调这里的关系的关键。在这里，"意"被理解为是本心所发动的。那么"私欲"又是什么地方来的呢？熊十力做了如下说明：

> 私欲者，吾人有生以来，役于形，而成乎习，其类万端。盘结深固，恒与意相缘附以行者也。（役于形者，阳明所云"顺躯壳起念"也。阳明此语甚深微。人生万恶，只是顺躯壳起念一语道破。）②

实际上，熊十力的基本思路与王阳明是一致的，只是在说法上更加圆顺一些。王阳明在说明为什么无善无恶的心之体会转变为有善有恶的意之动时，以"不免有习心在，本体受蔽"加以解释。他还把人的"习心"与人的"根身"联系起来，认为私欲是顺躯壳起念。这里形成问题的是：既然本心（心之体）在，为何又顺躯壳起念？要说明这里的关系，就要说"本心"与"习心"的关系。这正是熊十力的《新唯识论》致力于说明的地方。

熊十力采用佛教的"四缘说"来说明"本心"与"习心"的关系，说明有善有恶的人的认识的发生过程。他认为，人的认识在于"四缘"：其一是"因缘"，它是人之所以有认识能力的原因所在。它来自

---

① 熊十力：《读经示要》，第76页。
② 熊十力：《读经示要》，第79页。

吾人与万物所同具之本体；它至实而无相，至健而无不遍，真净圆觉，虚彻灵通；它是人的本心。其二是"次第缘"，指人的识一念接一念产生，前念灭，后念生，前念牵引后念，后念以前念为缘。它大致相当于现代心理学所说的"心理联想"；这种联想受到以往的经验积累和所形成的习惯支配。其三是"所缘缘"，指识总是与境关联，境是识所追求和所思的。它大致相当于现象学所说的意向性结构，即意识行为总是指向意识对象，意识对象是意识行为的相关项。其四是"增上缘"或"助缘"，指人的认识的辅助条件，如视觉要借助眼睛，听觉要借助耳朵等，即佛教所说的眼等五感识之根是心所凭以发现之具；用现代科学语言来说，认识要借助于神经系统和大脑，认识以人的身体为必备条件。按照熊十力的看法，尽管习心的原动力是本心，习心中依然存留良知，但由于习心"依根取境"，习心在认识事物的时候，不能不依借乎根，而根便自有其权能，迷逐于物，每失其本然之明。换句话说，尽管习心的"因缘"是"吾人与万物所同具之本体"，习心以本心"固有的灵明为自动因"，但习心受到其"次第缘""所缘缘"和"增上缘"的影响，习心形成自己的习惯势力和思考方式，习心有受私欲支配的物化倾向。"习心亦云量知，此心虽以本心的力用故有，而不即是本心，毕竟自成为一种东西。"习心在长期逐物的过程中，"习久日深，已成为根之用，确与其固有灵明不相似。而人顾皆认此为心，实则此非本心，乃已物化者也"①。

总之，熊十力通过采用和改造佛教"四缘说"，说明本心与习心的关系。一方面他论证习心是因缘是本心，但由于受到"次第缘""所缘缘"和"增上缘"的制约，不等同于本心，从而说明"无善无恶"或"至善"的"心之体"如何到了习心那里就成为有善有恶的了；另一方面他强调习心中依然存留本心，良知的存在就是习心中存留本心的证

---

① 熊十力：《新唯识论》，第548—549页。

明，从而为修身养性的致良知功夫确立本体论的根基。

## 四、对"良知"的辨析

现在我们来讨论"四句教"的第三句"知善知恶是良知"。这是王阳明对"良知"界说之一。

对于这一论点，熊十力是赞同的，并认为这是王阳明启迪初学者的基本教导。他写道："缘明翁也恐一般人不自识得良知，所以对初学说法，总指知善知恶、知是知非之知为良知。无论如何陷溺的人，他虽良知障蔽已久，然他若对人说一句欺心的话，他底本心总知道他是欺了人，此一个知，便是知是非、知善恶之知，便是他的良知，这是根本的，自明的，不待推求的，非由外铄的。"①

王阳明对良知还有其他的说法。耿宁先生在《人生第一等事——王阳明及其后学论"致良知"》中对王阳明的"良知"概念做了清晰的梳理。简而言之，它包括如下五层含义：（1）良知是人的一种"知善知恶、知是知非"的能力；（2）这种"知善知恶、知是知非"的能力是人原初就具有的，良知是"天聪明"；（3）良知可能受到障蔽，人可以通过修身养性，使得受到障蔽的良知昭显出来；（4）良知是吾与万物共具之本体；（5）人要认识本体，不能通过向外求索的习心达到，而只能通过体认良知，返观本心而证得。这五点在王阳明那里构成他的"致良知"学说的环环相扣的完整体系，是他的"心学"的精髓。

熊十力充分肯定王阳明有关"良知"和"致良知"的观点，特别强调视良知为本心和通过良知体认本体的学说。他认为这不仅是王学师门的宗旨，而且是孔子所开创的儒家学说的真谛所在。他写道："儒家则远自孔子已揭求仁之旨。仁者本心也，即吾人与天地万物所同具

---

① 熊十力：《十力语要》，第68页。

之本体也。至孟子提出四端，恻隐之心，仁之端也。羞恶之一，义之端也。辞让之心，礼之端也。是非之心，智之端也。只就本心发用处而分说之耳。实则四端统是一个仁体。后来程伯子《识仁篇》云：'仁者浑然与物同体。义礼智信，皆仁也。'……逮王阳明作《大学问》，直令人反诸其内在的渊然而寂，恻然而感之仁，而天地万物一体之实，灼然可见。罗念庵又申师门之旨，盖自孔孟以迄宋明诸师，无不直指本心之仁，无可以知解向外求索也。"①

尽管熊十力赞同王阳明致良知学说的宗旨，但仍有一些需要辨析的地方。其中，最重要和最值得辨析的地方是"良知即本体"的论断。对此，结合上述有关良知的说法加以推论，可以得出差距很大的结论。

单从"知善知恶是良知"这句话看，"良知"指人心的一种"知善知恶"的能力。人心的这种能力似乎是主观的。由此而论，说"良知即本体"，是不是说本体是主观的呢？

王阳明的有些说法似乎印证了上述说法。当朱本思问草、木、瓦、石之类有无良知时，王阳明这样回答："人的良知，就是草木瓦石的良知。若草木瓦石无人的良知，不可以为草木瓦石矣。岂惟草木瓦石为然？天地无人的良知，亦不可为天地矣。盖天地万物与人原是一体，其发窍之最精处，是人心一点灵明。"②

王阳明还提出"心外无物"的论断。当某位友人以花树在深山中自开自落来质疑"天下无心外之物"时，王阳明这样反诘："你未看此花时，此花与汝心同归于寂。你来看此花时，则此花颜色一时明白起来，便知此花不在你的心外。"③

在以往编写的中国哲学史上，往往根据王阳明的以上论述断定王阳明是主观唯心主义者。其理由是，认为王阳明把花树等万物视

---

① 熊十力：《新唯识论》，第 567—568 页。
② 邓阳译注：《译注传习录》，第 450 页。
③ 邓阳译注：《译注传习录》，第 451 页。

为随人心的知觉活动而产生的东西，是一种类似于贝克莱和马赫所主张的"存在就是被感知""物是感觉的复合""世界不过是我的表象"的观点。①

然而，王阳明还有一些论述，似乎可以引申出与此不同的结论。王阳明说："良知是造化的精灵。这些精灵，生天生地，成鬼成帝，皆从此出，真是与物无对。人若复得他完完全全，无少亏欠，自不觉手舞足蹈，不知天地间更有何乐可代？"②在此，"良知"被说成是生天生地、成鬼成帝的"造化的精灵"，就难以用主观的感知来解释了。"造化"这个概念是与"感知"这个概念显然不同的。王阳明还说："夫良知一也，以其妙用而言谓之神，以其流行而言谓之气，以其凝聚而言谓之精。"③结合这段话看，良知也可以被理解为宇宙万物之本源的客观的精神实体。

那么，究竟应该怎样来理解王阳明有关"良知本体"的论述呢？熊十力对这个问题梳理的思路值得我们重视。熊十力区分"本体"和"自体"这两个概念。在熊十力看来，王阳明所说的"本体"（简称"体"）有两个含义：一个是就"体用"关系而言的"体"（本体），另一个是就共相和殊相的关系而言的体（自体）。用西方哲学中的范畴概念来表达，"体用关系"指"实体"（substance）与其"活动"（action）、"功能"（function）和"属性"（attribute）的关系，即"活动""功能"和"属性"都是"本体"之"用"；"自体"相当于"本质"（essence），指一类事物中的诸事物之为该类事物所共同具有的基本的规定性。熊十力认为，王学中一些争论和后人对阳明心学理解上的偏差，在很大程度上与王阳明本人在"本体"这个概念上的用词不

---

① 举例来说，任继愈主编：《中国哲学史》第三册第十章"王守仁的主观唯心主义哲学思想"，人民出版社1964年版，第299—301页。
② 邓艾民译注：《译注传习录》，第439—440页。
③ 邓艾民译注：《译注传习录》，第263页。

明确有关。

熊十力在解读王阳明"知是心之本体"①时指出："愚按阳明云'知是心之本体',本字当易作自,方妥。本体一词,系对发用而言。若言心之自体,则斥目此心之词也。意是心之所发,则心为意之本体。而心不从他发,即心更无本体。今恐人不识心是怎样一个物事,故指出知来,而曰心之自体,即此知是也。如言白物之自体,即是此白。离白便无白物。今心之自体,即是此知,离知便无心也。前哲于名词,偶有不精检者,学者贵通其意。"②

从上下文看,这里的"知"指"良知"。熊十力主张,说"良知是心的自体(本质)"更为妥帖,因为"良知"是心自己的特性,"良知"刻画心之为心的本质属性;离开了这一本质属性,心也就不成其为心。相对于意识活动而言,我们可以说心是意识活动的本体,因为意识活动是心之所发的活动和功能。如果把良知说成是心的本体,并在体和其发用的关系上来理解该"体"的话,那么心就要被视为良知所发的功能和活动了;然而,心从来不是由任何其他东西所发的,心自己是本体。因此,对"良知是心的本体"的准确的理解,应为良知是心的自体或自性,即良知是心的本质,良知刻画了心所固有的"知善知恶"和"为善去恶"的能力。

熊十力深入研究过因明学,对涉及认识论和逻辑的范畴做过精湛辨析。他注意到,在中国的玄学和佛学翻译成中文的一些用语中,"体"和"性"这两个词经常混用,乃至"本体"和"自性"这两个词也混用,然而,结合上下文进行辨析,要分清它们的两种不同用法,其一是"体用"意义上的体(本体),其二是本质意义上的"自体"或

---

① 这句话的上下文:"知是心之本体,心自然会知。见父自然知孝,见兄自然知弟,见孺子入井自然知恻隐。此便是良知,不假外求。"(邓阳译注:《译注传习录》,第26页)

② 熊十力:《读经示要》,第80页。

"自性"。熊十力在《佛家名相通释》中对此做过专门辨析。①

有鉴于区分"本体"和"自体",熊十力对王阳明有关"良知"是"乾坤万有基"的说法的两种含义进行了区分:一种是把良知理解为人所固有的"知善知恶"及认知本源的能力,说"良知是本体",是说"人通过良知体认到乾坤万有基";另一种是把良知当作所体认到的对象来理解,即把良知当作化生万物的精神实体之体现。前者诠释了王阳明有关"良知"是"人心的一点灵明"的说法,后者诠释了王阳明有关"良知"是"造化的精灵"的说法。

熊十力谈到他自己理解王阳明有关良知是乾坤万有基的思想历程。一开始他自己也觉得不好理解:与吾身俱生的吾心的良知,非超脱天地万物而先在,怎么能说成是"乾坤万有基"?后来他通过阅读《易经》有关"乾元化生"和《列子》有关"体随化而迁"明白了这个道理。他写道:

> 王阳明诗曰:"无声无臭独知时,此是乾坤万有基。抛却自家无尽藏,沿门持钵效贫儿。"正为大学明德作释。(阳明之良知,即本心,亦即明德。)少时读此诗,颇难索解。以为"无声无臭独知时",正谓吾心耳。吾心与吾身俱生,非超脱天地万物而先在,何得说为"乾坤万有基"耶?累年穷索,益增迷茫。及阅《列子·天瑞篇》:"粥熊曰:运转无已,天地密移,畴觉之哉?"张处度注曰:"夫万物与化为体,(万物无实自体,只在大化流行中,假说有一一物体耳。)体随化而迁,(一一物体,皆随大化迁流。)化不暂停,物岂守故?(离化无物也,化既不暂停,即物无故体可守也明矣。)故向之形生,非今形生。(前一瞬形生,已于前一瞬谢灭。后一瞬形生,乃新生耳。然新生亦复不住。)俯仰之间,

---

① 参见熊十力:《佛家名相通释》,中国大百科全书出版社1985年版,第14页。

已涉万变。"至此，忽脱然神悟，喜曰：吾向以天地万物，为离于吾之身心而独在也。而岂知天地与我并生，万物与我为一耶？悟化，则吾与天地万物非异体。①

这里的思想要点是："悟化，则吾与天地万物非异体。"什么是"化"呢？"化"就是吾与天地万物之实体。什么是"悟化"呢？"悟化"就是"良知"体悟自身，人通过良知悟化。当一个人领悟吾与天地万物都是同一实体所化生的，就领悟吾与天地万物非异体。在熊十力看来，"化"是《易经》的根本思想。大易六十四卦，都由乾元化生；万物的形相虽多种多样，但都无实自体，只在大化流行中，因此唯有"化"本身称得上本体。本体即大用，大用就是大化流行，"大化流行"是一种生生不息的生命力。大化流行"在人之中还表现为"知善知恶"的能力，因此"良知"认识大化流行，是"自识"，是自己认识自己的生命力。

## 五、对"格物"的辨析

现在我们来看四句教的最后一句"为善去恶是格物"。这句话的由来是王阳明对《大学》中的"致知在格物"一语的解释。王阳明把此中的"知"理解为"良知"，把"物"理解为"意之所在"的事物，特指为人处世的事务，把"格"训为"正"，从而"格物"就被诠释为端正为人处世时的念头，诚其意愿，克服私欲，为善去恶；"格物"就成了"致良知"的"功夫"。

王阳明对"致知在格物"的解释与朱熹有很大不同。朱熹把此中的"知"理解为"知识"的"知"，把"物"理解为事物，把"格物"

---

① 熊十力：《读经示要》，第60页。

训为"即物穷理"。朱熹主张"理在物",认为分析事物可以发现事物中之理,并把事物中之理推究至"天理",按照天理来端正自己的认识,规范自己的行为,才能修身养性,治国平天下。

王阳明反对朱熹对格物致知的理解。他认为,"即物穷理"必须依靠心,没有心不能"即物穷理";再说,即便知晓了物中之理,但心不诚,不按照理来行事,也是白搭;一旦良知被遮蔽了,就不能致知;为了去除私欲对良知的障蔽,就需要"格物",即端正自己的意念,非礼勿视,非礼勿听,非礼勿言,非礼勿动。王阳明说道:"故致知者,意诚之本也。然亦不是悬空的致知,致知在实事上格。如意在于为善,便就这件事上去为,意在于去恶,便就这件事上去不为。去恶,固是格不正以归于正。为善,则不善正了,亦是格不正以归于正也。如此,则吾心良知无私欲蔽了,得以致其极,而意之所发,好善去恶,无有不诚矣。诚意工夫实下手处在格物也。若如此格物,人人便做得。'人皆可以为尧舜',正在此也。"①

熊十力在《读经示要》中企图把朱熹和王阳明对《大学》"致知在格物"的诠释综合起来。他主张对"致知"采纳王阳明义,对"格物"采纳朱熹义,认为这种综合有助于同时发挥"内圣"和"外王",即:既以诚意正心为本,又注重科学知识。他强调:"故《大学》总括六经旨要,而注重格物。则虽以涵养本体为宗极,而于发展人类之理性或知识,固未尝忽视也。经学毕竟可以融摄科学,元不相忤。"②

具体地说,熊十力对朱熹和王阳明解"致知"和"格物"的综合分为以下几层意思:

首先,熊十力认为,王阳明把致知之"知"定为"良知",立了本,符合《大学》的本义,"致知"的要旨是"致良知"。他写道:"阳

---

① 邓阳译注:《译注传习录》,第500—501页。
② 熊十力:《读经示要》,第93页。

明以致知之知为本心，亦即是本体。不独深得《大学》之旨，而实六经宗要所在。中国学术本原，确在乎是。中国哲学由道德实践而证得真体。"①

与此相关，熊十力认为，朱熹以致知之知为知识，不合《大学》本义。但他又认为，朱熹致知之说表现出一种极重视知识的态度，有助于矫正"魏、晋谈玄者扬老、庄反知之说，及佛家偏重宗教精神"之弊，从而"下启近世注重科学知识之风"。②

其次，熊十力大致认同朱熹对"格物"的诠释。朱熹主张理在物，通过格物发现物中之理，将有产生科学方法之可能。"朱子训格物为即物穷理，知识即成立。此则宜采朱子《补传》，方符经旨。格字训为量度。见《文选·运命论》注引《苍颉篇》。《玉篇》及《广韵》亦云：'格，量也，度也。'朱子训格，不知取量度义，而以穷至言之。于字义固失。然即物穷理之意，犹守大义。"③熊十力主张，应训格为"量度"，以量度事物而悉得其理，即格物。如"于事亲而量度冬温夏清，晨昏定省之宜，此格物也。入科学实验室，而量度物象所起变化，是否合于吾人之设臆，此格物也"④。

与此相关，熊十力认为王阳明对"格物"的诠释有不妥之处："阳明以为善去恶言格物，不免偏于道德实践方面，而过于忽视知识，且非《大学》言格物之本义。"⑤在熊十力看来，王阳明言"格物"的这一失误，与其"心外无物"和"心即理"的主张密切相关。"夫不承有物，即不为科学留地位。此阳明学说之缺点也。"⑥

王阳明主张"意的所在处是物"，如："吾意在于事亲，则事亲便

---

① 熊十力：《读经示要》，第88页。
② 熊十力：《读经示要》，第87页。
③ 熊十力：《读经示要》，第89页。
④ 熊十力：《读经示要》，第90页。
⑤ 熊十力：《读经示要》，第89页。
⑥ 熊十力：《读经示要》，第88页。

是物；吾意在于事君，事君便是物"。熊十力认为这一论断值得推敲。说物是意识活动所指向的，这本身没有错。说意识活动在认识物之理上起很大作用，这也没有错。但说物完全依存于心，一点没有自身存在的实在性，在经验认识中不起任何作用，则不能成立。心的作用是了别，没有心当然不能发现物及其理。但如果现前根本没有某物，你也不能发现它；心不能凭空确定物的属性。"如见白不起红解，见红不作白了，草木不可谓动物，牛马不得名人类，这般无量的分殊，虽属心之裁别，固亦因物的方面有以使之不作如是裁别而不得者也。而阳明绝对的主张心即理，何其过耶！"①

熊十力自己也说"心外无物"。不过熊十力所说的心是指本心，即一种化生天地万物的本体，而不是主观意义上的心理的心。在熊十力的本体即大用流行的学说中，物和心理的心都是本体的发用。"自本心而言，一切物皆同体。言无心外之物是也。若自发用处说，则心本对物而得名。心显而物与俱显，不可曰唯独有心而无物也。"②熊十力所说的心外无物，是在特定的哲学范围内说的。一旦超出了这个范围，就不能这样说。他认为，如果按照世间的经验来说，不妨承认物是离心独存的，同时不妨承认物自有理的。物不是杂乱无章的，自有其定律法则等待人发现和辨析。这些定律法则就是物中之理，而非阳明所谓即心的。在这个意义上，程、朱的"理在物"说有合理之处，不需要像王阳明那样添上一个"心"，认为只有"在心物为理"才说得通，因为"心不在而此理自是在物的。阳明不守哲学范围，和朱派兴无谓之争，此又其短也"③。

那么在道德实践方面，是不是不涉及物只涉及心，只要心诚就够了呢？熊十力也否定这样的主张。拿事亲来说，事之以孝，孝顺之心

---

① 熊十力：《十力语要》，第339页。
② 熊十力：《读经示要》，第88页。
③ 熊十力：《十力语要》，第339页。

在事亲中最重要，是事亲的根本。在此意义上说，"此孝即是理，亦即是心"，没有什么错误。但是，如果认为侍奉父母只在于心之孝，不涉及物，那就不对了，因为侍奉父母涉及父母的身体安康和生活起居，这里不仅涉及物质对象，而且涉及身体的健康之道和生活的合理安排。"如孝之理，虽在吾心，而冬温夏清之宜，与所以承欢之道，非全无所征于其亲，而纯任己意孤行也。"① 再拿母亲抚育婴孩来说，母亲的慈爱之心固然是最重要的，但也要有经验技巧。这些经验技巧是在母亲抚育婴孩的过程中获得的，而不是一开始就存在于母亲心中的理。

总之，熊十力认为，王阳明的"致良知说"立了本，由道德实践而证得本体，这是最重要的。这是中国学术的本原和价值之所在。但王阳明在"格物"的诠释方面，不免遗物，导致阳明后学的沦空滞寂，丢弃实学。与此相反，朱熹的"格物致知"之说，阐发了辨物析理的思想，有助于有关物质世界的科学的发展。熊十力主张，这两者应该结合起来。见证本体后不可废量智，重视格物的实学工作；与此同时，一切格物之事，皆以致良知为本，保持本心的指导作用，不随格物而物化。只有这样，才能既守住中国传统哲学的血脉，又促进科学的发展。一言以蔽之，这就是熊十力所期待的"内圣外王"。

---

① 熊十力：《读经示要》，第 88 页。

# 现象学的现象,海德格尔与王阳明的致良知
## ——兼论现象学家耿宁先生的阳明学

王庆节

(香港中文大学哲学系)

## 一、我与耿宁先生的现象学因缘

每个人在自己的人生以及问学道路上,或多或少在不同的时期会遇上一些"引路人"。应当说,耿宁先生就是30多年前引我进入现象学之门的引路贵人之一。记得当年在北大勺园,每个周三或周四的下午,耿宁先生和我一起阅读现象学文献。鉴于我当时的研究兴趣和重点,我们的阅读和讨论偏重于海德格尔的现象学思想。记得我们读过的文本包括有海德格尔《存在与时间》中著名的关于现象学方法的第七节,《现象学基本问题》导论部分,胡塞尔关于大英百科全书现象学词条以及他与海德格尔相互之间的几封通信,还有耿宁先生自己关于胡塞尔的几篇作品。在当时的学习、讨论过程中,有几个问题一直困扰、伴随着我后面这些年对现象学和海德格尔哲学的学习、思考和教学研究工作。其中的一个重要问题就是海德格尔在《存在与时间》中所说的"现象学的现象概念"。耿宁先生在离开北大、离开中国后的30年间,孜孜钻研于佛学的唯识理论和王阳明的"致良知",其主要

成果之一就是洋洋洒洒超过千页的《人生第一等事——王阳明及其后学论"致良知"》①。这本书的中译出版，使我们有机会一窥这本具有浓厚现象学色彩和背景的，有关王阳明思想的学术巨著的内容。研习之下，我发现海德格尔的"现象学的现象概念"与王阳明的"致良知"概念在整体的问题意识方面极为相似，也不无相互发明印证、启迪思考之处。于是，我将一些初浅的思考和发问写在这里，也算是30年后再次求教于耿宁先生，续接30年前我们的那段"现象学的因缘"。

## 二、海德格尔的"现象学的现象概念"

"现象学的现象概念"是海德格尔在《存在与时间》中谈论他的现象学方法有别于以康德哲学为代表的现代哲学知识论的基本思路时所使用的一个概念。②海德格尔的这一概念，在我看来，不仅将他自己的现象学哲学的基本立场与传统哲学所理解的康德哲学基本立场区别开来，也将他的存在论现象学的立场，与他的老师胡塞尔的意识论现象学的立场区分开来。据此完全可以说，现象学哲学的发展通过海德格尔的这一概念呈现出完全不同的气象。

### （一）"对象的道路"与"现象的道路"

简略地说来，从笛卡尔到康德的整个西方哲学所遵循的基本思路是一条知识论的思路，这一思路不妨被称为是一条**对象的道路**。这条道路的存在论起点是预设作为认知意识主体物的**人**与作为认知意识客体物的**实在事物**之间的截然二分。例如，在康德哲学的眼中，我们人

---

① 耿宁：《人生第一等事——王阳明及其后学论"致良知"》，倪梁康译，商务印书馆2014年版。
② 参见马丁·海德格尔:《存在与时间》(修订译本第四版)，陈嘉映、王庆节译，熊伟校，陈嘉映修订，生活·读书·新知三联书店2012年版，第7节。

类的科学认知的本质或者说科学知识如何可能的过程就是一个认知对象如何被认知主体，或者经由认知主体建构形成的过程，我们不妨将之称为"对象化"①的过程，这个"对象化"过程及其结果就是康德意义上的Erscheinung，这个词传统上被译为"现象"②或"显象"③。但是长久以来，这个对象的或者对象化思路的根本性困难就在于Erscheinung的边界问题，即如何处理在Erscheinung之先的"物自身"与在其之上的"本体"，诸如"上帝存在""灵魂不死""自由意志"等的问题，前者涉及的是人类感性的界限，而后者则是人类理性的界限，这也就是康德所谓transcendental object = X 的著名难题的关键之所在。④

和笛卡尔、康德的对象化思路，亦即知识论的思路有别，以胡塞尔、海德格尔为代表的现代现象学哲学，所沿循的基本上可以说是一条现象学的"**现象思路**"。这条思路非但不以现代知识论哲学的主体—客体、主体—对象之间的二分为起点，相反，它将前者视为是一种流俗的，以未经严格哲学精神考察的、自然素朴的态度为基础的世界观和方法论，所以需要对之加以"悬置"或"加括号"，将之判为无效，以求达到现象学的"向着事情本身"的终极目标。所以，在海德格尔看来，认知过程和意识过程，归根结底都是某种意义上的人的生存存在过程。从一种存在论、生存论的立场来看，也即是一种"事情本身"的自身显现过程和自身展开过程。这一过程，在海德格尔的《存在与时间》的现象学解释中，被称为是一种"**现象出来**"的过程，这也是海德格尔在《存在与时间》的写作前后所力图拓展和践行的现象学存在论的道路。

---

① 参见马丁·海德格尔：《康德与形而上学疑难》，王庆节译，上海译文出版社2011年版，第64—70页。
② 参见康德：《纯粹理性批判》，蓝公武译，商务印书馆1960年版。
③ 参见康德：《纯粹理性批判》，邓晓芒译，人民出版社2004年版；《纯粹理性批判》，李秋零译，中国人民大学出版社2004年版。
④ 参见康德：《纯粹理性批判》，A108 页及以下。

（二）"现象"（Phänomen）与"现像"（Erscheinung）

如此理解的现象学哲学的道路，其核心概念 Phänomen 就和作为康德哲学之核心概念的 Erscheinung 有了本质性的区别。本来在德文的日常用法中，Phänomen 与 Erscheinung 这两个词的意思没有根本性的区别，一般都将之理解为同义词，只不过前者更为古朴一些，直接源出于它的希腊文原文，而后者则是前者的现代德文用法而已。康德在使用两者时，也基本上不做区分，在同样的意义上使用，即意指在我们的感觉认知活动中，主体通过我们的先天时空直观形式和先验范畴，在感觉予料的基础上整理综合而来的、作为经验的感受感觉，印像、表像、意像以及由此而来的全部科学经验与科学知识。这样，按照康德的说法，这些"现象"，即"现象化出来的东西"就不仅构成了我们全部的经验和科学知识的范围，而且也构成了我们全部经验知识的对象本身。①

海德格尔在《存在与时间》中首先对康德哲学乃至受到康德影响的一般德国思想中将 Phänomen 与 Erscheinung 两个概念的混用和混乱进行了澄清和批判。按照海德格尔的疏解，Phänomen 说的是这个词的希腊文原义，即"自己显现自身"（sichzeigen），而 Erscheinung 指的主要不是自己显现，而是通过某个他者的自己显现而得到间接地呈示和报告。这里海德格尔想说的是，任何一种作为 Erscheinung 的呈示，实质上都必须要在"自身显示"，即 Phänomen 的基础和前提下方才成为可能。换句话说，近现代知识论语境中的 Erscheinung 概念就是这样的一种经由认知主体建构而来的间接呈示，它们唯有在现象学存在论的 Phänomen 的思路上方可得到真正的理解。海德格尔在这里所用的著名例子是我们关于身体内部机体失调或者发烧的病症认知，即 Erscheinung，必须要在诸如"面颊赤红"这样的 Phänomen 显现的基

---

① 参见康德：《纯粹理性批判》，A 158/B 197。

础上才能达成。①

基于这一对 Phänomen 与 Erscheinung 关系的理解，我曾借中国古代思想家韩非子关于"象"字在古代含有"象"和"像"两层含义来说明这一点，并将之分别翻译为"现象"与"现像"。②古汉语中的"象"字同时含有作为实物的动物之"象"以及作为象征、符号的"象"，后者在现代汉语中又作"像"，即"图像""照像"之"像"。汉语中"象"和"像"这两种含义的最早区分可见韩非。韩非在《解老第二十》中说："人希见生象也，而得死象之骨，案其图以想其生也，故诸人之所以意想者皆谓之象（像）也。"显然，这里的第一个"象"字指的是活生生的"生象"，对应于海德格尔所讲的原本的、存在物意义上的 Phänomen 或 Erscheinen，而第二个"象"字，现代汉语中为"像"，则是从前者中衍生出来的，在认识论意义上的间接之"象"，即意像之像。

海德格尔的这一区别，直接影响到他在《存在与时间》以及其他著作中对现代哲学从笛卡尔到康德的主流知识论思路的批评和清算，而这一批评又进一步激发和影响 20 世纪其他思想家对这个问题不同角度的思考。例如，美国哲学家罗蒂在论述 20 世纪哲学中的"语言学转向"时，就曾将从笛卡尔到康德的西方近现代哲学主流描画为"镜像式哲学"③，这明显是受到了海德格尔上述区分的启发。

（三）现象学的"心学"与"性学"传统

严格说来，将"现象"与"现像"区别开来，并不完全是海德格

---

① 参见海德格尔：《存在与时间》，陈嘉映、王庆节译，熊伟校，生活·读书·新知三联书店 2012 年版，第 36 页。
② 参见陈嘉映、王庆节：《关于本书一些重要译名的讨论》，载海德格尔：《存在与时间》，陈嘉映、王庆节译，熊伟校，生活·读书·新知三联书店 1987 年版，第 518 页。
③ Richard Rorty, *Philosophy and the Mirror of Nature*, Princeton, NJ: Princeton University Press, 1979.

尔的首创和独创。这实际上是从他的老师胡塞尔的"意向性"概念中的 noesis/noema 的著名区分发展而来。在 1917 年发表的《现象学的观念——五篇讲座》中，胡塞尔就明确指出，"现象"（Phänomen）这个语词，本质上有着 das Erscheinen 和 das Erscheinende 两层紧密相关的含义。尽管它原本说的是"das Erscheinende"，即显现、现象出来的那个东西，但这个现象出来的东西，却必须是**先为着**（*vorzugsweise...für*）那 das Erscheinen selbest，即现象活动自身，才被产生的东西。因此，在现象活动与现象出来的东西的本质性的相关关联中，这个"现象活动自身"有着更为根本和重要的意义。①

因此，关键在于这个"现象活动自身"是什么东西？和传统意义上的康德哲学将之定位为"认识""知识"活动不同，胡塞尔明显是在更宽泛、更深层的"意识"活动的意义上来探究它。更为重要的是，这个"意识"首先不是在一般心理学意义上使用的意识概念，而是胡塞尔所关注的"纯粹意识"，或者"超越论自我"的"意识活动"。正是在这个意义上，胡塞尔又将上述的"现象活动自身"称之为非心理，或者更确切地说，"前心理"意义上的"主体性现象"（das subjective Phänomen）。

按照海德格尔的说法，现象学哲学中的现象活动自身，即胡塞尔所用的 Erscheinen 和海德格尔自己所用的 Phänomen 概念不应与康德知识论的先验哲学中的"现像"概念，即镜像概念相混淆。《时间概念历史导论》是海德格尔在《存在与时间》发表之前的一个讲课稿，《存在与时间》的很多内容都已在这部讲稿里得到事先讲授和讨论。在这部著名的后来作为《海德格尔全集》第 20 卷出版的讲演稿中，海德格尔首先从胡塞尔现象学哲学的三个基本概念开始谈他所理解的现象

---

① Edmund Husserl, *Die Idee der Phaenomenologie. Fuenf Vorlesungen*, Husserliana II, hrsg.von Walter Biemel, Den Haag: Martinus Nijhoff, 1950, S. 14.

学的现象概念，即现象学的"意向性""范畴直观"与"先天性"。不过很明显，在这里，这些胡塞尔的"意识现象学"，即"现象学心学"的基本概念都不再在传统哲学知识论问题的背景下，也甚至不再在更宽泛的心理意识哲学框架中来思考，而是被引到了哲学本体论或存在论的思路上来理解和领会。换句话说，如果将现象学视为一般性哲学的基本研究，那么，作为其基本课题的现象学的现象就既不再主要是认知现象，也不再是意识现象，而是活泼泼的，充满生机和灵动的生存、存在现象。在这个意义上，如果我们将"心的现象"视为胡塞尔的超越论意象性的"心学现象学"的核心概念的话，这个"现象学心学"的传统，在海德格尔的手中，就被改造成为以"存在现象"，而且首先是以人的存在，即"生存现象"为核心的"存在论现象学"的传统。如果套用中国哲学思想中熟悉的语言，也许我们可以说，通过现象学的存在现象的引进，胡塞尔"现象学心学"就演变成了海德格尔的"现象学性学"。①

简略地说，在海德格尔的眼中，"意向性""范畴直观""先天性"，这些胡塞尔现象学的核心概念，讲的无疑都基本是同一个东西，只是从不同的角度和方面讲而已。不过在这一解释中，胡塞尔的纯粹意识或超越论意识的意向性为海德格尔的存在"意蕴"概念所替代。这个存在"意蕴"乃世间万事万物之间的"因缘"关涉的基础或底蕴，所以，更为重要的不是纯粹意识活动的"意向"以及由此而来的"意像"，而是存在本身的"意蕴"关联，它经由 Dasein 的活生生的时间性、历史性的在世生存活动，"关涉""指向"这个 Dasein 的周遭环境，使之能够与其他的 Dasein 以及与非 Dasein 式的存在物在此中共存共在。这就是人生在世的本来处境，我们从一出生，就被抛入此中，

---

① 在中国现象学专业委员会 2013 年兰州年会的一个即席发言中，复旦大学哲学系的丁耘教授曾提及这个概念的可能性。

身处在此中，上下折腾，浮现沉沦，并对此有着一种"先天性"的感受领会，尽管这种感受领会常常并非必然伴随有一种自觉的、明确的、专题性的理智认知和意识。基于这一思路，胡塞尔的纯粹意识的"意向性"概念，可以说就为海德格尔的，通过 Dasein 的在世生存活动中的"因缘关涉"的"指向性"而显现出来的"底蕴关联"或"世界之为世界"所推进和替代；胡塞尔的超越论意识层面的"范畴直观"概念，就为海德格尔之 Dasein 在存在之疏朗真理中的存在之领会与超越所推进和替代；而胡塞尔的纯粹意识的"先天"概念，就为海德格尔的在存在论 / 生存论层面上的"超越论存在"概念所推进和替代。这也就是海德格尔后来谈及现象学的基本问题和方法时，说他所理解的现象学还原不仅是要还原到胡塞尔的纯粹意识、纯粹自我，而且更要超出这一层面，进入存在论的存在，而且，现象学的方法也不仅仅是一种纯意识层面的置疑、悬置、描述和分析，更是存在历史之展示过程中的建构—解构之道路的缘故。①

**（四）海德格尔的"现象学的现象概念"**

基于上述的分析和理解，现在让我们来看看究竟什么是海德格尔在《存在与时间》中所说的"现象学的现象概念"。

"现象学的现象概念"这个海德格尔的术语出现在《存在与时间》第七节。在那里，海德格尔首先区分了以康德（新康德主义）为代表的近现代知识论哲学意义上的、混乱不堪的"现像"概念与原本希腊文中的现象概念，即作为"现象出来""显现出来"的"现象"概念。在此之后，海德格尔提出了他所理解的"现象学的现象概念"（der phänomenologische Begriff von Phänomen）。和这个概念同时提出的还

---

① 参见马丁·海德格尔：《现象学的基本问题》，丁耘译，上海译文出版社 2008 年版，第 22—27 页。

有：形式的现象概念（der formale Phänomenbegriff）和流俗的现象概念（der volgaere Phänomenbegriff）。这三者各是什么意思？三者之间的关系究竟何在？几十年来，东西方关于《存在与时间》的解读与解释汗牛充栋，但似乎极少有人真正涉及这个问题，大都对之视而不见。即便少许人有所涉及，但也多语焉不详。难道是海德格尔在这里故作玄虚吗？抑或这里隐含有海德格尔的现象学的现象概念与胡塞尔现象学的现象概念之根本性区别的全部秘密？而且，这个秘密的揭示，正如我们将要在下面看到的那样，可能会对我们如何理解和展开由阳明哲学所开端的"致良知"学说产生怎样的意义？

在试图回答上述问题之前，让我们回到《存在与时间》文本本身，先看看海德格尔究竟是怎样刻画他的所谓"现象学的现象概念"的。

海德格尔说：

> ……唯当我们从一开始就把现象概念领会为："在其自身显现自身"，由此而生的混乱才能够得到廓清。
>
> 如果在这样把捉现象概念的时候始终不确定，何种存在者是所谈及的现象，而且对这显现者究竟是某个存在者还是存在者的某种存在特性在根本上不置可否，那么，我们所赢获的就还只是**形式的**现象概念。如果把这里的显现者领会为某种通过康德意义上的经验直观来通达的存在者，那么，这个形式的现象概念就算有了个正确的运用。在这一用法中的现象就充实了**流俗的**现象概念的意义，但这个流俗的现象概念还不是现象学的现象概念。在康德的发问境域范围内来看，关于这个在现象学上来把握的现象概念，如果先撇开其它的区别不谈，我们可以这样来说明：在现像，即在流俗领会的现象中，向来就已经有某种东西，先行地且始终地，尽管是以非专题的方式，自行显现着。这东西是可能被专题性地带入自身显现的，而这个如此这般——在自己本身那里——

自行—显现的家伙（直观形相）就是现象学的现象。①

现在让我们用一个具体的例子来尝试说明这个问题，即用类似王阳明所说的"观花"②。譬如林黛玉在大观园中赏花，一袭悲伤孤寂的感受涌上心头，让之伤悲欲绝。此花作为"现像"，乃林黛玉观花、赏花、惜花、悲花、叹花、哭花、葬花的"对象"。在这里，这个对象主要是指我们情感移情之对象。让我们再来想象一位植物分类学家，例如著名的林奈③来看花。林奈会根据生物学、植物学的类型学分类，冷静地告诉你这是牡丹花，那是玫瑰花，还有的是桃花、梅花、杜鹃花、百合花、樱花，甚至还有油菜花。林奈眼中的"花"作为"现像"显然不同于林黛玉的"花"，这是科学家眼中的花，各自间有着明确的定义和意义分界。但它们有一点是共同的，即花在这里均是认知的对象，所不同的地方仅只在于，一是个体感觉感受的对象，一是科学理性范畴整理综合的对象。换句话说，它们都是康德意义上的"现像"，属于流俗的现象概念。那么，什么会是这个例子中的"形式的现象概念"呢？海德格尔说："如果在这样把捉现象概念的时候始终不确定，何种存在者是所谈及的现象，而且对这显现者究竟是某个存在者还是存在者的一种存在特性在根本上不置可否，那么，我们所赢获的就还只是形式的现象概念。"这也就是说，当我们不确定在此"显现的"或者"谈及的"究竟是何种存在者，以及究竟是存在者还是存在者的存在特质时，这里作为显现的"现象"就还只是"形式的"。换句话说，在这里"显现的"究竟是作为"客观"存在者的"花"，还是作为"主观"存在者的"人"，抑或是"人—在—看—花"这一人的生存事件

---

① 参见海德格尔：《存在与时间》，陈嘉映、王庆节译，熊伟校，生活·读书·新知三联书店2012年版，第36页。
② 参见《传习录下》，《王阳明全集》，上海古籍出版社1992年版，第107—108页。
③ 林奈（Carl Linnaeus, 1707—1778），瑞典博物学家，动、植物分类学和双名制命名法的创始人。

的存在特质呢？当这一切并不确定之际，我们得到的就只是"形式的现象概念"。需要注意的是，海德格尔提到，流俗的现象概念，即康德意义上的"现像"仅仅是"形式的现象概念"的"正确运用"与"充实"（erfüllen）。这里似乎指的不仅仅是康德，而且更是胡塞尔著名的现象学意向性学说中的 noesis 与 noema。前者是任何意识现象的"意向展开"，而后者则是作为其相关项的"充实"和"完成"，尽管这种充实与展开不仅仅是静态的、内在性的，而且更是动态的和超越性的纯粹意识行为。

海德格尔的这一说法同时让我们想到在《存在与时间》导论第 2 节谈到一般问题乃至存在问题发问之结构时的相似说法。在那里，海德格尔说，任何发问都有这样的结构，即发问之所问（das Gefragte）、发问所问及（das Befragte）和发问之所得（das Erfragte）。这个结构具体到"存在之发问"就是：发问之所问——存在；发问之所及——存在者；发问之所得——存在之意义。① 这里的关键是"发问之所及"。存在一定是存在者的存在，所以，发问存在，一定从存在者开始问及。例如发问"这朵花"的存在，一定要从"这朵花"这个存在者开始问起，我们得到的一个答案是："这是一朵玫瑰花，一株蔷薇科的木本植物"，这就是这朵花的某个存在之意义。但是，我们真的是在问"这朵花"吗？还是实际在发问这朵花的存在之意义的赋予者，一个特殊的存在者，即存在问题的发问者——人？所以，任何存在者的存在之意义问题就变成为要从人这个特殊的存在者的存在开始问起，因为我们无论是否意识到，人的存在即 Dasein 已经在任何存在者的显现中事先并始终一道显现出来，它是所有存在者得以显现出来的存在论、生存论前提和根基。这就是海德格尔在《存在与时间》反复强调的 Dasein 在存在问题发问中的优先地位。所以，任何存在者作为流俗领会的现

---

① 参见海德格尔：《存在与时间》，陈嘉映、王庆节译，熊伟校，生活·读书·新知三联书店 2012 年版，第 6—9 页。

象，即"现像"，或者它要得到意义的充实，必须以现象学的现象，即以 Dasein 的自身显现作为前提。因此，海德格尔才说："在现像，即在流俗领会的现象中，向来就已经有某种东西，先行地且自始自终地，尽管是以非专题的方式，自行显现着。这东西是可能被专题性地带入自身显现，而这个如此这般——在自己本身那里—自行—显现的家伙（直观形相）就是现象学的现象。"①

**（五）海德格尔与胡塞尔关于现象学概念的根本分歧：意识论与存在论**

胡塞尔和海德格尔共同反对近现代哲学主流的主客二分的"对象化思路"，强调更为本原的现象学的"现象化"或者"现象出来"的思路。但关于这个"现象出来"，胡塞尔理解的主要是纯粹意识的超越论自我，所以意识现象乃至其结构的分析和描述就自然成为胡塞尔现象学工作的主线，而海德格尔则不然。倘若现象的本原状态，即现象学的现象是人在这个大千周遭共同世界中的生存生命活动本身，即亲在、此在、缘在的在—世界—之中—存在着，那么，纯粹意识的意向结构分析和描述势必要为亲在的生存论—存在论分析所取代。如果套用一个中国哲学的传统概念，我们不妨说，通过现象学的纯粹意识分析，我们走向的是一个现象学的心的传统，即心的现象学，而通过现象学的生存论分析，我们走向的则是一个现象学的"性"的传统，即性的现象学。这里的性，指的不单单是心之本性或本质，而是生之本来性状，是生命、生活之活泼泼的本源状态，这也即是《中庸》所讲的"天命之谓性"之性。所以，当我们今天讲"心性现象学"，应当不是像倪梁康教授所理解的那样，仅仅是说"心的现象"，或者"心之

---

① 参见海德格尔：《存在与时间》，陈嘉映、王庆节译，熊伟校，生活·读书·新知三联书店 2012 年版，第 36 页。

本质"的现象①，而是同时包含有"心（的现）象"与"性（的现）象"这样两个在现象学运动内部发展的传统。当然，在我看来，阳明哲学的问题意识及其传统，也在这两个方向上，不仅有着丰富的思想资源，而且，其本身也在这两个方向的纠结、紧张中前行、发展。

## 三、耿宁先生的阳明学

耿宁先生倾注半生心血所撰写的巨著《人生第一等事——王阳明及其后学论"致良知"》，不仅可以说是在西方的现象学传统中首创了一条现象学的阳明学领域，而且更可以说是在中国以及东亚的阳明学研究中开辟了一条阳明学的现象学解释新路。而且，正如不少学者已经看到的那样，耿宁先生的阳明学以及他的王阳明解释不仅有着极强的胡塞尔心学现象学的背景，而且与他多年从事的唯识学研究也有着甚为紧密的关联。例如，耿宁先生关于唯识学意识分析中的"见分""相分""自证分""证自证分"的解释不仅带有很强的现象学关于意向性分析和超越论自我之还原的色彩②，而且，若将两者结合起来，也许可以更好地帮助我们解释耿宁先生关于王阳明致良知学说的理解要义。

就我目前初浅的理解，阳明学的致良知学说，如果仅仅同胡塞尔的现象学心学的以及唯识学的意识结构和功能分析比较相结合，似乎尚不能穷其要旨。倘若再进一步，结合于海德格尔的亲在、此在、缘

---

① 倪梁康教授曾用佛学中的法相宗与法性宗之争来说明胡塞尔的现象学心学与海德格尔的现象学性学之分。这是一个非常有趣的观点。但在我看来，胡和海的根本区别并不在"性—相"之别，而在于"心—性"之别，也就是说，现象出来的东西，或者说，使得这个"现象出来"成为可能的超越性的活动，其本身究竟是纯粹的心识，还是生存着的生命存在的性状本身。（参见倪梁康：《海德格尔思想的佛学因缘》，《求是学刊》2004 年第 6 期，第 20—32 页）

② 关于耿宁先生这方面研究的成果，参见耿宁：《心的现象——耿宁心性现象学研究文集》，倪梁康等译，商务印书馆 2012 年版。

在的现象学存在论分析,即"现象学性学"的比较研究,或可开出一片更为广阔的思想天地。因为在我看来,阳明学思考所涉及的几乎所有核心问题,也都可以说是和海德格尔哲学思想中的核心问题相呼应。换句话说,阳明学的根本问题,首先不是什么纯粹意识的问题,而是更加本原、源初的生命之存在的问题,关于这一点,牟宗三先生在很多年前就看得十分清楚①。倘若我们将这样两个不同哲学传统对同一类问题在不同时代条件下的思考放在一起,相互对勘比照,一定会在更深的层次上起到互启互发的效果。

例如,我们知道,阳明学的"致良知"核心概念的提出直接是和对朱熹的"格物致知"学说的失望联系在一起的。朱子的"格物致知"的思路明显地相似于前面所说的"对象性的思路",即作为主体的我,去到作为客体的物那里,学习、探究、体悟、修炼,汲取精华,臻于完善,达致天理。但王阳明的致良知,将此路拦腰截断。万物天生在我,无假外求。所以,无须对象式的格物,本来"万物皆备于我",人所需要做的,仅只"致知",即"达致自心良知本体"而已。因此,王阳明,或者整个心性学说,从根本上说,就是一个现象的思路,万事万物的意义和理则,不是依靠从外部的观察、研讨、钻研得出,而是一个自身显现、展现的过程,是一个现象出来的过程。这个我与天地万物混然一体的状态,用王阳明的话说,就是"良知",或用耿宁的理解和翻译,是"本原知识",用胡塞尔的概念,就是"超越论自我",而用海德格尔,则是"在—世界—之中—存在"的亲在、此在、缘在之生命、生活整体。

让我们从王阳明的"致良知"出发,从比较哲学角度来做一点批判性的思考。我想这里至少可以向耿宁先生的现象学的王阳明解释发问三个问题,分别对应"致良知"三个中文字。即什么是这个"知"、

---

① 参见牟宗三:《智的直觉与中国哲学》,台湾商务印书馆 1971 年版。

这个"良"与这个"致"？

首先，这个"知"现在被理解为"良心"（王阳明）、超越论的纯粹意识或自我（胡塞尔）或者生存论领会中的 Dasein（海德格尔）。但这就是那宇宙心本身吗？当陆九渊说宇宙即是吾心，吾心即是宇宙，或者说"心即理"时，王阳明似乎完全赞同。这里所涉及的根本还是"吾心"与"宇宙之理"的关系问题。倘若用现象学的语言，两者之间的"意象性"或者"意蕴性"关联究竟是一而二、二而一的"**即是**"，还是去接近、开启、联通、连接的"**即近**"？倘若是"即是"，那么，这个同时作为宇宙之"心"的"吾心"，就其理想的存在状态和认知状态言，就应该是个完完全全、通体透亮的状态。但倘若是"即近"，那我们是不是可以发问，这里有无另外的一种可能性，即这个吾心，这个纯粹意识只是联通、连接着这个宇宙而已，而非就是或者囊括这个宇宙的全体？吾心事实上也不可能囊括这个宇宙存在的全体。如果"心"只是这个宇宙的一部分，连接着宇宙，彰显着宇宙之理，但它并非也不可能是宇宙的全体和整体。宇宙的整体是"黑暗"，只有连接着人的生命、生活和意识的一小部分，才有光明，才有照亮。人的生存超越活动，特别是人的意识活动，唯有在这明暗、显隐之间，方得意义。这也许才是"本原"知识的真正含义。本体之无善无恶、寂静湛然的同时，是否也是暗流奔涌、凶险无常，因为唯有如此理解，"独处"、审慎、畏惧才变得重要和有意义。

接着上面的问题，倘若如此，阳明学的"致良知"还可以被称为是"良知"吗？这个"良"应该如何理解？如果按照耿宁先生的解释，也是一般阳明学的解释，这个"良"是"本原之知"。但倘若是本原之知，就理应在善恶之先。那么，无善无恶的"本原之知"如何能为天地立心，为生民立命，继绝学，开太平？借用康德哲学的语言，这也就是说，作为本原之知的"良知"如何避免虚无主义，为道德形而上学奠基？这也是人们惯常质疑海德格尔的问题（耿宁先生两周前在香港也向我质疑同样的问题），即海德格尔如何有伦理学？现在我把同样的问题交还给耿宁先生：倘若王阳明的"良知"是本原知识，而本原知识无善无恶，人的道德良善从何而来？换句话说，阳明学的伦理学如何可能？倘若"良知"之"良"作为本原，同时又是超越于人之善恶意识之上的"至善"，这个"至善"如何去讲？这样讲来，阳明学道德哲学的背后是否还隐藏着一个更深的宗教信仰的指向？

最后，耿宁先生解释王阳明"良知"概念的三个层面或者三个良知概念似乎可以简略地分别表述为：（1）本原能力；（2）本原意识；（3）本原完善（实现）。这三者之间的关系究竟如何？我理解这是耿宁先生对王阳明的著名的"四句教"的具体诠释，但问题的关键在于，王阳明"致良知"中的那个"致"究竟说的是心体从心理认知、伦理践行再到本体的发生、灵修、成圣的宗教修行过程，还是存在本体自身的自然自在的展开过程？抑或两者均有？

# 王阳明及其后学论"致良知"
## ——贵阳会议之结语

耿 宁

(瑞士伯尔尼大学哲学系)

肖德生 译

在我们会议的前一天半日程中,参会者们做了报告并且去了龙场,此后由于我不再细看会议议程,并且在第二天(2014年11月2日)中午还接受了电视台工作人员20分钟的采访,因此未能参加闭幕会的开场。因而,当倪梁康在我稍晚抵达会议厅时告知我,我甚至还得说些什么时,我感到有些措手不及。在过去的两周,我在台湾、香港和广州谈过胡塞尔交互主体性现象学,并且在肇庆谈过利玛窦,因此,在我的思想中这些课题与王阳明致良知(实现原初知识)的学说有联想的联系。会议期间,没有一个参加者对我通过原初知识三个不同概念的区分来阐明王阳明原初知识之实现的学说表示怀疑。因此,在我临时准备的结语中,我试图通过与胡塞尔交互主体性学说的关系,并且通过一个对我有说服力的利玛窦对佛教的批评,进一步阐明这个区分。此外,在听报告和讨论期间,我想起了一个关于"原初知识"第二个概念的难题,只要人们在意识自证分("自身证明的部分")的意义上,或者在胡塞尔的"原意识"(Urbewußtsein)或萨特的"自身意识"（conscience[de]soi）的意义上理解这个概念，这个难题就会出现。现在我不能完全肯定，我在那个结语中是否也谈过这个第二点，但是，无论如何，我此前在我笔记本电脑中做过一个与此有关的评注，目的也在于谈论此事。无论过去的情况怎样，我大致想说的，也就是我在这里作为第二点所提出来的东西。

## 一、"原初知识"必须交互主体地被思想。利玛窦对爱的论证

我大概做过如下说明：我们在原初知识的实现中必须以我们的经验为出发点，即以交互主体性为出发点，以众多不同主体及其事实关系为出发点。他的自我不是我的自我，他的痛不是我的痛，他的感受不是我的感受，他的经验不是我的经验，他的思想不是我的思想，反之亦然。如果我转向他人，那么他就作为你与我面对面站着。如果我不同意他，那么我必须找到一个对他对我都恰当的解决办法。如果我爱一个人，那么我爱他，而不是爱我，我拥抱他，而不是拥抱我。当王阳明写道："天地万物从起源上都是我本己的一个现实性（本吾一体）。平民的哪些贫困和忧虑不是我自己身体中的病和痛！（切于吾身）"①这在我们常人的个体经验中是错误的。当他写到，真正仁慈的人（仁者）和万物一体，这按照中国人的一般概念是错误的。王阳明也使用过这些一般概念，因为在"仁"（Menschlichkeit）这个中国人复合的概念符号中，除了在左边伫立的人这个符号之外，处在右边的这个概念符号是二而不是一，而且他所写的也不切合我们事实的人。

利玛窦反对这个在当时中国为所有学派，也为王阳明学派所维护的学说，即所有事物（生物）具有一个本体（基本现实性）（万物一体），

---

① 《传习录》卷中，第 179 号，《王阳明全集》，上海古籍出版社 1992 年，第 79 页。原文："天地万物本吾一体者也。生民之困苦荼毒，孰非疾痛之切于吾身者乎。"

因为在其中，利玛窦注意到神和其创造物具有同等地位。他有理由注意到这个学说在佛教中的起源。他甚至对这个学说提出反对意见，理由是这个学说使博爱变得不可能，人们也可以用儒家的"仁"这个概念来阐释这个博爱：如果我们所有人只有一个本体（基本现实性），那么博爱只是自爱。虽然我们也应该爱我们自己，但是不应该只爱我们自己——这是利己主义，我们也应该以同样的方式爱我们的邻人甚至应该爱一个陌生人，这个陌生人被强盗洗劫，奄奄一息地躺在路边，而且我们以前从未遇见过他[①]。这教育了纳匝勒（Nazaret）的耶稣。像利玛窦一样，我本人也崇拜纳匝勒的耶稣，并且试图遵循耶稣博爱的信条。我发现利玛窦对那个一体学学说（Einsubstanzenlehre）的异议是正确的。

在王阳明"原初知识之实现"的第一个和第二个概念的等级上，有效的是追随纳匝勒的耶稣的利玛窦所说的。甚至王阳明对此也是赞同的：我们不应该"越过等级"，就像王阳明在和他的两个门生钱德洪和王畿围绕其四句教的讨论中说过的那样。只是对一个完美的圣人——"甚至颜回和程颢也不敢自称圣人"（王阳明）——才有效的是："他和万物具有一个现实性"，即基督教所说，他和神成为一体。所有基督教的神秘主义者和神秘主义哲学家，例如，说德语的多明我会的修道士大师艾克哈特、约翰尼斯·陶勒、海因里希·佐伊泽，和西班牙加尔默罗会白衣修女阿维拉的德兰（Teresa de Avila，1515—1582）和白衣修士十字架的若望（Juan de la Cruz，1542—1591），以及所有印度和阿拉伯的神秘主义者和神秘主义哲学家都追求与神性成为一体。我们甚至包括王阳明在内都会说：我们原初知识的本真现实性（良知本体）并不产生和过去，它创造天地和万物，并且只要我们和这个本真的现实性成为一体，它就在我们之中创造所有感受、感知和思想。利玛窦不是神秘主义者，而是在当时最现代的数学自然科学中受过训

---

① 参见《路加福音》中乐善好施者的比喻。

练的学者。他并非在开明的罗马,而是在葡萄牙的科英布拉,以及葡萄牙在印度、果阿的殖民地研究其哲学和神学。当 14 世纪一位多明我会的德国神秘主义者,或者 17 世纪一位加尔默罗会的西班牙神秘主义者作为前往传教士到达中国的时候,他也许已经把佛教,或者甚至把当时的儒家学说视为其基督教的基础,并且不像利玛窦那样只是把古代四书五经的儒家学说视为其基督教的基础。

在基督教的传统中说到,我们离上帝(Gott)越近,我们也离我们邻人和其他一同创造物(Mitgeschöpfen)越近,即如果我们在完美性上和上帝成为一体,甚至如果我们和所有其他上帝的创造物在完美性上一样,那么我们就已经成为一体。以一个配有很多轮辐的摩天轮来比喻,这个摩天轮意指我们每个人在一个轮辐上的现实性或多或少远离轮的中心,远离其轮毂,这个中心是神。我们在我们轮辐上离这个中心越近,离神越近,我们就离其他轮辐越近,并因此离在这些轮辐上的他人和创造物越近。

但是,我们的日常经验告诉我们,我们和这个"本真的现实性"并不成为一体,即我们通过我们的良知(良知的第二个概念)或多或少明白地意识到我们善的意向,并且也意识到我们恶的意向,或者无论多少善端可能在我们之中存在,我们尚未实现孟子的"四端"。对圣人已实现的状况,我们常人没有经验,因此,"原初知识的本真现实性"(良知本体)不是一个来自经验的概念,而是一个超越的概念,即是一个超越我们经验的概念。由于原初知识的本真现实性的实现,即达到一个真正的圣人的高度,达到和神的统一,按照我们经验超越了我们人的力量,因此我们必须相信原初知识的本真现实性,必须信仰它。在基督教的语言中写道:我们必须相信神的恩宠。因此,"原初知识的本己本质"是一个宗教概念。

所有这一切是从我们有限的相对经验的视角来讲述的,如果这涉及伦理学的难题,那么在我看来这是讲述的最好方法。如果我们能够从上帝的绝对"视角"来讲述,即我们能够说明,现实性是如何自在的,那么我们必须说,万物现在并且已经总是具有一个基本现实性。究竟哪一个受限制的、时间的、相对的、非由于自身本身而实存的生物或事物能够在无限的、永恒的现实性之外?如果它在这个现实性之外,那么无限永恒的神的确受这个受限制的时间的创造物的限制,因而不是无限的。而且如果它不在神之中,那么它怎么不能在神之中,因为它在其此在的任何时刻都不可能由于自身本身而实存?如果它不属于神,那么它就不再存在。

但是,在这其中我们是神秘主义者,即在我们有一些和神统一的经验(我尊敬神秘主义者)的程度上,我们可以像王畿那样尝试在我们伦理学的实践中以原初知识总是完美的现实性(良知本体)为出发点,而一再通过我们良心(原初知识的第二个概念)来检查我们的意向和行为。王畿也赞赏这样。并且帕斯卡尔在其《沉思录》中基于其经验写道:"我们同时在上帝之中并且在上帝之外。"并且正如王阳明讲授的那样,如果我们和他人有关系,那么我们不应该未加思索且草率地闲聊这个个人的神秘追求,并且未加细查地把它介绍给每个人,确切地说,我们应该注意,我们和谁有关系,并且通过作为榜样来帮助我们的邻人。

## 二、"原初知识"和注意力

玄奘在《成唯识论》中提出一个令我信服的关于**自证分**(意识的自身证明的部分)实存的论据,即如果我们在"见的部分"(见分)中,即在意向地指向其"图像部分"(相分)、意向地指向其意向对象的这个意识行为中,并未通过"自身证明的意识部分"意识到这个意向行为及其对象,那么我们以后就不可能回忆起我们以前曾见过(感知过)这个"图像部分"(意向对象)。对胡塞尔的"原意识"和萨特的"自身意识"来说,可以提出同样的论据。

但是，现在，有许多意识行为，有许多"意"（意向），我们不可能回忆起这些意向，即使我们此前只是在短暂的时间里，例如，在十分钟里进行了这些意向。因此，我们在"原初知识"中，在或多或少明白地区分好的和坏的意向的这个良知的意义上，并非总是意识到这些意向？但是，如果我们没有意识到它们，我们如何能够区分它们？

为了解决这个难题，应该弄清注意的意向行为和未注意的意向行为（玄奘所说的"见分"）之间的区别。可能出现的情况是，如果陷入沉思的我在克拉体根（译按：耿宁居住的瑞士村庄名）的草地和森林散步，那么照此我不再知道，我已经走上了哪一条确切的路。然而，我见过这条路及其邻近的环境，我进行过许多意识活动（见分），但是我不可能回忆起它们及其意向相关项（相分）。因此，我不可能回忆起它们，因为我未曾注意到这条已感知过的路及其环境。如果某物在这条路上唤醒了我的注意力，例如，一只在旁边跳过的兔子或我踩进的地面上的一摊水，如果我此后能够回忆起，并且在散步之后也许我会向我的夫人士萍讲述，我见过一只兔子，或者我的短袜之所以这么潮湿，是因为我踩进过一摊水。

如果我把这用到第二个良知概念意义上的良心（对本己意向行为的伦理性质的直接意识），那么我们必须说，我们对某些本己的意向行为没有良心，没有伦理学的意识。甚至可能出现这样的情况：我们并未善良地对待他人，尽管我们看到他们，例如，如果我们没有注意到，离我们不远的一个人处于急需之中，我们没有注意到其疼痛的面部表情，我们并未注意到其呻吟，我们正想到另一回事，只是简单地从他旁边走过。但是，这样一种良知的缺失是可以原谅的。虽然普遍有效的是，我们在生活中必须始终注意到在我们近旁的人（就像耶稣说过的那样，是我们"邻人"）的幸福和不幸。但是，我们只是有限的生物，我们不可能总是注意到我们附近的一切。唯有"上帝"的目光"才通过其无限的爱始终注意地感知到所有人"。

高雄会议（2015）论文

# "自知"与"良知":现象学与中国哲学的相互发明
## ——从耿宁对王阳明"良知"的现象学研究谈起

朱 刚

(中山大学哲学系、中山大学现象学文献与研究中心)

## 引 言

回顾中国哲学自宋明以来的发展历程可以发现,中国哲学的每一次新可能的展开,或每一次新的开端,几乎都与外来思想的进入及对它的接受、改造有关。换言之,每一次外来思想的传入或入侵,都可能成为中国哲学与思想重焕生机、别开生面的契机。比如,宋明儒学的产生即与佛学的传入密不可分;以唐君毅、牟宗三、徐复观、方东美、钱穆等先生为代表的港台新儒家的兴起亦得力于西方哲学尤其是德国古典哲学的东渐。当下,中国哲学再次面临吸收他山之石以自我更新、重新上路的契机。此契机即现象学的传入:借助于现象学的精神和方法,我们将会重新发明中国哲学,使中国哲学呈现出新的面貌和意义。不过这只是一方面。另一方面,正如佛教的传入不仅造成中国哲学的涅槃新生,而且佛教自身也中国化,产生中国化佛教一样,现象学与中国哲学的相遇也将给我们(从事现象学研究的学者们)提供这样的契机:从中国哲学出发,以中国哲学的视野重新发明现象学，使现象学呈现出新的面貌和意义。因此，在现象学与中国哲学的相遇中，我们可以进行现象学与中国哲学的相互发明，为双方同时开出新的可能。显然，要开展这样一种相互发明，必须同时具有现象学与中国哲学的双重视野，并能在这双重视野中自由往返。本文的研究对象——耿宁（Iso Kern）的心性现象学尤其是其对阳明良知学的现象学研究即是这样一种在现象学与中国哲学之间进行相互发明的具体实践。本文的目的就是以耿宁的这一实践为例，具体地说，以其用现象学的自知学说研究阳明的良知学说，以及用阳明的良知学说反问甚或改造现象学的自知学说为例，探讨现象学与中国哲学相互发明的可能性。

为此，本文拟从以下几个方面展开：（1）探讨现象学本身的特点以及胡塞尔现象学的自知学说，以揭示出现象学重新发明中国哲学的可能性前提；（2）分析耿宁的阳明"良知"三分说，以及他在何种意义上说"良知"是"自知"；（3）具体分析耿宁对"良知"的现象学阐明——"良知"作为"道德自身意识"或"对本己意向中的伦理价值的直接意识"；（4）对耿宁的"良知即自知"的观点的反思；（5）在耿宁先生从中国哲学出发向胡塞尔现象学发问的基础上，进一步以阳明的"良知"说重新发明现象学的"自知"学说，提出笔者对"自知作为良知"的理解。

在引言的最后笔者必须说明：由于缺乏相应的中国哲学基础尤其是阳明学的学养和训练，论文的讨论肯定肤浅、粗疏[1]，还请读者多多批评指正。

---

[1] 对耿宁的阳明良知学研究的更为深入和专业的探讨，可参考林月惠教授的《阳明与阳明后学的"良知"概念：从耿宁〈论王阳明"良知"概念的演变及其双义性〉谈起》、陈立胜教授的《在现象学意义上如何理解"良知"？——对耿宁之王阳明良知三义说的方法论之反思》以及李明辉教授的《耿宁对王阳明良知说的诠释》，均发表于《哲学分析》2014年第4期。

## 一、现象学重新发明中国哲学的可能性前提以及现象学的"自知"学说

我们知道,自近代西学东传以来,以西方哲学所关注之问题为视角,以西方哲学的理论架构(如本体论、认识论、方法论、伦理学、美学等)和范畴概念为依据来分析和诠解中国传统哲学,一直是治中国哲学的主流做法。在这方面,既取得不少成就,但也有不少值得反思之处,如往往会陷入削中国传统哲学之足以适西方哲学之履的窘境。就此而言,现象学是否有不同于其他西方哲学之处,以致其传入能成为重新发明中国哲学的契机而不陷入以西释中的窠臼呢?①

在笔者看来,现象学之所以能成为重新发明中国哲学的契机,在于它最终听从的是且只是这样一道命令:面对实事本身②。由此,现象学本质上是一门非现成性哲学:它不仅悬置我们对于世界的自然态度和存在信念,而且也悬置任何既有的哲学理论原则、框架和概念范畴。它遵从这一命令是如此彻底,以致在它自身的历史演变中,它甚至连自己曾经取得的一些基本原则——尽管这些原则曾经是通过现象学的还原与反思获得的——也会还原掉,只要它们被认为与更为原本的实事本身不符。比如,胡塞尔(Husserl)的直观原则在海德格尔(Heidegger)那里就被悬置掉了,因为海德格尔认为直观的优先性要让位于理解的优先性;又如,胡塞尔那里最原本的实事本身乃是意识,

---

① 关于耿宁在中国哲学研究上的方法论特色,可参见陈少明:《来自域外的中国哲学——耿宁〈心的现象〉的方法论启示》,《哲学分析》2014年第5期,第173—182页。
② 米歇尔·亨利(Michel Henry)曾把现象学的原理概括为四条:1.有多少显现,就有多少存在;2.任何一个原初给予的直观都是知识的理所当然的来源;3.面对实事本身;4.还原越多,给予越多。其中最为重要的就是"面对实事本身"和"还原越多、给予越多"两条。而第1条和第2条之间,亨利认为存在着相互矛盾和相互损害的地方。(参见米歇尔·亨利:《现象学的四条原理》,原载法国《道德与形而上学评论》1991年第1期;中译文见《哲学译丛》1993年第1期、第2期,王炳文译)

而在海德格尔那里则是存在，而存在的优先性在列维纳斯（Levinas）那里又为伦理的优先性所取代。总之，"面对实事本身"是最终的原则。我们被给予何种实事，便接受何种实事。一切既有的原则、方法、概念，皆要符合实事本身，否则必须予以悬置或改造。而面对实事本身，就是虚己应物、舍己从人。

这样，当它与中国哲学相遇时，它便蕴含着不强暴中国传统哲学思想、如其所是地将其展示出来的可能。当然它能做到这一点的前提是，如前所说，必须首先要经历自身的现象学化：对既有的相关现象学原则、方法和概念进行改造，以适用于中国哲学这一实事本身，而非生搬硬套。这一点，在耿宁用胡塞尔现象学的"自知"学说来阐发王阳明的"良知"说时就得到了鲜明体现。比如，为了更切合阳明的"良知"，他把胡塞尔现象学里中性的、与道德无涉的自知或自身意识改造成了"道德自身意识"。不过在展开这一点之前，我们有必要先随耿宁一道简要介绍一下现象学以及其他思想传统中的自知学说本身。

什么是自知？耿宁认为，关于自知的思想不仅存在于现象学传统中，也存在于作为现象学先驱的布伦塔诺（Brentano）的心理学中和佛学的唯识宗中。因此他试图分别用心理学、现象学、唯识学等不同传统的术语来解释"自知"。在他看来，唯识宗的"自证分"、布伦塔诺的"内知觉"（innere Wahrnehmung）、胡塞尔的"内意识"（inneresbewusstsein）或"原意识"（Urbewusstsein）、萨特的"前反思意识"（conscience préréflexive）等，指的都是"自知"。[①] 他认为，虽然"他们使用不同的语词，可是他们对于我们的问题有一个共同的看法"。这个共同的看法即：

---

① 耿宁：《心的现象——耿宁心性现象学研究文集》（以下简称《心的现象》），倪梁康等译，商务印书馆2012年版，第128—129页。

他们都认为：每一种心理作用，每一种意识活动，比如看、听、回忆、判断、希望等等，不但具有它的看见的、回忆到的对象，而且它也知道或者意识到它自己。换言之，按照他们的看法，这种自知即知觉，不是一种特殊的心理活动，不是一种特殊的反思，而是每一个心理活动都具有的成分，是所有意识作用的共同特征，即每个意识作用都同时知道自己。①

根据耿宁的看法，并结合我们对现象学的自身意识理论的了解，意识作用或意识活动的这样一种"自知"具有如下特征：

第一，它并不是一个独立的意识活动：既不是对象性的反思活动，也不是当下在同一个时间相位上用来知觉一种意识活动的另一种意识活动。作为意识活动对自己的知道，作为"内意识"或"原意识"，"自知"只是"每一个心理活动都具有的成分"，一种非独立的因素或维度。

第二，这种自知或自身意识具有当下性、直接性或与所进行的意识作用的同时性：它既非一种推理，也不是一种事后的反思。它是直觉，或用唯识学的话说，是现量而非比量。②

第三，如耿宁所指出，在现象学传统中，这种自知被理解为一种中性的，既无关道德与价值也不带情感因素的单纯的知："布伦塔诺、胡塞尔和萨特所说的'内知觉'、'内意识'等等跟行为、实践活动、道德评价之间没有必然的关系。"③因此他们对"自知"的理解都带有一种唯智主义的倾向。

耿宁正是用这样一种"自知"的思想来重新诠解王阳明的"良知"概念，以发明其在中国哲学自身的解释传统中隐而未彰的意义。显然，

---

① 耿宁：《心的现象》，倪梁康等译，第126—127页。
② 参见耿宁：《心的现象》，倪梁康等译，第130页。
③ 耿宁：《心的现象》，倪梁康等译，第130页。

这样一种与道德无涉的唯智主义的"自知"观，是无法直接用于阳明的"良知"说的。因此，耿宁说："我们应该修改自知的概念，以便把它适合地运用到王阳明的良知说上。"①

## 二、"良知"三分说与"良知"即"自知"

但在我们讨论耿宁如何用修改过的"自知"概念来重新发明王阳明的良知说之前，我们还要先交代一下耿宁对王阳明的"良知"概念的划分。因为，耿宁并不是不加区分地把"自知"概念用于诠解王阳明的所有"良知"概念，而是仅仅用于他所区分出的第二个"良知"概念。因此，在讨论耿宁如何用"自知"解释"良知"之前，有必要先简略考察一下耿宁对王阳明"良知"概念的区分。

在其巨著《人生第一等事——王阳明及其后学论"致良知"》中，耿宁把王阳明的"良知"概念区分为三个，即：（1）作为"向善的秉性（'本原能力'）"的"良知"概念；（2）作为"对本己意向中的伦理价值的直接意识（本原意识、良心）"的"良知"概念；（3）作为"始终完善的良知本体"的"良知"概念。②但耿宁对这三个"良知"概念的区分并不是一蹴而就的。他最早从王阳明"良知"概念中揭示出来的其实是第二个"良知"概念：在其1993年于台湾大学发表的报告《从"自知"的概念来了解王阳明的良知说》中，他首次用现象学的"自知"概念和佛学唯识宗的"自证分"来理解王阳明的"良知"，把"良知"解释为"不仅是一个意志或者实践方面的自知，还是一个道德方面的评价"③。这一从"自知"来了解"良知"的做法一直贯穿于

---

① 耿宁：《心的现象》，倪梁康等译，第131页。
② 分别参见耿宁：《人生第一等事——王阳明及其后学论"致良知"》（以下简称《人生第一等事》），倪梁康译，商务印书馆2014年版，第一部分的第一、第二、第三章。
③ 参见耿宁：《心的现象》，倪梁康等译，第131页。

耿宁对王阳明良知学的研究，也可以说是他对王阳明的"良知"概念最富洞见、最有启发性和最有现象学意味的解释：因为无论是第一个"良知"概念（作为天赋的善端或向善的秉性），还是第三个"良知"概念（始终完善的良知本体），在中国哲学的自身解释传统中都是很容易被看到的。在这个意义上，耿宁《从"自知"的概念来了解王阳明的良知说》这篇关于王阳明良知说的最早论文无疑是他后来整个阳明良知学研究的起源和基础。在紧随其后的1994年发表的《论王阳明"良知"概念的演变及其双义性》一文中，耿宁进一步在作为"对本己意向中的伦理价值的直接意识（本原意识、良心）"的"良知"概念之外区分出前述的第一个良知概念，即作为"向善的秉性"的良知概念。最后，耿宁在前面提到的《人生第一等事——王阳明及其后学论"致良知"》这一集其阳明良知学研究之大成的巨著中，他系统地区分出前述三个不同的"良知"概念。

耿宁从义理上对这三个不同"良知"概念的内涵做出了区分，而且这三个"良知"概念可以大略对应于耿宁思想发展的前后阶段。其中的关键点是1519—1520年间。耿宁认为，王阳明"良知"新概念（即后来所说的第二个良知概念："对本己意向中的伦理价值的直接意识"）的最早出处是1519年王阳明与陈九川的一段对话：在那段对话中，王阳明提出"意之灵明处谓之知"（《传习录》下卷，编号201）[①]。耿宁认为，"这里的'知'因而被理解为内在的'灵明'，即意念的'自身意识'，也就是意念的对自身的知"。并说，虽然"此处王阳明没有将这一'知'称为'良知'……然而这一'知'完全符合新的'良

---

[①] 本文所引王阳明《传习录》引文皆从耿宁论文或著作中转引，其中所给出的版本信息和页码，皆耿宁所参考版本及其页码。此处耿宁所参考的是陈荣捷的《传习录》英译本（*Instructions for Practical Living and Other Neo-Confucian Writings by Wang Yang-ming*, New York: Columbia University Press, 1963），编号亦是英译本编号。

知'概念"。① 对这一新的意义上的良知概念的"完全清楚、直接的使用",在耿宁看来,是"记载于同一个陈九川在 1520 年与王阳明的一段话中"②。在这段话中王阳明明确地说道:"尔那一点良知,是尔自家底准则。尔意念着处,他是便知是,非便知非。更瞒他一些不得。尔只要不欺他,实实落落依着他做去,善便存,恶便去。……我亦近年体贴出来如此分明。"(《传习录》下卷,编号 206)③

第三个良知概念,在耿宁看来,1521 年以后开始出现在王阳明的思想中。他说:"自王阳明在绍兴做老师之后(1521—1527 年),他也谈到一种'本原知识',这种'本原知识'始终是清澈的(显明的、透彻的、认识的:明),而且始终已经是完善的,它不产生,也不变化,而且它是所有意向作用的起源,也是作为'心(精神)'的作用对象之总和的世界的起源。王阳明常常将这种'本原知识'称作'良知本体'。"④

耿宁对王阳明三个"良知"概念的区分,无疑会有助于我们从不同层次或角度去理解王阳明良知概念的复杂性和丰富性。但是,无论是耿宁对这三个概念的义理区分本身,还是对它们的年代学定位,抑或对这三个概念之间关系的澄清,在王阳明研究界都引起了一些讨论甚至争议:它们究竟是否符合王阳明良知说的思想实情与历史脉络?抑或仍是某种过度诠释?对于这些问题,本文无力也不打算展开,我们将回到本文的主题:"自知"与"良知"的关系,看看耿宁究竟如何用现象学的"自知"概念来诠解王阳明的"良知"概念——当然是指他所区分出来的第二个"良知"概念。

前面说过,耿宁是从 1993 年开始用"自知"诠解"良知"的。在

---

① 耿宁:《心的现象》,倪梁康等译,第 179—180 页。
② 耿宁:《心的现象》,倪梁康等译,第 180—181 页。
③ 转引自耿宁:《心的现象》,倪梁康等译,第 181 页。
④ 耿宁:《人生第一等事》,倪梁康译,第 271 页。

那篇文章中，耿宁首先交代了自己为何要从"自知"来了解王阳明良知说的根据。他说：

> 依照一般的看法，王阳明所说的"良知"是一种道德方面的先天知识，是所谓"德性之知"……可是我总觉得很不容易了解阳明所说的"良知"和"致良知"到底是指什么。当然我可以重复王阳明关于良知的阐述，但是这样我还不一定知道，在我们的意识当中，阳明所说的"良知"有什么地位？有什么作用？我还不一定能把握"良知"这个概念的基本意义，这大概是因为我自己的心理学概念和王阳明的概念有所出入。可是如果我真的要了解王阳明的学说，我就得透过我自己的范畴去了解它。①

耿宁这段话表明了跨文化理解中的一种无法避免的现象和解释学规律：理解者要想真正理解对象究竟是什么意思（比如这里就是要知道王阳明所说的"良知"在我们的意识当中有什么地位、有什么作用等）而不只是重复有关对象的话语，就只能通过他自己的范畴去理解对象。为何？因为，根据海德格尔和伽达默尔（Gadamer）的解释学，我们的先见或前见并不是理解他者的障碍，相反恰恰是使理解得以可能的前提：我们必须、也只有通过借助我们的先见（我自己的范畴），把要理解的他者"翻译"成我们自己的"范畴"或"概念"，我们才能知道对象说的究竟是什么意思，从而才能谈得上理解对象。这甚至在胡塞尔的现象学上也是有根据的，即一个事物只有通过我们自己的意识，才能被给予我们。而这，就意味着在理解中必然会有一种"意义赋予"的现象发生。所以，跨文化的理解一定不仅是一个对现成之物的"发现"过程，更是一种"发明"的过程：我们会在所理解对象中

---

① 耿宁：《心的现象》，倪梁康等译，第126页。

发明出对象自身并不一定现实具有但却可能具有的东西。但是，这种"发明"作为一种"理解"如果要想成立，又绝不可以是无中生有的创造或毫无根据的任意解释，而必须是"建立在一个条件之上"，这个条件在这里就是——诚如耿宁自己所说——"如果我所运用的这种范畴能使王阳明关于良知的论述形成一个有意义和有系统的理论，这种阐述才可能是适合的"①。这种理解作为解释学事件，将不仅会使理解者对一个对象的理解得以可能，而且客观上也会使被理解的对象产生某种新的可能、新的意义！

那么在这里，耿宁是用他自己的什么范畴来理解王阳明的"良知"？答案是"自知"。他说："我的基本假设是：王阳明的'良知'一词所指的是'自知'。"② 关于何谓"自知"，我们在论文的第一部分已经介绍过。并且，我们在那里也已经提示过，如果耿宁只是用现象学的或心理学的"自知"概念来直接诠解王阳明的"良知"，这仍旧会是一种以西释中式的格义而已。然而耿宁并不是一般的学者，他是以现象学家的身份来理解和解释王阳明良知学的。现象学的背景使得耿宁不会直接用现成的自知概念来生搬硬套。相反，现象学的精神要求他在用"自知"来理解"良知"时，时刻要让自知概念面对王阳明良知说的实事本身，并让自知概念接受这一实事本身的检验，以便修正自己以适应良知说的实事。因此，耿宁在用"自知"来解释"良知"时就呈现出双重性：

一方面，他的确看到了并揭示出在"良知"那里具有一种与唯识宗的自证分、布伦塔诺的"内知觉"（innere Wahrnehmung）、胡塞尔的"内意识"（inneresbewusstsein）或"原意识"（Urbewusstsein）、萨特的"前反思意识"（conscience préréflexive）等共同的特征，并在这

---

① 耿宁：《心的现象》，倪梁康等译，第 126 页。
② 耿宁：《心的现象》，倪梁康等译，第 126 页。

一意义上径直宣布"王阳明的良知是一种自知,而这个'自知'的特性跟现象学所说的'原意识'或者唯识所说的'自证分'基本上是一致的"①。另一方面,他又洞察到王阳明的**作为"良知"的**"自知",具有一些与现象学的或唯识学的"自知"不同的特征。这一实事迫使他自觉到:"我们应该修改自知的概念,以便把它适合地运用到王阳明的良知说上。"②

现在我们先来随耿宁一道看看王阳明的"良知"与现象学或唯识学的"自知"究竟具有哪些共同特征,以致耿宁的确可以判定"良知是一种自知"。

综合耿宁前后期关于"自知"与"良知"关系之论述,可以发现,在耿宁看来,"良知"与"自知"至少有以下两点共同特征:

首先,耿宁认为,"良知"作为意之"灵明"或"明觉"处,是意识活动的非独立因素,是一个伴随行为,而非与当下进行的意识活动并行不悖的另一个行为,亦非一个事后进行的反思。用耿宁自己的话说即是:良知"不是事后的反思,不是对前一次意识行为的第二次判断,而是一个内在于意念中的自身判断"③,它"不是一个善的自发的同情、孝、悌等之动力(意念),从根本上说不是意念,也不是意念的一种特殊的形式,而是在每个意念中的内在的意识"④。就这一点而言,它与"自知"相同。耿宁从王阳明的文本中找到不少这方面的依据。如,他引王阳明给罗整庵的信中语(1520):"以主宰而言,谓之心。以其主宰之发动而言,谓之意。以其发动之明觉而言,则谓之知。"(《传习录》中卷,编号174)⑤。同样的意思也表达在王阳明于1519年与陈九

---

① 耿宁:《心的现象》,倪梁康等译,第130页。
② 耿宁:《心的现象》,倪梁康等译,第131页。
③ 耿宁:《心的现象》,倪梁康等译,第182页。
④ 耿宁:《心的现象》,倪梁康等译,第182页。
⑤ 耿宁:《心的现象》,倪梁康等译,第129页。

川的一段谈话中："……指其主宰处言之，谓之心；指心发动处，谓之意；指意之灵明处，谓之知。"① 虽然王阳明这两个地方说的都是"知"而非"良知"，但耿宁认为这里的"知""完全符合新的'良知'概念"②。这一作为意之"明觉"或"灵明"的知或"良知"，在耿宁看来，"即意念的'自身意识'，也就是意念的对自身的知"③。显然，这样一种作为"意念对自身的知"的意之"明觉"或"灵明"，只能是意识作用的非独立因素或维度。

其次，耿宁认为，"良知"不是一种推论，而是一种直觉，是"一念"的、"不待虑而知"的，换言之，它是一种直接意识。就此而言，它与唯识宗认为"自证分"是现量而非比量相似④，当然也与现象学认为"自知"是一种直接意识相似。所以耿宁说："新的'良知'概念说的是一个直接的道德意识，一个直接的对所有意念的道德的自身意识。"⑤"良知"的这种当下即知性或直接性在王阳明的文本中多有体现。比如《大学问》写道："凡意念之发，吾心之良知无有不自知者。其善

---

① 耿宁：《心的现象》，倪梁康等译，第179页。耿宁不仅在"知"或"良知"上看到了"自知"，而且还在王阳明的心学中发现了与现象学和唯识学完全相似的意识结构分析，即任何意识活动都被分为意向行为（见分）—意向相关项（相分）这样处于相关性结构中的两方，以及作为这一意识活动之自身意识的自知（自证分）。耿宁说："如果我们要用王阳明的语言去表达这个意思，我想我可以这样说：见分相当于王阳明的'意'，即意念，相分就是意识对象，相当于王阳明所说的'物'或者'事'。他认为心外无物，心外无事（《传习录》上卷，编号33、83）……物是'意之所在，指意之涉着处，谓之物'（《传习录》下卷，编号201）……'意之所在之事，谓之物'（《大学问》）。最后，自证分相当于王阳明的'良知'。"（耿宁：《心的现象》，倪梁康等译，第129页）我们这里重点讨论"良知"与"自知"（自证分）的关系，而对"意"与意向行为（见分）的关系、"物"与意向相关项（意识对象、相分）的关系暂不涉及。
② 耿宁：《心的现象》，倪梁康等译，第179—180页。
③ 耿宁：《心的现象》，倪梁康等译，第179页。
④ 耿宁：《心的现象》，倪梁康等译，第130页。需指出的是，耿宁认为，单就良知与唯识学的自证分而言，它们两者之间还有一个共同之处，即："王阳明认为所有的心理活动都是'良知之用（作用）'。……反过来说，王阳明认为，良知是一切心理活动之体。同样地，玄奘也说：见分和相分是自证分的用，或者说：自证分是见分和相分的'所依自体'。"（耿宁：《心的现象》，倪梁康等译，第130页）但这仅是就"良知"与"自证分"而言如此。若考虑到现象学的"自知"，则未必如此："自知"在胡塞尔那里似乎并没有被赋予"用"之"体"的地位。
⑤ 耿宁：《心的现象》，倪梁康等译，第182页。

欤? 惟吾心之良知自知之; 其不善欤? 亦惟吾心之良知自知之。是皆无所与他人者也。"(《传习录》下卷, 编号288)① 又如: "尔那一点良知, 是尔自家底准则。而意念着处, 他是便知是, 非便知非。"(《传习录》下卷, 编号206)② 可见, 在王阳明看来, 只要意念发动, 则其是非善恶当下即知, 而且完全是良知自己知道。

## 三、对本己意向中的伦理价值的直接意识或道德自身意识: "良知"所是的"自知"是何种"自知"?

上述讨论的是"自知"与"良知"的共同处, 由此表明"良知"究竟在何种意义上可谓"自知"。然而, 如果仅限于此, 即仅在这个意义上说"良知"是"自知", 那么这不过又为以中国哲学来印证西方哲学增添一例罢了, 于我们深化或丰富对于"良知"本身之认识有何裨益? 幸而, 耿宁之以"自知"释"良知"绝不限于此。它不仅以"自知"来理解"良知", 而且还让现象学既有的"自知"概念来接受"良知"这个实事本身的检验。如此他便发现, 王阳明的良知说具有一些现象学的"自知"概念所无法涵盖的因素, 因此若要真正合适地把"自知"的概念运用到王阳明的良知说上, 就应该修改"自知"的概念。"良知"的哪些因素迫使耿宁修改既有的"自知"概念? 在耿宁看来, 这些因素即"良知"的实践性、道德性: "王阳明的'良知', 也就是自知, 不会是一种纯理论、纯知识方面的自知, 而是一种意志、实践方面的自知(自觉)", 而且它"还是一个道德方面的评价"。③ 这些恰恰是布伦塔诺、胡塞尔和萨特所说的"内知觉""内意识"等所不具备的, 它们"跟行为、实践活动、道德评价之间没有必然的关

---

① 参见耿宁:《心的现象》, 倪梁康等译, 第131页。
② 参见耿宁:《心的现象》, 倪梁康等译, 第181页。
③ 参见耿宁:《心的现象》, 倪梁康等译, 第131页。

系"。① 也正因此，仅仅说"良知"是"自知"还是远远不够的。要想真正借助"自知"呈现"良知"的本来面目，还必须要修改现象学的自知概念，以适应"良知"。如此一来，"良知"所是的"自知"，就远非现象学的那种带有唯智主义色彩的"自知"了，而是一种修改后的"自知"，一种具有道德性和实践性的"自知"，即作为"道德自身意识"②的"自知"或作为"对本己意向中的伦理价值的直接意识（本原意识、良心）"的"自知"。

让我们随着耿宁的分析来更为具体地描述这种"自知"——"良知"所是的"自知"，看看这样一种"自知"究竟具有哪些特点。

首先让我们思考，在王阳明这里，"良知"作为"自知"，所知的究竟是个什么？

我们知道，在现象学传统中，无论是在布伦塔诺还是胡塞尔抑或萨特那里，"自知"之所知主要是意识活动之正在进行这回事。换言之，意识之"自知"是指，意识活动在进行的过程中当下直接地自己知道（意识到或体验到）自己正在进行这个活动。如胡塞尔说："每个行为都是关于某物的意识，但是每个行为也被意识到。每个体验都是'被感觉到的'（empfunden），都是内在地'被感知到的'（内意识）"③；或者，"每个体验都是'意识'，而意识是关于……的意识。然而每一个体验自身都是被体验到的，并且在此意义上也是'被意识到的'"④。这里，意识对自身的知道（体验或意识到），似乎仅仅限于它正在进行这回事。因而这样一种自知，主要是纯粹认识论意义上的，是无关伦理价值的或价值中立的。而"良知"作为"自知"，作为意之"灵明"或"明觉"，它在意识活动自身那里所知到的、所"明觉"到

---

① 参见耿宁：《心的现象》，倪梁康等译，第130页。
② 耿宁：《心的现象》，倪梁康等译，第148页。
③ 胡塞尔：《内时间意识现象学》，倪梁康译，商务印书馆2009年版，第168页。
④ 胡塞尔：《内时间意识现象学》，倪梁康译，第343页。

的是什么呢？是否也只是意识活动之正在进行这回事本身？当然包括这个，但显然也绝不仅限于这个。毋宁说，"良知"作为"自知"，它在意识自身那里所知到的主要还不是意识活动之正在进行这回事，而是"意之是非"或"意之善恶"。而这，也正是耿宁所揭示出的"良知"作为"自知"之不同于一般"自知"之所在。用耿宁本人的话说："王阳明的'良知'……还是一个道德方面的评价。"① 这可从耿宁所引的王阳明下面几段话中明显见出：

> 意与良知当分别明白：凡应物起念处，皆谓之意。意则有是有非。能知得意之是与非者，则谓之良知。依得良知，即无有不是矣。(《王阳明全集》卷六，1527年)
>
> 凡意念之发，吾心之良知无有不自知者。其善欤？惟吾心之良知自知之；其不善欤？亦惟吾心之良知自知之。是皆无所与他人者也。(《传习录》下卷，编号206)②

所以耿宁说："良知这种意志的自知包含一个对于这个意志的价值判断"③，它是"对意念之道德品格的意识"④。正是在这个意义上，耿宁合理地将良知称为"道德自身意识"⑤；或用他后来在《人生第一等事——王阳明及其后学论"致良知"》中的话说，这个意义上的良知是"对本己意向中的伦理价值的直接意识（本原意识、良心）"。

这是"良知"作为"自知"所具有的第一个不同于现象学所揭示出来的一般"自知"之处，即在其所知上体现出来的伦理价值性。

---

① 耿宁：《心的现象》，倪梁康等译，第131页。
② 耿宁：《心的现象》，倪梁康等译，第131页。
③ 耿宁：《心的现象》，倪梁康等译，第131页。
④ 耿宁：《心的现象》，倪梁康等译，第178页。
⑤ 耿宁：《心的现象》，倪梁康等译，第148页。

其次，在耿宁看来，阳明的"良知"作为"自知"，不仅在其所知上体现出伦理价值性，即是对本己意向的伦理价值的意识，而且"良知"自身作为"自知"还具有道德实践性。他说：

> 王阳明很强调知识和行为的关系……王阳明回答徐爱的时候说，知和行本身是一回事……"意是行之始"……因此，王阳明的"良知"，也就是自知，不会是一种纯理论、纯知识方面的自知，而是一种意志、实践方面的自知（自觉）。在这里，王阳明的"良知"和布伦塔诺、胡塞尔、萨特的"原本意识"有区别。①

换言之，"良知"在自知到本己意向之是非善恶的同时，即已进行了道德实践上的表态：是其所是、非其所非或扬善抑恶。在这个意义上，"良知"作为"自知"乃是一种道德实践或践履、一种"好恶"："良知只是个是非之心。是非只是个好恶，只好恶就尽了是非。"（《传习录》下卷，编号288）② 所以耿宁认为："对王阳明来说，[良知]这一术语说的正是直接的关于意念之道德品格的自身判断，这一自身判断不是一种理论上的判断，而是'爱'与'恶'（wù）。"③ 换言之，在耿宁看来，"良知"作为对本己意向之伦理价值的意识，自身也是价值性的，"亦即不是价值中立的，而是始终站在善的一边反对恶"④；所以，"'本原知识'（'良心'）本身的明见就是一种向善的力量，就此而论可以说，'本原知识是在自己实现自己'"⑤。因此，"良知"自身就能"戒慎恐惧"："能戒慎恐惧者，是良知也。"（《传习录》卷

---

① 耿宁：《心的现象》，倪梁康等译，第131页。
② 参见耿宁：《心的现象》，倪梁康等译，第131页。
③ 耿宁：《心的现象》，倪梁康等译，第182—183页。
④ 耿宁：《人生第一等事》，倪梁康译，第252页。
⑤ 耿宁：《人生第一等事》，倪梁康译，第253页。

中，编号 159）这也正是阳明的"知行合一"：良知本身，对是非善恶的知道本身，就已经是行了：所谓是是非非，扬善惩恶。而这种知行合一，或用李明辉先生的话说，道德的"判断原则"（principium dijumdicationis）与"践履原则"（principium executionis）的"合一"，是包括孔、孟、王阳明在内的儒家思想的一贯特色。①

这一点，乃是阳明之"良知"作为"自知"不同于现象学所谓之"自知"的第二点。

至此，我们可以总结一下耿宁的"良知即自知"这一判断中所蕴含的层层递进的三层含义：首先，良知是意识活动对自身的直接意识、直接知道。这是"良知即自知"的第一层含义，也是"良知"作为"自知"与现象学的"自知"和唯识学的"自证分"相同的一个层次。其次，"良知"作为"自知"，其所知的是意识活动之伦理价值，乃是道德自身意识，是"对本己意向中的伦理价值的直接意识"。这是"良知"作为"自知"所独有的，不同于现象学与唯识学之"自知"或"自证分"处。最后，"良知"作为"自知"，在知道意识本身之伦理价值或道德品格之同时，自身已经就是一种伦理道德实践，一种是其是非其非的好恶。这是"良知"作为"自知"所不同于现象学的"自知"之第二处②。

## 四、对"良知即自知"的反思

现在，我们可以回过头来对耿宁的"良知即自知"做一些讨论。

---

① 参见李明辉：《耿宁对王阳明良知说的诠释》，《哲学分析》2014 年第 4 期，第 49 页。

② 这里需注意的是，"自知"或"自身意识"是当代哲学的一个非常重要的主题，其含义非常复杂甚至充满歧义。在当代哲学语境中，广义的"自身意识"包括"自身感受"，而后者在同样是现象学家的舍勒那里，也是具有实践性、道德性的维度或层次的。可参见张伟：《质料先天与人格生成：对舍勒现象学的质料价值伦理学的重构》，商务印书馆 2014 年版，第 5 章、第 6 章。另外，在耿宁看来，唯识学的"自证分"与"意志"作为"业"并不是无关的。（参见耿宁：《心的现象》，倪梁康等译，第 130 页）

我们的讨论将涉及三个问题：首先，"良知"作为"自知"所包含的上述三个维度或层次中，哪一个维度或层次才是其最本质的、不可还原的？其次，"良知"作为"自知"，其所知究竟是个什么？耿宁将其规定为意识的道德品格或伦理价值，亦即善恶。这在王阳明那里当然有根据。但问题在于，"良知"作为"自知"，其所知仅限于此吗？下面会看到，这里将涉及"是非"（名词）与"善恶"在王阳明那里之关系的问题。最后，"良知"作为"自知"，本身中同时既有理论明察又有道德实践；既有是非之心，又有好恶之心。然则在良知中，"是非"（动词）与"好恶"之间的关系究竟何在？

首先看第一个问题。

对于这个问题，耿宁本人的观点似乎前后并不一致，甚至在他最早关于阳明良知学的文章《从"自知"的概念来了解王阳明的良知说》中即已存在着相互矛盾的看法。比如在这篇文章中，他一方面明确认为，"良知"是一个道德方面的评价，是一种道德自身意识（在其后来的《人生第一等事——王阳明及其后学论"致良知"》中甚至把作为"自知"的"良知"界定为"对本己意向中的伦理价值的直接意识"。就此而言，道德判断、是非善恶之分，当然是作为"自知"的"良知"中不可排除的本质因素）。但另一方面，耿宁又由王阳明的"四句教"的第一句"无善无恶心之体"中得出结论说："王阳明的'良知'不必然是一个是非、好恶之心。如果心的本体自然流行、自然发用，如果没有任何私欲、物欲去妨碍它、遮蔽它、牵扯它，那么这个心理活动的自知也就没有什么是非、好恶。"甚至说："这一点证明，良知之不可排除的中心（即本质），并不是是非，不是道德判断，而是自知。"[①] 这个结论就与把作为"自知"的"良知"界定为"道德自身意识"或"对本己意向中的伦理价值的直接意识"相冲突了。如何理解这里的

---

① 耿宁：《心的现象》，倪梁康等译，第132页。

冲突？或许可以这样理解：在这篇文章中，耿宁还没区分出三个不同意义上的"良知"概念，因此才有这里的不一致。而当他后来明确区分出三个不同意义上的"良知"概念后，那么就可以说，只有第三个层次的"良知"，即始终完善的本体"良知"，才是超善恶或无善无恶的。但是当我们这样说的时候，也不意味着良知本体就是与善无关的，毋宁说——正如耿宁自己也意识到的那样——它是"至善"，是"绝对善"①，即超出了与恶相对立的那种相对善的"绝对善"。至于作为"自知"的"良知"，即第二层次的"良知"，则本身就是对善恶之知，如何可能不是道德判断？不必然是一个是非、好恶之心？其实，耿宁提到的王阳明"四句教"的第三句"知善知恶是良知"即明确了此点。所以当耿宁说："良知之不可排除的中心（即本质），并不是是非，不是道德判断，而是自知"时，必须对这一判断补充两个限定，它才能成立：其一，这时候的"良知"是本体"良知"；其二，这个"自知"不再是现象学所说的那种纯粹智性的、中性的知，而是"良知"本体对自身之至善的"灵明"与"明觉"。

现在我们讨论第二个问题："良知"作为"自知"，其所知究竟是个什么？如前所说，耿宁将其规定为意识的道德品格或伦理价值，亦即善恶。这在王阳明那里当然有根据，前引王阳明的许多语录与文本都已证明了这一点。但问题仍然存在："良知"作为"自知"，其所知仅限于此吗？具体地说，王阳明在说到良知之所知时，不仅说到"意之善恶"，而且还经常说到"意之是非"。比如前引王阳明的文字："意与良知当分别明白：凡应物起念处，皆谓之意。意则有是有非。能知得意之是与非者，则谓之良知。依得良知，即无有不是矣。"（《王阳明全集》卷六，1527年）由此我们可以追问："意之善恶"与"意之是非"是一回事吗？可以等同吗？从耿宁的论述之，

---

① 耿宁：《心的现象》，倪梁康等译，第131页。

可以看出他似乎是把二者视为一回事，未做区分。然而这里恐怕仍有讨论的余地。

众所周知，阳明用以界定良知的"是非之心"来自孟子。"是非"首先应作为动词理解，即"肯定"与"否定"。肯定什么、否定什么？肯定"是"（正确），否定"非"（不是、错误）。所以"是非之心"即是是、非非：是其是、非其非。然而如上所说，这里的问题在于，作为动词"是""非"之意向对象的名词"是""非"是否就等于善恶？至少在孟子那里并不必然如此。诚如耿宁所说："在孟子本人那里没有任何迹象表明，'肯定正确与否定错误的心（精神）'（即是非之心——引者按）具有王阳明在前引文中所指的对本己意向的伦理性质（善、恶）之认识的意义。"① 既然如此，那么"是非之心"之所是所非者，究竟为何？耿宁对此感到困惑，因为孟子没有像对其他三"端"那样给作为"智之端"的"是非之心"举例子。所以他接着上面的引文说道："然而如我们所见，还是很难理解这个表达（即是非之心——引者按）在孟子那里究竟意味着什么。"② 不过，虽然耿宁对"是非之心"在孟子那里所指究竟为何感到"很难理解"，但在阳明这里，耿宁却是明白地将之等同于"对本己意向的伦理性质（善、恶）之认识"。显然，"是非之心"的所是所非，被等同于"本己意向的伦理性质（善、恶）"。"是非"（名词）当然包括"善恶"，但是否就等于"善恶"？进而，"良知"作为"是非之心"，是否就等于或限于对本己意向之善恶的直接意识？这就是我们的问题。欲对这个问题有所回答，还是要回到孟子。在孟子那里，"是非之心"究竟指什么？诚然，如耿宁所说，在孟子那里没有任何迹象表明它具有对本己意向的伦理性质（善恶）之认识的意义；但反过来说也可以，在孟子那里

---

① 耿宁：《人生第一等事》，倪梁康译，第201页。
② 耿宁：《人生第一等事》，倪梁康译，第201页。

也没有任何迹象表明它不具有这种意义。孟子为什么独独不为"是非之心"举例？真正的原因或如李明辉先生所说："孟子未为'是非之心'特别举例，并非出于疏忽，而是由于它同时包含于其他三'端'之中，故不需要特别举例。"① 如果是这样的话，那么我们可以进而说，作为"智之端"的"是非之心"就不仅包含于其他三"端"之中，甚至包含于一切意识活动之中：作为任何意识活动的内意识、内知觉、伴随意识或自知而包含其中。这就意味着，任何意识活动（不仅是道德意识）都包含有作为"是非之心"的"自知"，都同时知道自身之"是"与"非"。

进一步的问题是：这个一般意识活动的"是"与"非"又指什么呢？似乎未必一定是它的"本己意向中的伦理性质"（善、恶）（当然可以是），因为并不是所有的意识行为都是道德行为。那么此"是"与"非"指意识行为的"正确"与"错误"吗？一般多做如是理解，而且这一理解也有字源学上的根据。据《说文解字》，"是"字"直也。从日正"，段玉裁注曰："天下莫正于日。"② 故训"是"为"正确"是没问题的。但笔者想进一步追问的是：在孟子、王阳明等儒家思想中，判断一个意识行为或"意念"之"是"（正确）与"非"（错误）的根据是什么？是根据一个外在的标准，还是根据意识或意念自身的本性？显然，至少在孟子、王阳明的思想中，根据就在于"意"之"本性"，因为在他们那里，意之"本性"或"体"本就是善的。由此可知，一个意念或意识行为唯有真正"是"其自身时，才是"正确的"或"善的"（"是"）；反之，如果一个意念或意识行为偏离其自身或"不是"（"非"）其自身时，则是"错误的"或"恶的"（"非"）。于是，这里就有两个层次上的"是"与"非"：第一个层次是存在论上

---

① 李明辉：《耿宁对王阳明良知说的诠释》，《哲学分析》2014年第4期，第49—50页。
② 许慎：《说文解字》，段玉裁注，上海古籍出版社1988年版，第69页。

的"是"与"非",即一个意念或意识活动是否真正地"是"其自身(完满实现其本己本质);第二个层次是由此而来的伦理学或知识论层次上的"是"与"非",即这一意念或意识活动是"正确的""善的"还是"错误的""恶的"。

如果这一理解成立的话,则我们可以说,意向之伦理性质(善恶),乃奠基于意向之存在论性质(是非)上。亦即,善恶奠基于是非。当然,这一奠基之所以可能,又是因为根据儒家尤其是孟子、王阳明的思想,意向或意念之本性原本就是善的。所以一个意念只要"是"其自身,就必然是"是"(善的、正确的);否则,则是"非"(恶的、错误的)。(存在论上的)"是非"与(伦理上的)"善恶"之间的这一关系在王阳明那里也是存在的,或者可能存在,尽管王阳明本人似乎没有将其揭示出来。比如,在下面这段话中,似乎就隐含着这一关系:"尔那一点良知,是尔自家底准则。尔意念着处,他是便知是,非便知非。更瞒他一些不得。尔只要不欺他,实实落落依着他去做,善便存,恶便去。这里何等稳当快乐。"(《传习录》下卷,编号 206)[①] 这段话曾被耿宁认为是王阳明首次对新的"良知"概念的完全清楚、直接的使用。在这段话中可以看到,阳明首先是把良知界定为"知是知非",然后又说"尔只要不欺他,实实落落依着他去做,善便存,恶便去"。亦即,只要依得良知去"知是知非",自然"善便存,恶便去"。可见,善恶之存去与否,依赖于或奠基于知是知非。

依照前面的讨论,我们就可以对前面的问题,即"良知作为自知,所知的究竟是个什么"这个问题,给出进一步的回答:"良知"作为意识之"自知",所知的首先是(1)该意识活动在**存在论层次上**的"是非",即是否真正"是"其自身;进而(这完全可能甚至事实上就是同时的)是(2)其**伦理上**的"是非"(善恶);此外还有可能

---

① 参见耿宁:《心的现象》,倪梁康等译,第 181 页。

是(3)其他层次如认知上的"是非"(对错)、审美上的"是非"(美丑),等等。当然,就王阳明本人来说,他的"良知"作为"自知"首先要知的可能的确是意之"善恶"。但毕竟,不能因此就否认意之"善恶"与否恰恰系于它"是"其自身与否。所以我们不能把意之"是非"径直等同于意之"善恶";不能把"良知"作为"是非之知"径直等同于对意向之伦理性质之知,即"善恶之知"。否则,很可能会模糊不同层次之间的区别,进而窄化了"良知"作为"自知"应有的丰富含义。

有鉴于此,考虑到广义的"是非"既有存在论上一物是否是其自身的含义,也有伦理上的对错善恶之义,所以我们建议,与其把王阳明的"作为自知的良知"(耿宁所分别出的第二个良知概念)界定为"道德自身意识"或"对本己意向中的伦理价值的直接意识",还不如像王阳明本人那样借用孟子的话径直把它称为"是非之心",或者用现象学的术语表达,即"是非自身意识"或"对本己意向之是非的直接意识"。事实上,耿宁 2008 年的另一篇文章《中国哲学向胡塞尔现象学之三问》中也曾提到这样一种可能,即把良知规定为"人在其感受、追求和意愿中是否与其自身相一致的意识"[①]。但在那里,耿宁仅认为这一规定只是在某种条件下才成立,并非自身即无条件如此。

现在我们讨论第三个问题。

既然"良知"作为"自知"同时包含有"是非之心"和"好恶",同时既是智性判断又是道德实践,或用耿宁的话说,既是"道德意识('良心')的明见"又是"决定为善的意志之努力",那么"良知"中的这两方面——"是非之心"与"好恶"——又处于何种关系中呢?

这也是耿宁在讨论作为"自知"的"良知"时给他自己提出的问题。但他提出该问题的背景是:在西方传统中,"道德意识的明见"

---

① 耿宁:《心的现象》,倪梁康等译,第 465 页。

与"为善之努力（意志）"是"两种独立的力量"。所以他问道："在伦理动力学中的首要问题或许就在于决定为善的意志之努力与道德意识（'良心'）的明见之间的关系。极端地说：究竟是哪一种主体力量在'实现本原知识［致良知］'，是意志还是道德意识的明见？在我们从苏格拉底到保罗、奥古斯丁、托马斯和波拿文都拉、帕斯卡尔直至康德的欧洲传统中也出现过在意志与认识（智性）之间的类似问题。"①但他也立刻意识到，"正如我们已经听到过的那样，这些'力量'可能在王阳明的心理学中并不被理解为一门物理动力学的彼此独立的力量（'独立变项'、'要素'）；它们是同一个意识主体、同一个'心'的'力量'"②。既然如此，那么这两方——尽管它们是不独立的——在王阳明那里的关系又如何呢？耿宁接着写道："一方面决定为善的意志如果没有对善恶的认识就是不可能的。……而另一方面，在伦理实践中，道德意识的'明见'（明晰）是与'决断的意志'的作用一起增长的：随着这种意识明晰性的增长，伦理实践也会变得'容易'，即需要意志的'力量'（努力）会较少。"③的确，在儒家传统中，道德明见（知）与道德践履（意）乃至道德感情，都是不可分离的。不过具体到王阳明这里，这两方的关系还需进一步辨析。

实际上，前引耿宁所揭示的双方之间的"两方面"的关系，即"一方面决定为善的意志如果没有对善恶的认识就是不可能的"和"另一方面……随着这种意识明晰性的增长，伦理实践也会变得'容易'"，其实只是一方面的关系，即是道德意识的明见对于伦理实践的作用，或者用王阳明的话说，是"是非之心"对于"好恶"的作用。对于反过来的关系，即"好恶"（伦理实践、意志）对于"是非之心"（道德意识的明见）的作用，耿宁其实未有分析。事实上，这方面的关

---

① 耿宁：《人生第一等事》，倪梁康译，第255页。
② 耿宁：《人生第一等事》，倪梁康译，第255页。
③ 耿宁：《人生第一等事》，倪梁康译，第255—256页。

系在王阳明的"致良知"那里似更为关键。因为诚如王阳明本人所言:"良知只是个是非之心。是非只是个好恶,只好恶就尽了是非。"(《传习录》下卷,编号288)① 这里不仅隐含着"是非之心"(道德意识的明见)对于道德实践(好恶)在存在论层次上的奠基关系(用耿宁的话说即"决定为善的意志如果没有对善恶的认识就是不可能的"),而且更重要的是,它还明确揭示了"好恶"相对于"是非之心"在功夫论上或道德践履层次上的优先性。诚然"良知只是个是非之心",但这个"是非之心"只能通过"好恶"才得以证明或实现。你说你知了是非,但如果你没有在知是知非的同时进行"好恶",则你的知就还未达"尽处",还未真正实现,还根本不是真正的知。达到真正的知,必同时产生好恶,或更严格地说,真正的知,必以好恶的形式产生。所以从存在论上可以说,"是非之心"为"好恶"奠基;但从功夫论上却必须要反过来:从"好恶"入手证成"是非之心",从而致得"良知"。因为"良知"作为"是非之心"往往是被遮蔽的,不明不灵的②,但"好恶"却是直接存在于此的,是首先被给予我自己的。而"是非之心"恰就隐在"好恶"之中。所以作为"是非之心"的"良知"(自知),要通过作为"好恶"的"良知"(自知)来"尽"、来"致"。或许,这正是"是非只是个好恶,只好恶就尽了是非"之义。

## 五、"自知"即"良知":以王阳明的"良知"重新发明现象学的"自知"

以上我们随着耿宁一道,以现象学的"自知"学说来理解或发明王阳明的"良知"说。现在,我们要反其道而行之,以阳明的"良知"

---

① 耿宁:《心的现象》,倪梁康等译,第131页。
② 诚如耿宁所说:"在王阳明看来,对本己意向的道德意识或良心意义上的'本原知识'在普通人那里并非直截了当地就是明白的或清楚的。"(耿宁:《人生第一等事》,倪梁康译,第229页)

来看现象学的"自知",看看"良知"会对"自知"有什么新的发明。

这一反向发明,其实首先也是由耿宁 2008 年发表的论文《中国哲学向胡塞尔现象学之三问》中提出来的。在那篇文章的第二部分,他先是如前文所说的那样,把王阳明的"良知"解释为"意向中一种直接的道德意识(moralisches Bewusstsein)",然后便从这个意义上的良知出发追问其与"一切意向行为的原意识(Urbewusstsein)(本文所说的'自知'——引者按)"的关系。他写道:

> 在这个语境中,我对胡塞尔现象学提出的第二个问题是:这种我们的意向的直接道德意识(王阳明的"良知"——引者按)与胡塞尔称为一切意向行为的原意识(Urbewusstsein),或萨特说的前反思意识,处在何种联系之中。……胡塞尔并未赋予对这种意向行为的原意识以任何道德内涵;它是一种意识(Bewusstsein, consciousness),但不是道德意识(Gewissen, moralconscience)。意识与道德意识之间的区别是什么呢?是不是我们在进行意向行为时,关于我们的意向行为所具有的"原意识"属于无关伦理的意向行为……而道德意识则属于关乎道德的意向……呢?我们能把意向行为划分成两组,一组无关道德,一组有关道德,然后把"原意识"指派给第一组,道德意识指派给第二组么?这种区分如何能被证实呢?在我们的欧洲传统中,纯粹从语言上就已暗示了一切意向行为的"意识"和"道德意识"之间的统一。因为二者都最初通过一个单词而成为概念,即希腊语中的 *syneidesis* 或拉丁语中的 *conscientia*。……我的问题如下:对一切意向行为的道德中立的直接意识(consciousness)是否只是道德意识(Gewissen)的一个点状的、非独立的成分或抽象角度呢?……一切意向行为只是一个或多或少统一的心理过程的抽象方面或要素,亦即它们

只是意识之流中的涟漪或波浪。①

这段话相当重要！他表明，耿宁已经不限于从现象学来解释、发明中国哲学，而且也已经开始把中国哲学作为主体，用中国哲学来反问、反向发明现象学。具体到本文主题，就是不仅根据现象学的"自知"来理解和解释王阳明的"良知"，而且还根据"良知"来理解和重新发明"自知"（自身意识、原意识）。虽然耿宁这里还仅仅是发问，没有直接给出正面的回答，但其答案已经从其字里行间、语气模态中显露出来了。那就是，并不存在无伦理的中性的"自知"，任何自知都已经是伦理性的了。或者说，中性的、无伦理关切的"自知"，只是更原本的、作为整体的道德意识生活的一个抽象维度。所以最后，耿宁通过诉诸胡塞尔本人关于"自我""是一个贯穿在整个意识过程中的持续追求（Streben）的统一之极点"以及"这种追求在其模态的多样性中构成了自我的生活"这一明察，而得出结论说："如果意向的生活在其整体性中是追求，那么对它的意识就不可能是道德中立的，而是对其是好追求或是坏追求的道德意识。"②

所以我们可以一言以蔽之，一切"自知"原本即是"良知"。或者说，"自知"唯有作为"良知"才是其本来所是。那中性的、无涉道德的纯粹"自知"唯有被视为"良知"整体之一个非独立的环节因素，才能在其本源状态中得到理解。③

---

① 耿宁：《心的现象》，倪梁康等译，第463—464页。
② 耿宁：《心的现象》，倪梁康等译，第464页。
③ 耿宁对"自知"的这一"良知式"理解，与其早期对"良知"做"自知式"理解时的"自知"观已显然不同。那时，耿宁只是为了使"自知"概念能更好地适用于"良知"，才不得已对现象学的"自知"概念进行修改，但这种修改并不意味着耿宁就已认识到"自知"本身其实就应当是道德性的，亦即其实就是"良知"。相反，那时他其实仍认为"自知"本身是一种中性的、价值中立的纯粹自身意识。例如，在《从"自知"的概念来了解王阳明的良知说》一文中他曾说："良知之不可排除的中心（即本质），并不是是非，不是道德判断，而是自知。"（耿宁：《心的现象》，倪梁康等译，第132页）这里他显然还是认为"自知"本身是无关是非、无关道德判断的。

对于自知与良知的这一关系问题，陈立胜曾提出类似的看法："这是两种不同的内意识吗？或者说这是两种不同的意识现象吗？还是说阳明的作为自知的良知（本原意识、良知Ⅱ）只是现象学内意识的一个特殊类型？或者说，作为自知的良知必须奠基于现象学意义上一般意向的内意识才是可能的吗？如站在王阳明的立场，假设他接受良知是一种内意识的解释，他或许会坚持说，唯有这种作为自知的良知之内意识才是本真的内意识，不带有道德意味的内意识乃是一种'变式'，一种堕落的变式。因为就人之生存而论，作为自知的良知一旦得到澄明，良知就会成为生命的主宰，成为一切意识生活的源头，个人就会获得新生，而单纯的内意识、一般意向的内意识并没有这种救赎的功能。"① 显然，无论是耿宁还是陈立胜都认为，在其本原形态中的或本真的"自知"（内意识），其本身就是一种整体性的自身意识，一种关于意识生活本身之好坏或道德性的自身意识，甚至带有自我救赎功能的自身意识，而绝非单纯知性的、唯智主义的自身意识。

耿宁、陈立胜的观点为我们从良知理解"自知"打开了一条可能的道路。接下来，我将在他们所达到的结论的基础上，结合学界对"自身意识"的一些研究成果，对"自知即良知"做进一步展开，并提出一些自己的看法。

事实上，"自知"或自身意识问题一直是近代以来西方哲学的一个基本问题。其中以 D. 亨利希等为代表的"海德堡学派"，以及 E. 图根

---

（接上页）又如在同一篇文章中，他也是在把良知解释为自知后，才承认良知是意识行为中不可排除的因素或维度。他说："如果良知是自知，我们就一定要承认，良知不是可排除的，因为自知属于心理活动的本质；如果有心理活动，就必然有良知。"（耿宁：《心的现象》，倪梁康等译，第 133 页）显然，这里属于心理活动之本质的"自知"，就是他所说的胡塞尔现象学中的"原意识""自身意识"或唯识学所说的"自证分"，即那种对于意识进行的纯粹的知道。所以与那时相比，耿宁在《中国哲学对胡塞尔现象学之三问》中对"自知"本身的理解已发生重大变化："自知"不再是为了适合于解释良知而被加上道德性，而是其本身就应当是道德性的，其本身就是"良知"。

① 陈立胜：《在现象学意义上如何理解"良知"？——对耿宁之王阳明良知三义说的方法论反思》，《哲学分析》2014 年第 4 期，第 32—33 页。

特哈特、K. 杜兴、扎哈维等分别从不同角度对自身意识问题进行了丰富、深入的研究，取得了一系列成果，提出了诸如自身感受、自身关系等不同模式以试图走出传统自身意识理论的困境。① 在这些研究的基础上，有学者提出，从作为广义自身意识的自身感受中可以区分出三种哲学含义：知识论上的、存在论上的和伦理学上的含义。② 这一区分对于我们进一步讨论"自知即良知"极有启发，但似仍未穷尽自身意识的多层含义。下面笔者拟参考这一区分框架，以王阳明的"良知"概念所具有的多层含义为指引，对作为良知整体的"自知"可能具有的不同层次进一步提出我自己的分析。

第一，"自知"本身作为"良知"，必然会具有其纯粹认识的含义，即意识自身在其进行的同时对自身所具有的那种前对象性的、前理论的、前反思的、当下的、伴随性的直接知道。这就是布伦坦诺的"内知觉"、胡塞尔的"内意识"或"原意识"、萨特的"前反思意识"以及唯识学的"自证分"所揭示出来的那一维度，也是良知作为"意之灵明"或"明觉"所必然具有的维度。我们可以把这一维度标示为"自知"的认识论维度。

第二，如前面讨论"良知"作为"自知"时所揭示的，"自知"作为意识行为对其自身的知，不仅知道其自身正在进行，而且还必然知道意识自身之进行是否符合其本质、是否本真地是，或者说，是否是其当是。这就是前文所说的意识对其自身之"存在得如何"的知，一种"存在层次"上的"是非之知"。这一维度可以标示为"自知"的存在论维度。

第三，对其存在之如何（是非、是否是其当是）的"自知"，必

---

① 参见张任之：《质料先天与人格生成：对舍勒现象学的质料价值伦理学的重构》，第262—295页。
② 对这三种含义的详细界定，参见张任之：《质料先天与人格生成：对舍勒现象学的质料价值伦理学的重构》，第302—307页。

然当下、直接地同时就是对意识生活本身之伦理价值（善恶）的"自知"。因为，意识生活是其自身、是其当是（是），则必然善；意识生活不是或偏离其自身（当是），则必然恶。所以，作为"良知"的"自知"，在是"是非之知"的同时，必然也是对自身善恶的知——"善恶之知"。或用耿宁的话说，"自知"作为追求着的意向生活的自身意识，必然"是对其是好追求或是坏追求的道德意识"，是"对本己意向中的价值的意识"；或用王阳明的话就是对"意之善恶"的知。这一维度可以表示为"自知"的伦理价值维度。

第四，亦如前文所表明的，"自知"作为对意识自身之善恶的知，一旦知达真切分明处，必然同时也是道德践履："好恶"。甚至，在通常的情况下，"自知"作为"是非之知""善恶之知"，首先就是以好恶的形式出现：在我们可能还没自觉到意识本身之是非善恶的同时，我们就已对自身的意识生活有所"好恶"了。所以，"好恶"之中自有知，知已蕴含"好恶"中。此即如阳明所说："只好恶就尽了是非。"而一旦有"好恶"，则"自知"就会对自身的存在有所关涉、有所改造，"自知"就会转化为道德实践。这就是"自知"作为"良知"所体现出的"知行合一"。我们可以把这一维度标示为自知的存在性—实践性维度。

最后，"自知"作为对自身之是非善恶之知，必然带有"自身感受"的维度。这种自身感受首先表现为对自身满意与否，用王阳明的话说，即"自慊"与否。耿宁指出，在王阳明那里，"求自慊"乃"致良知"的目的。他引王阳明的话说："集义亦只是致良知。君子之酬酢万变，当行则行，当止则止，当生则生，当死则死，斟酌调停，无非是致其良知，以求自慊而已。"（《答欧阳崇一（欧阳德）》，《传习录》卷中，编号170）① "自慊"即对自己满意。而如何才能对自己满

---

① 参见耿宁：《人生第一等事》，倪梁康译，第265页。

意？在王阳明看来，与自己的本己本质一致才能使自己对自己满意：一旦"知道"或"意识到"（自知到）自己与自己的本质、与本原的自己一致时，就会感受到一种无法取代的"乐"。所以"自知"作为"良知"，必然带有"乐"的维度。耿宁说："当王阳明所指的是与最深层的'自己'、与在其完善性中的'本原知识'或与'本己本质［本体］'的一致性时，他会谈及这种'乐'。"① 接着耿宁举了王阳明在绍兴教学活动期间曾说过的一段话为例："人若复得他完完全全，无少亏欠，自不觉手舞足蹈，不知天地间更有何乐可代。"（《传习录》卷下，编号261）② 耿宁又举王阳明在1524年致黄省曾信中的话来说明这一点，如："乐是心之本体"，"良知是乐之本体"，以及"人于寻常好恶，或亦有不真切处，惟是好好色，恶恶臭，则皆是发于真心，自求快足，曾无纤假者"等。耿宁就此阐释说："他［王阳明］所想到的可能是：'本原知识的实现'会满足人心最深处的渴望，并因此带来最内在的快乐。"③ 显然，这种快乐不是一般情感意义上的快乐，也不是作为生理快感的快乐，而是见到自己与良知本体相一致时的那种本体之乐。当然，如果意识"自知"到自己并不与其本己本质一致，不与其良知本体相符，那么其在"自知"中所具有的就不是"乐感"，而可能是其他的感受，比如"羞感""愧感""耻感"等等。但无论如何，"自知"作为"良知"，必定带有自身感受的维度，无论这种感受是何种感受。

综上可知，"自知"作为"良知"，作为整体性的自身意识，必然是多层次、多维度的。当然，在实际的呈现中，这些不同的层次或维度并不必然都会呈现，或者，并不必然都同等清晰地呈现。随实际生活境遇的不同，随意识生活本身之进行的不同，"自知"作为"良知"，作为整体的自身意识，自然会呈现出不同的面向、不同的维度。但要

---

① 耿宁：《人生第一等事》，倪梁康译，第268页。
② 耿宁：《人生第一等事》，倪梁康译，第269页。
③ 耿宁：《人生第一等事》，倪梁康译，第270页。

想把握到在其整体性中的"自知",在其本原形式中的"自知",则我们必须把它可能具有的所有维度都纳入眼帘。这是从"良知"出发看待"自知"所带给我们的教益,也可以说,是从中国哲学出发看待现象学所带给我们的教益。

# 阳明"良知"概念的现象学分析

李云飞

（广东外语外贸大学马克思主义学院）

"良知"说是阳明心学的核心，阳明本人也反复强调其为"圣门之正法眼藏"。因此，如何理解"良知"概念，就成为能否把握阳明思想的关键。但究竟如何理解这一"正法眼藏"，这一问题在阳明生前就有争论，并且最终导致阳明后学的分化，遂成为中晚明以来儒学思想史上的一段公案。瑞士现象学家耿宁（Iso Kern）在《人生第一等事——王阳明及其后学论"致良知"》中关于阳明的"良知"概念的现象学分析堪称阳明学研究的典范。他面向阳明所呈现的良知实事本身，揭示出阳明"良知"概念的三重义涵，为我们深入把握阳明心学提供了路标。然而，耿宁所谓阳明"良知三义"的确认最终却以修正现象学的意向性概念为代价，这无疑有削足适履之嫌，从而导致新的疑难和问题。本文试图从胡塞尔关于"争执意识"的发生学分析所呈现的另一种现象学分析视角入手，通过展示良知体验之意识分析的另一重面向，借以澄清阳明"良知"概念的本质内涵。

## 一、耿宁的"良知三义说"及其问题

"良知"概念源出《孟子》,孟子说:"人之所不学而能者,其良能也;所不虑而知者,其良知也。孩提之童无不知爱其亲者,及其长也,无不知敬其兄也。亲亲,仁也;敬长,义也;无他,达之天下也。"① 按照耿宁的考察,阳明在其前、后期文本中均将其"良知"概念诉诸孟子,尽管在他那里"良知"概念经历了一个发展变化的过程。考虑到"良知"概念在阳明那里所具有的"先天性"和"直接性"的双重内涵,耿宁将其译作"本原(ursprünglich)知识",并以之贯通阳明的三个"良知"概念:"本原能力"(良知 I:"良能"),"本原意识"(良知 II:"良心"),"心的本己本质"(良知 III:"良知本体")。

所谓良知 I,耿宁归诸阳明的早期文本。他认为,1520 年以前,阳明是在一种本质上并未超出孟子思想的意义上使用"良知"概念。在孟子那里,"良知"与"四端"相关联:"恻隐之心,仁之端也;羞恶之心,义之端也;辞让之心,礼之端也;是非之心,智之端也。人之有四端也,犹其有四体也。……凡有四端于我者,知皆扩而充之矣,若火之始然,泉之始达。苟能充之,足以保四海;苟不能充之,不足以事父母。"② 也就是说,人的四种德性即仁义礼智在人心中有其自然的"开端"或"萌芽"。孟子将人心中的全部向善的自然禀赋、四种德性的开端标识为"良知"或"良心",只不过在他看来,这种"开端"或"萌芽"必须得到"扩展"和"充实"才能发展成德性。或者说,"良心"必须得到"穷尽"才能达到完整的德性,所谓"尽其心者,知其性也。知其性,则知天矣"③。耿宁指出,阳明的良知 I 本质上还生存于孟子的思想中。对此,他给出的文本根据之一是《传习录》中阳

---

① 杨伯峻:《孟子译注·尽心章句上》,中华书局 2007 年版,第 307 页。
② 杨伯峻:《孟子译注·公孙丑章句上》,第 80 页。
③ 杨伯峻:《孟子译注·尽心章句上》,第 301 页。

明语徐爱的一段:"知是心之本体,心自然会知。见父自然知孝,见兄自然知弟,见孺子入井自然知恻隐,此便是良知,不假外求。若良知之发,更无私意障碍,即所谓充其恻隐之心,而仁不可胜用矣。然在常人不能无私意障碍,所以需用致知格物之功,胜私服理,即心之良知更无障碍,得以充塞流形,便是致其知。致知则意诚。"① 耿宁分析认为,阳明在此是将孟子的"良知"与《大学》相衔接,赋予《大学》的"致知"以孟子的"良知"的意义,并用孟子"四端"的语境来描述良知的实现,亦即后期所谓的"致良知"。

耿宁给出的另一文本根据是《传习录》中出自1518年的一段:"惟乾问:'知如何是心之本体?'先生曰:'知是理之灵处,就其主宰处说便谓之心,就其禀赋处说便谓之性。孩提之童无不知爱其亲,无不知敬其兄,只是这个灵能不为私欲遮隔;充拓得尽,便完完是他本体,便与天地合德。自圣人以下不能无蔽,故须格物以致其知。"② 显然,此处关于良知的阐释是语徐爱一段的补充。耿宁认为,阳明在此是将孟子的"良知"与"良能"等同起来,亦即将"良知"看作一种自然的向善倾向或秉性。耿宁强调,这种"良知""并不是关于客观状况的知识,而是一种实践的能力。它也不是一种技术能力,而是一种本原的伦理能力"③。"**人心(精神)中的向善的秉性,它表现在同情、爱、羞等等情感中,在对正确与错误的'感觉'中,以及在由这些自发的懵懂所直接产生的善的倾向或意向[意念]中。**"④ 因此,这种"良知"的"实现"就是对人心中自然的向善倾向或秉性的"扩展""充实""穷尽"等,直至其完善,这种完善构成自然的向善倾向

---

① 王阳明:《传习录》卷上,阎韬注评,江苏古籍出版社2002年版,第14—15页。
② 王阳明:《传习录》卷上,阎韬注评,第107—108页。
③ 耿宁:《人生第一等事——王阳明及其后学论"致良知"》(以下简称《人生第一等事》),倪梁康译,商务印书馆2014年版,第191页。
④ 耿宁:《人生第一等事》,倪梁康译,第217页,黑体为笔者所加。

或秉性的"本己本质"（本体）。

自龙场（1508）之后，阳明便坚信，人心中自有善的原则，其"本心"就是"天理"，它在其善的情感和倾向中起作用，并且也实现善，只要它没有被"私意""人欲"所阻碍。按耿宁的考察，至1519—1520年对阳明愈益重要的问题是：人在其各种处境中如何能够将其"私意"与善的倾向区分开来。他认为，作为智之端的"是非之心"在阳明思想前期过于强烈地束缚在心的自发的善的意向上，因此他无法将其运用在对本己的善、恶意向之区分的精神机制上。而随着"是非之心"的提出则在此方向上迈出了决定性的步骤。与孟子不同，"是非之心"在阳明那里指的是"对本己意向的伦理性质（善、恶）的直接意识"，亦即所谓的良知 II[①]，阳明也称之为"良心"。

关于良知 II，耿宁给出的文本根据之一是阳明于1520年回答陈九川问学时的一段："庚辰往虔州再见先生，问：'近来功夫虽若稍知头脑，然难寻个稳当快乐处。'先生曰：'尔却去心上寻个天理。此正所谓理障。此间有个诀窍。'曰：'请问如何？'曰：'只是致知。'曰：'如何致知？'曰：'尔那一点良知，是尔自然底准则。尔意念着处，他是便知是，非便知非，更瞒他一些不得。尔只不要欺他，实实落落依着他做去，善便存，恶便去，他这里何等稳当快乐！此便是格物的真诀，致知的实功。若不靠着这些真机，如何去格物？我亦近年体贴出来如此分明，初犹疑只依他恐有不足，精细看，无些小欠缺。'"[②] 按照耿宁的考察，这是阳明最早在对本己意向的伦理性质（善、恶）之意识的意义上使用"良知"这个表达的地方。显然，"良知"在此指的是"一种对本己意向的直接伦理意识、一种对其伦理性质的'知识'。"耿宁强调，它"**不再是一种对父母之爱、对兄长之敬、同情**

---

[①] 耿宁：《人生第一等事》，倪梁康译，第201页。
[②] 王阳明：《传习录》卷下，阎韬注评，第237页。

等等自发的萌动和意向，它不是一种特殊的意向，甚至根本就不是意向，而毋宁说是对所有意向的一种内意识，对善的和恶的意向的内意识，它是一种对这些意向的道德善、恶的直接'知识'"。同时，"这个道德意识不能被理解为一种对本己意向进行伦理评价的反思"，因为"良知"在阳明看来"是在一个本己意向出现时直接现存的，而且是必然与它同时现存的，而对这种意向的反思则是一种特殊的精神行为，它并不必然会进行，而且即使它进行，在时间上也只能出现在被反思的意向之后"。①

耿宁给出的文本根据之二是1527年王阳明致魏良弼的信中的一段文字："所云'任情任意，认作良知，及作意为之，不依本来良知，而自谓良知者，既已察识其病矣。'意与良知当分别明白。凡应物起念处，皆谓之意。意则有是有非，能知得意之是与非者，则谓之良知。依得良知，即无有不是矣。"②在耿宁看来，这是良知 II 在阳明文本中最清楚的表达，因为阳明在那里做出了最为明晰的区分：一方面是指向实践事物的意向、道德上善的与恶的意向，另一方面是知道这些意向之善与恶的"良知"。耿宁分析指出，作为对自己意向之伦理价值的直接意识的"良知"，良知 II 在某种意义上可以说是经验概念，它在普遍的人类经验中不是完善的东西，因为它在我们通常的人这里是或多或少被蒙蔽的，它必须借助"戒慎恐惧"在"真诚恻怛"中得到澄明。

根据耿宁的考察，自1921年起直至其生命的最后，阳明还谈到第三种"良知"，亦即所谓良知 III。在阳明那里，这种"良知"始终是清澈的（显明的、透彻的），而且始终已经是完善的。它不产生，也不变化，而且它是所有意向作用的起源，也是作为"心"的作用对象之

---

① 耿宁：《人生第一等事》，倪梁康译，第217页，黑体为笔者所加。
② 《王阳明全集》，上海古籍出版社1992年版，第217页。

总和的世界的起源。阳明常常将这种"良知"称为"良知本体"。对于良知 III，亦即"始终完善的良知本体"，耿宁给出的文本根据之一是 1525 年王阳明致顾东桥的信中的一段文字："心者身之主也，而心之虚灵明觉，即所谓本然之良知也。其虚灵明觉之良知，应感而动者谓之意。有知而后有意，无知则无意矣，知非意之体乎？"[①] 耿宁认为，在此语境中，"良知"概念具有"本体"意义和"实体"意义的双重含义，亦即出现了"良知"概念理解上的歧义性。关于这种歧义性，耿宁指出，良知实体及其作用构成良知本体，也就是说，"始终完善的良知本体"既包含了良知实体，也包含了纯粹产生于实体的作用。

耿宁给出的文本根据之二是王阳明 1524 年致陆澄信中的一段文字："来书云：'良知亦有起处'云云。此或听之未审。良知者，心之本体，即前所谓恒照者也。心之本体，无起无不起。虽妄念之发，而良知未尝不在，但人不知存，则有时而或放耳；虽昏塞之极，而良知未尝不明，但人不知察，则有时而或蔽耳；虽有时或放，其体实未尝不在也，存之而已耳；虽有时或蔽，其体实未尝不明也，察之而已耳。若谓良知亦有起处，则是有时而不在也，非其本体之谓矣。"[②] 耿宁认为，这是阳明关于"良知本体"的最清晰的表达：它始终明澈，始终照耀，始终实存，既不产生也不消失，既不能增加也不能减少，即"始终完善的良知本体"。

作为一位现象学家，耿宁直面阳明所呈现的良知本身之实事，紧贴阳明文本对"良知"概念所做的现象学分析无疑为我们进入阳明心学的思想世界、深入体认和把握阳明的"良知"概念提供了路标。然而，与阳明"指点""唤起"良知的思想风格和"浑融一如"的表达相对，耿宁对阳明"良知"概念的鞭辟入里的分析和阐发，固然为我们

---

① 王阳明：《传习录》卷中，阎韬注评，第 190 页。
② 王阳明：《传习录》卷中，阎韬注评，第 166—167 页。

的理解提供了明确的概念框架,但同时也带来了诸多疑难和问题。

陈立胜先生在《在现象学意义上如何理解"良知"?——对耿宁之王阳明良知三义论的方法论反思》一文中指出,耿宁阳明学研究之最重要的理论成果就是关于良知 II 的分析。阳明对"良心"意义上的良知(良知 II)的阐发,更多强调的是良知对于心之所发意念自知、独知的一面,而并未直接点出这一自知与意念本身乃"同时现存"这一现象学意义上的"内意识"的本质特征。诚然,这不是阳明的着力之处,阳明聚焦的是功夫入手处的问题。但功夫入手处必有一理论上的预设,即"吾心之良知无有不自知者"必是"同时现存"的良知,尽管良知之"恒照、恒察"自然能够保证其自知必是"同时现存"的自知。阳明对此理论之预设并无自觉的意识。耿宁凭借敏锐的现象学眼光揭示出这一面向。而正是这一面向使得耿宁确信,阳明的良知 II 意义上的良知实际上与现象学所说的"原意识""内意识",与唯识宗所说的"自证分"基本一致。但他同时认识到,阳明的良知 II 与现象学的内意识以及唯识宗的自证分之间存在着本质的区别。阳明的良知 II 并不可以简单地等同于现象学的内意识以及唯识宗的自证分,因为良知 II 并非意向一般意义上的现象学的内意识和唯识宗的自证分,而是对意向的善与恶的"道德自身意识"。因此问题是,这是两种不同的内意识吗?还是说阳明的良知 II 只是现象学内意识的一个特殊类型,它必须奠基于现象学的内意识之上?[①]

早在《从"自知"的概念来了解王阳明的良知说》(1993 年)一文中,耿宁已经提出"应该修正自知的概念,以便把它适合地运用到王阳明的良知说上"[②]。这种修正还只是局部的适应性调整。现象学的

---

[①] 参见陈立胜:《在现象学意义上如何理解"良知"?——对耿宁之王阳明良知三义说的方法论反思》,《哲学分析》2014 年第 4 期。

[②] 耿宁:《心的现象:耿宁心性现象学研究文集》(以下简称《心的现象》),倪梁康等译,商务印书馆 2012 年版,第 131 页。

内意识缺乏实践的维度，即像阳明那样是从行为（实践意志的自觉）、从修行功夫上的判断与评价的维度把握良知之自知的特征。因此，耿宁认为，必须将现象学的内意识概念加以修正、调整，以便将阳明的良知 II 也纳入现象学意义上的内意识范畴。而在《中国哲学向胡塞尔现象学之三问》（2009 年）一文中，耿宁开始对现象学的内意识的地位进行反思："我们能把意向行为划分成两组，一组无关道德，一组有关道德，然后把'原意识'指派给第一组，道德意识指派给第二组么？这种区分如何能被证实呢？"① 耿宁对此的回答是否定的，他甚至设想现象学意义上的内意识只是道德意识的一个点状的、非独立的成分或抽象角度。显然，这是一种试图借鉴阳明心学对现象学进行修正的致思方向。

## 二、"争执意识"与良知呈现

耿宁从现象学的内意识的视角分析和阐明阳明之作为对自己意向之伦理价值的直接意识的"良知"，从而引发其修正现象学的内意识的动机。他为此给出的论证的要旨在于，将所谓的"抽象的个别意向行为"置入意识流整体的具体关联域。在他看来，由于"意向的生活在其整体性中是追求"，因此"对它的意识就不可能是道德中立的，而是对其是好追求或是坏追求的道德意识"。② 但问题是，以儒家的道德意识修正现象学的意向性的设想合法性何在？耿宁的本旨在于通过良知意识的现象学分析使阳明的良知概念获得现象学上的澄清，但最终却要以修正意向性概念为代价，这是否会有削足适履之嫌呢？诚然，耿宁对于阳明的良知概念的现象学分析是严格而又审慎的，但是，他

---

① 耿宁：《心的现象》，倪梁康等译，第 463 页。
② 耿宁：《心的现象》，倪梁康等译，第 464 页。

的分析在现象学上是否是唯一的实行路向呢？耿宁对此也曾追问："道德意识作为对于自身意向的伦理性质的直接意识，它能够被理解为一种对自己在一个具体的实践处境中的意图和行动与自己对他者的基本倾向和感受——后者构成了孟子的'良知'概念——之间的一致或不一致的直接意识么？"① 如果是这样，那么道德意识或良知就是人在其感受、追求和意愿中与其自身相一致的意识。但是，就此问题，他未曾深究。

事实上，在讨论"致良知"与"求自慊"的关系问题一节，在解释阳明所谓的"稍有私意于良知，便不自安"② 时，耿宁自陈："**我很想在王阳明这里将这个在'本原知识'中的'自己不安'理解为一种与自己的争执意识**或对自己不一致的意识"；而在"致良知"中所寻求的"自慊"，"是一种**安宁意识**或与自己一致的意识：人们在其生活与行动中追求与其内心的最深倾向的一致性"，也就是说，"与他的良心直接意识为好的东西的一致性"。③ 显然，耿宁在这里设想将阳明所谓的"不自安"理解为"私意"与'良知'（自然的向善倾向或秉性，即良知Ⅰ）之间的一种争执意识，而"自慊"则是没有"私意"纷扰的一种"安宁意识"。由此似乎可以得出，所谓的良知Ⅱ仍是现象学的内意识，而无须负载任何道德内涵，只不过是对于"私意"与"良知"（自然的向善倾向或秉性，即良知Ⅰ）之间"争执意识"的一种内意识。遗憾的是，耿宁未能沿着自己的这条思路走下去，而止步于关于良知意识的一种静态的现象学分析。而他关于"争执意识"和"安宁意识"的设想所提示的则是一种关于良知意识的发生的现象学分析，亦即关于良知意识之发生的分析。

在《被动综合分析》中，我们可以看到胡塞尔关于"争执意识"

---

① 耿宁：《心的现象》，倪梁康等译，第465页。
② 《王阳明全集》，第215页。
③ 耿宁：《人生第一等事》，倪梁康译，第267—268页，黑体为笔者所加。

的发生学分析。借此"发生学分析"的眼光,阳明的良知 II 概念——作为对自己意向之伦理价值的直接意识的"良知"——将会呈现出一种不同的意识面向。

"被动综合分析"学说的理论切入点是意识的变式(Modalisierung)。在"变式"的标题下,胡塞尔对意识的"怀疑样式"进行了发生学分析。在那里,他谈到其在柏林的大学时代的一个体验:"有一次在蜡像展览馆猎奇时,我在身旁的其他观众中看到一个女孩,她手里拿着目录,饶有兴趣地观展,与我看的是同一件展品。一会儿以后,这个女孩令我生疑。我认识到,她只是一个雕像,一个专为骗人的机械的模特。"[①] 实际所看到的东西丝毫未变,二者甚至还有更多的共同点,被统摄的衣服、头发等对二者是共同的,但一次是血肉之躯,另一次则是蜡像。在此情况下内心发生了什么事情呢?"现在,我们起先摇摆不定,两个感知立义相互冲突,在这个例子中是有血有肉的人和蜡由木料和蜡制成的机械制动的模特。"[②] 当遵循对待女孩和模特的这两种态度的更迭趋向并且使处于相互冲突中的显现的客体依次处于论题性的目光中时,意向对象是不同的;而且其存在质性也明显是不同的:这一个意向对象,亦即女孩被质性化为无效的,另一个意向对象,亦即模特被质性化为现实的、全然存在着的。如果还注意到关涉着我们怀疑性的摇摆的中间状态,那么在两个对象中就附带有一个第三种存在质性特征,而且在这里二者以相同的方式存在:"可疑的"特征。这种特征在自己自身中被标明为"存在着的"这种原样式的变样:可疑是以成问题的方式存在着的。在其中同时还存在一种抹掉的变异,亦即这种变异,它从对立环节趋向这儿来,但却没有达到决定性的突破。"我们现在也注意到属于可疑性或成问题性的意识的自我倾向,它在对这

---

① Husserliana XI, Martinus Nijhoff, 1966, S. 351.

② Husserliana XI, S. 351.

一个客体的论题性指向中将存在判给它，然而在对另一个客体的论题性指向中又承认这另一个客体是存在着的，而且我们注意到，当我们陷入这一个倾向时，这一个客体向我们提出作为存在者的诉求，而另一个客体却作为与它争执的东西和无效的东西，反之亦然。"①

胡塞尔的分析表明，"怀疑"意识源于不同意向间的争执，也就是说，在怀疑——究竟是真人还是模特？——期间，明显搭叠着两个不同的感知意向：一个存在于我们从其开始的正常进行的感知中，我们一度在那儿一致而无争议地看到一个人；而另一个是搭叠其上的对抗性意向："着装的蜡模特"。两个不同的意向"在怀疑期间都未被注销，它们在此处于相互争执中，每一个在某种程度上都具有自身的力量，每一个都通过直到当下为止的感知处境及其意向内涵被动机引发起来，仿佛是被要求似的。但要求与要求相对立，一个质疑另一个，而且同样遭受另一个的伤害。在怀疑中存在一个悬而未决的争执"②。这种争执还意味着某种相互抑制，如果这一个立义独占了这个共同的直观的核，如果它被现时化了，那么，例如，我们看到的是一个人，但这朝向模特的第二个立义并未归于无，而是被抑制下去了，失效了。反之，例如，模特这个立义凸现出来，我们现在看到的是模特，而人这个立义失效了，被抑制下去了。在此悬而未决的争执中，两个意向具有不同的诉求，这种相反的诉求、相反的可能性可以具有不同的分量，它们施加一个或强或弱的拉力，但它们没有完全支配我。于是，不同的诉求处于冲突中，而且通过冲突而综合地联结起来。因为在这种冲突性的相互阻碍中，尽管有意识的分裂，但毕竟产生了一个统一性。因此，作为相信这一个或另一个的摇摆不定的倾向中的分裂状态，"怀疑"表现为一种分裂性的倾向状态。"这种倾向状态可以说是一种内部

---

① Husserliana XI, S. 351—352.
② Husserliana XI, S. 34.

的顺从，一种对此的裁定，但又没有最终的裁定性。对此，我应该顺从这个支持，但这时一个内部的'反对'，亦即一个不亚于这个支持力度的、相信另一个的倾向阻止我。裁定被阻止了。"① 因此，怀疑"是一种实践性地关涉着判断行为的态度。我在疑问中感觉到没有一个裁定，只要我感觉到一个令人不快的阻碍，而这个令人不快的阻碍也许还阻碍着我的实践生活的其他裁定。"②

在日常生活中，我们关于良知的谈论——譬如，"良心的不安""心灵的挣扎"等——似乎都可以用"怀疑"现象中的这种"争执意识"来解释。这指引我们将胡塞尔关于"争执意识"的发生学分析运用于阳明的良知体验。发生学的分析表明，良知体验本质上是一种"争执意识"，亦即对两个对立意向间的"争执"的一种自身意识（内意识）。对此，卡夫卡关于良知的谈论不无启迪。

有一次，古斯塔夫·雅诺施和卡夫卡一起散步，当走到雅各布教堂门前时，卡夫卡提议进去看看教堂里悬挂在铁链上的一只手。在教堂左侧一进门的地方，从天花板上垂下一条长长的铁链，铁链上挂着一只熏黑的、残留着干枯筋肉的遗骨，从形状上可以看出是一只连着人的下臂的断手，它是从一个盗贼身上砍下来挂在教堂里做"永久纪念"的。关于这只断手，有一个神奇的故事：雅各布教堂有许多小祭坛，其中一个上面有圣玛丽亚的木雕塑像，塑像上挂满了一串串金银首饰。一个退役的雇佣兵见财起意，发了盗心。等到晚上教堂关了门，他从藏身的忏悔室里出来，走到祭坛前面，爬上教堂司事点祭坛蜡烛常用的高凳，伸出手去摘取塑像上的金银首饰。但突然间，他的手变僵硬了。这个初次行窃的雇佣兵以为是木雕塑像卡住了他的手，便使出全身力气想把手抽回来，可是一点用也没有。于是，他整夜都僵在

---

① Husserliana XI, S. 49.

② Husserliana XI, S. 62.

那里。第二天早上，教堂司事发现他筋疲力尽地站在高凳上，就叫来了修道士。祭坛前很快聚集了一群祈祷的人，雇佣兵僵直地站在高凳上，脸色苍白，惊恐万分。教堂司事和修道士想尽一切办法，也不能把雇佣兵的手从塑像上拽下来。于是叫来刽子手，只一刀就把雇佣兵的下臂砍下来。几天后，他因企图盗窃教堂财物罪被判多年监禁。刑满后，他做了方济会的杂役。那只砍下来的手，就这样被挂在教堂的铁链上。

"这是可怕的。圣母奇迹当然只是强直性痉挛。"雅诺施说。

"但这种痉挛是怎样引起的呢？"卡夫卡问。

"也许是由于某种突然产生的内心顾虑。盗贼渴望得到圣母装饰品，被这种欲望掩盖的宗教感情突然被他的盗窃行为震醒了。他的宗教情感比他设想的要强烈得多，因而他的手僵硬了。"雅诺施回答说。

"对！"卡夫卡点了点头，继续说道："对于神圣的东西的渴望，伴随而来的对亵渎圣物的羞怯以及人所具有的正义感，这一切是强大的、不可战胜的力量，一旦人违背这些东西，它们就在他身上顽强反抗。它们是道德上的调节力量，因此，一个人要在世界上进行某项犯罪行为，他总是先要压垮自己身上的这些力量。要犯罪，总是要先在心灵上肢解自己。那个要偷塑像上装饰品的盗贼未能做到这一点，因此他的手僵硬了。他是被自己的正义感麻痹的。"[①]

卡夫卡在此为我们生动地描述了人心中善与恶两种力量之间的争执现象。故事中的盗贼当然不具有对其自身行为的道德自觉，亦即没有作为对自己意向之伦理价值的直接意识的"良知"（良知 II）。但他并不缺乏作为一种自然的向善倾向或秉性的"良知"（良知 I），尽管他本人并未明确地意识到这种"自然的向善倾向或秉性"。他的"自

---

[①] 弗兰茨·卡夫卡：《卡夫卡全集第五卷·随笔·谈话录》，黎奇、赵登荣译，河北教育出版社1996年版，第341—343页。

然的向善倾向或秉性"只是为私欲所遮蔽,而随时可以"**在同情、爱、羞等等情感中、在对正确与错误的'感觉'中以及在由这些自发的憧懂所直接产生的善的倾向或意向[意念]中**"表现出来。这表明,在道德自身意识中起作用的并非作为"对自己意向之伦理价值的直接意识"的良知(良知Ⅱ),而是作为"自然的向善倾向或秉性"的良知(良知Ⅰ)。

由此看来,耿宁从阳明的"良知"概念中所析出的良知Ⅱ,亦即"对自己意向之伦理价值的直接意识",似乎可以看作对人心中善念与恶念之间的争执状态的一种体验,一种内意识。我们日常所说的"良心的不安""心灵的挣扎"可以视为对此种体验、此种内意识的表达。基于这种理解,耿宁所谓的良知Ⅱ就呈现出一种不同的意识面向。显然,这种内意识无须负载道德内涵,无须是一种"道德性的自身意识",而就是现象学的意向一般意义上的内意识。如果这样的理解能够成立,那么就并不存在耿宁所谓"应该修正自知的概念,以便把它适合地运用到王阳明的良知说上"的问题了。而他就良知Ⅱ所给出的文本根据中阳明的文字都可以通过"对人心中善念与恶念之间的争执状态的内意识"之现象的分析得以理解。借此可以质疑耿宁在良知Ⅰ与良知Ⅱ之间所做的现象学区分,即作为良心的良知"**不再是一种对父母之爱、对兄长之敬、同情等等自发的萌动和意向,它不是一种特殊的意向,甚至根本就不是意向,而毋宁说是对所有意向的一种内意识,对善的和恶的意向的内意识,它是一种对这些意向的道德善、恶的直接'知识'**"。

## 三、"良能"与"良知本体"的同一

既然我们关于"争执意识"的发生学分析否定了良知Ⅰ(作为人心中自然的向善倾向或秉性)与良知Ⅱ(对本己意向的伦理性质的直接

意识）之间的本质区分，因此，耿宁按编年所揭示的良知三义就成了问题。为了澄清这一问题，尚需对其关于良知 I 与良知 III 之间的关系的论断做出裁定。

阳明在前期以"精金的比喻"来说明良知 I："圣人之所以为圣，只是其心纯乎天理而无人欲之杂；犹精金之所以为精，但以其成色足而无铜铅之杂也。人到纯乎天理方是圣，金到足色方是精。……学者学圣人，**不过是去人欲而存天理耳**，犹炼金而求其足色。"① 人心就像金的成色一样，"精金"象征着"天理"，而"铜铅"等杂质则象征着"人欲"。圣人已完全摆脱了私欲，而常人的心则受私欲所污染，而处于不纯粹的状态。私欲或多或少败坏了它，而扭曲了它的自然的向善倾向或秉性。人心之自然的向善倾向或秉性必须摆脱私欲的遮蔽与阻碍，才能完全扩展为"天理"，正如杂金必须从被污染的杂质中纯化出来才能成为纯金一样。在耿宁看来，用杂金来比喻人心连同其固有的向善倾向或秉性，对于良知 I 而言是标志性的。因为他注意到，阳明后来不再用这个比喻说明良知，而是代之以"日光的比喻"："既去恶念，便是善念，便复心之本体矣。譬如日光被云来遮蔽，云去光已复矣。"② 这是说，良知就像太阳，它或多或少因云的遮蔽而变得晦暗；但云却不能影响太阳本身。

对举阳明前、后期两种不同的喻说，耿宁旨在表明阳明"良知"概念的前、后期变化。"精金的比喻"喻指良知 I。作为一种自然的向善倾向或秉性，良知 I 在自发的意向（情感、倾向、意图）中表现出来，在某种意义上可以说是经验概念。它在常人的经验中不是完善的东西，因为这种自发的感受或倾向只是德性的"开端"或"萌芽"，它必须抵御自私的倾向而贯彻自己，并且借此而"扩展"和"充实"自

---

① 王阳明：《传习录》卷上，阎韬注评，第 88 页，黑体为笔者所加。
② 王阳明：《传习录》卷下，阎韬注评，第 260 页。

己，然后才能达到完善。"日光的比喻"喻指良知 III，即"始终完善的良知本体"。耿宁认为，一方面，良知本体是经验的一个"理想概念"，不能在常人的经验中完全被给予，而只能在圣人的理想境界中被经验到。因此，它对于常人的经验来说是超越的。正因此良知超越了常人的经验，虽"云雾四塞"，而无损"日的光明"，故有"只是物欲遮蔽，良知在内，自不会失。如云自蔽日，日何尝失了？"之说。① 另一方面，良知本体"原是完完全全""时时发见"，因此，它虽超越了常人的经验，但却不是一种单纯的观念可能性，而是一种现时的实在性，即使这种实在性没有完全被常人经验到。与良知 I 的经验性、不完善性和可扩展性相对，良知 III 则具有超越性、完善性和常存性的特征。这是耿宁区分良知 I 与良知 III 的理论根据。

然而，在阳明那里，无论是"精金的比喻"还是"日光的比喻"，其着眼点都**不过是去人欲而存天理耳**，而"无私欲之蔽，即是天理，**不须外面添一分**"。② 与孟子强调对"四端"的"扩""充"不同，阳明所强调的是"复""返"，即所谓"减得一分人欲，便是复得一分天理"，"一念自反，即得本心"。这种不同明确地呈现在阳明的文本中："良知人人皆有，圣人只是保全无些障蔽……**众人自孩提之童，莫不完具此知，只是障蔽多，然本体之知自难泯息**"。③ 有鉴于此，耿宁关于良知 I 与良知 III 在经验性与超越性、不完善性与完善性、可扩展性与常存性之间所作的区分是很难成立的。

事实上，耿宁本人已经意识到，良知 I 的出现在阳明那里虽然早于良知 II 和良知 III，但这个早期概念并未因两个较后的概念的出现而消失。在阳明晚年的陈述中，三个概念实际上是并存的。为此，耿宁探讨了良知 I 与良知 III 之间的同一性问题，尽管最终没有得出二者

---

① 王阳明：《传习录》卷下，阎韬注评，第 238 页。
② 王阳明：《传习录》卷上，阎韬注评，第 5 页。
③ 王阳明：《传习录》卷上，阎韬注评，第 247 页，黑体为笔者所加。

之间同一性的结论。关于良知Ⅰ与良知Ⅲ的关系问题，无论在阳明生前还是逝后都是阳明学派的核心论题之一。阳明弟子黄以方曾就"一节之知"（良知Ⅰ）与"全体之知"（良知Ⅲ）之间的关系问题请教阳明：格物致知之知乃是有限的"一节之知"，何以能达到"完完的良知本体"？阳明的回答可以说是对良知Ⅰ与良知Ⅲ之同一性的明确表达："人心是天、渊。心之本体无所不该，原是一个天，只为私欲障蔽，则天之本体失了。心之理无穷尽，原是一个渊，只为私欲窒塞，则渊之本体失了。如今念念致良知，将此障碍窒塞一齐去尽，则本体已复，便是天、渊了。……比如面前见天，是昭昭之天，四外见天，也只是昭昭之天。只为许多房子墙壁遮蔽，便不见天之全体，若撤去房子墙壁，总是一个天矣。不可道跟前天是昭昭之天，外面又不是昭昭之天也。于此便见一节之知即全体之知，全体之知即一节之知，总是一个本体。"① 显然，阳明在这里首先强调良知本体的唯一性，并且将个别的、有限的、具体体验到的"良知"（良知Ⅰ）等同于完善全体的"良知本体"（良知Ⅲ）。"一节之知"是指任何一个善的萌动或倾向（良知Ⅰ），尽管这种善的萌动或倾向可能会被私欲所障蔽或窒塞，但在其中唯一的"良知本体"（良知Ⅲ）已是在场的。只要将障蔽或窒塞去除，就能使它重新显露。正是在这个意义上，阳明才会说："人胸中各有个圣人，只自信不及，都自埋倒了。"② 又说："人孰无根，良知即是天植灵根，自生生不息，但着了私累，把此根戕贼蔽塞，不得发生耳。"③ 也就是说，人虽有自然的向善倾向或秉性，但若其十分微弱，尚不能成为"主宰"，那么它就不能得以实现。但只要"充拓得尽"，便"完完是他本体"。因此，在自然的向善倾向或秉性（良知Ⅰ）与"良知本体"（良知Ⅲ）之间，阳明虽然也谈对良知的"存养""滋

---

① 王阳明：《传习录》卷上，阎韬注评，第248页。
② 王阳明：《传习录》卷下，阎韬注评，第238页。
③ 王阳明：《传习录》卷下，阎韬注评，第246页。

养""扩充""充拓",但始终不外"去蔽""返本"之致良知的本义。正是阳明在"致良知"中对于"复"(天理)、"反"(本心)的强调,凸显出良知 I 与良知 III 之间的同一性。

经验直观是一切理解的源头,对于阳明良知概念的理解自然离不开良知在经验中的呈现。耿宁对阳明的良知体验的分析正是基于这一现象学的方法论立场,这也是耿宁的阳明学研究的意义所在。我们至此的现象学分析表明,"良知"概念在阳明那里始终呈现一义性的内涵。第二部分关于良知 II 的发生学分析首先确认了良知 II 与良知 I 的同一;而第三部分关于"良能"和"良知本体"的探讨则确认了良知 III 与良知 I 的同一。这种一义性内涵最终落实为一种自然的向善倾向或秉性,即耿宁所谓的良知 I:"**人心(精神)中的向善的秉性,它表现在同情、爱、羞等等情感中、在对正确与错误的'感觉'中以及在由这些自发的懵懂所直接产生的善的倾向或意向[意念]中**",而无论他所谓的良知 II 还是良知 III 本质上都不出此意。我们的分析尽管最终的结论与耿宁相左,但却无意于借此立说,而是旨在展示良知体验在现象学分析上的另一重面向,借此为深入把握阳明的"良知"概念开启新的可能维度。

# 再思"寂静意识"
## ——以耿宁对"视于无形、听于无声"的分析为中心

张任之

(中山大学哲学系、中山大学现象学文献与研究中心)

## 引 子

瑞士著名现象学家、汉学家耿宁(Iso Kern)在现象学与东方心性哲学的比较研究方向上做出了开创性贡献。其与此有关的代表性著作有论文集《心的现象——耿宁心性现象学研究文集》和"生命之作"《人生第一等事——王阳明及其后学论"致良知"》[①]。特别是在后面这一部巨著中,耿宁以现象学的方式对王阳明及其后学的思想展开了深入、细致与精微的研究,以致人们从中看到一种"现象学的阳明学"

---

① 耿宁:《心的现象——耿宁心性现象学研究文集》,倪梁康等译,商务印书馆2012年版;《人生第一等事——王阳明及其后学论"致良知"》,倪梁康译,商务印书馆2014年版。这两本书,以下简称《心的现象》《人生第一等事》。汉语学界已经分别围绕它们召开两次专题研讨会。围绕前书的研讨会由《哲学分析》编辑部、中山大学现象学研究所、中山大学哲学系合作于2013年12月4—8日在广东江门召开,部分论文已在《哲学分析》2014年第4、5期刊出,撰稿者有林月惠、陈立胜、李明辉、方向红、李兰芬、王恒、陈少明、倪梁康等。围绕后书的研讨会则由中山大学人文学院、贵州大学中国文化书院、商务印书馆学术出版中心和《广西大学学报》合作于2014年10月31日—11月4日在贵阳召开,部分论文已陆续刊载于《广西大学学报(哲学社会科学版)》,主要撰稿者有耿宁、张祥龙、张庆熊、王庆节、董平、林月惠、张卫红、刘海滨等。

的可能性。①

然而，耿宁对心性哲学的浓厚兴趣并未仅仅局限于东方，而是试图落脚于对人类意识和精神之总体的现象学探究。就此而言，耿宁的"现象学的阳明学"同时也意味着一种"阳明学的现象学"甚或"心性现象学"。其阳明学研究的巨著一方面为汉语学界的阳明学者提供了"他山"的视角，提供了可资参考的有益的诠释路向；另一方面也构成了一个"现象学文本"，为汉语学界乃至全世界的现象学者提出了进一步追问的方向和追究的可能性。

事实上，就后一方面来说，耿宁自己已经勾勒出相关的问题论域。《中国哲学向胡塞尔现象学之三问》一文从中国哲学，特别是孟子、王阳明和阳明后学一系儒家心性哲学的问题语境出发，向胡塞尔现象学提出了三个问题：第一个问题涉及恻隐之心，第二个问题关于王阳明的"良知"概念，第三个问题则关系到"冥思的、寂静的意识"问题。② 其《人生第一等事》的"结尾的评论与进一步的现象学问题"部分进一步拓展了上述问题，进而指出："为了能够更好地理解这些观念和精神经验，有必要以现象学的方式（意识分析的方式）继续探询下面的问题。这些问题涉及以下八个论域：一、为他感；二、良知与直接的道德意识；三、作为'良知'的良心和作为社会道德教育之内在化的良心；四、'良知'与'信息知识'；五、作为意志努力的伦理行为与作为听凭'神'机作用的伦理行为；六、人心中的恶；七、心灵实践；八、冥思沉定与意向意识。"③

对这些问题的进一步的现象学反思是现象学者，特别是汉语现象学者未来的职责和任务。本文将聚焦于其中的一个问题，即有关冥思

---

① 参见董平：《良知学研究的新视域——读耿宁教授〈人生第一等事〉》，《广西大学学报（哲学社会科学版）》2015 年第 3 期。
② 参见耿宁：《心的现象》，倪梁康等译，第 446—472 页。
③ 耿宁：《人生第一等事》，倪梁康译，第 1063—1064 页。

沉定或寂静意识的问题。① 笔者将首先概述耿宁对冥思沉定或寂静意识问题的描画并分析他的问题意识，继而回到阳明学（阳明后学）以及儒家思想的语境中检讨耿宁的"现象学的阳明学"研究，并在此基础上尝试去面对耿宁所提出来的"阳明学的现象学"问题。

一

在前述需要现象学进一步探究的问题中，对耿宁而言，有关冥思沉定或寂静意识的描画分析是最为困难、最具挑战性的，同时也可能是对现象学乃至人类意识和精神之探究本身最有吸引力，甚至最值得期待的。他指出："对我们大多数人来说，这种冥思的沉浸状态都是很陌生的。只有我们本身进行实践，然后对此反思，才可能真正理解这一状态。这些十六世纪的中国哲学家们也提到了其他特殊的精神实践。这些实践大多是为了转变常人的意识。在此，现象学面前有一个广阔而至此为止极少得到探索的研究领域，它有可能会以一种全新的可能和光明，向我们揭示出人类的意识、人类的精神。"②

耿宁这里所说的冥思沉定或寂静意识主要指的是阳明后学中聂双江（豹，1487—1563）的"归寂"意识和罗念庵（洪先，1504—1564）的"收摄保聚"意识，在更宽泛的意义上，当然也可以指阳明和阳明后学乃至理学家所谈论、所实践的"静坐"。笔者以为，在对这一问题的讨论中，耿宁的核心问题意识有三：其一，将寂静意识视为

---

① 汉语现象学界已经有学者对此问题展开讨论，参见倪梁康：《客体化行为与非客体化行为的奠基关系问题再论——从儒家心学与现象学的角度看"未发"与"已发"的关系》，《哲学研究》2012年第8期；倪梁康：《东西方意识哲学中的"意向性"与"元意向性"问题》，《文史哲》2015年第5期；方向红：《自我有广延吗？——兼论耿宁的"寂静意识"疑难》，《哲学分析》2014年第5期。

② 耿宁：《心的现象》，倪梁康等译，第471—472页。

阳明后学"致良知"工夫论论争中的主要内容之一，并借此来进一步梳理阳明后学诸家的分说；其二，对这种寂静意识予以现象学的描画和澄清，使"现象学的明见服务于心学"，从而使得这种意识或工夫更易理解和接近；其三，这种对寂静意识的现象学探究当然也可丰富和拓展现象学（比如意向性概念）本身，最终将有益于人们对人类意识和精神之本性的思考。①

总的来看，第一个问题意识实际上是阳明学者们所共有的。② 耿宁诠释的特色在于，借着对寂静意识，特别是罗念庵思想发展过程中对聂双江"归寂"态度的发展变化以及在与王龙溪（畿，1498—1583）论辩中对寂静意识中"动—静"关系的进一步思考，而将传统诠释中一直被"捆绑"在一起的罗念庵与聂双江"松绑"，并将罗念庵的总体思想倾向与王龙溪相联系。③

第二、三个问题意识则是作为现象学家的耿宁所特有的。第二个问题实际上构成了现象学对寂静意识之研究的最为关键之处。在这个问题中，又有两个层面的问题需要得到关注，或者如耿宁自己所谓的"对阳明心学及其后学的理解困难"的两个方面："首先是在出自中国哲学传统的哲学基本概念的层面上；其次是在关于特别的伦理修行（工夫）之指示以及在对这些修行经验之描述的层面上。"④ 在本文的问题语境中，第一个层面涉及究竟如何在中国哲学的传统中来理解寂

---

① 参见耿宁：《人生第一等事》，倪梁康译，第10—15页，第1077—1081页。
② 有关聂双江、罗念庵以及他们的主要论争对手王龙溪的个案研究，参见林月惠：《良知学的转折——聂双江与罗念庵思想之研究》，台湾大学出版中心2005年版；张卫红：《罗念庵的生命历程与思想世界》，生活·读书·新知三联书店2009年版；吴震：《聂豹罗洪先评传》，南京大学出版社2011年版；彭国翔：《良知学的展开——王龙溪与中晚明的阳明学》，生活·读书·新知三联书店2005年版。
③ 参见耿宁：《人生第一等事》，倪梁康译，第896页。前引张卫红论述罗念庵的专著最后也提到要将罗念庵与聂双江松绑。限于篇幅和论题兴趣，本文不在此问题上过多着墨和展开。林月惠深富启发的鸿文《耿宁对阳明后学的诠释与评价》（《广西大学学报（哲学社会科学版）》2015年第3期）对此问题做了细致深入的分析和辩难。
④ 耿宁：《心的现象》，倪梁康等译，第473页。引文有改动。

静意识的问题,以及耿宁所提供的对寂静意识的现象学描画(或重述)究竟能否切合理学家的话语系统,即"现象学的阳明学"之诠释能否合乎阳明学的语境传统这样的问题;第二个层面则关涉"阳明学的现象学"或者"心性现象学"究竟如何描画寂静意识的问题,特别是自身未进行伦理修行的现象学家是否可能以及如何可能描画寂静意识这种修行工夫的问题。这两个方面正是本文所要检讨的。

第三个问题在根本的意义上代表着"阳明学的现象学"或者"心性现象学"的最终归宿。因为对于耿宁来说,"哲学中的所有理论研究,只要它们不应失去其本原的动机并且不应变得无足轻重,就最终都必须服务于伦理实践",对于阳明及其后学的现象学探究最终可以促使人们去思考"苏格拉底问题",即"我们作为人如何能够过一种伦理上好的生活"。①

实际上,向第三个问题的延展要立足于对第二个问题的现象学澄清。那么,究竟应该如何现象学地描画寂静意识呢?耿宁尝试借助胡塞尔现象学的相关思想,特别是意向性的理论来描画之。

在这些描画和分析中,耿宁主要援引了三位阳明后学(分别是聂双江、罗念庵和欧阳南野[德,1496—1554])的表述。在耿宁看来,对于聂双江而言,寂静意识或者归寂意识不是"含混而晦暗"的意识,不是无意识状态,而是一种"清醒而明澈"的意识,但它也不是关于对象的意向意识。②借着罗念庵,耿宁进一步指出,寂静意识是一种"没有意识对象的意识",是一种"看到纯粹的空白,听到纯粹的静谧,而没有形状或声音的背景,一种不思考任何特殊对象的思,对无的思",即"视于无形、听于无声"。所谓的"收摄保聚"就是对"不

---

① 参见耿宁:《人生第一等事》,倪梁康译,第15页。
② 参见耿宁:《人生第一等事》,倪梁康译,第1077页;耿宁:《心的现象》,倪梁康等译,第466—467页。

睹不闻"的"戒慎恐惧"。①

可以看到,在聂双江和罗念庵这里,寂静意识具有同质的现象学特性,即它是一种清醒而非含混的、非"对象性意向意识"的意识。如果按照胡塞尔现象学的基本规定,意识总是关于某物的意识,意向性是意识的本质特征,那么,这种寂静意识是否是意向性意识,或者,人们究竟还能否用胡塞尔的意向性概念来描画这种寂静意识呢?

耿宁进行了多种尝试。首先,如果寂静意识是"视于无形、听于无声",那么它是一种类似于在观看中国画中对"空白部分"的看,或者欣赏音乐时对"现时的静"的听吗?耿宁旋即否认了这种诠释的可能性。因为,即便是这种对"空白"或"背景"的看同时也是边缘性地看到"有形",进而反衬出"无形";对"现时的静"的听同时也包含着对刚刚消失的声音之滞留的听和对即将到来的声音之前摄的听,对"无声"的听实际上始终包含着对"有声"的听。因而,这种"视"与"听"根本上还是"一种对有分别的对象性的意识",但"视于无形、听于无声"的寂静意识则是一种"非对象性意向意识"的意识。②

那么,寂静意识是不是胡塞尔所谓的"空洞的视域意向性"呢?在这种诠释中,耿宁同样发现了困难。胡塞尔那里所谓的对"空洞的视域"的意向并不是对某个对象之物的空洞表象,但这种空洞视域意向并非一种独立的意向,而是一种"依附模式的意识",即它需要附属于当下对某个对象的意向意识,它根本上是一种依附于"对象性意向意识"的背景意识。而冥思沉定者尽管必须将其寂静意识与其所处的直接当下处境相关联,借此而将寂静意识区别于做梦和睡眠,或者说,冥思沉定者在拥有寂静意识的同时也必须拥有对当下处境的空洞视域

---

① 参见耿宁:《人生第一等事》,倪梁康译,第939—940页;耿宁:《心的现象》,倪梁康等译,第468页。

② 参见耿宁:《人生第一等事》,倪梁康译,第1079页;耿宁:《心的现象》,倪梁康等译,第468页。

意向,但它并不直接就是一种"空洞的视域意向性"[①]。

耿宁还尝试(当然最后也否定了)以胡塞尔在反思孩童意识的发生时所提及的一种"原开端的视域"或"原视域"来理解寂静意识。这种对"原视域"的意向是指一种在对一切特殊对象的现实意向之前的潜在意向,它构成了"对象性意向意识"的基础。[②] 显然,这种对"原视域"的意向尽管也不是"对象性意向意识",但它更应被称作一种"**前**对象性意向意识"的意识,而寂静意识则是一种"**非**对象性意向意识"的意识。

概而言之,由聂双江和罗念庵的谈论,耿宁所引出的寂静意识具有如下几个现象学特征:(1)它是一种清醒而非含混的意识;(2)它不是"一种对有分别的对象性的意识";(3)它也不是"前对象性意向意识"的潜在意识;(4)它并非依附性的意识,而是一种当下独立的意识;(5)在寂静意识发生的同时始终伴随有对当下处境的意识。

但是问题仍然还在,这种寂静意识究竟是不是意向意识,若是,那么它的"意向相关项"是什么?于此,耿宁引入了江右王门的另一位思想家欧阳南野在和聂双江的论辩中对寂静意识的相关思考。

根据欧阳南野的观点,寂静意识不带有任何感性感知(不带有五官的作用),在其中,"思虑不生""诸念悉泯",它是一种没有感官感知,没有记忆、想象和概念思维的意识,但它却并不是不带有意向和意向对象,而总是意向地指向一个"境",总是"专一"于某个"未分化的东西"。换言之,在欧阳南野这里,尽管寂静意识仍然与聂双江和罗念庵所认为的一样,并不是"一种对有分别的对象性的意识",但它却是一种清醒的、当下独立的对某个"未分化的东西"的意向意识。寂静意识的"意向相关项"并非某种"有分别"的感性或理智对象,

---

[①] 参见耿宁:《心的现象》,倪梁康等译,第469—470页。
[②] 参见耿宁:《心的现象》,倪梁康等译,第470页。

而是某种"未分化的东西"①。

耿宁最后强调:"理解这一冥思的寂静意识的主要任务,就是理解其'集中在某个未分化的东西上',这是它的核心所在。这一统一体不包含共时或历时的多样性。它不被五种外在感官所感知,也不被概念所思考。"②就此而言,胡塞尔现象学的意向性的概念似乎难以直接应用到这一"清醒的意识"上,然而,"我们在这里所遇到的是一种非同寻常的意识,大概它不会使意向性概念成为多余,但会赋予它以一个新的含义"③。

但是,耿宁并未对这个"非同寻常的意识"做更进一步的描画和分析,也并未明确给出"意向性"概念的"新的含义"④,当然更没有展示这种新含义的意向性概念究竟如何应用到"视于无形、听于无声"这种清醒的意识上⑤。就此而言,耿宁的尝试既给我们指示了可能的方向、打开了继续反思的空间,同时也隐含有对此描画分析做进一步检讨的要求。

---

① 参见耿宁:《人生第一等事》,倪梁康译,第1079—1080页;耿宁:《心的现象》,倪梁康等译,第470—471页。

② 耿宁:《心的现象》,倪梁康等译,第471页。

③ 耿宁:《人生第一等事》,倪梁康译,第1081页。

④ 倪梁康将这种"新的含义"理解为"一种惟有意向活动、没有意向相关项的意识之特性",并进一步将欧阳南野和罗念庵所展示出来的这种新含义的"意向性"理解为"元意向性",即"一种无直观内容的意向性,即'无意向性'或'非意向性'"(参见倪梁康:《东西方意识哲学中的"意向性"与"元意向性"问题》,《文史哲》2015年第5期)。

⑤ 方向红试图以胡塞尔晚年对有"广度""深度"和"厚度"的(换言之,有"广延"的)"自我"——这种"自我"进一步被等同于"原现象"——的讨论来破解"寂静意识"的难题,从此原对象出发,"耿宁在讨论阳明学派的道德意识时所提出来并企图在胡塞尔现象学的框架内加以解决的'寂静意识'的难题会迎刃而解,这种意识所包含的非对象性特征、静谧性的体验以及伴随性的情绪都得到了说明"(参见方向红:《自我有广延吗?——兼论耿宁的"寂静意识"疑难》,《哲学分析》2014年第5期)。对于这种解读和诠释的一个可能的提问是:对于"原对象"(有广延的自我)的意识是非对象的、静谧的以及带有着伴随性的情绪,"寂静意识"也具有如此这些的特征,但这是不是就能够意味着"寂静意识"就是这种对于"原对象"的意识?

## 二

在阳明后学诸子中，耿宁给予罗念庵以极高（甚至可以说是最高）的评价。在他看来，王龙溪与罗念庵是"面对当时各种精神潮流最开放的、目光最开阔的和在哲学上最敏锐的"两位思想家，但是王龙溪"时而也会给人以语词轻浮的印象"，罗念庵则是在阳明第一代后继者中"对'致良知'做了最彻底的思考、最仔细的实践和在建基于本己经验的话语中最可靠把握的人"。① 较之于王门诸子，罗念庵不执着于言词概念之辨、"不诉诸于援引文献章句的知解方式"，而是躬身实践"致良知"并"直接以自家生命的体验与实践工夫的经验所得"来理解"致良知"。② 人们甚至可以说，在罗念庵的学问中浸润着从而透显出现象学的彻底的"面向实事本身"的精神。或许，这恰恰是现象学家耿宁最为欣赏罗念庵的原因之所在。

耿宁对寂静意识的现象学分析和澄清，也主要是借重罗念庵的"视于无形、听于无声"来展开讨论，并且明确地将之视为罗念庵对"静坐"或"寂静意识"——一种"清醒的，然而没有对象的意识，亦即在'静'的沉思实践中或在禅定中所追求的那种意识"③——中的"心理状态"的描述。④ 这里的特别之处在于，如我们前一节已经看到的那样，借着将"视于无形、听于无声"视为寂静意识中的"心理状态"，耿宁获得了对寂静意识进行现象学分析的基础和课题对象。但需要首先得到讨论的是，在罗念庵那里（进而更宽泛些，在阳明后学或宋明儒学那里），这种"视于无形、听于无声"究竟意味着什么？它能否被刻画为罗念庵的"致良知"工夫？它又究竟能不能被视为静坐中

---

① 耿宁：《人生第一等事》，倪梁康译，第1061页。
② 参见林月惠：《良知学的转折——聂双江与罗念庵思想之研究》，第294页。
③ 耿宁：《人生第一等事》，倪梁康译，第940页。
④ 参见耿宁：《人生第一等事》，倪梁康译，第775页。

的"心理状态"?

首先来看看罗念庵对于"视于无形、听于无声"的讨论。检诸《罗洪先集》,专门论及"视于无形、听于无声"的只有一处,亦即耿宁所引用和分析的文段:

> 先生又曰:"知者意之体,物者意之用。"未尝以物为知之体也。尝观《大学》言物与知,自有先后……而绪山乃曰:"知无体,以人情事物之感应为体;无人情事物之感应,则无知矣。"将谓物有本末者,亦有别解欤?人情事物感应之于知,犹色之于视,声之于听也。谓视不离色,固有视于无形者,是犹有未尽矣,而曰"色即为视之体,无色则无视也",可乎?谓听不离声,固有听于无声者,是犹有未尽矣,而曰"声即为听之体,无声则无听也",可乎?①

这个文段出自罗念庵著名的《夏游记》,所记内容主要为戊申年(1548)王门诸子青原会,他与王龙溪等同游龙虎山的游历论学之事以及对邹东廓(守益,1491—1562)所记己酉年(1549)冲玄会(罗念庵因故未能参加)中王门诸子(主要是王龙溪,也提及钱绪山[德洪,1496—1554]等)论学之批评等。这个文本是罗念庵正式批评现成(见在)良知说的开始。在所引的这个文段中,罗念庵主要针对的是钱绪山②,所讨论的问题主要涉及良知与人情事物何者为"体"的问题。罗念庵首先引阳明语③以辨明"知"为"物"之体,进而反驳钱绪

---

① 《夏游记(戊申)》,《罗洪先集》上册,凤凰出版社 2007 年版,第 73—74 页。
② 此处所引钱绪山文句,参见钱明辑:《钱德洪语录诗文辑佚》,《徐爱钱德洪董沄集》,凤凰出版社 2007 年版,第 124 页。
③ 参见王阳明:《传习录》卷中《答顾东桥书》之八,第 137 条,第 176 页(编号和页码均据陈荣捷:《王阳明传习录详注集评》,台北学生书局 2006 年版)。该句出自《大学古本旁释》,《王阳明全集》(新编本)第 5 册,浙江古籍出版社 2011 年版,第 1851、1853 页,感谢林月惠教授提醒此处引文的出处。

山所谓的"以人情事物之感应"为"知"之体①。正是在此反驳中，罗念庵引入色声与视听的关系作为例子来阐明良知为体的观点。虽然视大多是对色（形）的视，听大多是对声的听，或者说，视与听大多与色（形）与声相关联，但是毕竟总还有"视于无形""听于无声"，故色（形）与声不可为视与听之体，良知与人情事物之感应的关系正如同视听与色声的关系。

于此可见，罗念庵在这里引《礼记》中的"视于无形、听于无声"更多是当作譬喻，主要是为了辨明良知为体的问题。耿宁出于其现象学家特有的敏感，将此譬喻单独拈出，并将之视为罗念庵对于寂静意识或静坐中的"心理状态"之描述。但是，这样的一种拈出是否合理？

耿宁已经提示，"视于无形、听于无声"出自《礼记·曲礼》，其

---

① 耿宁认为相较于罗念庵，钱绪山此处的看法可能更接近于王阳明，因为《传习录》记有："目无体，以万物之色为体。耳无体，以万物之声为体。鼻无体，以万物之臭为体。口无体，以万物之味为体。心无体，以天地万物感应之是非为体。"（《传习录》卷下，第277条，第333页）钱穆的《罗念庵年谱》亦明确指出："此条正是绪山所录。念庵驳绪山，不啻驳阳明矣。"（钱穆：《中国学术思想史论丛》第7册，《钱穆先生全集（新校本）》，九州出版社2011年版，第238页）牟宗三指出："若谓念庵不曾见阳明《传习录》中那一段话，则其忽视师门之文献已甚矣。观其以视听为例，似乎又不是不知者。如知之，而又如此反驳钱绪山，则其不解阳明之语亦显然矣。其驳绪山即驳阳明也。如此滞笨而又不虚心切认原语之意义，焉能读王学？"（牟宗三：《从陆象山到刘蕺山》，台北学生书局1979年版，第309页）耿宁为罗念庵做了辩解：《夏游记》写于1550—1551年，而《传习录》的这个记录最早是在1554年，或许直至1556年才发表，所以罗念庵在批评钱绪山时并不知此文段。（参见耿宁：《人生第一等事》，倪梁康译，第940—941页）不过，但衡今也认为，《传习录》此节所云与阳明整体思想相违背，"色为目之体，声为耳之体，臭为鼻之体，味为口之体，感应为心之体，体在外，然则物犹在外也，且物外无心矣，不啻自毁其学术宗旨。度阳明之意，万物之色非色也，以目为色。万物之声非声也，以耳为声。万物之臭非臭也，以鼻为臭。万物之味非味也，以口为味。万物何尝有色声香味者哉？造心无心，万物并育，何尝为人心之体？更何尝有是非于其间哉？"（陈荣捷：《王阳明传习录详注集评》，第333—334页）其实，阳明那里并无矛盾之处，因为对阳明而言，"良知本体作为天地万物的创生原理，它本身并非静态不活动的超越之理，而是在良知本体的'感应'活动中，显示出良知本身为最高的存有自身"，这正体现着阳明即体即用、即用即体、体用不二的"体用一源"观。对此参见林月惠：《王阳明的体用观》，《诠释与工夫——宋明理学的超越蕲向与内在辩证》（增订版），台北"中央"研究院中国文哲研究所2012年版，第161—162页。

上下文为："为人子者，居不主奥，坐不中席，行不中道，立不中门，食飨不为概，祭祀不为尸，听于无声，视于无形，不登高，不临深，不苟訾，不苟笑。"此文段主要关涉"孝子居处及行立待宾祭祀敬慎之事"，所谓"君子之所为孝者，先意承志"。根据孔颖达正义，"听于无声，视于无形"，意指为人子者（孝子）虽听而不闻父母之声，虽视而不见父母之形，但"恒常于心想象，似见形闻声，谓父母将有教使己然也"。① 后儒王夫之（船山）的《礼记章句》云："以父母之心为心，则凡有意指，不待言色而审知之矣。为君子者，未有以言色诏其子者也。"② 显然，这里的"视于无形、听于无声"更多是一种日常的形象说法，是对为人子者的规范或要求：在父母尚未形于言色（无声、无形）时便能揣知其心思意愿。不难发现，罗念庵在与钱绪山的辩难中所引入的"视于无形、听于无声"的例子与《曲礼》的文脉意义并不相合，而耿宁对罗念庵的诠释则离此文脉更远。

在儒家经典传统中，"视于无形、听于无声"尚有另一个语境脉络。在朱子对《中庸》首章的诠释中，其也引入了"视于无形、听于无声"：

> （1）是以君子戒慎乎其目之所不及见，恐惧乎其耳之所不及闻，了然心目之间，常若见其不可离者，而不敢有须臾之间，以流于人欲之私，而陷于禽兽之域。若《书》之言防怨而曰"不见是图"，《礼》之言事亲而曰"听于无声，视于无形"，盖不待其征于色、发于声，然后有以用其力也。③

---

① 郑玄注：《礼记正义》，孔颖达疏，龚抗云整理，王文锦审定，北京大学出版社 2000 年版，第 33—35 页。
② 《礼记章句》卷一，《船山全书》第 4 册，岳麓书社 1988 年版，第 26 页。
③ 《中庸或问》，《朱子全书》（修订本）第 6 册，上海古籍出版社、安徽教育出版社 2010 年版，第 555 页。

（2）问："'戒谨乎其所不睹，恐惧乎其所不闻'，《或问》中引'听于无声，视于无形'，如何？"曰："不呼唤时不见时，常准备着。"德明指坐阁问曰："此处便是耳目所睹闻，隔窗便是不睹也？"曰："不然。只谓照管所不到，念虑所不及处。正如防贼相似，须尽塞其来路。"次日再问："'不睹不闻'，终未莹。"曰："此须意会。如《或问》中引'不见是图'，既是不见，安得有图？只是要于未有兆朕、无可睹闻时先戒惧耳。"①

（3）"戒慎"一节当分为两事，"戒慎不睹，恐惧不闻"，如言"听于无声，视于无形"，是防之于未然，以全其体；"谨独"，是察之于将然，以审其几。②

上述文段（1）中，朱子明确提到"听于无声、视于无形"出自《礼记》言事亲的段落，亦即我们前文所引《曲礼》相关文段。关键的地方在于，朱子将此"听于无声、视于无形"与《中庸》中的"戒慎恐惧"和"不睹不闻"说相联系。③文段（2）对"听于无声、视于无形"做了进一步的阐发。朱子强调，它并不是就某个空间意义上来说，比如在谈话的房间内就是可听声视形，而房间之外则是不睹不闻，无可视听，毋宁说，它需要"意会"，它更多是一个譬喻，意味着"照管所不到，念虑所不及处"。文段（3）则明确地将"戒慎恐惧"和"谨独"相区别，"听于无声、视于无形"主要是用来说明"戒慎恐惧"的，"所不闻，所不见，不是合眼掩耳，只是喜怒哀乐未发时。凡万事皆未萌芽，自家便恁地戒谨恐惧，常要提起此心，常在这里，便是

---

① 《朱子语类》卷六十二，《朱子全书》（修订本）第16册，第2034—2035页。
② 《朱子语类》卷六十二，《朱子全书》（修订本）第16册，第2031页。
③ 清儒徐鼒曾批评这种关联："宋儒说经，往往为理学所蒙溷，如《曲礼》：'视于无形，听于无声。'郑注云：'视、听恒若亲之教使已然。'简切有味，真西山谓是'戒慎不睹，恐惧不闻'，抑何迂阔可笑！"（徐鼒：《读书杂释》，阎振益、钟夏点校，中华书局1997年版，第76页）这种关联实际上并不始于朱子后学真德秀（西山）。

防于未然，不见是图的意思"①。

很显然，在这一语境脉络中，朱子将"听于无声、视于无形"与儒门工夫论联系在一起。按照朱子的诠释，"戒慎恐惧"与"谨独"是两截工夫。与"听于无声、视于无形"相关联的是"戒慎不睹，恐惧不闻"，它在根本上是"存天理之本然"的工夫。所谓"不睹不闻"，乃是己所不睹不闻，亦即心之喜怒哀乐之未发②，"戒慎恐惧"即是"养其未发""防闲其未发"③，因此，它是在未发上做"涵养"工夫，它是"致中"的工夫；而所谓"谨独"则指"人虽不知，己独知之"，"这独也又不是恁地独时，如与众人对坐，自心中发一念，或正或不正，此亦是独处"。④换言之，"独"并不仅仅是自我之独处，而更是意味着心之已发意念，"谨独"就是指于"人所不睹不闻"处"察其私意起处防之"，它是"遏人欲于将萌"的工夫。根本上，它是在已发上做"省察"工夫，它是"致和"的工夫⑤。

当然，朱子的戒惧、谨独更多是在"念虑"上用功，而明代心学家们的戒惧、谨独工夫则主要是在心体上用功，不可不辨。⑥但是，朱子在其《中庸》首章诠释中将"听于无声、视于无形"与戒慎恐惧、不睹不闻相联系，从而对心学家们的工夫论述产生重大影响，也无可怀疑。

在阳明和阳明后学中也可以读到与"听于无声、视于无形"相近

---

① 《朱子语类》卷六十二，《朱子全书》（修订本）第16册，第2027页。
② "喜怒哀乐未发，只是这心未发耳。"（《朱子语类》卷六十二，《朱子全书》[修订本]第16册，第2038页）
③ "戒谨恐惧是未发，然只做未发也不得，便是所以养其未发。""戒谨恐惧正是防闲其未发。"（《朱子语类》卷六十二，《朱子全书》[修订本]第16册，第2027—2028页）
④ 《朱子语类》卷六十二，《朱子全书》（修订本）第16册，第2033页。
⑤ "不睹不闻与'独'字不同，乃是言其戒惧之至，无适不然。虽是此等耳目不及无要紧处，亦加防管，如云听于无声、视于无形，非谓所有闻见处却可阔略，而特然于此加功也。"《晦庵先生朱文公文集》卷五十三《答胡季随》，《朱子全书》（修订本）第16册，第2507页。
⑥ 参见杨儒宾：《主敬与主静》，载艾皓德、马渊昌也、杨儒宾编：《东亚的静坐传统》，台湾大学出版中心2013年版，第129—159页。此处蒙张卫红副教授提醒点明，特此致谢！

的说法。比如,阳明曾谓,君子之学乃心学,必"学以存其心""求诸其心""谨守其心":"谨守其心者,无声之中而常若闻焉,无形之中而常若睹焉。故倾耳而听之,惟恐其或缪也;注目而视之,惟恐其或逸也。是故至微而显,至隐而见,善恶之萌而纤毫莫遁,由其能谨也。谨则存,存则明,明则其察之也精,其存之也一。"① 又如,与罗念庵差不多同时代的阳明第一代弟子季彭山(本,1485—1563)也曾说:"不睹之中有常睹,故能戒慎不睹;不闻之中有常闻,故能恐惧不闻,此天命之於穆不已者也。故不睹不闻,即是无声无臭,涉于睹闻,即是声色。虽声色未尝至前,而心所与交,即在声色矣,一着声色便是形而下者。耳目蔽于睹闻,则心失虚明之体,不可以为诚矣。惟感于不睹不闻者,乃为形而上也。故《中庸》论道只在声色有无之间。"② 后文还会看到,王龙溪、聂双江,包括邹东廓,他们都在工夫论的语境中讨论过"听于无声、视于无形"。

  从总体上看,反倒是罗念庵很少论及"视于无形、听于无声",唯一专门讨论它的文段也主要是论证良知为体的问题,并不直接关涉"致良知"的工夫。但是,若我们在朱子对《中庸》诠释的大背景中来观之,尤其是考虑到罗念庵的《夏游记》对王龙溪的第一个批评就涉及"良知"和"戒慎恐惧"的问题③,而且,罗念庵当时也将其"收摄敛聚"等同于"戒慎恐惧"④,那么,耿宁将罗念庵所论及的"视于无形、听于无声"视为一种"致良知"的工夫,并将之与罗念庵所主张

---

① 《谨斋说(乙亥)》,《王阳明全集》(新编本)第1册,第281页。
② 季本:《中庸私存》卷上,朱湘钰点校,钟彩钧校订:《四书私存》,台北"中央"研究院中国文哲研究所2013年版,第56页。
③ 《夏游记(戊申)》,《罗洪先集》上册,第71页。耿宁将罗念庵对王龙溪的第一个指责概括为:"伦理的'学习'在于对作为心的'不闻不睹'之本性的'良知'保持'戒慎恐惧';它并不在于'对行为的纠正'。"(耿宁:《人生第一等事》,倪梁康译,第924页)
④ "良知犹言良心,主静者求以致之,收摄敛聚,自戒惧以入精微。"(《〈读困辨录抄〉序》,《罗洪先集》上册,第474页)

的静坐或寂静意识相联系就有一定的合理性，尽管罗念庵本人可能并无此深意。

就此而言，在此一问题上，耿宁的"现象学的阳明学"之诠释并未偏离阳明学乃至宋明儒学的整体语境传统，而他更进一步地将"视于无形、听于无声"视为静坐中的"心理状态"，则关涉其"阳明学的现象学"的问题意识。

## 三

"视于无形、听于无声"中视听的"无形无声"究竟意味着什么？"视于无形、听于无声"与静坐相关吗？它又能不能被视为静坐中的"心理状态"呢？

如前所述，罗念庵本人实际上并未对这些问题加以展开，但我们可以借助罗念庵同时代的其他王门诸子的相关论学来思考这些问题。

在1557—1558年前后，王龙溪与聂双江有一场短兵相接的论辩。王龙溪在挑起这场论辩的《致知议略》[1]一文中指出：

> 独知无有不良，不睹不闻，良知之体，显微体用，通一无二者，此也。戒慎恐惧，致知格物之功，视于无形，听于无声，日用伦物之感应而致其明察者，此也。知体本空，着体即为沉空；知本无知，离体即为依识。[2]

---

[1] 关于此文的写作年代，一般根据王龙溪自述撰文缘由，并参照阳明年谱，而推断为1555年（嘉靖三十四年）。（参见彭国翔：《王龙溪先生年谱》，《良知学的展开——王龙溪与中晚明的阳明学》，第544页）但是，根据吴震考证，王龙溪该文当写于1557年（嘉靖三十六年），而聂双江回应王龙溪的《答王龙溪》第一书当作于1558年（嘉靖三十七年）。（参见吴震：《聂豹略年谱》，《聂豹罗洪先评传》，第322—323页）

[2] 《致知议略》，《王畿集》，凤凰出版社2007年版，第131页。

显然，王龙溪这里将不睹不闻视为良知本体，而戒慎恐惧则为致知之功，"视于无形，听于无声"在此文脉下与戒慎恐惧相联系，是就工夫论而言的。乍看起来，他的思路与宋儒的诠释是一致的，但在这段引文的前面（牟宗三称为"综纲"的文字①），王龙溪表达了他的基本立场，一个与阳明一致而与朱子等宋儒迥异的立场："良知即是未发之中，即是发而中节之和，此是千圣斩关第一义，所谓无前后内外、浑然一体者也。"②此论当是本于其师之论："未发之中，即良知也。无前后内外，而浑然一体者也……未发在已发之中，而已发之中，未尝别有未发者在。已发在未发之中，而未发之中，未尝别有已发者存。"③阳明（包括王龙溪）在此反对宋儒对于未发与已发、致中与致和④的两截区分，而是强调未发之中是良知之体，已发之和是良知之用，"体用一源"⑤。

聂双江对王龙溪前述文段的批评也需置于此背景来理解。他首先区分王龙溪所说的独知与良知，谓"独知是良知的萌芽处，与良知似隔一尘。此处着功，虽与半路修行者不同，要亦是半路的路头也。致虚守寂，方是不睹不闻之学，归根复命之要"⑥。不难看出，聂双江这里是以朱子等宋儒对未发已发、致中致和的思路来理解阳明并据此而反驳王龙溪的。在他看来，良知是未发之中，但独知还不就是良知，它是良知的萌芽，"才发便属睹闻"，实已属"已发"，所以王龙溪所谓

---

① 参见牟宗三：《从陆象山到刘蕺山》，第 325 页。
② 《致知议略》，《王畿集》，第 130 页。
③ 王阳明：《答陆原静书》，《传习录》卷中，第 157 条，第 220 页。
④ 参见王阳明：《传习录拾遗》，第 24 条，第 403 页："中和一也，内无所偏倚，少间发出，便自无乖戾。本体上如何用功？必就他发处，才着得力。致和便是致中。万物育，便是天地位。"（此段亦载于《王阳明全集》[新编本]第 5 册，第 1553 页）
⑤ 《传习录》卷上，第 45 条，第 83 页："盖体用一源。有是体，即有是用。有未发之中，即有发而皆中节之和。""体用一源"在宋明儒学中是一个思想范型，至中晚明已成儒释道三教通论。阳明之体用观核心在于"体用是一物而不相离"。更为详尽的讨论，参见林月惠：《良知学的转折——聂双江与罗念庵思想之研究》，第 515—528、708—717 页；林月惠：《王阳明的体用观》，《诠释与工夫——宋明理学的超越蕲向与内在辩证》（增订版），第 151—185 页。
⑥ 《答王龙溪》第一书，《聂豹集》，凤凰出版社 2007 年版，第 377—378 页。

的独知、"视于无形,听于无声"等都是已发层面上的,而真正的在未发上的致中工夫应是"致虚守寂"。基于此,聂双江继续追问:

> 其曰"视于无形,听于无声",不知指何者为无形声而视之、听之。非以日用伦物之内,别有一个虚明不动之体以主宰之,而后明察之。形声俱泯,是则寂以主夫感,静以御乎动,显微隐见,通一无二是也。①

聂双江这里实际上提出了一个现象学的问题(这也是耿宁提出的问题):在"视于无形,听于无声"中被视听的无形声者究竟为何?在聂双江看来,王龙溪将无形无声视作某种在"日用伦物"之内且作为其主宰的"虚明不动之体",并将"视于无形,听于无声"理解为对此种"虚明不动之体"的明察,因而它也就被看作是致良知的工夫。但是按照聂双江的思路,"视于无形,听于无声"实属已发,而这种明察在根本的意义上也只是"格物"(即于"日用伦物"处明察"虚明不动之体"),而非致知。"鄙以充满虚灵本体之量为致知,感而遂通天下之故为格物"②,"致知如磨镜,格物如镜之照。谬谓格物无工夫者,以此"③。易言之,对聂双江而言,良知本寂,致知无非是"致虚守寂",形声俱泯处,恰恰是"致虚守寂"以存养良知本体之时;而格物只是归寂之效验,格物无工夫。"视于无形,听于无声"只是格物,而非致知之工夫。

针对聂双江的批评,王龙溪作《致知议辩》进行回应。他首先称聂双江的上述指摘"似于先师致知之旨或有所未尽契也",并再次申明了自己的立场:

---

① 《答王龙溪》第一书,《聂豹集》,第378页。
② 《答王龙溪》第二书,《聂豹集》,第388页。
③ 《答王龙溪》第一书,《聂豹集》,第382页。

良知即所谓未发之中，原是不睹不闻，原是莫见莫显。明物察伦，性体之觉，由仁义行，觉之自然也。显微隐见，通一无二，在舜所谓玄德。自然之觉，即是虚、即是寂、即是无形无声、即是虚明不动之体、即为易之蕴。致者致此而已，守者守此而已，视听于无者视听此而已，主宰者主宰此而已。①

王龙溪反对聂双江把独知看作已发、归诸睹闻。在他这里，独知即为良知，亦如阳明诗云："无声无臭独知时，此是乾坤万有基。"②在此意义上，王龙溪与阳明一样，将独知视为良知自身之明觉，而良知即为无声无臭、不睹不闻，"即是喜怒哀乐未发前或未发时所欲体证之中体"③。因此，致知之致者、"视于无形，听于无声"之视听者（无形无声）就是此良知本体，即是虚明不动之体，即是虚寂。"视于无形，听于无声"虽是格物，但亦是工夫，因为"致知在格物"或"致知工夫在格物上用"，"良知是天然之则，格者正也，物犹事也，格物云者，致此良知之天则于事事物物也。物得其则谓之格，非于天则之外别有一段格之之功也"④。显然，王龙溪此处对致知格物的讨论也是本于阳明的。阳明曾说："若鄙人所谓致知格物者，致吾心之良知于事事物物也。吾心之良知，即所谓天理也。致吾心良知之天理于事事物物，则事事物物皆得其理矣。致吾心之良知者，致知也。事事物物皆得其理者，格物也。"⑤是故，格物与致知实为一事，"格物正

---

① 《致知议辩》，《王畿集》，第136页。
② 《书咏良知四绝示冯子仁》，《王阳明全集》（新编本）第5册，第1736页。
③ 参见牟宗三：《从陆象山到刘蕺山》，第353—354页。
④ 《致知议辩》，《王畿集》，第133页。其《答聂双江》云："所谓'致知在格物'，格物正是致知实用力之地，不可以内外分者也。若谓'工夫只是致知'，而谓'格物无工夫'，其流之弊，便至于绝物，便是仙佛之学。徒知致知在格物，而不悟格物正是致其未发之知，其流之弊，便至于逐物，便是支离之学。争若毫厘，然千里之谬实始于此，不可不察也。"（《王畿集》，第199页）
⑤ 王阳明：《传习录》卷上，第135条，第172页。

是致知下手实地"①。

聂双江后来对王龙溪的这一回应尚有一通答复,但于此文脉下所言并未超出前次批评之意旨,也未直接涉及"视于无形,听于无声",故此处不赘。② 简要回顾王龙溪与聂双江往复辩难中涉及"视于无形,听于无声"的文段,我们可以得出以下两个意见:

其一,王龙溪将"视于无形,听于无声"视为致知格物之工夫,良知"见在"且"当下具足",故可于日用伦物之感应上致良知。无形无声对他而言就是良知本体,也可是在"日用伦物"之内且作为其主宰的"虚明不动之体"。聂双江则坚持认为无形无声即为"日用伦物"之内的"虚明不动之体","视于无形,听于无声"只是格物,而非致知。总体来看,两人虽针锋相对,但是对于"视于无形,听于无声"之理解(即对在"日用伦物"之内的"虚明不动之体"的明察)其实并无本质差别,差别只在于"视于无形,听于无声"之功用有所不同(作为格物是否可以是工夫)。

其二,王龙溪以"视于无形,听于无声"为戒慎恐惧,为致知格物之工夫,初看起来与朱子等宋儒无异,但无论是就"体用一源"而言,或是就"致知格物"来说,他都本于其师,而与宋儒有莫大区别。而聂双江则以"视于无形,听于无声"为已发,以"致虚守寂"为未发上的致知工夫,所以他的归寂说是"从程、朱理气二分的思路,与延平观未发之中的工夫体段,来诠释'致良知'的工夫"③。大略而言,两人于致良知之工夫论上分道而行,但是他们却都没有将"视于无形,听于无声"视为静坐或寂静意识。于王龙溪,它是致知格物之工夫的

---

① "然欲立定命根,不是悬空做得,格物正是致知下手实地,故曰'在格物'。格是天则,良知所本有,犹所谓天然格式也。若不在感应上参勘得过、打迭得下,终落悬空,对境终有动处。良知本虚,格物乃实,虚实相生,天则常见,方是真立本也。"(《与聂双江》,《王畿集》,第200页)
② 参见《答王龙溪》第二书,《王畿集》,第392—393页。
③ 参见林月惠:《良知学的转折——聂双江与罗念庵思想之研究》,第580页。

"譬喻"之说；于聂双江，它属已发，更与"致虚守寂"无涉。

如此说来，在对罗念庵影响最大的两个同代人王龙溪和聂双江那里，"视于无形，听于无声"都没有被与静坐或寂静意识相关联。罗念庵虽然也对王龙溪与聂双江的往复辩难有所表态，但却并未论及此"视于无形，听于无声"①。不过，在此表态中，罗念庵亦征引《大传》《论语》之教"未尝避讳涉于事事物物与在外也"而对聂双江的致知格物之说提出疑问，并劝告他："故区区之愚，亦愿长者（指聂双江——引者）于致知、格物诸解释处，更乞浑融，令与《论语》教旨相似，即他人（另作"龙溪"——引者）更不得肆其口舌，而其失自易见。否则，不独无以服其心，亦恐落禅之讥隐然四起，使长者苦心，卒未得即达也。如何？"②考虑到罗念庵一再强调，致良知之工夫即为戒慎恐惧（"盖以君子之学，惟于其所不睹不闻者而戒慎恐惧耳"③，"戒慎不睹，恐惧不闻，此孔门用功口诀也"④），那么，耿宁将"视于无形，听于无声"理解为罗念庵自己的"收摄敛聚"或"致良知"工夫，进而将之与静坐或寂静意识相联系亦不算为过。

罗念庵曾在与宗尚阳明学说的项瓯东（乔，1493—1552）讨论《夏游记》的通信中提到："白沙有言：'此心与此理未有吻合凑泊处。'"⑤此中所引陈白沙（献章，1428—1500）之言出自陈白沙的夫子自道，即他本人在追随朱子学的方法进路而终不可得（未有吻合凑泊处），转而"舍彼之繁，求吾之约，惟在静坐，久之，然后见吾心之体

---

① 殊为可惜的是，尽管耿宁如此看重"视于无形、听于无声"，同时专节讨论了王龙溪与聂双江的这场论辩，但他也没有提及他们对于"视于无形、听于无声"的讨论，因而我们无从知晓耿宁对于此论辩中所涉及的"视于无形、听于无声"的看法。
② 《与双江公》，《罗洪先集》上册，第193页。又，此文段又存《读双江公致知议略质语》一文（《罗洪先集》下册，第697—698页）。两文并不完全相同，可互为增补。
③ 《夏游记（戊申）》，《罗洪先集》上册，第71页。
④ 《书门人扇》，《罗洪先集》上册，第670页。
⑤ 《答项瓯东（辛亥）》，《罗洪先集》上册，第408页。

隐然呈露，常若有物"①。不难想象，罗念庵在此亦有师法陈白沙之意，即"默默反之于心"，在静坐中识得本心。尽管罗念庵在晚期对归寂主静的态度及理解与其思想中期已有较大不同，但是他所取的工夫形式却仍是静坐，正所谓"静坐澄心，乃是一生功课"②。

无论如何，"视于无形、听于无声"并不能被看作是对静坐或寂静意识中的"心理状态"的刻画。然而，这样的一个否定性的看法是不是意味着，如我们在第一节中所展示的，耿宁借从罗念庵那里拈出的"视于无形、听于无声"而对寂静意识所做的那些现象学分析就是完全无效的？又或者，若单单将"视于无形、听于无声"看作现象学意识分析的话头，那么它在对静坐或寂静意识的描画中是否有其合适位置？更进一步，现象学是否可以以及究竟如何来描画静坐或寂静意识呢？

## 四

近年来，两岸学界已有诸多有关静坐之专题研究可资参考。③ 从最近半个世纪以来对儒家静坐既有的研究文献来看，研究的重点主要在两个路向上展开：一个是历史角度的研究，一个是工夫论角度的研究。前者主要关心哪些儒者讨论过静坐以及他们是如何讨论的，他们之间在思想上的相互关联如何，儒者论静坐与释老的区别，等等；后者则

---

① 《复赵提学佥宪》，《陈献章集》，中华书局1987年版，第145页。
② 《与詹德甫》，《罗洪先集》上册，第353页。罗念庵对其工夫口诀"收摄敛聚"的理解，随其思想发展而有所变化。在其思想中期，它主要指"无欲主静"。1553年以后，这个口诀更多意味着一种静与动的统一。静坐虽仍为工夫形式，但它更多只是一种"因病立方"的权法，静坐也具有内外两忘、动静不偏的目的（参见耿宁：《人生第一等事》，倪梁康译，第905页；张卫红：《罗念庵的生命历程与思想世界》，第513页）。
③ 参见艾皓德、马渊昌也、杨儒宾编：《东亚的静坐传统》，台湾大学出版中心2013年版；中嶋隆藏：《静坐：实践与历史》，陈玮芬等译，台湾新竹清华大学出版社2011年版；陈立胜：《静坐在儒家修身学中的意义》，《广西大学学报（哲学社会科学版）》2014年第4期。进一步的研究文献目录可参看史甄陶辑：《东亚儒家静坐研究资料汇编》，载艾皓德、马渊昌也、杨儒宾编：《东亚的静坐传统》，第57—61页。

是一种哲学和宗教学的研究方式，更多着眼于静坐如何能够成为成德成圣的工夫，在静坐时，儒家修身者如何转换身心以"体证"本体，如此等等。儒者在关注静坐实践时，更多着墨的总是对此"体证"的讨论，而对静坐时具体的身体姿势、呼吸、时间长短、周际环境等具体的"方法"反倒不甚强调，将其作为次要的考量①。儒者静坐悟道者虽众多，但愿意将此经验诉诸笔端进行描述者甚少。据杨儒宾先生的研究，宋明理学家中，喜欢畅谈个人悟道经验者有陆象山弟子杨慈湖（简，1141—1226）和泰州王门的颜山农（钧，1504—1596），或亦可加上东林学派的高景逸（攀龙，1562—1626），其他儒家修身者偶亦有所论，但相当节制。② 这些悟道经验也被视作一种神秘主义或冥契主义，也有学者以心理学中的"高原经验"论之③。

　　细细观之，耿宁对于静坐或寂静意识的描画和分析与上述研究有所交叉重叠，但亦有逸出。依笔者愚见，对于儒门工夫论视野下的静坐之理论探究，可分为三个层面：其一，对作为体证工夫或"技艺"的静坐之讨论；其二，对寂静意识的描画；其三，对作为静坐之终极的悟道经验的书写。这三个层面并无高低上下之分，而是共同构筑了静坐之为静坐的整全面貌。耿宁工作最富特色之处恰恰是他在第二个层面上的细致分析。

　　就第一个层面来说，对作为体证工夫的静坐之讨论实为儒门静坐

---

① 参见史甄陶：《东亚儒家静坐研究之概况》，载艾皓德、马渊昌也、杨儒宾编：《东亚的静坐传统》，第27—56页。宋、明两代的断代研究，可参见杨儒宾：《宋儒的静坐说》，《台湾哲学研究》第4期《儒家哲学》，台北桂冠图书股份有限公司2004年版，第39—86页；杨儒宾：《明儒与静坐》，载钟振宇、廖钦彬主编：《跨文化视野下的东亚宗教传统·个案探讨篇》，台北"中央"研究院中国文哲研究所2012年版，第57—102页。

② 参见杨儒宾：《理学家与悟——从冥契主义的观点探讨》，载刘述先主编：《中国思潮与外来文化》，台北"中央"研究院中国文哲研究所2002年版，第167—222页。

③ 冥契主义之说，参见前引杨儒宾文；神秘主义之说，参见陈来：《儒学传统中的神秘主义》，《中国近世思想史研究》（增订版），生活·读书·新知三联书店2010年版，第341—373页；高原经验之说，参见林月惠：《论聂双江"忽见心体"与罗念庵"彻悟仁体"之体验》，《良知学的转折——聂双江与罗念庵思想之研究》，第605—630页。

研究的重点。牟宗三就认为在儒家工夫论中有"顺取"和"逆觉"的入路,而"逆觉体证"是儒家主流。所谓"逆觉"指的是"反而觉之、体证之"的意思。"逆觉体证"又可分为"内在的体证"和"超越的体证"。前者是就现实生活中良心发现处直下体证本体;后者则须借助静坐而与现实生活暂隔,从而体证得本心仁体。① 这种"超越的逆觉体证"的核心就在于"静复以见体"②。宋儒周濂溪(敦颐,1017—1073)、程明道(颢,1032—1085)以及杨龟山(时,1053—1135)、罗豫章(从彦,1072—1135)、李延平(侗,1163—1093)等道南一脉和明儒陈白沙等的工夫论主要就呈现为这种"超越的逆觉体证"。聂双江和罗念庵的工夫入路在宽泛意义上也都可归入此路。值得注意的是,这种静坐工夫其实是身心一体的,它的关键之处在于"与现实生活暂隔"以转换身心状态从而体证本体。而这种静坐工夫本身常常也是配合以用功口诀的,其中最重要的"观喜怒哀乐未发前气象"。这里的"未发"并非时间性的概念,而是指向一个异质性的层次,即所谓"本体的如如"("喜怒哀乐之未发,谓之中"的"中")③。要而言之,作为"超越的逆觉体证"工夫的静坐在宋明儒者那里既是自修自参的法门,也是教人用功的法门,它可以被视为一种"技艺"(Techne),一种自觉地"与现实生活暂隔"④以求"观"得"本体的如如"的技艺⑤。这种"技艺"对于现象学家来说肯定是不陌生的,根本上,它与"现象学还原"的基本精神是一致的。

---

① 参见牟宗三:《心体与性体》第 2 册,台北正中书局 2010 年版,第 476—477 页。
② 参见牟宗三:《心体与性体》第 3 册,台北正中书局 2008 年版,第 209 页。
③ 参见杨儒宾:《论"观喜怒哀乐未发前气象"》,《中国文哲研究通讯》2005 年第 3 期,第 33—74 页,此处特别参见,第 38—45 页。
④ 如薛西原(蕙,1489—1539 年)所说:"欲观喜怒哀乐未发时气象,须将喜怒哀乐发而不中节处克尽,始观得。"(张岱:《四书遇》,朱宏达点校,浙江古籍出版社 2013 年版,第 22 页)"与现实生活暂隔"意味着对发而不中节处的"克尽"。
⑤ 这里所谓的"技艺"并不指释老的静坐法或静坐技术,而是指作为儒家修身的静坐之实践工夫本身。

第二个层面的探究实际上是围绕着"观喜怒哀乐未发前气象"这一静坐用功口诀中的"观"的问题展开的。对寂静意识的描画就意味着要厘清这种"观"的本质特征,这种"观"是意向性的吗?"所观之物"是什么?这一层面的对寂静意识的描画与第三层面对悟道经验的书写是完全不同的。简单来说,静坐作为一种"技艺"可以日常化、常态化,而"忽见心体""彻悟仁体"虽然也多在静坐中体证得,但那毕竟是极幸运、较罕见的经验。第二个层面所要描画的恰恰是这种日常的静坐中的心理状态或体验,而第三个层面谈论的则是那种悟道经验。如我们在第一节所展示的,耿宁主要借助从罗念庵那里拈出的"视于无形、听于无声"对寂静意识展开了深入的分析和讨论。本文的分梳也已指出,从宋明儒学的语境脉络来看,"视于无形、听于无声"并不能被看作是对静坐或寂静意识中的"心理状态"的刻画。但是,若是结合静坐"技艺"之要求(进行现象学还原以"与现实生活暂隔"),并将"视于无形、听于无声"视作一个话头,借此而展开现象学的分析,那么,从耿宁的分析中所获得对寂静意识的五个现象学特征的描画就仍然是有效的。所谓的"视于无形、听于无声",说的无非就是一种清醒而非含混的、当下独立的、并不执着于或自觉超脱于现实生活中的"有分别的"对象和事务(形和声)的意识,它同时始终伴随有对当下处境的意识。这个现象学意识分析话头中的要害还是:所谓的"无形无声"是什么?它能否构成寂静意识的"意向相关项"?

首先,(日常)寂静意识中所视听的"无形无声"恐怕不能等同于不睹不闻之本体,因为那将意味着"视于无形、听于无声"成为"彻悟仁体",日常静坐变成静坐之终极;其次,这里的"无形无声"也并非"空"或"无",否则儒门工夫则陷于佛老。朱子曾谓:"人之一心,本自光明,不是死物。所谓存养,非有安排造作,只是不动着他,即此知觉炯然不昧,但无喜怒哀乐之偏、思虑云为之扰耳。当此之时,何尝不静,不可必待冥然都无知觉,然后谓之静也。"①《朱子语类》又说:"便是虚静,也要识得这物事;不虚静,也要识得这物事。如未识得这物事时,则所谓虚静,亦是个黑的虚静,不是个白的虚静。而今须是要打破那黑的虚静,换做个白净的虚静,则八窗玲珑,无不融通。不然,则守定那黑的虚静,终身黑淬淬地,莫之通晓也。"②钱穆指出,所谓"知觉炯然不昧"说的是"白的虚静","冥然都无知觉"则是"黑的虚静",前者为儒家之静,后者则为佛家之静③。因此,"无形无声"非指"空"或"无"④。第三,如前所述,这种"无形无声"当然也不会执着于色声的具体感性知觉对象,或者具体的有所执着的思虑对象。那么,它究竟何谓?

让我们再回到耿宁的分析。在《人生第一等事》中,耿宁所提到的从心理学(心理状态)上对寂静意识有所描述的阳明后学仅三人,即聂双江、罗念庵和欧阳南野。耿宁将欧阳南野对寂静意识的心理学刻画概括为"专注于一(专一)",将聂双江的刻画概括为"收敛只在一处不放逸",而将罗念庵的刻画概括为"收敛翕聚",当然也还有"视于无形、听于无声"。并且,耿宁更进一步指出,无论这三个人的思想立场有多不同,但他们在对寂静意识的心理状态的刻画上是相近的,"或许并无本质上的区别"⑤。换言之,耿宁其实是试图借助这三位儒者的讨论来展开他本人对于寂静意识的现象学分析。考虑到在《中国哲学向胡塞尔现象学之三问》一文和《人生第一等事》结语部分对

---

① 《晦庵先生朱文公文集》卷六十三《答孙敬甫》,《朱子全书》(修订本)第23册,第3066页。
② 《朱子语类》卷一二〇,《朱子全书》(修订本)第18册,第3800页。引文据中华书局版《朱子语类》有改动。
③ 参见钱穆:《朱子新学案》(二),《钱穆先生全集》(新校本),第390页。
④ 需要注意的是,严守与佛老的分别乃是儒者之自觉,儒者也正是基于此而认定佛老二氏谓"无形无声"为"空"或"无",但这并不意味着二氏确有此谓。
⑤ 参见耿宁:《人生第一等事》,倪梁康译,第775—776、910—911页。

此问题探讨的文脉语境——都由对聂双江的讨论开始,接着讨论罗念庵,最后引入欧阳南野——,我们似乎可以管窥到耿宁的总体倾向,即从总体上将寂静意识仍然视为一种意向意识。因为欧阳南野强调:"人心常知,而知之一动一静,莫非感应。"①"人心生意流行,而变化无方,所谓意也。忽焉而纷纭者,意之动;忽焉而专一者,意之静。静非无意,而动非始有。"②对他来说,人心始终具有关于某物的意识,寂静意识也并不是没有意向的。

如此说来,理解这种寂静意识的意向性的核心就在于理解所谓"专注于一"的"一"或"某个未分化的东西"。罗念庵在其不同的文本中,曾使用不同但相近的致良知工夫口诀,如"收敛翕聚""专一翕聚""收敛握固""收摄敛聚""收敛保聚""收敛静定""收敛安静"等,它们有着共通的意义,即"始终指向一种精神上的自身收拢,指向一种精神的凝聚、专一,即在精神上从在追逐事务过程中对事物之杂乱操持状态中脱身出来并返回自己"③。在此意义上,笔者以为,当欧阳南野和罗念庵谈及寂静意识时所强调的"诸念悉泯""思虑不生"并不意味着断绝一切思虑意念,并非"冥然都无知觉",而毋宁说是"无闲思杂虑"或"杂念不作、闲静虚融"④。或如朱子所云:"静坐非是要如坐禅入定,断绝思虑。只收敛此心,莫令走作闲思虑,则此心湛然无事,自然专一。及其有事,则随事而应;事已,则复湛然矣。"⑤一言

---

① 《答聂双江(二)》,《欧阳德集》,凤凰出版社 2007 年版,第 194 页。
② 《答王堣斋》,《欧阳德集》,第 125 页。
③ 参见耿宁:《人生第一等事》,倪梁康译,第 905—906 页。
④ 罗念庵说:"吾尝归静以为之主,冀其动而不括也。然视则逐于景,听则逐于声,思则逐于事与物,而吾之静不复存矣。夫思与视听既不可少,而逐与不逐,其机常存乎倏忽微眇之间。任则成驰骛,执之则拂生理。"(《答王敬所》,《罗洪先集》上册,第 303—304 页)曾从学于欧阳南野和赵大洲(贞吉,1508—1576 年)的何克斋(祥)提到:"静坐时,只歇下杂念,本体自见,切莫将心作虚明想,若将心作虚明想,即此想念反障虚明矣。"(《泰州学案四》,《明儒学案》下册,中华书局 2008 年修订版,第 846 页)
⑤ 《朱子语类》卷十二,《朱子全书》(修订本)第 14 册,第 379 页。

以蔽之，在静坐中"也不可全无思虑，无邪思耳"①。

　　罗念庵也说："吾心之知，无时或息，即所谓事状之萌应，亦无时不有。若诸念皆泯，炯然中存，亦即吾之一事。此处不令他意搀和，即是'必有事焉'，又何茫荡之足虑哉！此等辨别，言不能悉，要在默坐澄心，耳目之杂不入，自寻、自索、自悟、自解，始见觌面相见也。"②如此，儒家的寂静意识就是那所谓的"白的虚静"，在其中，"耳目之杂不入"，"闲思杂念、私智俗欲"不生不作，而"视于无形、听于无声"所视听的"无形无声"或"某个未分化的东西"，无非是指于静坐中所"观"的"喜怒哀乐未发前气象"，它指的当是"自家观自家身心内部之境界"③。亦如劳思光先生曾指出的那样，作为"喜怒哀乐之未发"的"中"是一种境界，它并非指实然的未有情绪的状态，而是自觉地超脱情绪的境界④。在此意义上，我们或许可以将这种"浑一的境界"视为寂静意识的意向相关项。

　　与此对"喜怒哀乐未发前气象"之"观"、对"浑一的境界"之"（寂静）意识"或"无邪思"相伴随的还有"乐"。但这种"乐"并非"喜怒哀乐"之乐，即并非已发之乐⑤，而是阳明所谓的作为"心之

---

① 《朱子语类》卷一一八，《朱子全书》（修订本）第18册，第3711页。
② 罗洪先：《答刘月川》，徐儒宗编校整理：《罗洪先集》上册，第333页。
③ 参见杨儒宾：《论"观喜怒哀乐未发前气象"》，《中国文哲研究通讯》2005年第3期，第33—74页，此处特别参见第38—45页。
④ 参见劳思光：《思光学术论著新编（八）：大学中庸译注新编》，黄慧英编，香港中文大学出版社2000年版，第44—45页。
⑤ 欧阳南野批评聂双江将寂静意识视为"未发"。在他看来，在寂静意识中，"虽诸念悉泯，而兢业中存，即惧意也，即发也。虽忧患不作而恬静自如，即乐意也，即发也"（《欧阳德集》，第125页）。也就是说，寂静意识并非"未发"，而是"情已发"。耿宁显然是站在聂双江一边的："聂豹可能会否认这一点，而且从现象学上来看，我们必须认为他在一定程度上是有道理的。"因为这种"乐意"不是对某个具体对象或某个具体事情感到快乐，而是一种（海德格尔意义上的——笔者）"对本己此在的主动或被动的情绪"；这种"惧意"也不是对某物的意向性的畏惧，而是一种"专一"中的精神集中的态度（参见耿宁：《人生第一等事》，倪梁康译，第775页）。

本体"的乐,"此心安处即是乐"①,或曰"良知之乐"②。

这样一种清醒且当下独立的,既带有对当下处境的意识又伴随有"良知之乐"的,对"浑一的境界"之"(寂静)意识"自是"白的虚静",它所刻画的恰恰是"一种心静时境界,虽不能说已是万理皆备,却已是湛然纯一,此乃静之始事,非静之终极"③。

而"静之终极"正是第三个层面所要关注的,即对作为静坐之终极的悟道经验的书写④。如前所述,学界对此层面已经从历史、学理等多个角度予以阐发,兹不赘述,仅录罗念庵一段体悟以显其面貌:

> 未几入深山静僻,绝人往来,每日块坐一榻,更不展卷,如是者三越月,而旋以病废。当极静时,恍然觉吾此心虚寂无物,贯通无穷,如气之行空,无有止极、无内外可指、动静可分,上下四方,往古来今,浑成一片,所谓无在而无不在。吾之一身,乃其发窍,固非形质所能限也。是故纵吾之目,而天地不满于吾视;倾吾之耳,而天地不出于吾听;冥吾之心,而天地不逃于吾思。古人往矣,其精神所极,即吾之精神未尝往也,否则闻其行事而能憬然愤然矣乎?四海远矣,其疾痛相关,即吾之疾痛未尝

---

① 王阳明:《传习录》卷下,第343页,第292条。有关阳明"'乐'观"之深入研究,参见陈立胜:《王阳明"万物一体"论——从"身—体"的立场看》,华东师范大学出版社2008年版,第133—165页。

② 参见林月惠:《诠释与工夫——宋明理学的超越蕲向与内在辩证》(增订版),第176—184页。

③ 参见钱穆:《朱子论静》,《朱子新学案》(二),《钱穆先生全集》(新校本),第390页。

④ 陈来根据史泰司(W. T. Stace)的研究,将儒家传统中的神秘主义归为两类:外向的神秘体验和内向的神秘体验。前者是体验到的是宇宙万物的浑然一体。后者则体验到一种纯粹意识,这种无差别的纯粹意识感到自己即是整个实在,超越了一切时空的差别。此处罗念庵的体道自述被看作外向的神秘体验(参见陈来:《儒学传统中的神秘主义》,前揭书,第343—344、349—350页)。林月惠曾质疑这种简单化的划分,并指出罗念庵的"彻悟仁体"不能单单归于外向的神秘体验。(参见林月惠:《论聂双江"忽见心体"与罗念庵"彻悟仁体"之体验》,《良知学的转折——聂双江与罗念庵思想之研究》,第617—618页)史泰司的相关讨论,参见史泰司:《冥契主义与哲学》,杨儒宾译,台北正中书局1998年版,第160—163页。

远也，否则闻其患难而能恻然蠢然矣乎？是故感于亲而为亲焉，吾无分于亲也，有分于吾与亲，斯不亲矣；感于民而为仁焉，吾无分于民也，有分于吾与民，斯不仁矣；感于物而为爱焉，吾无分于物也，有分于吾与物，斯不爱矣。是乃得之于天者固然如是，而后可以配天也。故曰：仁者浑然与物同体。同体也者，谓在我者亦即在物，合吾与物而同为一体，则前所谓虚寂而能贯通，浑上下四方、往古来今、内外动静而一之者也。故曰：视不见，听不闻，而体物不遗。体之不遗也者，与之为一体故也。故曰：诚者，非自成己而已也，尽己之性，则亦尽人之性，尽物之性。宇宙内事乃己分内事，东南西北之四海，与千万世之上下，有圣人出焉，此心同，此理同，其有不同焉者，即非此心与此理，乃异端也。是故为天地立心，为生民立命，为往圣继绝学，为万世开太平，非自任也。①

## 结　语

总体说来，从宋儒的《中庸》诠释大传统以及阳明学有关致良知教旨来看，耿宁在罗念庵《夏游记》中拈出的"视于无形、听于无声"是可以被理解为罗念庵的"收摄敛聚"工夫的，因此它也就和宋明儒学家所强调的静坐或寂静意识紧紧相关联，尽管它并不能被视为对静坐或寂静意识中的"心理状态"的刻画。但我们也可以仅仅将"视于无形、听于无声"视作一个话头，借此而对静坐或寂静意识展开现象学的分析，最终，我们可以获得对于寂静意识的一种现象学的

---

① 《答蒋道林》，《罗洪先集》上册，第298—299页。对于在此悟道体验中所传达出来的万物一体感的相关现象学思考，需要另撰专文探讨。耿宁的最新思考，参见耿宁：《王阳明及其后学论"致良知"——贵州会议之结语》，肖德生译，《广西大学学报（哲学社会科学版）》2015年第2期。

理解①。

但是，这样的一种讨论"犹未免落于文义意见之间"，而这恰恰是具有现象学精神的罗念庵所坚决反对的。他给项瓯东的信中指出："白沙有言：'此心与此理未有吻合凑泊处。'此吻合凑泊，知识意见犹不能及，况于解释文义而已乎？即使弟之所言，字字中肯綮，句句发妙义，而于自身了不相干，犹为梦中说梦，自增口过，又况言出而谬妄随之，若此又敢负砭艾之力，顾以笔舌相博乎？……而于其言之所不及者，各思默默反之于心，务求不落文义意见，则吾二人之交益，岂有穷哉！言不逮心，徒有含愧。"②

那么，人们又该如何现象学式地"默默反之于心"，于静坐中去体道呢？而且，静坐无非是一种私己经验，又如何可描述？毕竟"静中自悟，向此自进自求，非人言可及，亦朋友所不能尽也"③。

耿宁曾说，对此静坐之伦理实践的现象学理解与对数学认识或数学—自然科学的现象学理解相似。一方面，唯有一个本身也进行了这种数学—自然科学认识（或静坐之伦理实践）并在此过程中对之有所经验、有所体会的现象学家，才可能在此之后通过对此实践的反思而

---

① 这里实际上隐含着东西文化交通的一个关节点。西田几多郎的《〈从作动者到观看者〉序》强调："无可讳言地，在以形相为存有、以形成为善的泰西文化之绚烂发展当中，还有许多值得我们尊重与学习的地方，但是，几千年来孕育我等祖先的东洋文化，在其根底中所潜藏着的对无形之形的观看、无声之声的聆听，难道不也是如此吗？这是我们的内心所不得不追求的东西，而我试着要对这样的要求给予一个哲学性的根据。"（西田几多郎：《西田几多郎哲学选辑》，黄文宏译注，台北联经出版事业股份有限公司 2013 年版，第 79—80 页）相关讨论，还可参见藤田正胜：《见无形者之形、听无声者之声》，廖钦彬译，台北"中央"研究院中国文哲研究所讲演稿（特别感谢林月惠教授提供此未刊稿）。

② 《答项瓯东》，《罗洪先集》上册，第 408 页。此信主要讨论《夏游记（戊申）》，它是罗念庵著作中少有的并不首先根据其本己经验、而是诉诸阳明文字来进行论证和讨论的文本。罗念庵好友唐荆川（顺之，1507—1560）说得明白："所示《夏游记》，中间辨析精切，深有忧于近世鲁莽之学，力与破除，可谓有益世教不小。然以此验兄近来所得，则尚有论在，盖犹未免落于文义意见之间，而自己真精神不尽见有洒然透露处，岂兄对世人说法故然耶？"（唐顺之：《与罗念庵修撰》，马美信、黄毅点校：《唐顺之集》，浙江古籍出版社 2014 年版，第 265—266 页）

③ 《与王少方》，《罗洪先集》上册，第 324—325 页。

达到对这种科学认识方式（或静坐之伦理实践方式）的客观的（交互主体的）理解。但另一方面，数学—自然科学家们（实践静坐的儒者们）虽然在实践，并对此具有一种经验，但如果他们不对这一实践的过程进行反思，那他们就难以现象学地理解这些过程，并且很难客观地去表述（除去诗化的书写）这种实践的方式。①

在此意义上，借助于"重述和反思"儒者们对于静坐之伦理实践的描画，现象学使得一种对此伦理实践的"仔细的客观陈述"和"交互主体的概念传达"得以可能，正因为此，"现象学的意识分析可以为中国传统心学提供有益的帮助"；与此同时，在另外一个意义上，同样是借助于"重述和反思"儒者们对于静坐之伦理实践的描画，现象学也可以获得它的新的课题领域，从而丰富和拓展自身。就此而言，中国传统心学同样可以为现象学提供新的发展和新的样态；更为根本的，借由东方心学传统与西方现象学的相互交通与融合，一门旨在探求人类意识和精神之本性的心性现象学的展开诚为可期，它最终或可裨益于人类对于美好生活的思考与追求！

---

① 参见耿宁：《心的现象》，倪梁康等译，第488页。

西樵山会议（2017）论文

# 记与耿宁教授交往的两件事

钱 明

(浙江省社会科学院国际阳明学研究中心)

耿宁教授是西方世界著名的阳明学家,也是国际上知名的现象哲学家。我与耿宁教授有过两次较为深入的接触,但这两次交往竟不可思议的相隔了整整30年!由此似可从一个侧面说明本人对西方现象学的"漠视"之程度,亦可证明耿宁教授尽管在西方汉学界的知名度及汉语表达能力不亚于任何汉学家,但却很少参加中国国内各类学术会议的传闻并非虚言。此次广东佛山西樵山会议①的议题主要是围绕耿宁教授的著作来研讨心性现象学,可是我对现象学没有任何研究,于是便想到了利用这个机会来回忆一下与耿宁教授交往的几件事,以作为对耿宁教授八十寿辰的庆贺。

## 一、1980 年与耿宁教授一起参加"华东地区宋明理学讨论会"

1980 年 11 月 26 日至 12 月 3 日,由中国哲学史学会华东分会和

---

① 即 2017 年 11 月 7 日至 10 日,由中山大学哲学系和中山大学现象学研究所主办的"心性现象学与伦理学国际学术研讨会",有来自瑞士、中国大陆及港台地区十余所高校及研究机构的专家学者出席了会议。

浙江省社会科学研究所合作主办、召开的"华东地区宋明理学讨论会"在位于杭州市曾经最繁华地段的仁和路上的"群英饭店"①举行。参加这次会议的有来自华东各省市及北京、山东、黑龙江等高校院所、新闻出版等 40 多个单位的 80 多位中国哲学史研究工作者。会议收到专著 1 部、论文 19 篇。这是自新中国成立以来国内首次在宋明理学研究领域召开的一次大型的学术研讨会。这次研讨会的中心议题是"研究宋明理学方面存在的问题以及对朱熹、王阳明思想的评价问题"。会上共安排了三位著名学者做专题报告,分别为冯契先生的《研究理学的方法》、邱汉生先生的《周敦颐思想研究》、邓艾民先生的《王阳明思想的几个特点》。②

出乎所有人意料的是,来自瑞士的耿宁（Iso Kern）教授和日本的深泽助雄助教授也出席了此次研讨会。要知道当时国内的学术会议想邀请海外学者参加是非常困难的,报批手续相当烦琐。这两位学者之所以能来参会,是因为他们当时都在中国的大学留学或进修,也就是说,是作为国内代表参会的。深泽助雄先生当时是复旦大学高级进修生。他是搞印欧比较哲学的,到复旦大学主要跟潘富恩教授做宋明理学研究。他提交的论文题目是《日本和宋学及其他》,并在大会上做了发言。该文后以《日本学术界有关宋明理学研究概况》为题发表在《浙江学刊》1981 年第 2 期上。耿宁先生当时正好在南京大学跟孙叔平、李书有先生学习宋明理学。在我印象中,耿宁先生当时并未为参加此次研讨会准备论文,而只是在会上根据代表们的意愿做了有关欧美世界中国哲学研究概况的大会发言,由此亦可看出耿宁教授轻易不

---

① 该饭店民国二年开办时称"群英旅社",2009 年改为"汉庭快捷杭州群英饭店",是杭州最早的旅社之一,曾吸引了大量的政界要人、文人骚客下榻于此,如孙中山、鲁迅、邵力子、沙千里、沈雁冰等。现酒店主体建筑仍为民国时期的砖木结构,庭院式设计,古色古香,为杭州市级文物保护单位。

② 参见张宏敏:《冯契先生与浙江省中国哲学史学界——谨以此文纪念冯契先生冥诞 100 周年》,《浙江学刊》2015 年第 6 期。

发表论文、不做演讲的行事风格。耿宁先生当时的发言，对于当时对国际学术界相当陌生的国内学者来说，不啻为一场"及时雨"，让与会代表大开眼界，也给我这位尚未步入学术研究队伍的年轻人以很深的印象。若干年后，本人之所以下决心赴日本留学，与此次研讨会上受到耿宁先生和深泽助雄先生的启发不无关系。

耿宁教授当时43岁，已是学术界的老兵。据说他是主动放弃瑞士的公职①，自费来华进行宋明理学及佛学唯识研究的。而我当时只有24岁，是尚未步入学术研究队伍的新兵，在会上主要做些会务工作，与耿宁先生完全不在一个量级上。耿宁教授当时给我的印象是非常谦虚好学，一有机会就向参会的华师大教授冯契、北大教授邓艾民、中国社科院研究员邱汉生、人民大学教授张立文、复旦大学教授潘富恩、浙江省社科院研究员沈善洪等先生求教。沈善洪先生当时是我的老师，我在他的指导下正在研究明末的朱舜水。此次会议后不久，沈先生又开始指导我研究阳明后学中的大家王龙溪。我最终选择以阳明学作为主要研究对象，与沈先生的指导以及耿宁先生的影响有很大关系。

当时参加会议的浙江省社科院的人都知道，1980年举办的"华东地区宋明理学讨论会"实际上是想为第二年即1981年10月在杭州召开的"全国宋明理学讨论会"做"热身"性质的"探路"工作。②此次会议的研讨成果及会议纪要文稿有三种，即《宋明理学专题讨论会情况简述》③《宋明理学讨论会纪要》④《宋明理学讨论会的论点简介》⑤。遗

---

① 据倪梁康教授介绍：耿宁先生曾在比利时鲁汶大学的胡塞尔文库任职多年，在胡塞尔研究方面著有经典文献《胡塞尔与康德》和《哲学的观念与方法》，并主编《胡塞尔全集》第十三至十五卷，系统地出版了胡塞尔在"交互主体性现象学"方面的研究手稿，在学术界颇有影响。（参见邹建锋：《受孙和平教授邀请，著名哲学家耿宁先生来湖州讲学（教学日记，2015.5.12）》，http://zjfjiaoxue.blog.163.com/blog/static/9675403520104121206172）

② 参见张宏敏：《冯契先生与浙江省中国哲学史学界——谨以此文纪念冯契先生冥诞100周年》，《浙江学刊》2015年第6期。

③ 立哲：《宋明理学专题讨论会情况简述》，《哲学研究》1981年第2期，第79—80页。

④ 杨正典：《宋明理学讨论会纪要》，《国内哲学动态》1981年第2期，第14—16页。

⑤ 陈铭：《宋明理学讨论会的论点简介》，《浙江学刊》1981年第2期，第120—121页。

憾的是，当时还不时兴会议合影，拍照是件比较奢侈的事，所以在我的记忆中此次研讨会没有留下任何照片，浙江省社科院的档案中亦无照片留存。后来我曾问过包括耿宁教授在内的其他与会者，他们也都没有拍照。可能深泽助雄先生会留下照片，因为日本人有拍照留念的习惯。而耿宁教授好像没有这样的习惯，这是我的又一印象。

后来据孙和平教授介绍，与其他西方汉学"科学家"不同，耿宁教授不仅对中国哲学有情志之投入，而且有其他汉学家难以企及的现代哲学素养。他还有古人治哲学求真谛之风范，故而主动放弃终身教授职，以希有时间到中国自由研读中国古典。耿宁先生曾专门赴台湾师从牟宗三学习宋明理学，后来又多次到大陆研习中国语言和哲学，对阳明学更是一往情深。可以说，研究西方哲学史的秦家懿先生主要是在思想内容层面上对中西哲学的"会通"，而研究西方现代哲学的耿宁先生则是在心理学层面上求得现象学与阳明学之"交织"。而且耿宁先生的比较哲学研究还偏重于思想史的考查。他是汉学家中极少数能真正体验宋明理学之功夫论的学者之一，所以他的行事方式也与纯粹西方式的汉学家不同。①

现象学虽创立于 20 世纪初，但较为广泛地传播于中国大陆则是 1978 年以后的事。而我对现象学，说实话直到现在都还是一知半解，了解到耿宁教授在西方现象学界的地位和贡献也是后来的事，因而要有意识地向他请教现象学，甭说当时不可能，就是现在也不可能。耿宁教授在其代表作《人生第一等事——王阳明及其后学论"致良知"》的扉页上写得很清楚："献给我的那些以现象学方式探究中国传统心学的中国朋友们。"② 然而我们之间的交流，则只有他提出阳明学方面的各

---

① 参见邹建锋：《受孙和平教授邀请，著名哲学家耿宁先生来湖州讲学（教学日记，2015.5.12）》。

② 耿宁：《人生第一等事——王阳明及其后学论"致良知"》，倪梁康译，商务印书馆 2014 年版。

种问题，而我从未提出现象学方面的问题，可见本人的寡闻无知，想来真是叫人汗颜！

## 二、2010 年在寓所"心闲斋"与耿宁教授的一次长谈

2010 年春，耿宁教授因其好友倪梁康、张庆熊的邀请，在复旦大学、中山大学进行了近两个月的讲学交流。5 月，耿宁教授应其好友湖州师院的孙和平教授之邀，又从上海到浙江看望老朋友。据说在湖州期间，在孙教授举行的晚宴上，耿宁教授提出很想去杭州访问在浙江省社科院工作的鄙人。也许那几年本人正好连续出版了几本阳明学研究方面的专著，引起了耿宁教授的注意，于是才有了这次计划之外的三十年后的重逢。

2010 年 5 月 16 日周日上午 10 点半左右，耿宁教授推迟了去南京访问的计划，专程前往杭州，来到位于浙江大学紫金港校区附近的寒室访问。此前的周六，由于耿宁教授身体欠安，已经取消了访考胡瑗墓的计划，但杭州之行，他不做任何改动，按计划而行。这是我事后才知道的。可见他对此次访问的重视之程度，这令我非常感动。

耿宁教授一行总共 4 人，除了耿宁教授，还有陪同耿宁教授来访的孙和平教授，我的同事邹建锋副研究员及其学生王志鹏同学，此外我的两位研究生王海娜、苏畅也参加了此次会面。

记得大家刚一入座，我便问起耿宁教授对 30 年前的杭州会议是否还有记忆？没想到耿宁教授记忆犹新，甚至还谈到了一些当时的细节。这勾起了我许多的回忆，话匣子一下子就打开了。

说实话，如果不曾与耿宁教授近距离对话，你很难想象一位 73 岁的老人还能保持如此的激情、智慧以及不断前行的勇气，而且这些因素在他身上得到了完美融合。他提出问题时总是伴随着微笑，回答问题时总是充满着智慧。他极具亲和力的笑容有消解束缚的魔力，他充

满睿智的问题意识有激发智慧的爆发力,让在场的人都会情不自禁地与他一起进入对话的氛围,开发自己的智场。

当天中午,我夫人亲自掌勺,设家宴招待耿宁教授一行。我跟耿宁教授聊了一个多小时,意犹未尽,于是一桌人又边吃边聊,连不太喝酒的耿宁教授也兴致勃勃地喝起了绍兴佳酿。用建锋的话说:"一边是当今世界良知学两大高手的顶尖对话,一边是师母的顶尖厨艺,丰盛的满满一餐饭菜。学问、学术尽在美酒佳肴中。"耿宁先生虽已73岁,但时常迸发出小孩般的笑声,听者无不为之动容。这是我听到的最深奥的一次高峰心学对话,绝对是素心人对素心人,没有排场,没有权威,仅仅是瑞士与中国两位良知学的爱好者的谈心。耿宁先生时而沉思,时而低头。说到动情处,先生取出那本花费36万多人民币的精装专著(欧洲近年人文著作出版很不景气,一般一本学术著作要5.5万瑞士币,瑞士基金会资助他3.5万,其他自己出,这花费他不少积蓄),全是德文,考究精良,是从意识现象学和田野调查考证阳明良知学的一流著作。[①] 不过我记得,耿宁教授的这部德文版的巨著(全书830多页),是在此次见面后不久寄赠予我的。尽管我不懂德语,但仍视如至宝,因为它是德语世界研究阳明学的最有分量的著作,也是本人收藏的唯一一部德文专著。

其实,我原来打算是在附近饭店招待耿宁教授一行的,但听小邹说耿宁教授更愿意在家里与我会面叙谈,于是便改为家宴,而所谓"家宴",只不过是一些中国人家里常见的菜肴,并未做特别准备。但看得出来,耿宁教授对这桌饭菜非常满意。有可能是前两天他们吃的都是饭店料理,改为家庭料理,有种新鲜感吧!也有可能耿宁教授更喜欢的是这样的氛围吧!不管怎么说,这是一次非常难得的聚会,对

---

[①] 邹建锋:《忆5.14—16陪瑞士耿宁教授杭州访钱明研究员(日记,2010.5.24)》,http://zjfjiaoxue.blog.163.com/blog/static/967540352010424101641633。

于我来说，更是一次与 30 年前的老朋友再相会并向他请教的难得机会。

从上午 10 点半到下午 2 点半，不知不觉地我们谈了近 4 个小时。在场的人，都为能参与这次谈话而深感荣幸，"毕竟这样的巅峰对话，学术界不多见"[1]。当耿宁教授提出要启程回上海时，大家都依依不舍。我送耿宁教授等下楼，而孙和平教授等则将耿宁先生一直送上去上海的列车。后邹建锋在日记中说："耿宁教授不止一次对我们说，他研究良知学太寂寞了。找不到朋友，找不到对手。从 2002 年退休以来，他日夜奋战，成果出来了，他多么希望有高手和他商榷。我想，钱明老师应该是可以和他深入对话的一流学者。我顿时感到很高兴，为自己，更为王阳明的心学世界。"[2] 建锋在日记中把我与耿宁教授放在一起评价，将我称为"一流学者"，将此次谈话称为"巅峰对话"，是对我的溢美之词，实难领受。我与耿宁教授，无论在年龄上还是在学识上，都不属于同一量级，所以根本谈不上"巅峰对话"。但说耿宁教授"研究良知学太寂寞"，称这样的谈话"学术界不多见"，则可能是事实。因为这可以从耿宁教授那纯真的笑容中感觉出来。

最后让我来谈谈对这 4 个小时交谈内容的总结或感想。我觉得，耿宁教授此次专程来访是带着不少想法和问题来的，通过交谈，他至少向我们透露了以下几点信息：

第一，耿宁教授对阳明学文献史料的高度重视、充分掌握和完整利用。我那几年一直在进行阳明佚文以及阳明后学文献的整理工作，看得出，耿宁教授在他的论著书中已比较充分地利用了这些资料。因此在交谈过程中，我们就这些方面的问题做了比较深入的对话。令人吃惊的是，作为一位西方学者，耿宁教授对王阳明散佚著作及阳明后学文献资料的最新成果相当重视，相当熟悉，也充分采用。

---

[1] 邹建锋：《忆 5.14—16 陪瑞士耿宁教授杭州访钱明研究员（日记，2010.5.24）》。
[2] 邹建锋：《忆 5.14—16 陪瑞士耿宁教授杭州访钱明研究员（日记，2010.5.24）》。

第二，耿宁教授对相对于（东亚）区域而言的中国地域阳明学有相当浓厚的兴趣。我们谈话的主要内容基本上是围绕地域阳明学尤其浙中王门而展开。耿宁教授所问的问题都是细节性的，非常具体，说明他在思考和撰写《人生第一等事——王阳明及其后学论"致良知"》时，对一些细节问题也抠得很深，弄得很细。比如关于钱德洪《绪山会语》的失传问题，关于钱德洪与王畿思想的分歧以及性格之异同的问题，关于徐爱早亡对浙中王门所产生的不利影响问题，关于浙中王门与江右王门之间所进行的广泛而深入的互动关系问题，关于粤中王门的主要代表薛侃在后阳明时期所发挥的作用问题，等等。说实话，耿宁教授的一些问题，就连我这个刚刚写完《浙中王学研究》①的人也是回答不上来的。

第三，耿宁教授对浙江阳明学研究的过去与现在及其学术成就表达了重视和认可。自从1980年在杭州举办的那次"华东地区宋明理学研讨会"后，浙江学术界又于1981年10月15日至21日在杭州举办了"全国宋明理学讨论会"②，然后又陆续推出了《黄宗羲全集》、《王阳明全集》、《刘宗周全集》、《王阳明散佚诗文考释》、《阳明后学文献丛书》（初编、续编）、"阳明学研究系列丛书"等一系列重量级的成果，并于1992年9月在浙江省社会科学院成立了全国首家阳明学研究机构——"浙江国际阳明学研究中心"，由王凤贤、吴光、董平和我先后担任中心主任。对于浙江省社科院在阳明学研究方面的所有研究工作及其所取得的成就，耿宁教授可以说是基本上了解的，因此大凡谈及其中的某某成果，他都娓娓道来，毫不生疏，其熟悉之程度，令人惊讶！

毫无疑问，耿宁教授传递给我们的，绝不仅仅是这些，从他身上，我们还可以感受到更多的东西！

---

① 钱明：《浙中王学研究》，中国人民大学出版社2009年版。
② 详见中国哲学史学会、浙江省社会科学研究所编：《论中国哲学史——宋明理学讨论会论文集》《论宋明理学——宋明理学讨论会论文集》，浙江人民出版社1983年版。

# 良知（本原知识）和智的直觉：从现象学角度探讨仁体伦理学的可能性

苏仁义 Rafael Suter

（苏黎世大学 Universität Zürich）

杨小刚　王穗实　译

如下思考始于耿宁的著作，这是一部关于"善"的概念，或者如他所言，关于王阳明（王守仁，1472—1529）及其弟子"良知"概念的全面研究。更仔细一点说，本文接续耿宁释"良知"为"本己完满性"之"洞见"的解读①：从这种"直觉的自识"中识者油然而生一信念，即受本心的驱动，他们能自发地认识善，并当即确然地去行善。这种洞见直接显现于对德性的践行之中。② 对"良知"的这番见解虽然在王阳明弟子王畿（王龙溪，1498—1583）处才成其思想核心，然其源可溯之乃师王阳明的"良知"概念，这个概念业已扎根于王阳明"知行合一"的箴言之中，耿宁在一处行文中称此概念是"热忱的—宗教式的"（enthusiastisch-religiös）。③

---

① Iso Kern, *Das Wichtigste im Leben – Wang Yangming (1472-1529) und seine Nachfolger über die "Verwirklichung des ursprünglichen Wissens"* (以下简写为 *Das Wichtigste im Leben*), Basel: Lang, 2010.
② 耿宁在涉及王阳明的学生王畿时选择这个表达。参见 Iso Kern, *Das Wichtigste im Leben*, S. 771。
③ Iso Kern, *Das Wichtigste im Leben*, S. 189.

本文第二部分转而探讨当代著名的新儒家和哲学家牟宗三（1905—1995）的思想。牟宗三在其著作里主张，可以直觉地通达善，这种通达在任何形式的概念式理解和对象化中皆不可能。在对无条件善的这样一种生存经验的描述上，牟宗三完全依托自身传统里的文本征引，尤其是上述儒家"心学"，王阳明即归于"心学"之列。而牟宗三对善之直觉性洞见进行术语表述时，则借鉴了欧洲哲学的概念。在这方面，康德著作的地位独树一帜。① 简言之，牟宗三把他的版本的儒学看作是对在康德那里（在牟看来）还仅仅是承诺的东西的实现，即**在哲学中实践之于理论的优先性**。牟宗三对康德的概念进行了儒家式的吸收②，长久以来，其种种问题与限度已在研究中得到了一定程度的揭示，在此不再详述。对我们来说重要的是，牟宗三将他的主张（可以经验到绝对的善）与儒家"心学"传统代表人物流传下来的对"良知"概念的扩充联系起来，用耿宁的话说，这种扩充代表了一种"热忱的—宗教式的""良知"概念。在此，牟宗三试图用康德的"智的直觉"（intellektuelle Anschauung）③ 概念来把握这种生存状态上的基本经验。这首先是为了"心学"的基本确证从术语上借用康德的表述，其次则是与康德概念的理论争辩，这一争辩最终在这样一个特别强调的主张中达到顶峰：人若没有智的直觉的可能，中国哲学作为整体便已衰亡。

上述所言意味着，取径牟宗三那里的核心概念智的直觉，也许我们

---

① 对此的一个简要概述参见 Stephan Schmidt, "'Der grosse Chinese von Königsberg'– Kants Rolle und Funktion im Kontext der Modernisierung konfuzianischen Denkens im 20. Jahrhundert", *Allgemeine Zeitschrift für Philosophie* 33.1, 2008, S. 3-20。

② 就这个概念请参见例如 Stephan Schmidt, "Moralsubjekt und Erkenntnissubjekt – Zu einer kategorialen Unterscheidung im Denken des modernen Konfuzianismus", *Polylog* 19, 2008, S. 63。

③ 汉语学界对 intellektuelle Anschauung 的通行译法是智性直观，但牟宗三的译法是智的直觉，本译文大多数时候按照牟宗三的译法，但在解释 intellektuelle Anschauung 与直观（anschauen）、看见的联系时，不得不将其译作智性直观。读者需注意，这两个译法针对同一个术语。——译者

能更好地理解王阳明、王龙溪与心学派诸子以良知概念所把握的东西。

当牟宗三把对善的经验称为"智性"（intellektuell）——这在他释义中文的"智"一词时体现出来——的时候，他首先想根据善的本质将其与现象彻底区分。原因在于他从康德和怀特海那里接受了现象界隶属于象征界的观点。对他来说，现象界关联理论判断和概念对象化，因此是经验对象构造的出发点。可是，所有经验对象都编织在因果链条之中，因此寓于联系性以及相对化。而牟宗三确信，善是绝对的，因此在任何关联之先、之上。

从中足以看到，牟宗三所坚持的严格的超越论阻止了他将现象看作存在者或者生存者的标示。这样的话，他也就无法进入现象学，即不考虑现象的本体论地位而将之看作意识事实。无论对他的思想抱持什么态度，他的思想看起来恰好与现象学研究背道而驰。

不同于康德，在牟宗三那里，实践的优先性不是从纯粹理性、从思辨的批判性自我限制而来。也可以说，实践的优先性是实践域的提升或绝对化，其目的在于告别思辨理性。这看起来有点像维特根斯坦《逻辑哲学论》中的梯子，当你爬上了梯子，明白了牟宗三想要说的之后，就不需要它了。实践哲学如此就好像从一个哲学**奠基**的地位下降为以实践境界为目的的**教导**（"教"）。在牟宗三看来，善不是通过理论传达，通过思辨思考，而是具体地在践行中呈现。牟宗三新颖地解释了康德的概念，以至于最终将只能直觉地把握的善的实现理解为康德的**至善**（summum bonum）。原因是，实践优先性意义上的绝对善，被体验为至高而圆满的幸福。仅被认定为自然的幸福**感**表明自身是对善的**经验**，由此也是对理性的绝对之物的经验。① 圆善不像在康德那里

---

① 李明辉就此指出，康德在某处"以暗示的方式承认，被称作敬重的道德情感，并不是常常需要被与愉快的情感区分开，由于它在与欲求能力（也就是说任意）的关系中就像愉快的情感那样产生相同的东西，即道德情感仅仅根据来源，但不是根据质而与愉快的情感区分开。这就供认了，道德情感，观察其本身，是'愉快'的一种，或者至少包含它。因此，可想而知，对法

只是理性必然的，同时无法被经验的超越论的存在，而是一种非对象性的体验。

已有识者指出的一个观点可在此处略微提及：看起来，牟宗三强调道德情感的作用很像舍勒的质料价值伦理学[①]。他像舍勒一样主张善通过情感被觉知。可是，舍勒认为这种情感具有认识作用，也就是说，该情感是价值的**认识中介**，价值跟一般的感性现象一样具有本身的事实性，这一现象学的信念对牟宗三而言是陌生的。很明显，牟宗三没有准备解决情感事实——就和别的现象一样——的形而上地位问题。他把经验性的情感跟别的感性现象一样看作自然因果的产物。把情感提升为善的认识中介，并非是对作为道德价值认识中介的情感的一般分析，而是将情感的一种独特类型，即道德情感，置于所有其他情感之上，并强调其作为绝对者和无条件者——即他所理解的善——之门径的独特地位。既然他既不怀疑善实在的可经验性，也不怀疑善的合理性，对他而言就必然有对善的洞见。这种洞见，就是在中文术语中与感觉（Fühlen）相联系的智的直觉，是一种直接的对善的"感觉"，它不应被理解为感性的、单纯接受性的，而应理解为智性的，故而也是主动的和创造的。而在直接觉知自身行为之善时，中介特性，所谓的同等标志着感性与知性的符号性，恰恰是缺失的。

这种经验的所谓直接性反映在一种不可领会的修辞之中，尽管牟所断言的善的可经验性暗示了有一条可以通达的路径向我们的经验敞开。即使如牟所断言它无法为概念化的理解所把捉，但至少可以有所

---

（接上页）则的敬重以及对法则的愉悦所展示的并非两种道德情感，而是同一个道德情感的两个阐述方式。"（Lee Ming-huei, *Das Problem des moralischen Gefühls in der Entwicklung der Kantischen Ethik* [以下简写为 *Das Problem des moralischen Gefühls*], Inaugural-Dissertation zur Erlangung der Doktorwürde der Philosophischen Fakultät der Rheinischen Friedrich-Wilhelms-Universität zu Bonn, Bonn, 1987, S. 232）

[①] Lee Ming-huei, *Der Konfuzianismus im modernen China*, Leipzig: Leipziger Universitätsverlag, 2001, S. 72.

描述。牟宗三并非独断地坚称智的直觉之可能,而是描述了这种经验的三重阶段。智的直觉毋宁说是牟对传统儒家致善论的一种哲学解释,这与耿宁把握王阳明及其后学良知说的三重概念若合符节。虽然两个学者的进路与目的都不同——耿宁采纳受现象学训练的诠释学方法,牟宗三则以康德为启发求哲学之系统化,然二者事实上有共同的趋向。

本文第一和第二部分可被视为历史的和诠释学的,第三部分则试图以耿宁有关意识统一的两个原则的分析为基础,用现象学的语言来解释牟宗三所论之智的直觉。

我们已经清楚,牟宗三的前提并非现象学式的,他的思想坚持存有论与形而上学。如果保留他所选择的语言和说法,那将不得不看到,关于智的直觉什么也说不了。然则几年前我已经试图将牟宗三的道德修身理解为经验的两种样式的互相易变,一种为囿于符号层次的对经验的超越论对象化,另一种为直觉的实践经验。前者将经验过程转化为静态对象的前后相继与并置及其关系,后者,即直接的、活动的实践,则摆脱了这种僵化,开启出对一种纯粹动态的基本现实性的洞察。这种洞察当表明,经验分裂为自我与他人是符号指涉的结果,故而从形而上的角度看这种分裂不是本质性的,而是次等的。在我看来,这两种意识样式的互相关系所表示的经验能从牟宗三的超越论哲学与形而上学的语言翻译成耿宁的现象学语言,并从被体验和体验之关联这两种意识统一的重叠关系出发得到理解。倘若如此,可以进一步假定,现象学能够给我们提供一种语言来谈论牟宗三因其超越了命题式表达而保持沉默的东西。[①] 很明显,限于本文的篇幅,我只能对这一难度颇高的语言转化略作勾勒。证明现象学向道德形而上学的渗透能带动我

---

① 其他学者已经确认了新儒家关于自身的基本观点与现象学的基本概念,比如身体概念之间的相近,例见 Stephan Schmidt, "Moralsubjekt und Erkenntnissubjekt – zu einer kategorialen Unterscheidung im Denken des modernen Konfuzianismus", *Polylog* 18, 2008, S. 73, Fn. 24。施益坚在此篇文章中特别探讨了新儒家的思想与莱维纳斯伦理学的相近(S. 76-81)。

们更好地思考道德形而上学，这必须留待未来的研究。

## 一、耿宁对于良知（本原知识）的三种概念

耿宁在对王阳明及其后学的良知概念的全面研究中将其分殊为三种概念层次。据此，王阳明首先在传统孟子的意义上将良知理解为人与生俱来的向善秉性，它在孩童的情感中已然可见。在适当的培养下成人的德性能够从这些萌芽中发善而成。① 王阳明的第二个良知概念标示的是对本己意图之伦理价值的意识，耿宁有所保留地称之为良心（Gewissen）。② 最后，他将第三个概念释义为心或精神③ 的本性④ 或本体⑤。耿宁将最初的两个概念刻画为经验概念：不仅"同情、爱、敬畏、羞耻等自发的情感"，而且"对本己意图之价值的意识"，都是我们日常生活经验中的部分。⑥ 与之相反，第三个概念所说的，再用耿宁的话来说，"始终是清澈的（显明的、透彻的、认识的：明）而且始终已经是完善的，它不产生，也不变化，而且它是所有意向作用的起源，也是作为'心'（精神）的意向作用对象之总和的世界的起源"⑦。但是根据第三个概念，"良知"不是"通常经验中被给予的东西"，它"超出"人类经验，对于人类经验而言是超越的。⑧ 这三个概念，还是用他的话说，可以"言简意赅地"⑨ 分别称为（1）心理—习性的，（2）道德—

---

① Iso Kern, *Das Wichtigste im Leben*, S. 122-130.
② Iso Kern, *Das Wichtigste im Leben*, S. 131ff.
③ Iso Kern, *Das Wichtigste im Leben*, S. 124.
④ Iso Kern, *Das Wichtigste im Leben*, S. 124。关于此概念，参见 S. 187ff。
⑤ Iso Kern, *Das Wichtigste im Leben*, S. 187.
⑥ Iso Kern, *Das Wichtigste im Leben*, S. 187.
⑦ Iso Kern, *Das Wichtigste im Leben*, S. 187.（中文版第 271 页——译者）
⑧ Iso Kern, *Das Wichtigste im Leben*, S. 187.
⑨ Iso Kern, *Das Wichtigste im Leben*, S. 188.

批判的,(3)宗教—热忱的①。耿宁花了整整一章旁征博引,致力于澄清这三个维度的相互关系。②因其所谓有条件的经验可通达性,以及因此缺乏再理解的可能,良知的第三个概念最为难解。再者第三个概念最为根本,因其总括且总结前两个概念。

接下来的考察将聚焦于良知的最后一个概念,而在牟宗三的道德哲学中会再次遇到它,当然,是披着西方哲学术语的外衣。而在我们暂时离开王阳明以及耿宁关于这位中国杰出思想家的研究之前,我想稍加详细地引用耿宁关于良知的第三个概念的论述,作为接下来讨论牟宗三的背景:

> 尽管有这种相对于通常经验的超越,至善的"良知本体"在王阳明看来也并非与人类经验无关:它不仅在那些已经从任何方面都完善地"实现"了第一与第二含义上的"良知"的"圣人"那里被经验到,而且已经在那些刚踏上求圣之途的人那里通过他们在个别行为中对其"良知"的充实而被经验到。王阳明认为,在这些于时间与范围上都有限的"良知之实现"中,至善的"良知本体"自身被经验到,就像蓝天本身被看见一样,即使它只是通过一扇限制了光线的窗户而被观察到。……在王阳明看来,这个至善的"良知"对于普通人来说并不仅仅是一个被思索和被追求的理想,……而且对他们而言是始终现时的实在性,即使他们经验不到这种实在性的完善。……在王阳明看来,这个始终完善的"良知本体",似乎不是某种只在许多作为个体实在的个别人中实存的并且相应的自身是多的东西,按照他的话说,是一个所有人,甚至所有事物共同分有的一个实在性。就此而论,我们在这

---

① Iso Kern, *Das Wichtigste im Leben*, S. 188f.
② Iso Kern, *Das Wichtigste im Leben*, Kap. 4, S. 241-268.

第三个概念中不仅涉及某种概念的普遍之物，而且也涉及某种实在的普遍之物。此外，王阳明在谈及这个完善的"良知"时也说，他相信它……因此，它不是一个现存的现象，而是某种超越出现存现象，但却作为其基础而被相信的东西。在此意义上，我们不仅可以将"良知"的第三个概念标识为超越的（超经验的），理想—经验的和实在—普遍的（不只是名称上或概念上普遍的）概念，而且也可以将它标识为信仰概念。①

第一，此处论说，"良知本体"在所有那些未臻至圣人之境之人的经验之外，但同时也承认，刚踏上求圣之途之人也能够——虽然立刻补充说，仅是在有限程度上——有所经验，这样说如果不是一个直接的矛盾，也明显存在张力。第二，耿宁此外提及这个"本体"，它并非单纯的理想，而是一个现时的实在性。第三，不仅仅是意识到它的人，而是所有人和所有事物都共同分有这个实在性。第四，依耿宁之言，"良知本体"最终是被"相信"的东西，故而并不属于现象的当下显现。我们将看到，所有这四个特征也在牟宗三"道德形而上学"对王阳明心学的接受中留下印记，所谓"道德心的本体"即处于他的"道德形而上学"的中心。

## 二、关于牟宗三的"智的直觉"概念

正如开头提及的，牟宗三选择了"智的直觉"这个袭自康德的表达，来谈论"道德心的本体"的经验，在他看来，此语与孟子学说传统中的"良知"同义——耿宁的研究即围绕这个概念。在知晓"智的

---

① Iso Kern, *Das Wichtigste im Leben*, S. 188.（参见中文版第 272—273 页，略有调整——译者）

直觉"的一个简短的概念史后,我们将于第一步概述牟宗三如何将这个概念吸收进自己的思想。

(一)施益坚、杜瑞乐和毕游塞的诧异

首先要明确指出的是,对于牟宗三偏偏用康德的"智的直觉"概念佐证道德基本现实性的个人体验,至少在欧洲学者对牟宗三道德哲学的研究中存在着对这一术语选择的茫然不解。例如施益坚(Stephan Schmidt)认为这一联系和牟宗三将道德行为界定为康德的"物自身"一样具有误导性。[①] 而杜瑞乐[②](Joël Thoraval)或者毕游塞[③](Sébastien Billioud)等法国学者的评价则比大部分德语著作(例如莱曼[Olf Lehmann][④] 或者坎特[Hans-Rudolf Kantor][⑤])中的评判显得温和。

然而让他们感到诧异的是,尽管牟宗三主张通过他的修正补充康德系统,并最终在他的儒家学说版本中**扬弃**康德的系统,却完全无视康德之后的整个德国观念论传统,而后者看起来与牟担有同样的计划。鉴于牟宗三强调智的直觉和物自身这些概念的正面含义,杜瑞乐和毕游塞具体问到,为何费希特和谢林的著作未受任何关注,在他们的著

---

[①] 我的表达可能是对施益坚立场的一个不当的夸大,因为准确地说他为牟宗三做了辩护,他认为牟宗三回溯到康德的术语仅仅是策略上的考虑,为了弄清牟的康德术语,他建议不要考虑这些术语在康德那里的含义,而是仅仅从牟宗三思想的内部联系出发加以理解。参见 Stephan Schmidt, "Mou Zongsan, Hegel, and Kant: The Quest for Confucian Modernity", *Philosophy East and West* 61.2, 2011, pp. 260-261, 268-269。

[②] Joël Thoraval, "La question de l'intuition intellectuelle et la philosophie confucéenne contemporaine"(以下简写为 La question de l'intuition intellectuelle), *Revue internationale de philosophie* 232.2, 2005, pp. 231-245.

[③] Sébastien Billioud, *Thinking Through Confucian Modernity – A Study of Mou Zongsan's Moral Metaphysics*(以下简写为 *Thinking Through Confucian Modernity*), Leiden: Brill, 2011.

[④] Olf Lehmann, *Zur moralmetaphysischen Grundlegung einer konfuzianischen Moderne*, Leipzig: Leipziger Universitätsverlag, 2003.

[⑤] Hans-Rudolf Kantor, *Die Heilslehre im Tiantai-Denken des Zhiyi (538-597) und der philosophische Begriff des 'Unendlichen' bei MouZongsan (1909-1995)*, Wiesbaden: Harrassowitz, 1999.

作中，牟宗三关心的这些中心概念恰恰处于显著的位置。① 这些解释者的回答具有一个一致的基本倾向，他们猜测牟宗三的决定是一个策略技巧：掩盖康德的后继者完全发展出智的直觉的积极含义这一情况，显然会危及牟宗三将人掌有此能力视为中国传统独胜之处的主张。②

### （二）思辨与实践

我非常清楚这些论证的逻辑，但也同样清楚，牟宗三实际上可以用一个**切实的**理由来解释他为何坚持康德，而于后续德国观念论对智性直观的展开不闻不问。对这一点我只能略加阐述：正如夏维尔·蒂耶特（Xavier Tilliette）注意到的，良好的学院传统使他最终发现康德将智的直觉与直觉的或原型的（蓝本的）知性（intellectus archetypus）**相等同**——在上帝那里对物的看与对物的创造合二为一（本原直观［intuitus originarius］）。③ 上帝的知性通过看到万物而创造万物。因此，上帝仅仅观看实在者，观看物自身而非它们的现象。正如德语表达及其拉丁语源已然表明的，在"智性直观"概念中，**观看**（Schau）的要素具有核心意义。粗略来说，康德在第三批判中为其后继者在美学的语境中重新拾起智性直观概念做好了铺垫。在美学语境中理性世界与自然世界的完满以及随之的和解逐渐展现为主体能力相互之间以及与对象完美协调——确切地说是在一种"符号拟象"（symbolischen Hypotypose）、一种理性事物的感性类比物中完美协调——的可能性。④ 康德本人虽然小心翼翼避免使用智性直观这个被

---

① Joël Thoraval, "La question de l'intuition intellectuelle", p. 237; Sébastien Billioud, *Thinking Through Confucian Modernity*, pp. 83-84.

② Joël Thoraval, "La question de l'intuition intellectuelle", *Revue internationale de philosophie* 232.2, 2005, pp. 233, 241.

③ Xavier Tilliette, *Recherches sur l'intuition intellectuelle de Kant à Hegel*, Paris: J. Vrin, 1995, p. 21.

④ Xavier Tilliette, *Recherches sur l'intuition intellectuelle de Kant à Hegel*, p. 31.

放逐的概念，取而代之谈论想象力和情感①，然而费希特毫不犹豫赋予对理性事物的直观化以智性直观的名号，从对被废黜的形而上学的批判那里迁移到了**美学**中。在人类能力范围内对超越之物的接近，一般而言，则只在创造性的活动者、艺术家那里可能，而对于神学家或者形而上学家则不再可能。在我们关于牟宗三因为非批判故而所谓"不合法地"使用智性直观的讨论中，蒂耶特的工作必须记一功，他指出，费希特、谢林等康德的直接继承人并未受他制定的从人类能力范围内探究智性直观的规则束缚，尤其因为康德本人既未完全闭绝朝向智性直观的进路亦未彻底贬低之。德语学界时而以教导的语调批评牟宗三对智性直观的正面解释，在蒂耶特看来所反映的与其说是受新康德主义影响的历史编纂学不可更改的定则，不如说是康德著作中不可挪动的基石。②

上述概括非常简短粗略地说明了后康德观念论为何虽与牟宗三的思考相关却对他而言始终陌生。牟本人关切的是道德实践，**此外无他**。在他的著作中美学仅仅偶尔有所触及。他的"智性直观"版本中所保存的完全失去了与所见、视觉的关联，所余的独独且仅仅是行为的道德价值。此外中文表达也从语言上清楚表明了这一点，牟宗三从 intellektuelle Anschauung 的中文表达中一开始就抹去了与视觉相关的一切，取而代之的是"直接的意识"或者"直接的知觉"——直觉。故而必须严肃看待牟将自己的思想事业称为形而上学，于美学却毫不着意。不过还有一点更为根本地将牟的事业与德国观念论区别开来，就此也需加以考虑。

毫无疑问，牟宗三准确理解了康德的知识批判彻底切断了曾被认为有效的纯粹思辨知识的道路，正是通过将思辨理性与理论理性等

---

① Xavier Tilliette, *Recherches sur l'intuition intellectuelle de Kant à Hegel*, p. 29.
② Xavier Tilliette, *Recherches sur l'intuition intellectuelle de Kant à Hegel*, p. 28.

同才为实践理性开创了那种牟宗三认为其固有,且在中国传统中一向所承认的意义。但他将自己用"智的直觉"标示的对"道心本体"的经验理解为一种出神的合一经验,一种主客交融,它否弃了演绎式知性的特性所设定的界限,并短暂中止了概念式的对象化活动。① 换言之:**作为思维能力**的理性并不分有这种经验。但如此一来,朝向一种比如黑格尔那里的**经由主体中介的**(*subjektiv vermittelten*)整体的道路便不再可能了。牟宗三的统一经验不是思辨的,而是纯粹实践的。Intellektuelle Anschauung 的汉语表达,智的直觉,也反映了这一点,因为牟宗三通常将"思(Denken)"从 intellektuell 本来的翻译"智思"——意思是智慧之思(Weisheits*denken*)——中完全删去。牟宗三的认识批判只出现在早期著作中,不能被理解为对思辨理性的自我限制。在关乎本体的地方,在对道德善的生存经验之中,没有思辨的位置。思辨不是仅仅被裁减,毋宁说是被裁**除**了。因此牟宗三相信,道心本体的实践经验,亦即道德情感,能够**不假他物**地保证这种实践的合理性。牟宗三的自发理性因此脱离了思辨的辩证理性——自然也就失去任何批判式的自我疏离与反思的可能性。牟宗三的理性概念因此也明显将康德的理性概念"抛诸身后"(hinter sich),因为"对于康德而言理性是一种理解能力,但实践不是。理性是实践的,这句话并不意味着,它自身是活动的,而是说它能引起一个活动。康德在情感中看到了活动的原由,就如他在某个地方表明的:'理性不感受;它认识到它的不足并通过需求感的认识动机起作用。'"②

牟宗三将理论哲学贬低到单纯教导的地位——一者是为了达到道德实践目的的教导,再者是工具性语言使用的教导,而康德则寻求

---

① 杜瑞乐对此指出,谢林的出神(Ekstase)概念继承了智性直观概念的含义。Joël Thoraval, "La question de l'intuition intellectuelle", *Revue internationale de philosophie* 232. 2, 2005, p. 241.

② "Was heisst: Sich im Denken orientieren?" KGS VIII, S. 36-37. Zit. n. Lee Ming-huei, *Das Problem des moralischen Gefühls*, S. 224.

道德的哲学奠基。但是如果我们不考虑二人之间的这一根本差异，那么人们仍然可以将牟宗三关于对道德行动正确性的自主洞察的看法与康德的一个观点联系起来，尽管这是一个**前批判的**、非理性主义的观点。在康德1763年关于自然神学的获奖论文中①，他接受了英国道德感论者的如下观点：道德上的善行的正当化理由（justifying reason）是道德情感。此时激发性理由（exciting reason）和理性——准确地说是为实现被道德情感规定为善的目的选择手段的明智意义上的理性——一样与道德情感相区别②，而一年之后在《对美感与崇高感的观察》中康德将道德情感**也**视为道德行动的动因。③年轻的康德很早就已着手英国人的演绎理性概念，按照李明辉的观点，这促使他确信，道德约束（Verbindlichkeit）是完全不可推导和不可证明的，无法通过理性论证。④在关于自然神学的原理的文章中，他逻辑一致地确认到："也就是说，在我们这个时代，人们已经开始首先认识到，表象**真**的能力是**认识**，而感受**善**的能力是**情感**，二者不可混淆。"⑤与之相对，《道德形而上学的奠基》中的"成熟"康德认为，道德法则既非作为情感亦非作为直观呈现。但既然这同时意味着就直接性而言二者等同，人们便将情感的被给予状态称作"准—直观的"⑥。⑦而在康德伦理学的最终体系里，**作为敬重的**道德情感变为理性的道德法则**在感性中**的效力——

---

① Immanuel Kant, *Untersuchung über die Deutlichkeit der Grundsätze der natürlichen Theologie und der Moral. Zur Beantwortung der Frage, welche die Königl. Akademie der Wissenschaften zu Berlin auf das Jahr 1763 aufgegeben hat*, in Immanuel Kant Werke in sechs Bänden, hrsg. Wilhelm Weischedel, Bd. 1, Wiesbaden: Insel Verlag, 1960, S. 739-773.

② Lee Ming-huei, *Das Problem des moralischen Gefühls*, S. 41f.

③ Lee Ming-huei, *Das Problem des moralischen Gefühls*, S. 56.

④ Lee Ming-huei, *Das Problem des moralischen Gefühls*, S. 42.

⑤ *Untersuchung über die Deutlichkeit der Grundsätze der natürlichen Theologie und der Moral*, KGS II, S. 299f. Zit. n. Lee Ming-huei, *Das Problem des moralischen Gefühls*, S. 46.

⑥ Jürgen Heinrichs, *Das Problem der Zeit in der praktischen Philosophie Kants*, Bouvier: Bonn, 1968, S. 45. Zit. n. Lee Ming-huei, *Das Problem des moralischen Gefühls*, S. 197.

⑦ Lee Ming-huei, *Das Problem des moralischen Gefühls*, S. 197.

自然是不可思索的——的心理学表达。① 如果我们在这一点上同意李明辉的分析，那么这当然是一个对感觉主义、理性主义的综合，并且如果说道德情感在心理学层面作为"效果因"规定意志，而在形而上学层面便直接是道德法则自身作为"形式因"规定意志，那便毫无矛盾。② 批判时期康德的这种模棱两可对牟宗三的进路而言是陌生的，因为在牟宗三那里，意识到道德善的善行应该在"智的直觉"中自发且不假他物地实现自身。一般而言，牟宗三的进路可与《对美感与崇高感的观察》中的早期康德作比较。当然在牟宗三那里是王阳明的箴言"知行合一"——"知识与行为的合一"（Vereinigung von Wissen und Tun），或者更准确地说，意识与行为（Bewusstsein und Tun）的合一——对于他将实践绝对化具有决定性影响。但我们同时由此理解，为什么对于牟宗三的关切而言，康德追随者那里的智性直观概念必然没有吸引力，以及为什么所有被采用的近似康德的观点中，牟宗三称作实践的优先性的东西，无法用康德的理性批判来把握。在牟宗三那里道德心据说是被**直接**给予我们的，并且以一种依定义理性在其中不发挥任何中介功效的形式。故而很清楚，牟宗三与康德的联系事实上处于不牢固的基础上，尽管他与康德的距离相比任何一位后者的观念论继承人都要亲近。

（三）理论层面：论证与类比

牟宗三的著作具有一个偶尔让人奇怪的特点，即他对一些东西，常常是些关键性的东西默而不言，并让重构那些仅仅透露了轮廓的论证思路的任务落到读者身上。③ 在此表现出一种策略，它可能是中文才使其可能的一种独特性，施益坚曾称之为"经由等同的翻译"

---

① Lee Ming-huei, *Das Problem des moralischen Gefühls*, S. 224.
② Lee Ming-huei, *Das Problem des moralischen Gefühls*, S. 233.
③ 参见 Jason Clower, *The Unlikely Buddhologist*, Leiden: Brill, 2010, p. 17f。

(Übersetzung qua Gleichsetzung)：牟宗三在创造自己杂糅儒家和康德的术语时，大多数时候都没有解释他如何将一个习语的特定表达转化成另一个。相反他按照中文经典评注的古老方式，以注疏为据来确定那些未加详解的词语间的等同。有一个不是出自他本人，而是出自其弟子李明辉的例子可以很好地说明这一点。源自儒家心学创始人陆象山（陆九渊，1139—1193）的总则"心即理"意思是："仅仅善的意识便表明是（善的）效力基础（Geltungs-grund，汉学家常译为'Prinzip[原理]'）"，被李明辉也许完全在牟宗三的意义上未加注解地，以18世纪欧洲伦理学的语言译为"Einheit des moralischen Subjekts und des Sittengesetzes（道德主体与道德法则的统一）"[①]。在此要强调的是，并非这些中西概念的等同本身，而是未加注解、不做论述就确立这些等同的方式让牟宗三的文本变得如此错综难解。牟对康德知识批判的吸纳相当程度也由自这种方法的运用，它一方面演变成与康德的经验知识和理性知识类比，另一方面与张载（1020—1077）以降的新儒家传统中的"间接知识"（闻见之知）与"直接知识"（德性之知）类比。尽管这一起点不可避免地包含着显而易见的弱点和简化，但在我看来，牟宗三成功揭示出康德的一个核心问题，他对"智性直观"概念的"修正"便是为了解决这个问题。成熟期的康德坚称理性和感性的异质性不可动摇，尝试以敬重感在我们人类天性的这两部分之间搭建桥梁。当他让道德法则的**效力基础**落在行为准则形式上被担保的普遍有效性上时，要说明道德行为的具体动因便面临困难。

  康德将道德法则和道德行为之间的因果关系引至向感性敞开，作为动机的敬重之上。然而只要他同时倾全力坚持理性和感性之间的严格区分，最终作为行为的**原因**被考虑的便只有感性的东西。倘若应该引发我的作为**感性事物**的道德行为的具体动机原则上与作为同一个行

---

[①] Lee Ming-huei, *Der Konfuzianismus im modernen China*, S. 72.

为的唯一理由的理性相分离，作为感性事物的我的行为如何能够与处于另一个领域的我的行为相区别便难以理解，道德的理由——理性如何在我这里发生作用也就同样难以理解。一个纯粹形式上被论证的准则伦理学肯定可以设想，而且它也已经得到辩护。不过康德为了敬重感和道德法则的关系绞尽脑汁毕竟暗示了康德在此认识到一个关键点，因为，正如舍勒在某处以论战的姿态夸张地说道："这个怪异的论断（即'善'与'恶'这两个语词的含义在合法则与违法则的形式中就可以穷尽）忘记了魔鬼的目的并不比上帝的目的更少'系统性'。"[①] 牟宗三也拒绝了康德伦理学中对道德行为动因的逼问，这个问题与准则伦理学的形式化进路相关联。要**解释**理性的道德法则如何在作为感性事物的我的经验中生效在理论上便始终是不可能的。然而对牟宗三而言，对好的或者道德的行为的实在经验证明了，善作为这个行为的唯一源泉必然是实在的。因为这个行为如果有它的善好之外的其他动因，那么善就不是这个行为的唯一目的，而这个行为也就不再能以无条件的善作为它的谓语。即使我们无法理解理性的善如何以及为什么规定了我们善的行为，我们仍然知道，我们有能力行善，这促使我们从理论上假定，善作为这个行为的根源是实在的。这便正是善的那种事实上的可经验性，依牟宗三之见，丰富的儒家传统以各种各样的方式证明了这种可经验性，它在他称为"智的直觉"的东西中也当是直接确实的。

作为我们论述中途的结论，一方面可以确定，几乎不可能否认，牟宗三在接纳康德的立场时保持了一定程度的自由，并且如莱曼所言对此留下了"书面说明"。另一方面，我们自然也知道，牟宗三清楚指明了康德伦理学的一个要害。

在对牟宗三思想与康德关系做了上述基本解释后，在下一节我们

---

① Max Scheler, *Der Formalismus in der Ethik und die materiale Wertethik*, Hamburg: Meiner, 2014, S. 46.

将探究牟宗三对"智的直觉"概念的提炼。

## 三、牟宗三智的直觉的三种概念

（一）在牟宗三的三种智的直觉

牟宗三在他的著作中区分了智的直觉的三个层次，分别从三个角度说明了这个概念。

他将**第一个**层次称为逆觉，字面意思是"逆向的意识"。这表明了这样一个瞬间，此时道德心当作为超个体的本原实在在单个个体的精神中激发，并引导个体趋向善行。逆觉的这个特征暗示了，道德心趋向实现的渴望会被经验为与个人愿望和爱好相反的东西。这个对我们磨刻下来的习惯与习染过程的"内在抵抗"经验是断断续续的。① 澄明的道德本体如闪电般射入我们的日常，在一瞬间引导了我们，却又在下一个瞬间重新被自己的爱好和追求遮蔽。牟宗三也谈及一个横摄的维度，横向的视域（Horizontale）在此被意识到。在紧迫的抵抗中，在对未加反思而持续的日常生活的反抗中，我们意识到道德心的实在和确定其实在的效力。牟宗三通常用"横摄"（Waagrechtigkeit）概念来表示一个认识着的意识通过表象传达其对象或者内容。在此便是指，我们作为经验性的主体，或者用康德的话说，作为感性存在者来**认识**道德心的效力。他从个人的长期视角来理解智的直觉，一种正当却彻底与个人愿望和欲求对立的行动需求断断续续地展现出来，个人在其中体验到道德心的发显。牟宗三在此强调，这个道德心在各种特别情状中呈现出来，同时不可被误解为任何一个经验性原因的结果：孟子所说孺子将落井，我不假思虑就急于施救是儒家常引的典型例证，就

---

① 毕游塞在他的研究中注意到，如他对逆觉的翻译 retrospective verification（逆转回证）表明的，这"是一个断断续续的经验，每个人都时不时能察觉到"(Sébastien Billioud, *Thinking Through Confucian Modernity*, p. 215)。

此例而言，它无论如何不可将我的自发行为与一个客观被观察到的情景在因果上联系起来。只要我的行为是道德的，它就必然被无原因的原因单独规定，这个原因被牟宗三理解为道德心的本体。① 这个道德心被视为智的直觉的载体。感性的东西是单纯的工具，借其帮助道德心表明自身的效力。② 从感性的经验自我的外在视角看来③，智的直觉仿佛一束光，出自一个依其本性与本己自我相别的源头。道心本体使经验主体**澄明**。④

智的直觉的**第二个**层次涉及道德心在活动中的自发实现。与第一层次相对，他在此谈论的是一个"纵贯的"维度。"纵贯"（Senkrechtigkeit）概念涉及因果关系。这里谈到的道德心的本体是一个行为的原因，而非对某物的意识。牟宗三将"智的直觉"标示为道德心的"自我震动"或者"自我活动"清楚凸显了这一点。⑤ 谁以这种方式被"道德心"激越，谁便仿佛与之合一⑥，便能经验到牟宗三所称"质的无限"或者"意义的无限"⑦。牟宗三在一处说到，经验性的存在者，即

---

① 参见例如牟宗三：《现象与物自身》，台北学生书局 1990 年版，第 78 页；牟宗三：《智的直觉与中国哲学》，台湾商务印书馆 2000 年版，第 196—197 页。

② 牟宗三：《现象与物自身》，第 82 页。

③ "内"与"外"的区别凭借其分析式的特性在"无限心"的层面上同样被摒除了。"但是智的直觉是无限心之妙用。它一旦呈现，它即不能有界内界外之分。它冲破了界内界外之分，只相应无限境中之无限法门而为智的直觉。"（牟宗三：《佛性与般若》，台北学生书局 1977 年版，第 1013 页）

④ 牟宗三：《佛性与般若》，第 1112—1113 页。"在未成佛以前，于无知惑只是分破，是以其所呈现之道智不是全尽得道种智，只是一分一分透显的道种智。因此，此道种智之为智的直觉亦是一分一分透显的智的直觉，而不是全满的智的直觉。一分一分透显的智的直觉实不是真正的智的直觉，而只是智的直觉所透射进来的影子。……即因此局限，遂使分显的智的直觉非真正的智的直觉，而只是那智的直觉所透射进来的影子—透射进来为分破分显中而使吾人之知可与智的直觉之明相应。"另参见牟宗三：《智的直觉与中国哲学》，第 197 页。牟宗三还写道："因为人可说虽是分显，然其本质仍是智的直觉。只因为无知惑所蔽，故不能全显。不因非全显，便不是智的直觉。"（牟宗三：《佛性与般若》，第 1013 页）。

⑤ 请参见例如牟宗三：《现象与物自身》，第 78 页；《智的直觉与中国哲学》，第 198 页。

⑥ 牟宗三：《智的直觉与中国哲学》，第 198 页。

⑦ 请参见例如牟宗三：《佛性与般若》，第 1017 页。

便是佛陀或者孔子这样的圣人，也没有能力去实现最终的无限，但又随即补充说，鉴于他们的质的无限然他们在"一种现实的意义中变得无限了"。① 牟宗三尝试去解决两种经验之间的张力，即第一个层次所描述的对"道德本心"渐次的、间接的经验，与一种完全的、瞬间的和非中介的，被他描述为"质的无限"的经验之间的张力，为此他指出，就其本性无限的道德心本体在智的直觉的"精微妙用"中完全扬弃了内外之别。② 我自身与他人之间、主体与其对象之间的鸿沟也许在日常经验中会看起来不可逾越，但道德经验祛除界限的特征向我们保证，这个分裂并非如凿入石中。这些区别同样是我们心的构造，如同日常的看法：对无限的经验必须保持为无法实现的理想。相对于此，牟宗三论说，在人类生活中实现智的理想对于我们而言事实上是可能的。③

智的直觉的**第三个**层次是牟宗三所谓的"觉润"。④ 据牟宗三看来，道德心的本体在这里获得其"存有论"的含义。只要道德心满润所有的生物，它便把个人创造的道德行为与宇宙创造的发展融为一体。⑤ 在我们**看来**是一个人的道德行为的就其本质是本体的自我发善，牟宗三认为，在此意义上，个人创造的道德行为使得个人能够将所有被这一道德行为掌领的存在者实际上融入一个一体的宇宙进程的根本实在。在此创造的行为中道德本体透润认识的对象，这些对象在牟宗三看来仅仅是在认识论上被构造，故而是纯粹形式的，作为经验性存在者的个体与其相对。道德本体如雨润般地以其价值性浸润世界。儒者在智的直觉中受道心本体所命，自己也成为价值性的源泉。知性以之为现象而从认识主体脱落，并与其相对的物在道德行为中被扬弃，而又在

---

① 牟宗三：《佛性与波若》，第 1018 页。
② 牟宗三：《佛性与波若》，第 1013 页。
③ 牟宗三：《现象与物自身》，第 82 页。
④ 牟宗三：《智的直觉与中国哲学》，第 199 页。
⑤ 牟宗三：《智的直觉与中国哲学》，第 198 页。

其与道德本体本己的同一，故而也就是在与最终是主体自身者的本源一体中被实现。①

牟宗三形象的、充满比喻的语言让第三个层次的含义略为费解。第三个层次说的无外乎在智的直觉中人觉知自身不仅是一个他律的自然存在者，而且是一个自律的理性存在者。② 倘若智的直觉表明人的道德行为超出其外与宇宙的创造同一，它便也确保了自然世界与理性世界的合一。简单来说，人不仅因**仿佛他是自由的**而行动。**人是自由的**。我们的行为作为自然事物服从他律，而道德行动摈除了他律。牟宗三认为，儒家传统证实人确实有智的直觉的能力，基于此智的直觉也确

---

① 牟宗三：《智的直觉与中国哲学》，第 198—200 页。柯文杰认为，牟宗三对经验主体和无限主体的等同倚靠的是一种比喻的语言，这要求我们去重新思考那些核心概念。有益的阅读有赖于这样的概念比照。不过牟宗三主张的有限与无限的等同或同一相关的，依我之见，应以字面意思为据。柯文杰涉及的他对无限的"理想化"概念的探究中，牟宗三本人将佛陀"知道我们的行动的一切过去的宿缘及其未来的起现之何所是"与知道现象的"这一整串的链锁"联系起来。（参见牟宗三：《佛性与波若》，第1011页）在谈及一种"佛家的存有论"时，他确信佛陀对过去未来的知识，他说："在智具一切下，一切缘起法皆是实相，皆是物自身之缘起法。"（牟宗三：《佛性与波若》，第1011页）根据他的观点，这意味着"一切众生的一切行业不只是其在识念中的身分（依康德即是现象），而且皆可以宿命明通之——通之，便是物自身的身分，智如中的身分。"（牟宗三：《佛性与波若》，第1011页）此处前面几行中又写道："现象是识知底对象，它们自亦须间接地依于那超感性的基体，但却不是直接的。此点，康德未有意识到。"（牟宗三：《佛性与波若》，第1011页）他以如下断论结束了他的讨论："每一众生皆可发菩提心，即现其自由，转出其智地直觉（宿命明），……宿命明去病不去法，同时它亦圆具而起现这些法。"（牟宗三：《佛性与波若》，第1011—1012页）这固然不是一个简单的表述，但它表明，牟宗三认为在种种现象以及它们的因果联接背后，必有一个"基体"来实现它们。（牟宗三：《佛性与波若》，第1011页）他指明这个因果关系不是"直接的"，此点完全可说明他非常理解，康德要求他不得将因果概念应用于本体与现象的关系上。但不考虑这个问题，显而易见的是，牟宗三确信，实在的事物之间必然有实在的联系，只有当我们自己引起的行为确实影响这些事物的时候，我们才是自由的。因此智的直觉显得是一个意识，允许我们经验到自己是事物的原因。事物的实在世界作为一个道德心的工具不可简单地抛诸于后。相反人们参与到事物的创造中，然而不会被其所感。就他们经验到自己是创造的源泉而言，他们体验到道德心本体的实在性。正是在此创造的行动中，人可证见实践的理性世界与现象的自然世界的统一。

② 牟宗三视属本体的（Noumenalen）与属理性的（Vernünftige）同义，而他在使用属本体的这个概念时有一个明显的困难。**本体**（*noumenon*），单纯智性的东西，字面上而言，是思想的单纯产物，是理念的，而不是质料的。当然在牟宗三看来，智的直觉所推显的完全不同于理性的思想。尽管他坚持 noumenon 的中文表达为"智思物"，成问题的是，他贬损思辨理性是否仍然能为他使用本体这个概念做出辩护。

认了自然世界与理性世界的统一。儒者的为智所觉的德行以这种方式显明为至善，而康德的相应概念看起来是失效的。

（二）牟宗三"智的直觉"的类型学以及耿宁的"良知"的第三个概念

以下的章节是从耿宁对"良知"的分析进入牟宗三的著作。正如我先前确认的，耿宁对王阳明的阅读和牟宗三受康德启发的思想演进之间有惊人的相似。根据耿宁的**第一个**考察，王阳明的"良知"既是不仅"圣人"能够完全经验，那些刚刚踏上求圣之途的人也可以通达，这也反映在牟宗三智的直觉的第一个与第二个概念的差别中，而我们在道德修身和自宋以来不亚于成圣的事业中同样会碰上这个问题。

在此会涉及康德意义上作为感性存在者的修习者，修习者仅仅能察知善**外在于自身**，并且是间接感觉到善是对自己特定的行为意图或倾向的抵制。关于这一点需要指出，根据康德我们也"不能够认识纯粹实践法则的力量本身，而只能够认识其先天地对感性动机的反抗。因为悟性①的自我及其法则就本性而言构成了对感性自我的限制，从这种限制中必然产生出一种不快乐的感受"②。李明辉对此论道，我们"不能够解释，悟性的自我连同他的法则是如何能够拥有这样的力量的，因为对悟性世界的直接认识属于那些根据康德来说是不可能的东西"③。牟宗三从儒家所论凡夫与圣人的对比来理解康德所说的经验自我与智性自我之间的对比，并认为智的直觉的第二个概念，对活动中的无条件善的经验属于后者。换言之，经验性个体之间的界限，继而在个体的先天构造中受限的主客对立在智的直觉的体验中扬弃了自身。智的直觉是一种去除边界的经验，超越了个体。道德行动仿佛在出神

---

① 李明辉用"悟性"来翻译 intellectuell，本文则按惯例译为"智性"。——译者
② Lee Ming-huei, *Das Problem des moralischen Gefühls*, S. 228.
③ Lee Ming-huei, *Das Problem des moralischen Gefühls*, S. 228.

中，在超出自身时被实行。而善因此恰恰与经验的感性存在者**不可调和**。相反，感性存在者在道德行为实行的瞬间在道德心无界限的本体中消解了自身。但对经验主体而言，虽然能够经验到善，但这种经验越出了命题语言和可以合乎知性地被理解之物的框架。在别的地方我就此批评过牟宗三这种经验着的主体的分裂，我认为牟宗三"智的直觉"的说法并非如他所愿论证了道德心的自律，相反从经验主体的角度看完全导致了他律。① 当然，这是善的本性，它是完全不可证明② 和不可推导的，因此必然是直接可洞察的。最终牟宗三对道德践行中出神式超离自身的形象表述考虑了这种情况：理性法则与感性感觉之间的调和彻底不可能。比如康德在他澄清情感与道德法则的关系时，将自由的意识规定为在道德感的积极意义上进行传达的意识。对于康德来说，一种不变的自我满足作为道德情感的积极一面奠立于自由意识之上，康德认为这种自由意识与道德法则的意识必然地联系在一起。因此康德所思的对于道德法则的愉悦即通过自由意识来传达。不过李明辉在这方面强调："仔细一看……这种溶解仍然是不清楚的。因为悟性的自我所拥有的自由是成问题的，自我满足感的确属于内在感官并因此必然属于感性自我！悟性自我的自由是对感性自我的限制。自由意识的调解并没有如此消除困难。"③ 在此成熟期康德调和理性和感性的尝试也失败了。正如在牟宗三那里，在康德那里，智性的和感性的自我始终并存着。牟宗三宣称道德情感是**非感性的**，借此开辟了从道德法则到道德情感的道路，这条道路之前由于对理性和感性范畴上的区别而受阻；牟宗三同时强调这个非感性的感觉对于人类来说是可经

---

① 这类似克里斯提安·奥古斯特·克鲁修斯（Christian August Crusius）从理论上将德性的约束归因到上帝的律法，康德在 18 世纪 70 年代后半期的伦理学讲演中已经批判过。Lee Ming-huei, *Das Problem des moralischen Gefühls*, S. 27。

② 康德本人在《关于自然神学与道德的原则之明晰性的研究》中明确写道。参见 Lee Ming-huei, *Das Problem des moralischen Gefühls*, S. 41-42。

③ Lee Ming-huei, *Das Problem des moralischen Gefühls*, S. 229.

## 良知（本原知识）和智的直觉：从现象学角度探讨仁体伦理学的可能性

验的，如此便放弃了康德将人的直观限制在感性事物之上的主张。但是只要他将超越感性的智的直觉的经验理解成跳出认识主体固有的种种限制，朝向道德行为之直接先行性的出神，他就并非简单地宣布感性与理性的范畴区别无效，而是坚持将之限制在感性直观之上，这涉及已然与超越自我相联系的，人及其周遭世界的符号关系。此处不想细究牟宗三的这一分析，我们可以确定的是，这一分析的结果表明其与耿宁认为的王阳明的"良知"的双重可通达性何其相似。圣人和凡俗经验到同一种知，不过前者得见其全貌，后者仅窥其一斑。我们可以联想下王阳明的青空之喻，他说人在屋檐下只见一抹青空，然青空始终是青空，借此可知道，无论是在体验到的道德行为中入乎其无限的全境，还是在至为澄明的一瞬察其一隅，皆是激励此人自发而不假他物地实践一道德的行为抑或让另一道德行为与本人的习性对抗。

耿宁的**第二个**考察，我们回忆一下，是认为对善的"良知"不单单关乎理想的东西，也关乎实际的东西。在我看来这一点在牟宗三的解释中也极为清晰地反映在他倾尽全力去证明，对道德事物的经验不仅仅一种传达道德法则的感性**感觉**，而且是在对善的践行中对其直接、能动的直觉上。牟宗三道德形而上学的核心似乎就在于主张对活动着的道德实践的直接可经验性。

与耿宁的**第三个**考察——"良知"是一种统摄所有人与物的实在性——对应，牟宗三将"智的直觉"视为"被浸润的意识"，据此在道德行动中道德心本体创造性地实现自身，并扩及蕴含在所有行动中，使其充满价值性。所有存在者都通过被善所引导之人创造性的牵涉活动闪现在其本有的价值性中。

耿宁的**第四个**考察指出，王阳明的良知必须被相信为某种东西，这点在牟宗三智的直觉概念中找不到直接的对应。当然，信仰的概念在牟宗三的思想中起到了一个中心作用。在他最早的著作中已经援引了康德的理性批判，确切地说援引了《纯粹理性批判》第二版前言中的观点：必须裁剪知识，去为信仰腾出位置。就像我在其他地方讨论过的，牟宗三将这个批判的目标倒转了过来，在20世纪早期牟宗三就已接受认识批判的概念，但他的批判方向并非如18世纪的康德那样针对独断的形而上学的无理要求，而是针对正在蔓延的实证主义和科学主义的过分要求。就此而言，他的认识批判也许吸收了康德的超越论，但是将注意力放在了那些借此在知识**彼岸**显示出自身的剩余物上：在主体与客体分离的领域的对面，是智的直觉以及至善。因此这不是那个能被客体地意识到的东西。从知性的角度来看，至善即便在实践上可以经验，但仍属于**信仰**的领域。

耿宁对王阳明的阐释和牟宗三对王阳明的哲学重构仅在一定条件下可以比较。然而二人对"良知"的阐释相互独立地指向一个相似的方向，结果是二人各自以独特的方式所阐明的包含着丰富层次，这些层次也许在王阳明的良知概念有所触及，但他本人并未明确表达。因此两种解释进一步的协调一致看来不能只是简单附会王阳明的思想，得通过比较谨慎地转译成一种比较合适的哲学专业术语来加以表明。

曾被施益坚称作认识主体与道德主体的这两个层级的意识具有双重结构，二者之间可加以辩证调和，这对于牟宗三智的直觉概念是根本的主张。本文的最后一部分致力于探讨这个主张是否无法靠意识统一的两个基本原理的现象学范式加以把握，这个范式是耿宁独立于他对王阳明的研究发展而来。①

## 四、道德自我与认识自我的关系及耿宁的经验统一的两个原理

上述讨论均围绕耿宁对王阳明良知概念的解释和当代儒家牟宗三

---

① Iso Kern, "Zwei Prinzipien der Bewusstseinseinheit: Erlebtsein und Zusammenhang der Erlebnisse"(以下简写为 Zwei Prinzipien der Bewusstseinseinheit), *Facta Philosophica* 2, 2000, S. 51-74, 55.

对这一概念的哲学改造之间的关系展开。我们的工作限于指明两种阐释的高度相似，对其中的细节已经做出了足够论述。这一步的前提就是讨论牟宗三的直觉概念及其哲学。之前的一个前提是讨论牟宗三著作中的智的直觉概念及其地位，在最后一部分我想进一步细究一些想法。牟宗三以其独擅且费解的语言阐明了他的智的直觉观念，先验哲学、形而上学和儒家思想的语言混杂其中。接下来要讨论的想法具有将智的直觉观念转换成一种流畅的现象学语言的潜能。出于这个目的我从早期牟宗三的一个核心思想出发，这一思想在我看来对他发衍人类经验的二阶性——亦即后期所渲染的"二层存有论"——具有奠基性作用，此即他依托英国哲学家怀特海构造出的知觉的符号主义。牟宗三的人类实在经验双层性观念伴随着两种不同的"自我"理解。其一应是构建于感性被给予物的逻辑—符号式分析层面上的认识主体，其二应当是消解经验之主客分离的普遍意识，或曰"天心"。牟宗三也在上述第二种奠基性的意义上用智的直觉来指涉第二个层次。正如上面简述的，这一意识应当通过彰显道德行为不假他物、当下即显的融括性、连续性特征而摈除认识主体及被其对象化的世界的框架，这个框架是受认识主体先天结构所限而起。正是这一善之现实化，或者最为准确地说，善之实在对象化中的普遍消融的观念应当标示意识的更高阶段。两个层次当处于一种辩证关系中。在我看来，耿宁论意识统一的两个原理的文章中交代了一个区别，从而指出一条可能的道路，将牟宗三这一形而上学上拔高了的构建接上地气，并加以现象学的演绎。

如刚刚提及的，怀特海对于牟宗三早年的知觉理解有重要意义。因此希望允许我以对怀特海的一个评注开始下面关于牟宗三的论述。怀特海的符号主义最终是一元论的，而且他也是物理主义者。他捍卫因果性可被知觉，而非知觉的构造这个主张。他进一步论证，只要我们的感官作为质或者度知觉到的因果与特定物理结果的集合联系在一起，那么我们就是一般地从感性上知觉这个世界，可被知觉的因果特征对这一点有奠基性作用。具有引发作用的因果性和感性物被知觉的直接性之间的调和被他总结为符号主义。牟早年接受了这一立场，但并未对其进行先验哲学的修正。他将思维，具体地说是逻辑的层次与知觉相区分，并断言思维具有先天的特有法则。知觉可以向我们传达自然，并赋予我们产生的因果效用一个意义。要描述因果过程及其理论构造必须用逻辑对被知觉的事物加以分析。牟直到20世纪50年代都将先天的东西限制在逻辑事物的层面在此便颇有意义。这造成的结果是，实事独独是在知觉中呈给我们的，即显现的东西。即便对现象意义的提升在不断增加却未曾言明的因果效应假定，从而也就是存有论前提下进行，但它是在与传统康德式先验哲学的比较下提升现象的地位。而在我看来，牟宗三因此便接近了一点现象学的"回到实事本身"。

我曾在其他地方尝试勾勒出，对认识对象及其相关项（即认识主体）可能性条件的反思，如何能够导致这样一种意识，即将所有经验似乎不可避免地分裂为自身及与其相对的他者不是看作概念化的事实，而是看作其结果。而这一点的前提是，必然存在一种基本经验，在对现象的概念分析之前就已开始。我在上述地方引用过孺子坠井的例子：如果我不假思索救一孺子，使其免于坠井和猝死，按照牟宗三的观点，我行此事并非首先将孩童理解为一对象，关于他我以推论的方式考虑这个或那个行动。相反，在施救行为中，我与孩童在存续意识和施救行为唯一的、相协调的瞬间共处中联结在一起。通俗来说也可以将这一经验称为我与孩童一种非任意的完全同一。在此不可能对这一意识过程进行细致分析。对我而言重要的是，与牟宗三相关的是一种去除自我界限的行动，它使得认识和行动的自我与被认识和被处理的对象之间从认知上被设定的界限在一瞬间被消除。我们可以说，这一"经验包容的模式"对于牟宗三这样的儒家而言不仅如区分我和他者的日常经验一样实在，而且显得更为基本，因为它奠定了共同的基础，由此而来才产生了从认知上被限定并且不断重复的我与他者之间的区分。正如上面看到的，牟宗三并不认为人能够在其经验的每一刻都具有这种容括的视野，并使之持续，但是他可以将那些断断续续的朝向根本的和和解的经验统一的观照 —— 正是这种观照让他体验到道德的统摄力 —— 作为无法动摇的明证，证明他将世界通常分为自我和他者的方式绝非根本和独一无二的，这种方式只是表达了一种对被体验物不可避免的通抵，但它仅仅是符号的—工具式的，而非本质的。长者的道德自我修养的目标，以不偏不倚、全面敞开的意识洞察、克服成为自身局限的自我中心主义，我们会看到这些论题在牟宗三那里转向了主体理论。放弃主体性的条件对人而言是不可能的。但在对其功能性限制的意识中接受其限定条件却并非如此。明其界限可不受臆定的自我的需求束缚、限制，而是让此自我完全意识到可以效力于对自身视域的跳脱。即使智的直觉经验肯定是一种出神的或者神秘的经验，但牟宗三的道德哲学明白无误不单单是神秘主义的。相反，牟宗三承认，自我与世界的关系不可缺少自我与他者对立的层面。不过他对此有所保留，即这个关系并非唯一的关系，毋论根本的关系。对于后者他讨论了一种体验形式的现实性，这种形式的体验容摄并调和了日常经验从认知上被构造的部分。

耿宁在上面提及的文章中区分了意识统一的两个原理，分别用"被体验事物"与"体验关联"两个对立的术语称呼。耿宁将被体验物称作"原样态"[1]，并指出其特征在于它是某人当下体验到，是他"当前知觉到的情境"，这个情境是个人的、具体的、唯一的和无法复制的。[2]

---

[1] Iso Kern, "Zwei Prinzipien der Bewusstseinseinheit", *Facta Philosophica* 2, 2000, S. 55.

[2] Iso Kern, "Zwei Prinzipien der Bewusstseinseinheit", *Facta Philosophica* 2, 2000, S. 57.

但是被体验事物也可以被当下化，并且表现出不同的变化，无论是时间（过去、未来）、模态（可能的）还是人称（异己）的变化。按照耿宁的观点，这些被体验事物的变化是在意识中实在的，并且是"那个幻想的'笛卡尔式'自我的真正基础"①。所有这些以似乎（Als-ob）的模态发生，亦即在它们刚好仅仅被当下化的意识中发生的变化，其不可外化的基础即被体验事物最初或说原始的形式。② 对于我们的讨论目的非常关键的一点是耿宁对被体验事物变化的如下准确描述：

> 我也不需要为了原样式、原本而说：这是"被我体验到的东西"，因为这个"被我"在这里无非意味着对异己化变异的拒绝、否定。在原本自身中也不存在这种否定。所有变化作为第二性的意识形式都回溯到原本之上，而原本则建基于自己之上：它**简简单单**就是被体验到和被经历到的东西。③

按照这一段的论述，耿宁也排除了被体验事物的统一是一种联系或者一种单纯的同时性，他最后强调，不考虑所有那些并非不得不属于原初被体验事物的，"就一个主体说，所有原初被体验事物都必然统一"④，这一点就并非必然的。按照耿宁之见，唯有在对被体验事物进行反思时，才显现出一个主体作为一个单一体的意识，这个意识"既为当下反思着的也为被反思的体验奠基"⑤。在论述的最后，耿宁得出结论，有两个"完全不同类型的"⑥意识统一原理，一个是关系式的，

---

① Iso Kern, "Zwei Prinzipien der Bewusstseinseinheit", *Facta Philosophica* 2, 2000, S. 58（中文版第 317 页）。
② Iso Kern, "Zwei Prinzipien der Bewusstseinseinheit", *Facta Philosophica* 2, 2000, S. 58.
③ Iso Kern, "Zwei Prinzipien der Bewusstseinseinheit", *Facta Philosophica* 2, 2000, S. 59（中文版第 318 页）。
④ Iso Kern, "Zwei Prinzipien der Bewusstseinseinheit", *Facta Philosophica* 2, 2000, S. 61.
⑤ Iso Kern, "Zwei Prinzipien der Bewusstseinseinheit", *Facta Philosophica* 2, 2000, S. 61.
⑥ Iso Kern, "Zwei Prinzipien der Bewusstseinseinheit", *Facta Philosophica* 2, 2000, S. 72.

另一个是原初的。前者是体验的一种关联，或者是在知觉的主体—身体系统中，或者是在耿宁称作当下化的自我形式中。耿宁将后者称作"原样态中被体验事物的特征"。前者尚未考虑所有实际的联结和融解，应当为本己和陌异之见的差别奠定理由（进行区别的原理），关系性原理生成了意识中不同的自我—关联，因此作为进行统一的原理发挥作用。①

现在我们粗略勾勒一下，沿着哪些线路能够让这些区别用于对牟宗三智的直觉概念及其两种意识层级的辩证法的现象学研究。首先，耿宁的如下观点在我看来意义非凡，他认为，并非体验，即当下呈现，而是对体验之变化的再当下化伴随着一个将二者统一的自我统一体的表象。与之相对，被体验事物的原样态处于其单纯性中。这里的第一人称只是单纯否定地被设定，在对异己化变异的预先拒绝中被设定。牟宗三自然完全是在不一样的前提下思考——在他那里，自我统一体并非以现象学的方式回溯到当下化，而是在将现象客体化为其对象的一刻产生，这些对象是自我统一体的构造性基础和必然的相关项。但这以现象的杂多在其客体化**之前**即必然已被给予为前提。在这之前的当下呈现，事物可以进一步与耿宁作为体验谈及的东西相应，尽管它是前反思的，并在对象相关的自我意识产生之前就必然已开始，但如耿宁强调的，它同时是所有其他意识形式回指的源头。在当下化中将自身构思为统一体的**自我**可以——诚然是以本身不被允许的简化方式——与牟宗三的认识主体对等，此自我锚定在体验中，似乎不可外化的本质核心自相矛盾地奠定在这样的东西上，它虽然一方面是自我原初最本己的东西，却又在对当下化的预期中作为"自我"被把握。这是否指示了一条道路，通过现象学来领会牟宗三所描绘的扬弃了主客分离的状态，以及他所看到的在"智的直觉"经验中实现的东西？

---

① Iso Kern, "Zwei Prinzipien der Bewusstseinseinheit", *Facta Philosophica* 2, 2000, S. 73.

如耿宁所说,"正如我现在直接感知到的我周围的人"①无论如何也属于直接的被体验事物。但这无外乎意味着,如列维纳斯也许会说的,他者已然包含在**邻人的面孔**中,包含在同时是所有我的自我建构最内在且不可外化的核心的东西中。远在一个孩童认出镜中的自己之前——也就是拥有一个作为自我的自身的表象之前,他就自发地对周围相关之人的表情和手势做出反应。孟子将一个如此重要的角色赋予小孩也许并非巧合。当一个直接的知觉,无论是瞧见一个在深坑边玩耍的孩童,还是带往屠场的公牛痛彻骨髓的哀叫,当这无法忍受的知觉触动了我,迫使我行动,这和认出镜中自我之前的孩童的反应不是很相似吗?无论人们认为孟子的这两个例子有多令人信服,在我看来无可争议的是,社群事物已经包含在耿宁用被体验事物把握的、人最根本的意识经验中,而且是在我开始将单纯消极视角中作为对可能变化的否定的被体验事物理解为**属我**之事物之前,也远远在我将所遇的他人理解为我自己的类比,并在一个变化着的当下化中将我设身处地于他人的位置之前。在此,同样清楚的是,正确行动的直接触发者不可能是形式上去理解的理由,或者理论上去重构的物理或心理事实——二者都属于一个更高的、"当下化着的"意识阶段,而是个人直接遭遇共生之人或共生生命的危难。牟宗三那里扬弃自我与其对象的对立无论如何看起来都不可能导致唯我论和主体的绝对化。即便术语无法替代论据,在我看来仍要指出这个事实,即他将超越了自我关联式对象化的经验视域也称作"仁体"( Wirklichkeit der Mitmenschlichkeit )。牟宗三通向自我修养的儒家道路明显可以理解为一种修习,一种有意识地与直接被体验的共同体的实际经验相连的修习。由此也可以认识到,关联到自我统一体,相互叠的当下化印刻出我们通常的日常经验,并将此自我一再带入与他者,与可类比于我的共生之人的对立以及最终

---

① Iso Kern, "Zwei Prinzipien der Bewusstseinseinheit", *Facta Philosophica* 2, 2000, S. 55.

的冲突中,这一当下化奠立在体验的一种原样式中,自我植根在此原样式中,而共生之人仿佛在其最内在的层次也已于其中被共同给出。进一步说,共生之人不是主体的表象或者建构,而是具有不可混淆的同一性的、直接显现的、活生生的人。从而由人之体验原样式的社群性的基本经验中生发出一个使命:在体验的所有当下化中都要明白,人自己作为一个人本质上是关系性的存在,并始终操心不要受制于那些假象,即以为在针对共生之人的对抗中,在对共在世界主宰式的对象化中显明自身于多样的当下化中的自我统一体是本己自我的本质,以及自己行为的一个有效的回溯点。只有当此自我能够为自己的行为找到一个跳出其自身相关性限制的目的时,非自我中心主义的行为才是可能的。

以上呈现了对牟宗三意识分析的一个可能的现象学式阐述的概略,这个概略是否能经受更严格的验证,在此我无法评估。但于我清楚的是,现象学进路肯定有助于为牟宗三时而迷失于形而上学伪装出的高点的道德形而上学找到一个具体的经验关联。

# 编后记

编者于几年前先后组织翻译并编辑出版了瑞士现象学家与汉学家耿宁（Iso Kern）先生的两部与心性现象学（意识现象学、儒家心学、佛教唯识学）相关的代表性著作：《心的现象——耿宁心性现象学研究文集》（商务印书馆，2012年）与《人生第一等事——王阳明及其后学论"致良知"》（商务印书馆，2014年）。在随后几届以"心性现象学"为题的学术讨论会上，参会者对耿宁的这两本书都有专门讨论。这里将这些论文结集，发表传布；它们既是对一个思想踪迹之追寻的记录，也是对一位深邃而细腻、清晰而严格的思想者的敬礼。

特别感谢李志璋同学对全书的整理和编排！

编　者

2018 年 10 月 14 日